Dessert Person

디저트 퍼슨

클레어 새피츠

Dessert Person

디저트 퍼슨

자신 있는 베이킹을 위한 레시피북

Claire Saffitz

클레어 새피츠

훌륭한 베이커이자
아주 특별한 인물이신
우리 엄마께

Contents

Recipe Matrix

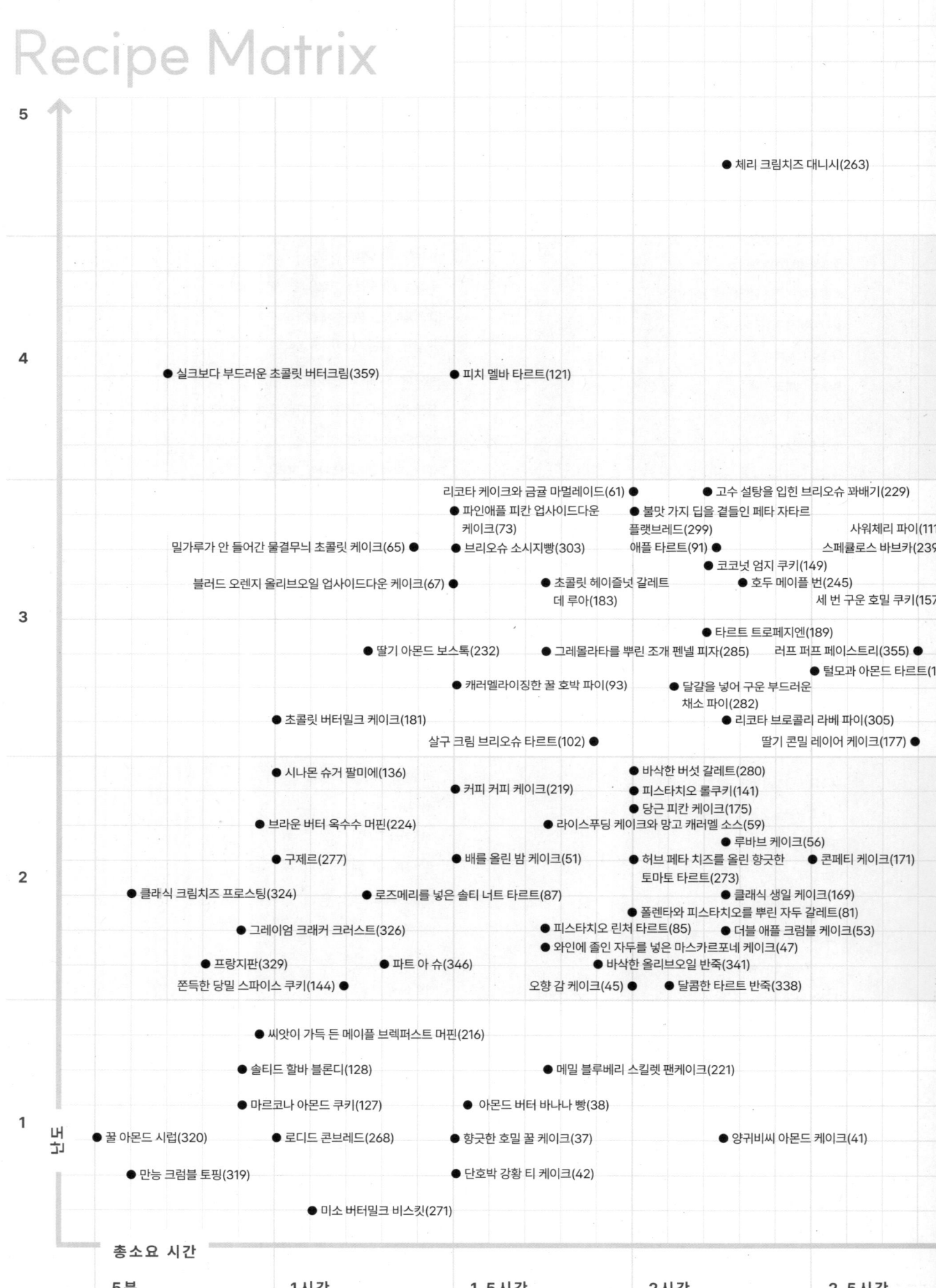

난이도 (y축: 1 ~ 5)
총소요 시간 (x축)

- 체리 크림치즈 대니시(263)
- 실크보다 부드러운 초콜릿 버터크림(359)
- 피치 멜바 타르트(121)
- 리코타 케이크와 금귤 마멀레이드(61)
- 고수 설탕을 입힌 브리오슈 꽈배기(229)
- 파인애플 피칸 업사이드다운 케이크(73)
- 불맛 가지 딥을 곁들인 페타 자타르 플랫브레드(299)
- 사워체리 파이(111)
- 밀가루가 안 들어간 물결무늬 초콜릿 케이크(65)
- 브리오슈 소시지빵(303)
- 애플 타르트(91)
- 스페큘로스 바브카(239)
- 블러드 오렌지 올리브오일 업사이드다운 케이크(67)
- 초콜릿 헤이즐넛 갈레트 데 루아(183)
- 코코넛 엄지 쿠키(149)
- 호두 메이플 번(245)
- 세 번 구운 호밀 쿠키(157)
- 딸기 아몬드 보스톡(232)
- 그레몰라타를 뿌린 조개 펜넬 피자(285)
- 타르트 트로페지엔(189)
- 러프 퍼프 페이스트리(355)
- 털모과 아몬드 타르트(115)
- 캐러멜라이징한 꿀 호박 파이(93)
- 달걀을 넣어 구운 부드러운 채소 파이(282)
- 초콜릿 버터밀크 케이크(181)
- 살구 크림 브리오슈 타르트(102)
- 리코타 브로콜리 라베 파이(305)
- 딸기 콘밀 레이어 케이크(177)
- 시나몬 슈거 팔미에(136)
- 바삭한 버섯 갈레트(280)
- 커피 커피 케이크(219)
- 피스타치오 롤쿠키(141)
- 당근 피칸 케이크(175)
- 브라운 버터 옥수수 머핀(224)
- 라이스푸딩 케이크와 망고 캐러멜 소스(59)
- 루바브 케이크(56)
- 구제르(277)
- 배를 올린 밤 케이크(51)
- 허브 페타 치즈를 올린 향긋한 토마토 타르트(273)
- 콘페티 케이크(171)
- 클라식 크림치즈 프로스팅(324)
- 로즈메리를 넣은 솔티 너트 타르트(87)
- 클래식 생일 케이크(169)
- 그레이엄 크래커 크러스트(326)
- 피스타치오 린처 타르트(85)
- 폴렌타와 피스타치오를 뿌린 자두 갈레트(81)
- 더블 애플 크럼블 케이크(53)
- 와인에 졸인 자두를 넣은 마스카르포네 케이크(47)
- 프랑지판(329)
- 파트 아 슈(346)
- 바삭한 올리브오일 반죽(341)
- 쫀득한 당밀 스파이스 쿠키(144)
- 오향 감 케이크(45)
- 달콤한 타르트 반죽(338)
- 씨앗이 가득 든 메이플 브렉퍼스트 머핀(216)
- 솔티드 할바 블론디(128)
- 메밀 블루베리 스킬렛 팬케이크(221)
- 마르코나 아몬드 쿠키(127)
- 아몬드 버터 바나나 빵(38)
- 꿀 아몬드 시럽(320)
- 로디드 콘브레드(268)
- 향긋한 호밀 꿀 케이크(37)
- 양귀비씨 아몬드 케이크(41)
- 만능 크럼블 토핑(319)
- 단호박 강황 티 케이크(42)
- 미소 버터밀크 비스킷(271)

총소요 시간

| 5분 | 1시간 | 1.5시간 | 2시간 | 2.5시간 |

5

● 크로캉부슈(211)　　　　　● 퀸아망(257)　　　　　● 스펠트 크루아상(253)

● 프루트 케이크(193) (2개월)→

● 검은깨 파리 브레스트(203)　　　　　● 가토 바스크(197)

● 레몬 절임 머랭 케이크(206)

● 파 가득 딥디시 키슈(309)　　　● 블루베리 슬랩 파이(119)

4

● 하나씩 떼어 먹는 사워크림　　　● 조금씩 다 넣은 베이글(249)
　 차이브 롤(313)

● 올 코코넛 케이크(201)

● 실패 없는 타르트 타탱(107)

● 딸기 루바브 파블로바(187)

블랙베리 캐러멜 타르트(99)　　　● 얼그레이 살구 하만타셴(159)

케이어 레몬 타르트(104)　　　● 부드럽고 바삭한 포카치아(289)

3

● 꿀과 무화과를 올린 염소 치즈 케이크(71)

● 민트 라임 바(155)　　　　　● 바브칼라(235)　　　　　● 브리오슈 반죽(352)

● 사과 콩코드 포도 크럼블 파이(97)　　● 부드럽고 폭신한　　● 콩코드 포도잼을 채운 땅콩버터　　　● 귀리 피칸 브리틀 쿠키(151)
　　　　　　　　　　　　　　　　　 플랫브레드(349)　　　 샌드위치 쿠키(163)

● 세인트루이스 구이 버터
　 케이크(243)

● 허니 타히니 할라(295)

● '포에버' 브라우니(139)　　　　　● 로즈 고모의 맨델 브레드(147)

● 브라운 버터 세이지 사블레(131)　　　　　● 클래식 잉글리시 머핀(227)

● 크랜베리 석류 무스 파이(79)

2

● 페이스트리 크림(321)

캐러멜라이징한 엔다이브 갈레트(278)　　● 결이 살아 있는 올버터 파이 반죽(333)　　　● 초콜릿 칩 쿠키(133)

● 레몬 커드(330)　　　　　● 달콤한 이스트 반죽(344)

1

→

| 3시간 | 3.5시간 | 4시간 | 6시간 | 12 HOURS + |

Introduction

나는 디저트 애호가다. 케이크, 쿠키, 파이를 좋아하며 달콤한 디저트를 먹어야 비로소 식사가 완성된 기분이 든다. 식당 종업원이 디저트를 먹을 수 있겠냐고 물으면 내 대답은 당연히 "네". 그럴 일은 거의 없지만, 만약 집에 초콜릿이 다 떨어지면 초콜릿 하나를 사기 위해 밤늦게 집 앞 가게를 찾기도 한다. 휘핑크림은 내 최애 음식이다.

이 책은 베이킹에 대한 옹호이다.

디저트 먹기를 좋아하는 만큼이나 만들기도 좋아한다. 버터, 설탕, 달걀, 밀가루를 케이크로 변화시키는 연금술은 놀라움과 즐거움의 연속이다. 손가락 사이에서 느껴지는 반죽의 촉감은 나를 열광시킨다. 파이 크러스트 반죽을 밀거나 비스킷을 자르는 것이 내게는 요가를 하는 것과 같다. 디저트는 내 DNA에 스며 있다.

그래서인지 사람들이 "난 단 것이 싫어" "난 디저트를 좋아하지 않아"라는 말을 하면 약간 의심이 든다. 오감 중의 하나인 단맛을 그렇게 무시한다고? 물릴 정도로 단 디저트는 나도 싫지만, 단 것이 싫다고 하는 사람들은 아마 자기에게 딱 맞는 디저트를 아직 못 찾아서 그러는 것이리라. 초콜릿이 든 것이든 과일이 든 것이든, 버터 향이 가득한 페이스트리든 크리미한 커스터드든, 누구나 자기가 좋아하는 디저트 하나쯤은 찾게 되어 있다. 간단히 말해, 디저트가 싫다고 말하는 사람들을 포함해 누구나 디저트 애호가가 될 수 있는 것이다. 단순히 베이킹과 페이스트리, 그리고 모든 달콤한 것들을 좋아한다고 해서 디저트 애호가인 것은 아니다. 내가 볼 때 그건 태도의 문제다. 즉 요리하고 먹는 행위를 즐거움의 원천으로 여겨야 하는 것이다. 이 책은 베이킹(대부분은 달콤한 맛, 일부는 짭짤한 맛)에 관한 책이지만 더 넓게 보면 풍성한 파티 테이블에 어울리고 때로는 고급스럽기까지 한 음식에 대한 예찬이라 할 수 있다.

사람들은 "나는 요리사지 베이커는 아니야"라는 말로 서로 밀접하게 연관된 요리와 베이킹을 별개의 것으로 치부한다. 이런 말은 베이킹에 대한 편견을 드러낸다. 요리는 창의적이고 열정적이고 즉흥적이라고 여겨지는 반면, 베이킹은 정확하고 융통성 없고 틀에서 벗어나지 않는다는 꼬리표가 붙는다.

이 책은 베이킹에 대한 옹호이다. 전통적인 요리를 현대적으로 해석한 레시피들은 친숙한 맛에 뜻밖의 변화를 주어, 베이킹이 얼마나 다채롭고 가변적일 수 있는지를 보여준다(달지 않은 빵 레시피들을 따로 모아 한 장을 구성한 것도 이런 이유 때문이다). 전체적으로 이 책은, 베이킹을 창작 기회가 적은 하찮은 기술로 여기는 사람들에 대한 내 호의적인 꾸짖음이라 하겠다.

내 첫 직장은 〈본아페티(Bon Appétit)〉 잡지의 테스트 키친이었다. 이제 상근직은 아니지만 영상 진행자 겸 기고자로 일하고 있다. 테스트 키친에서 일한 경험을 토대로, 집에서 요리하는 사람들이 직면하는 현실과 한계를 세심하게 고려한 레시피들을 개발하게 되었다. 당신이나 나나 주방에 있는 것을 좋아하지만 때로는 그것을 힘든 일로 느끼기도 한다. 재료를 구매할 시간과 돈이 필요하고, 설거지도 해야 한다. 인내심과 주의력도 필요하다. 특히 중요한 점은, 조금이라도 잘하게 되려면 연습이 필요하다는 것이다.

요리하는 사람들이 베이킹을 하지 않는다고, 하기 싫다고, 할 수 없다고 말하는 한 가지 이유는 아마 베이킹의 특별한 과정들 때문일 것이다. 도중에 과정을 수정하고 조정할 수 있는 요리와는 달리 베이킹은 덜 관대하다. 베이킹을 하려면 특정한 규칙과 원칙을 이해해야 한다. 재료들은 오븐 안에서 보이지 않는 신비한 방식으로 결합하고, 변형된다. 성공하리라는 보장 같은 건 전혀 없어 보인다. 수년간 연습한 끝에 불안이 상당히 누그러지긴 했지만, 온갖 전문적 경험을 한 나도 가끔은 주방에서 불안을 느낀다. 필링이 충분히 걸쭉해지려나? 저러다 바닥이 타는 거 아냐? 테스터가 깨끗하게 나오긴 했지만, 가운데 부분이 덜 익으면 어쩌지? 이런 감정들은 지극히 정상이며, 당신을 도와줄 디저트 애호가가 바로 여기 있다!

이 책은 디저트에 대한 나의 사랑을 기리고 옹호하기 위한, 그리고 주저하는 홈 베이커들이 낯선 재료로 작업하고 새로운 기술을 시도하고 더 자신 있게 베이킹을 하도록 힘을 실어주기 위한 것이다. 세심하게 적어둔 레시피들은 성공적인 결과를 얻는 데 필요한 모든 정보를 제공한다. 파이 반죽의 버터를 차갑게 유지해야 하는 이유, 달걀흰자를 단단한 뿔이 생길 정도로 휘핑하는 방법과 같은 베이킹의 기본 원리를 설명하는 메모도 덧붙였다. 이렇게 방법과 이유를 설명하는 목적은, 베이킹 과정의 애매함은 없애고 그 필요성을 이해시키기 위함이다.

나는 베이킹을 할 때도 요리할 때와 비슷하게 가능한 한 제철 농산물을 이용한다. 내 대표적인 레시피인 과일 디저트를 만들 때면 '바삭한' '쫀득한' '케이크 같은' '커스터드 같은' '버터의 맛과 향이 풍부한' 중 하나 이상에 해당하는지 확인하곤 한다. 요리할 때와 마찬가지로 디저트도 균형 잡힌 맛을 내려고 노력하는 것이다. 타히니나 무가당 코코아처럼 쓴맛이 나는 재료를 즐겨 쓰는 것도 그것이 설탕과 어우러지며 흥미롭고 좋은 맛을 내기 때문이다. 설탕을 쓴맛, 신맛, 짠맛과 대조시켜 딱 알맞게 달콤한 디저트를 만드는 게 내 목표다. 기분 좋은 질감을 다양하게 내는 것도 중요하므로 겉은 바삭하고 속은 촉촉한 쿠키, 얇게 부서지는 크러스트 속에 크림이 꽉 찬 타르트도 여럿 준비했다.

낱개로 된 디저트가 별로 없는 이유는, 나누어 먹어야 더 재미있기 때문이다. 친구들이 모여 앉은 테이블에 윤기가 자르르한 파이, 반질반질한 타르트나 폭신한 레이어 케이크를 내려놓을 때 느껴지는 약간의 짜릿함, 그리고 그것을 자르는 광경은 너무나 소중하다. 간혹 뭔가 이상한 점이 발견되더라도, 디저트는 언제나 테이블 위의 주인공이자 모두의 시선을 강탈하는 흥분의 대상이다.

과도한 스타일링이 들어간 레시피도 찾을 수 없을 것이다. 디저트에 모양을 낸다고 너무 열심히 꾸미거나, 요란을 떨거나, 지나치게 까다롭게 굴 필요는 없다고 본다. 맛이 좋으면 보기에도 예뻐 보이는 법이니까. 홈 메이드 디저트가 홈 메이드처럼 보여야지, 소셜 미디어에서처럼 완벽하면 더 이상하지 않을까? 모든 레시피는 그대로도 아름답지만 (교묘하게 올린 생크림 한 덩어리, 흩뿌린 반짝이는 설탕 등) 장식이나 꾸밈, 가니시를 할 때에는 그 역시도 맛에 기여를 해야 한다는 원칙을 따랐다.

레몬 절임 머랭 케이크(206쪽)나 **고수 설탕을 입힌 브리오슈 꽈배기**(229쪽)처럼 뜻밖의 독창적인 요소나 맛의 조합을 보여주는 레시피들이 있는가 하면, 친숙한 레시피들도 많을 것이다. 예를 들어 **애플 타르트**(91쪽)는 버터의 풍미가 느껴지는 페이스트리와 황설탕이라는 검증된 조합을 이용했는데, 이보다 더 나은 조합을 도저히 찾을 수 없기 때문이다. **단호박 강황 티 케이크**(42쪽)처럼 낯설게 들리는 레시피든 **초콜릿 칩 쿠키**(133쪽)처럼 친숙한 레시피든, 당신이 몇 번이고 다시 만들고 싶은 레시피가 되기를 바란다.

이 책은 간단한 **마르코나 아몬드 쿠키**(127쪽)부터 복잡한 **피치 멜바 타르트**(121쪽)까지 폭넓은 디저트를 소개하므로 초보자든 베테랑 홈 베이커든 누구나 편안한 진입점을 찾을 수 있다. 각 레시피의 난도는 1(아주 쉬움)부터 5(아주 어려움)까지 5단계로 분류했다. 쉬운 레시피들은 초보 베이커도 그리 힘들지 않게 프로가 된 느낌을 받을 수 있도록 제작된 반면, 어려운 레시피들은 하나의 프로젝트에 가깝다. 난도 분류에 대한 더 자세한 내용은 17쪽의 '이 책 사용법(그리고 베이킹을 잘하는 비결)'에 나와 있다.

모든 레시피에는 난도에 관계없이 홈 베이커들의 부담을 덜어주려는 나의 노력이 담겨 있다. 팬은 가능하면 표준 사이즈를 사용했다. 대부분의 재료는 웬만큼 상품이 잘 갖추어진 식료품점에서 어렵지 않게 구할 수 있으며, 재료가 어중간하게 남는 일도 최대한 없도록 했다. 사워크림을 예로 들면, 7oz나 9oz가 아니라 8oz(미국에서는 일반적으로 사워크림을 8oz, 16oz 용기에 담아 판매하며 8oz는 약 230g-옮긴이)짜리 한 통을 하나의 레시피에 다 쓰는 식으로 말이다. 또 모든 레시피가 자급력과 온전함을 갖도록 했다. 즉 한 가지 재료만 써도 되는데 굳이 두 가지 재료를 쓰도록 하지 않았다는 말이다.

이 책 때문에 주방에서 많은 시간을 보내게 되겠지만, 그 시간은 결코 지루하거나 길게 느껴지지 않을 것이다. 이 책이 이미 충분히 헌신적인 홈 베이커들을 실험과 창의적인 표현, 나아가 스트레스 해소의 길로 이끌어주기를 바란다. 이제 막 배우기 시작한 초보자들이 자신감을 갖고 덜 주눅 들게 되기를 바란다. 그리고 마지막으로, 베이킹에 대해 회의적이었던 사람들이 베이킹의 변화무쌍하고 다채로운 면을 느낄 수 있기를 바란다. '요리만 하는 사람' 은 없다. 아직 시작하지 않은 베이커들만 있을 뿐.

스스로를 디저트 애호가라 부르는 것은 어떤 음식도 좋거나 나쁘다고 단정하지 않는 나만의 방식이다. 음식에는 도덕적 무게가 전혀 없다. 디저트는 '사악한' 것이 아니며, 그것을 즐기기 위해 나를 포함한 그 누구의 허락도 받을 필요가 없다. 이 책은 홈 베이커를 위한 유용한 레시피북이기도 하지만, 덜 제한적인 삶이 주는 혜택과 즐거움에 대한 개인적인 명상이기도 하다. 당신이 이 책을 보고 무언가를 만들어낼 뿐만 아니라, 만든 것을 아무 죄책감 없이 가족, 친구들과 함께 즐기기를 바란다. 나는, 그리고 우리 모두는 디저트 애호가니까.

'요리만 하는' 사람은
없다. 아직 시작하지 않은
베이커들만 있을 뿐.

이 책 사용법
(그리고 베이킹을 잘하는 비결)

레시피 개발자로서, 어느 날 어떤 주방에서는 완벽한 결과를 낸 레시피가 다음번에 다른 주방에서는 비참한 실패를 낳기도 한다는 점은 아주 흥미로우면서도 좀 고민이 되는 사실이다. 베이킹은 화학적 반응과 재료의 정확한 측정이 중요한 요소라서 종종 '과학'이라는 꼬리표가 붙지만, 주방은 실험실이 아니다. 시간, 온도, 습도와 같은 모든 변수를 항상 통제할 수는 없다. 가능한 한 모든 결과를 알아보기 위해 여러 다른 주방에서 다른 재료, 도구, 설비들을 가지고 모든 레시피를 철저하게 테스트했지만, 그래도 실패하는 경우가 생길 수 있으리라 생각한다.

백 퍼센트 성공이 보장된 레시피라는 건 없음을 알기에, 어떻게 하면 홈 베이커의 성공 확률을 극대화할 수 있을지 오랫동안 고민했다. 레시피에 따라 요리하다가 자기도 모르게 손쉬운 방법을 택하거나, 대체 재료를 쓰거나, 단계를 건너뛰어서 망하는 사람들이 있는데, 이들은 그런 행동이 결과에 안 좋은 영향을 줄 수 있다는 사실을 잘 모른다. 사워크림을 저지방 요거트로 대체해도 별문제가 없을 것처럼 보이지만(다른 레시피에서 그렇게 했는데 잘된 경험이 있다면) 그러다 실패할 가능성이 분명히 있다.

홈 베이커에게는 마치 지도처럼 살짝 벗어나도 되는 지점이나 경로를 유지해야 하는 지점을 알려주는 확실한 레시피가 필요하다. 인상적인 디저트를 만드는 길은 위태로울 수 있다. 브라운 버터는 잘 지켜보지 않으면 사방으로 튀며 타버리고, 달걀흰자를 너무 많이 휘저으면 푸석푸석하게 응고되기도 한다. 하지만 두려워하지 말기를. 이 책의 레시피들은 언제 어디서 우회하거나 정차할 수 있는지, 어디서 계획대로 나아갈지, 또 언제 주의해야 하는지를 알려줄 것이니 말이다.

나는 안내자인 만큼 말이 많다. 어떤 수준의 베이커든지 길고 말 많은 레시피를 보면 주눅이 들고 당혹스럽다는 점은 이해한다. 물론 레시피의 길이는 필요한 단계의 수에 따라 결정되지만, 이 책에서는 이에 더해 부족하기보다는 충분한 정보를 제공하고자 하는 나의 전반적인 방식도 반영된다. 완성 시점을 알려주는 '지표'도 여럿 제공된다. 예를 들어, 나는 케이크의 가운데를 테스터로 찔러보았을 때 아무것도 묻어나오지 않을 때까지 구우라고만 말하지 않는다. 모든 추측이나 의심을 없애기 위해, 겉면이 노릇노릇해지고 가운데를 눌러보았을 때 탄력이 느껴지며 아주 향긋한 냄새가 날 때까지 구우라는 말도 덧붙인다.

베이킹이 힘들게 느껴졌던 때도 있었지만, 많이 연습하고 배우다 보니 어느새 그 문턱을 넘어 베이킹이 고된 일이 아닌 논리적이고 상호 연관된 과정들의 체계로 보이기 시작했다. 가령, 파이 반죽은 차가운 지방과 밀가루를 섞고 찬물을 넣어 반죽하는 방식이므로 엄밀히 말하면 '레시피'가 아니다. 홈 베이커들이 이러한 과정들을 더 쉽게 알 수 있도록 각 단계의 머리말에 그 단계의 목표를 요약해 굵은 글씨로 표시해 두었다. 이 책에 나와 있는 케이크 몇 가지를 만들다 보면 먼저 물기 있는 재료들을 섞은 다음 마른 재료들을 섞고, 마른 재료에 젖은 재료를 혼합한다는 기본적인 방식이 동일하게 적용됨을 알게 될 것이다. 이러한 패턴을 인식할 수 있게 되면 더 영리하고 직관적이며 더 나은 베이커가 될 수 있다.

이 책의 모든 레시피는 1부터 5까지의 난도로 나뉜다. 단계는 가능한 한 간소화했으며, 따라서 만약 레시피에서 중탕 방식으로 구우라고 한다면 그 과정이 반드시 필요하기 때문이거나, 결과적으로 더 많은 일을 해야 하는 상황을 막기 위함이다. 각 난도가 의미하는 바는 다음과 같다.

1. **아주 쉬움**: 최소한의 기술만 있으면 특별한 도구 없이도 신속하게 만들 수 있는 레시피. 베이킹 경험이 전혀 없는 사람도 할 수 있다.

2. **쉬움**: 일련의 단계로 이루어지며 특별한 도구가 필요한 때도 있지만 까다로운 기술은 적용되지 않는 레시피. 초보자들도 할 수 있다.

3. **보통**: 어느 정도의 기술, 인내심, 그리고 한두 가지 특별한 도구가 필요하긴 하지만 초보자들도 해낼 수 있는 레시피.

4. **어려움**: 두 가지 이상의 구성 요소들을 조합하는 과정과 더 수준 높은 기술이 적용된 레시피. 중급 베이커들에게 알맞다.

5. **아주 어려움**: 구성 요소가 다양하고 완성하기까지 상당한 시간과 여러 가지 도구가 필요한 레시피. 다양한 기술이 적용될 수 있으므로 베이킹에 자신이 있거나 도전적인 베이커들이 시도해 보기에 좋다.

각 장은 레시피의 난도가 가장 쉬운 것부터 시작해 가장 어려운 것으로 끝나도록 정리했다. 그러면 수준과 관계없이 누구나 자신이 어느 정도까지 해낼 수 있는지를 분명하게 알 수 있다. 또 레시피에서 배운 기술을 차곡차곡 쌓아나갈 수 있다. 즉 1단계와 2단계 레시피를 성공해 자신감을 얻고 나면 3단계와 4단계, 원한다면 5단계까지도 시도할 수 있게 되는 것이다. 예를 들어, 난도 2단계인 **파트 아 슈**(346쪽)와 **페이스트리 크림** (321쪽)을 마스터했다면 그것들을 조합해 4단계인 **검은깨 파리 브레스트**(203쪽)를 만들 수 있다. 그러고 나면 몇 안 되는 5단계 레시피에 속하는 **크로캉부슈**(211쪽)를 시도할 자신이 생길지도 모른다.

난도와 만드는 데 드는 시간이 반드시 비례하는 것은 아니다. 쉬운 레시피 중에서도 밤새 냉장고에서 휴지시키는 단계가 필요해 시간이 오래 걸릴 때도 있으며, 어려운 레시피 중에서도

비교적 짧은 시간에 완성될 때도 있다. 시간이 어떤 일에 얼마나 드는지 알고 싶다면 각 레시피에 적힌 '작업 시간'과 '총소요 시간', 그리고 레시피 분류표(8쪽)를 살펴보자. 분류표를 보면 모든 레시피의 난도와 소요 시간을 한눈에 비교할 수 있다. 다른 레시피에 따라 일부 요소를 미리 만들어 두어야 하는 레시피의 경우(가령 **폴렌타와 피스타치오를 뿌린 자두 갈레트**(81쪽) 를 만들려면 **결이 살아 있는 올버터 파이 반죽**(333쪽)을 미리 만들어 두어야 한다), 그 요소를 준비하는 시간은 총소요 시간과 작업 시간에 포함되지 않는다.

꾸준히 해나가다 보면, 결국에는 재료 목록과 (긴)설명을 자세히 읽지 않아도 레시피의 구성을 알 수 있게 된다. 당신은 페이스트리 반죽이 냉기가 없고 끈적거릴 때는 반죽을 냉장시켜야 한다는 말을 들을 필요도 없이 알아서 반죽을 냉장고에 넣고, 실온 상태의 달걀흰자와 노른자가 필요할 때는 달걀을 더 다루기 쉬운 차가운 상태에서 분리하게 될 것이다. 이 경지에 도달하면 베이킹에 대한 두려움은 한결 줄어들고 재미는 훨씬 더해진다.

베이킹에 더 자신감을 갖고 성공률을 극대화하기 위한 구체적인 팁 몇 가지를 소개한다.

계획 잘 세우기: 오븐을 켜기 전에 재료가 다 있는지 확인하자. 페이지 하단에 있는 유용한 메모를 포함해 레시피 전체를 한 번은 제대로 읽도록 하자. 레시피를 완성할 충분한 시간이 있는지 확인하고, 발효나 냉장과 같은 긴 휴지 시간도 체크하자. 나도 이 조언을 항상 따르는 것은 아니지만, 그래 놓고는 매번 후회한다.

정확한 계량: 대부분의 재료는 g 단위로 무게를 표시했다. 일관된 결과를 얻는 데에는 이것이 최선이며 가장 정확한 방법이기 때문이다. 또 이렇게 하면 저울에 볼을 올리고 0으로 맞춘 다음 봉지, 용기, 병 등에 담긴 재료들을 볼에 바로 넣어 계량할 수 있다. 만약 컵으로 계량하는 것이 편하다면 액체는 액체 계량컵에 담아 눈높이를 맞추어 계량하고, 마른 재료는 마른 재료용 계량컵에 담아 칼등 등으로 위를 평평하게 깎아 계량한다. 밀가루를 계량할 때는 봉지에서 직접 퍼내지 말자. 이렇게 하면 밀가루가 눌러져 더 많은 양이 담기기 때문에 결과물이 더 뻣뻣하고 건조해질 수 있다. 밀가루는 뚜껑이 있는 큰 통에 옮겨 담아 포크로 가볍게 일으킨 뒤 스푼이나 국자를 이용해 계량컵에

담은 다음 위를 깎는다. 밀가루는 정확히 계량하기가 가장 힘든 베이킹 재료이자, 레시피를 버리게 할 가능성이 매우 높은 재료이기도 하다.

시간이 아니라 제시된 기준에 따라 굽기: 가령 **'포에버'** 브라우니 (139쪽) 레시피를 보면 '표면에 윤기가 돌며 부풀어 오르고, 가운데 부분을 눌러보았을 때 겉은 바삭하지만 속은 아직 부드러운 느낌이 들 때까지 25~30분간 굽는다'고 나와 있다. 30분이 지나도 가운데가 여전히 끈적거린다면 오븐에서 꺼내서는 안 된다! 10~15분쯤 더 걸리더라도 레시피에 적힌 질감이 날 때까지 계속 굽는다. 레시피에 설명된 감각적 지표나

완성 시점을 우선시하고, 그에 도달할 때까지 멈추지 않도록 한다. 이 원칙은 아무리 강조해도 지나치지 않다. 이 책에 나와 있는 시간 범위들은 제안 사항일 뿐, 무조건 지켜야 하는 것은 아니다. 그건 그저 내가 그 레시피를 테스트한 날, 그날의 날씨 조건(그렇다, 때로는 날씨 때문에 결과가 달라지기도 한다) 속에서 그날 사용한 재료들로 만들었을 때 그 오븐/주방에서 걸린 시간을 나타내는 것일 뿐이다. 뉴저지에서 자란 복숭아는 조지아나 캘리포니아에서 자란 것들과 당도, 과즙의 양, 크기가 다르다. 오븐이나 오븐용기가 이상할 수도 있고, 당신이 쓰는 것과 내 것이 다른 영향을 줄 수도 있다. 주어진 시간 범위의 초반부터 다 구워졌음을 보여주는 요소들을 확인하기 시작하되,

당신의 감각을 믿어라. 내 오븐에서는 25분이면 구워지는 케이크가 당신의 오븐에서는 35분이 걸릴 수도 있고, 여름에는 1시간이면 발효되는 이스트 반죽이 겨울에는 3시간이 걸리기도 한다. 당신이 일을 망친 것도 아니며, 뭔가가 잘못된 것도 아니다. 당신의 주방에서 각 레시피를 만들 때 시간이 얼마나 소요되는지 메모해 두면 다음번에 도움이 될 것이다.

내 오븐에 대해 잘 알기: 경험상, 베이킹에서 가장 큰 변수는 오븐의 성능이다. 내가 〈본아페티〉 테스트 키친에서 수년간 사용했던 전문가용 오븐은 우리 집에 있는 것보다 성능이 두 배나 좋아서 굽는 속도가 훨씬 빨랐다. 두 오븐은 똑같이 177도(화씨 350도)이더라도 열 전달 방식이 달라서 구워지는 방법(그리고 속도)도 달랐다. 당신의 오븐이 가진 고유한 특성을 더 잘 알수록 조절도 잘할 수 있다.

- 온도 확인하기: 눈금(또는 디지털 패널)이 가리키는 것과 실제 온도가 다른 경우가 많으므로 스탠드형 다이얼 오븐 온도계로 오븐 내부의 실제 온도를 확인한다. 예열된 오븐 중앙에 온도계를 놓고 20분 뒤에 온도를 잰다. 온도계를 다른 지점들로 움직여가며 뜨거운 곳이나 차가운 곳이 없는지 확인한다(오븐 전체에 빵을 펼쳐놓고 구워서 어느 부분에 있는 빵이 더 빨리 노릇해지는지 알아봐도 좋다). 오븐 내부에서 급격한 온도 변화가 일어난다면 유약을 바르지 않은 세라믹 타일 몇 개를 구입해 오븐 바닥에 올려놓아 보자. 타일들이 열을 흡수 및 방출하여 더 고루 퍼지게 해줄 것이다.

- 열원에 따라 선반 조정하기: 대부분의 가스 및 전기 오븐은 바닥에 발열체가 깔려 있으며 상부에는 별도의 브로일러가 있다(내 오래된 아파트에 있는 것과 같은 폭이 좁은 가스 오븐들의 경우에는 오븐 아래에 구이용 서랍이 있고 오븐 바닥 밑에 버너가 하나 달려 있다). 오븐 가열 방식을 알고 그에 따라 선반의 위치를 조정하면 어떻게 구울지를 조절할 수 있다. 아래쪽 선반에서 구우면 바닥이 더 노릇해지게 된다.

이것은 페이스트리의 밑부분이 열을 더 많이 받아 노릇하게 구워질 필요가 있는 과일 파이와 같은 레시피에 유용하다. 맨 위 선반에서 구우면 표면이 더 노릇해진다. 가운데 선반에서 구워도 윗부분이 빨리 노릇해지는 편이라면 한 단계 낮은 선반에서 굽되, 맨 위 선반에 베이킹 팬을 끼워 열을 막아주는 방패 역할을 하도록 하자(밑부분이 빨리 노릇해질 때에는 이와 반대로 하면 된다). 중요한 것은, 오븐의 열원을 알면 선반(그리고 팬)을 전략적으로 배치해 딱 원하던 결과물을 얻을 수 있다는 것이다.

- 컨벡션(convection) 오븐과 컨벤셔널(conventional) 오븐의 차이 이해하기: 대부분의 가정용 오븐은 내부의 공기를 데우는 발열체가 포함된 '컨벤셔널' 오븐이다. 이에 반해 '컨벡션' 오븐은 팬을 이용해 공기를 순환시켜 열을 고르게 퍼뜨려 뜨겁거나 차가운 지점이 없도록 한다. 일부 가정의 컨벤셔널 오븐 중에는 컨벡션 기능을 갖춘 것들도 있다. 전문 베이커들은 더 빠르고 효율적인 컨벡션 오븐을 선호하는 경향이 있지만, 이 책에 수록된 것을 포함해 홈 베이커를 대상으로 하는 대부분의 레시피는 컨벤셔널 오븐 사용을 전제로 개발된 것이다. 컨벡션 오븐이나 컨벡션 기능을 사용하고 싶다면 레시피상의 굽는 온도보다 15도(화씨로는 25도) 정도 낮추어 사용한다.

실패는 일어나기 마련이다. 겁내지 말자. 그리고 계속 시도하자. 이 책의 레시피 중에 잘 안되는 것도 있을 수 있다. 그런 일이 있다면 유감이다. 베이킹의 여신들은 변덕스러워서, 전문가들(나를 포함해)조차 주방에서 예기치 못한 실패를 경험하게 한다. 우리가 할 수 있는 것은 그저 실수로부터 배우려고 노력하는 것이다. 베이킹을 더 잘하고 싶다면 몇 가지 레시피를 선택해(어려워 보이는 것일지라도) 대여섯 번, 혹은 열 번씩 만들어 보자. 그리고 기록하자. 그러면 작은 변화가 레시피의 결과에 어떤 영향을 미치는지 이해하게 될 것이며, 베이킹에서는 이것이 최고의 학습법이다.

알아두어야 할 기술들

여기에서는 레시피 전반에 걸쳐 여러 번 등장하는 주요 기술과 마무리 방법을 잘 이해할 수 있도록 사진을 곁들여 설명한다. 아래 사진들을 살펴보고 필요할 때마다 참고하면 각 과정을 수행하는 데 도움이 될 것이다.

짤주머니 채우는 방법

약 1리터 크기의 용기 안에 비닐이나 재사용이 가능한 소재로 된 큰 짤주머니를 넣고(깍지를 사용할 때는 깍지를 끼운 채로) 주머니 끝부분이 용기 가장자리에 걸치도록 밖으로 접는다. 유연한 스패출러를 이용해 혼합물을 주머니에 담는다.

접었던 짤주머니의 끝부분을 펼쳐 용기에서 꺼낸다. 주머니를 조리대 위에 평평하게 놓고 스크레이퍼의 직선 면을 이용해 혼합물을 주머니의 뾰족한 쪽으로 긁어내린다.

짤주머니 안의 공기를 눌러 빼내며 끝부분을 모은 다음, 여러 번 비틀어 단단하게 붙든다. 밀봉하려면 고무줄로 끝부분을 묶고, 일회용 짤주머니나 지퍼백을 사용한다면 가위로 뾰족한 부분을 잘라 구멍을 낸다.

원형 케이크 팬에 유산지 까는 방법

유산지 위에 케이크 팬을 올려놓고 마커나 연필로 팬 테두리를 따라 선을 그린다. 가위로 선 안쪽을 오려낸다. 페이스트리 브러시를 이용해 케이크 팬의 바닥과 안쪽 면에 녹인 버터나 기름을 얇게 바른다.

팬 바닥에 유산지를 깐 다음 매끈하게 펴서 기포를 없앤다.

유산지 위에 버터나 기름을 얇게 바른다.

로프 팬에 유산지 까는 방법

로프 팬의 바닥과 안쪽 면에 실온에 둔, 혹은 녹인 버터나 기름을 얇게 바른다. 유산지를 팬 바닥의 길이에 맞추어 직사각형으로 자른 다음 팬 바닥에 깔고, 바닥과 옆면을 팬 모양에 맞게 눌러 기포를 없앤다.

바닐라 빈 손질하는 방법

잘 드는 과도로 바닐라 빈의 한쪽 면을 끝에서 끝까지 길게 가른다.

가른 쪽을 펼친 다음 칼등을 이용해 안쪽 면을 끝에서부터 힘주어 긁어내려 씨를 빼낸다.

원통형 쿠키 반죽 만드는 방법

유산지 한가운데에 쿠키 반죽을 올린다. 유산지의 한쪽 끝을 접어 반죽을 완전히 덮는다.

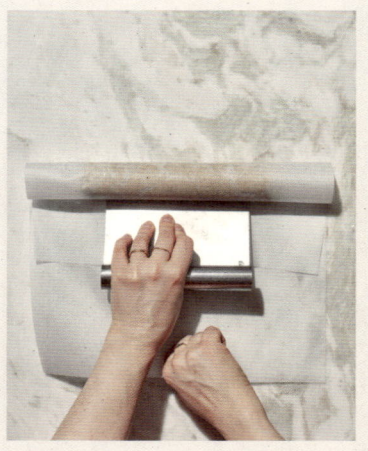

스크레이퍼를 조리대와 거의 평행하게 해 유산지 위에 올린 다음 각도를 약간 낮춘 상태로 반죽을 밀어 원통 모양으로 만든다. 반죽을 유산지로 돌돌 만다.

브라운 버터 만드는 방법

버터를 냄비에 넣고(논스틱 냄비나 진한 색으로 코팅된 냄비는 사용하지 말 것) 중약불에 올린 다음 내열 실리콘 스패츌러로 바닥과 옆면을 긁고 휘저어가며 가열한다. 끓으면 거품이 나고 튀길 수 있다. 계속 저으며 끓이다가 거품이 많이 나고 갈색의 작은 조각들이 떠다니는 상태가 되면 불을 끄고 식히되, 가끔 저어준다. 조각들은 더 어두워져 짙은 황금빛 갈색을 띠게 된다.

크림을 부드러운 상태(soft peak)로 휘핑하기

부드럽게 휘핑된 크림은 가볍지만 크림이 볼 안에서 미끄러져 내리지 않고 모양이 유지될 만큼 걸쭉한 상태를 말한다. 휘핑이 덜 된 크림은 볼 안에서 미끄러져 내리고 액체에 가까워 보이지만, 그래도 디저트에 곁들일 때에는 휘핑이 과하게 되어 덩어리진 크림보다는 낫다.

머랭을 단단한 상태(stiff peak)로 휘핑하기

완성된 머랭은 단단하고 뻣뻣하면서도, 부드럽게 잘 발리는 질감을 지닌다. 윤기가 흐르고, 거품기를 들어 올렸을 때 축 처지지 않고 뾰족한 '피크(peak)' 모양이 된다.

달걀을 리본 자국이 생기는 상태로 휘핑하기

윤기가 흐르고 밝은색을 띠며 걸쭉한, 풍성하면서도 액체에 가까운 농도를 지니는 상태. 거품기를 들어 올렸을 때 끝에서 떨어진 혼합물이 볼 안의 혼합물 위에 1~2초간 '리본'과 비슷한 입체적인 자국을 남겼다가 스며든다면 완성된 것이다.

달걀흰자를 부드러운 상태(soft peak)로 휘핑하기

부드럽게 휘핑된 달걀흰자는 광택 없는 불투명한 흰색을 띠며 볼 안에서 소복이 모양을 유지한다. 너무 오래 휘핑하면 매끈한 질감이 사라지고 푸석하고 덩어리진 모양이 되어 레시피에 사용하기가 어려우므로, 휘핑을 하는 도중에 자주 확인하도록 하자.

도구

주방에 적절한 오븐용기와 도구가 갖추어져 있으면 베이킹 성공 확률을 크게 높일 수 있다. 나는 한 가지 기능밖에 없는 도구는 추천하지 않으므로, 아래 나열된 것은 전부 다목적 필수품들이다. Webstaurant.com은 주방을 그득하게 채우고자 하는 사람들을 위한 저렴한 쇼핑처다. 시간이 지남에 따라 베이킹 레퍼토리가 확장되면 필요한 도구들을 차차 추가해 나가면 된다.

필수 도구들

이 책의 레시피들에서 꼭 필요한 도구는 다음과 같다.

스크레이퍼. 둥근 모양의 유연한 스크레이퍼는 볼 옆면에 붙은 반죽을 긁어낼 때 편리하고, 금속 소재의 사각형 벤치 스크레이퍼는 조리대를 청소하고 재료를 들어 옮기거나 반죽을 분할할 때 쓰기 좋다. 스크레이퍼를 사용하면 손을 깨끗하게 유지할 수 있으므로, 그것을 또 하나의 손으로 여겨도 좋다!

박스형 강판. 딱 보기에 베이킹 도구는 아니지만 버터(러프 퍼프 페이스트리)나 당근(당근 케이크)과 같은 재료들을 갈 때 쓰기 좋다.

고운 체. 나는 재료를 체에 치는 번거로움을 최대한 피하려고 하는 편이지만 잼의 씨앗이나 덩어리를 제거할 때, 코코아 가루나 박력분 등 덩어리진 재료를 거를 때는 고운 체가 유용하다.

제스터. 개인적으로는 마이크로플레인(Microplane)사의 제품을 선호하지만 어느 브랜드의 것이라도 상관없다. 감귤류 과일의 껍질, 생강, 치즈, 너트메그(육두구) 등을 곱게 갈 때 쓴다.

주방용 저울. 아직은 재료는 무게로 계량하는 것이 가장 정확한 방법이므로(이 책에서는 대부분 재료의 양을 무게로 변환해 두었다), 주방용 디지털 저울은 필수다. 개인적으로는 에스칼리 (Escali)사의 제품을 선호한다.

크고 작은 냄비와 스킬렛. 오븐에서 굽는 과정이 있는 레시피 중 다수는 처음에 스토브에서 조리해야 하는 요소를 최소 한 가지는 포함한다. 따라서 페이스트리 크림, 파트 아 슈, 잼, 콩포트를 만들 때나, 특히 과일을 시럽 등에 졸일 때 이 도구들이 필요하다.

믹싱 볼. 플라스틱보다는 금속이나 강화유리로 된 것이 더 좋으며 두 가지 다 있으면 더욱 좋다. 적어도 대형 한 개, 중소형 두세 개는 가지고 있어야 하며 아주 작은 유리 볼도 6개쯤 있으면 좋다.

유산지 그리고/또는 실리콘 베이킹 매트. 둘 다 반죽이 오븐용기에 붙지 않도록 해주는 역할을 한다. 케이크 팬이나 로프 팬에는 무표백 유산지(절단된 것이 롤보다 편하다)를 사용하되, 베이킹 팬에는 재사용이 가능한 실리콘 베이킹 매트를 하나 구입해서 쓰는 것을 추천한다.

페이스트리 브러시. 부드러운 천연 모로 된 2.5~4cm 너비의 브러시가 하나쯤은 필요할 것이다. 특히 달걀물을 바르는 데 썼을 때는 사용 후 잘 세척해 말려두어야 한다.

피자 커터나 페이스트리 휠. 휠 커터는 페이스트리 반죽을 깔끔하고 빠르게 다듬을 때 유용하며 곡선을 쉽게 자를 수 있다.

밀대. 여차하면 와인병을 이용할 수도 있지만, 단단한 나무 밀대가 있으면 원하는 대로 쉽게 반죽을 밀 수 있으며 견과류나 얼음을 으깰 때도 유용하다. 개인적으로는 양 끝으로 갈수록 가늘어지는 형태나 손잡이가 달린 것보다는 직선형의 원통 모양 밀대가 사용하기 편해서 더 선호하지만, 각자 가장 편안한 형태를 쓰면 된다.

자. 주방에서 자를 쓴다니 지나치게 까다롭다고 생각할 수도 있지만, 정확한 치수나 넓이를 꼭 알아야 하는 경우가 많다 (크루아상 반죽을 삼각형으로 자를 때처럼).

베이킹 팬. 테두리가 있는 46×33cm(18×13in) 크기의 표준 베이킹 팬은 2개 이상 가지고 있어야 한다. 그것은 저렴하고, 튼튼하고, 대부분의 가정용 오븐에 쓸 수 있으며 쿠키, 갈레트, 빵 등을 구울 때 꼭 필요하다. 더 작은 크기의 쿠키 팬이나 롤케이크용 팬을 써도 되지만, **부드럽고 바삭한 포카치아(289쪽)** 를 비롯한 이 책의 몇몇 레시피는 이 표준 팬에 맞게 개발되었다. 33×23cm(13×9in) 크기의 베이킹 팬 역시 저렴하고 튼튼하며, 견과류 굽기와 같은 소소한 작업을 하기에 적합하다.

소형 오프셋 스패출러. 정말 없어서는 안 될 주방 도구다. 케이크를 프로스팅하는 것에서부터 필링 펴 바르기, 틀 밖으로 튀어나온 반죽 자르기에 이르기까지, 안 쓰이는 곳이 없다.

계량컵과 계량스푼. 스테인리스 스틸 계량스푼 한 세트는 꼭 있어야 한다(개인적으로는 병 안에 들어가는 좁은 형태로 된 것을 선호한다). 마른 재료를 계량할 때는 스테인리스 스틸 계량컵 한 세트가 유용하며, 액체 재료의 경우에는 파이렉스(Pyrex)의 1컵 및 2컵들이 계량컵을 추천한다.

거품기. 중간 크기의 스테인리스 스틸 거품기는 필수품이다. 큰 거품기는 손으로 크림을 휘핑할 때 쓰기 좋으며, 작고 좁은 형태의 거품기는 냄비 구석구석을 휘저을 때 유용하다.

나무 스푼과 스패출러. 요리를 하거나 음식을 긁어낼 때 사용할 나무 스푼과 유연한 내열 스패출러를 하나씩 가지고 있어야 한다. 큰 스패출러는 반죽을 섞을 때 쓰기에도 좋다.

특수한 도구들

반드시 가지고 있어야 하는 것은 아니지만 이 책의 레시피들에서 종종 사용되는 도구들이다.

오븐용기. 올바른 오븐용기를 사용하는 것은 매우 중요하므로, 이것을 특수한 도구로 분류하고 각 레시피 상단의 준비할 도구 난에 적어두었다. 일반적으로 양극 산화 알루미늄(anodized aluminum, 표면에 산화 피막을 입혀 내구성을 높인 알루미늄-옮긴이) 팬을 선호하는 이유는 반응성이 없어서 균일하고 고르게 구워지기 때문이다. 옆면 높이가 5cm(2in) 이상이고 밝은색 금속 소재로 된 것으로 고르자. 색이 어둡고 논스틱 코팅이 된 것을 쓰면 결과물이 너무 빨리 갈색을 띠고 부푼 모양이 고르지 않을 수 있으므로 피하는 것이 좋다. 지름 23cm(9in) 팬이 적당한 크기라 가장 자주 사용하지만, 20cm(8in)나 25cm(10in) 팬이 필요한 때도 있다. 파이를 제외한 이 책의 모든 레시피는 금속 팬으로 테스트 되었다. 유리는 금속보다 더 천천히 가열되고 열을 더 오래 유지하므로 반죽의 가운데 부분이 완전히 익을 때쯤이면 바닥과 옆면이 타거나 푸석거리게 된다. 유리 팬밖에 없다면 오븐 온도를 15도 낮추어 좀 더 고루 구워지도록 하자. 이 책에서 사용되는 오븐용기들은 다음과 같다.

- 20×20cm(8×8in) 금속 베이킹 팬
- 20cm(8in) 금속 케이크 팬 3개(레이어 케이크용)
- 23cm(9in) 금속 케이크 팬 1개 이상
- 일반적인 23cm(9in) 유리 파이 접시(유리 소재라 바닥 부분이 타지 않는지 확인하기 쉽다)
- 밑판이 분리되는 23cm(9in) 타르트 팬
- 23cm(9in) 금속 스프링폼 팬(분리형 원형팬)
- 25cm(10in) 금속 케이크 팬
- 25cm(10in) 금속 스프링폼 팬
- 일반적인 금속 로프 팬(윗부분을 쟀을 때 11×22cm(4.5×8.5in))
- 33×23cm(13×9in) 금속 베이킹 팬
- 일반적인 12구 금속 머핀 틀
- 12컵 금속 번트 팬

조리 기구. 25cm짜리 오븐용 스킬렛(무쇠로 된 것을 추천함)은 각종 필링을 만들 때나 잉글리시 머핀을 구울 때도 필요하고 타르트 타탱, 콘브레드와 몇몇 케이크의 틀로도 쓰인다. **큰 더치 오븐**(베이글을 삶을 때 등)과 **큰 로스팅 팬**(중탕할 때)도 있으면 좋다.

푸드 프로세서. 푸드 프로세서로 하는 많은 일들은 수작업으로도 할 수 있지만 푸드 프로세서를 쓰는 것이 훨씬 더 빠르다. 크고 작은 작업들을 처리할 수 있고 자리도 많이 차지하지 않는 11컵 용량의 제품으로 고르자. 개인적으로는 채썰기와 슬라이스 기능이 있는 쿠진아트(Cuisinart) 제품을 선호한다.

조리용 디지털 온도계. 디지털 온도계는 레몬 커드 만들기처럼 온도에 민감한 작업을 할 때 온도를 빠르고 정확하게 알려준다 (온도계가 정확한지 확인하려면 끓는 물에 넣고 100도(화씨 212도)가 표시되는지 본다). 저렴한 모델이 많이 있으며 대부분의 디지털 온도계는 당과용 온도계(candy thermometer) 역할도 한다.

기타. 다음은 이 책에서 한두 번 쓸까 말까 하는 도구들이지만 가지고 있으면 편리하고 든든하다.
- 채칼
- 보호 장치가 달린 체리씨 제거기('다양한 기능을 갖추어야 한다'는 규칙에 유일하게 위배되는 도구)
- 원형 케이크 보드
- 주방용 토치
- 멜론 볼러
- 포테이토 매셔
- 스프링 달린 아이스크림 스쿱
- 물을 채운 분무기

짤주머니와 깍지. 짤주머니는 필수품은 아니지만 쓸모가 많은 편리한 도구 중 하나다. 일회용보다는 씻어서 재사용할 수 있는 대형(45cm 내외) 짤주머니를 추천한다. 다양한 크기의 원형 및 별 모양 깍지들은 다용도로 쓸 수 있으며 이 책에서도 그밖의 모양은 사용하지 않는다. 많은 경우에 대형 지퍼백을 짤주머니 대신 쓸 수도 있지만 내구성이 비교적 약하고 조절하기가 어렵다.

파이 누름돌(pie weights) 또는 말린 콩이나 쌀. 페이스트리 크러스트를 파베이크(parbake, 미리 80% 정도만 구워서 냉동하거나 식히는 것-옮긴이)할 때 반죽이 오븐 안에서 부풀어 오르지 않도록 누르는 데 사용한다. 쌀이나 말린 콩도 효과가 좋고 가격도 훨씬 저렴하므로 굳이 세라믹 누름돌을 사지 않아도 된다. 4컵 정도 있으면 23cm 크기의 파이 접시를 꽉 채울 수 있으며, 재사용이 가능하다.

스테인리스 스틸 원형 커터 세트. 다양한 크기의 쿠키나 빵 반죽을 찍어낼 때 유용하다. 유리컵을 뒤집어서 쓰는 등, 다른 주방 도구들을 이용할 수도 있지만 커터로 해야 가장자리가 제일 깔끔하고 날렵하게 잘린다.

스탠드 믹서 또는 핸드 믹서. 키친에이드(KitchenAid)사의 아티산(Artisan)은 틸트 헤드, 4.8리터 용량의 볼, 3가지 믹싱 부품을 갖춘 스탠드 믹서로 나를 포함한 여러 홈 베이커들이 흔히 사용한다. 구입하는 데 돈이 꽤 들지만 이것만큼 베이킹의 지평을 크게 넓힐 수 있는 장비가 없으며, 한 번 사면 오래 쓸 수 있다(수십 년까지는 아니더라도). 여러 레시피에서 스탠드 믹서 대신 핸드 믹서(개인적으로는 옥소(OXO)사 제품을 추천한다)를 사용해도 된다고 적어두었지만, 핸드 믹서는 힘이 훨씬 약해서 원하는 결과물을 얻기까지 더 오랜 시간이 걸린다.

일반 믹서 또는 핸드 블렌더. 이 책의 레시피들에서는 둘 중 어떤 것을 사용해도 좋다.

기본 재료

기본적으로 사두어야 할 가장 흔히 쓰이는 베이킹 재료들을 소개한다.

밀가루. 밀가루는 실온 보관이 가능하기 때문에 신선도와 품질이 중요한 식물성 제품이라는 사실을 잊는 사람들이 많다. 나는 가까운 곳에서 재배하고 도정한 밀가루를 즐겨 사용하는데, 그것이 풍미가 더 뛰어나기 때문이다. 그 대신 수분 흡수율과 단백질 함량이 천차만별이라 예측하기가 힘들다. 일관성은 레시피 테스트의 핵심이므로, 나는 항상 밀이나 그밖의 곡분들을 갖추고 있으며 흔히 구할 수 있는 킹 아서(King Arthur)사의 제품을 사용한다. 다음은 가장 많이 사용되는 밀가루들이다.

– **중력분(All-purpose flour)**은 말 그대로 다목적으로 사용할 수 있는 밀가루다. 영양가 있는 겨와 배아를 제거하고 전분질 배유(endosperm)만 남긴 것이다. 따라서 특유의 풍미가 거의 없고 잘 상하지 않으며 비교적 가볍고 부드러운 빵이나 과자를 만들 수 있다. 큼직한 밀폐 용기에 담아 서늘하고 건조한 곳에 보관한다. 킹 아서사의 중력분은 단백질 함량이 약 11.4%로 다른 브랜드 제품에 비해 약간 더 높다.

– **통밀가루**는 보통 밀의 모든 부분을 함유하고 있다. 중력분보다 수분 흡수율이 높으며, 더 고소하고 밀도 높은 결과물이 만들어진다. 통밀가루는 배아 속 기름 때문에 산패되기 쉬우므로 지퍼백에 담아 냉장 보관하고 6개월 이내에 사용하도록 한다.

– **통메밀가루, 스펠트밀가루, 호밀 가루**는 통곡물 베이킹의 인기에

힘입어 예전보다 쉽게 구할 수 있게 되었다. 글루텐을 거의 또는 아예 함유하지 않기 때문에 일반 밀가루와는 전혀 다르다. 그러나 중력분과 섞어서 사용하면 놀랄 만큼 풍부한 맛을 낼 수 있다. 통밀가루와 마찬가지로 냉장고에 보관해야 한다.

버터. 밀가루처럼 버터도 품질이 매우 다양하며, 합리적인 가격으로 구매할 수 있는 선에서 최상의 것을 사용해야 한다(이 책의 모든 레시피에서는 비교적 저렴하고 쉽게 구할 수 있는 브랜드의 버터를 사용했어도 좋은 결과가 나왔다). 일반적인 미국 버터에 비해 지방 함량이 높은 유럽식 버터를 쓴다면 오히려 더 좋다. 브랜드에 따라 맛과 질감은 크게 달라진다. 예를 들어, 부드러운 유럽식 버터는 파이 반죽을 만들어 밀면 길쭉한 자국이 되는 반면 일반적인 미국 버터는 분리된 조각들로 남아 있다(둘 다 좋다!). 레시피마다 필요한 소금의 양이 정해져 있으므로 무염 버터를 사용하도록 하자.

설탕. 지난 몇 년 동안 단맛을 줄인 디저트를 지향하는 추세가 이어져 왔으며, 나 역시 그런 디저트를 선호하는 편이다. 그러나 많은 경우 설탕이 어느 정도는 들어가야 맛과 질감이 제대로 나기 때문에 이 책의 레시피에는 꼭 필요한 양만큼만 넣었다. 따라서 레시피에 나와 있는 설탕량을 줄이는 행동은 결과에 악영향을 줄 수 있으므로 권장하지 않는다.

– **백설탕, 황설탕, 흑설탕, 그리고 슈거파우더(powdered sugar)**: 어느 브랜드 것이라도 좋다. 황설탕과 흑설탕은 차이가 있으므로 주의하자. 보통은 서로 대체가 가능하지만 맛과 질감은 약간 달라진다.

- 데메라라 설탕과 샌딩 설탕(sanding sugar): 결정이 더 큰 설탕들로 주로 마지막에 뿌려 바삭함, 반짝임, 약간의 단맛을 더하기 위해 사용한다. 데메라라 설탕은 부분적으로만 정제되어 당밀의 풍미가 은은하게 느껴지며, 샌딩 설탕은 정제당이라 별다른 풍미는 느껴지지 않는다.

달걀. 라벨을 보고 고르려면 혼란스러울 수 있지만, 가능한 한 품질이 좋은 것으로 구매하고 가급적 동물복지에 신경을 쓰는 브랜드의 것을 고른다(동물복지 인증 마크가 있는 것). 나는 베이킹을 할 때 대란만 사용한다. 대란과 특란은 차이가 크므로 1대 1로 대체해서는 안 된다.

코셔 소금(Kosher salt). 소금은 다른 모든 재료의 풍미를 돋우기 때문에 베이킹에서 아주 중요하다. 소금이 부족하면 맛이 밋밋해진다. 이 책의 레시피들은 많은 양의 설탕에 의존해 풍미를 내지는 않으므로(소금과 마찬가지로 설탕도 향미 증진제 역할을 한다) 이를 보상할 만한 양의 소금이 필요하다. 그 양을 줄이려다 보면 실망스러울 정도로 싱거운 맛이 날 수 있으니 그러지 말기를. 식탁용 소금은 미네랄이 제거된 상태인 데다 금속 맛이 나기 때문에, 나는 베이킹을 할 때 코셔 소금만 쓴다. 모든 레시피에는 다이아몬드 크리스털(Diamond Crystal) 사의 코셔 소금을 사용하는데, 고운 플레이크 형태의 질감이 마음에 들어서다.

- 다이아몬드 크리스털 vs. 몰튼(Morton): 코셔 소금의 결정 구조는 브랜드마다 다르며 레시피의 짠맛에 큰 영향을 줄 수 있다는 것에 유의하자. 예를 들어, 몰튼 사의 코셔 소금은 입자가 비교적 둥글고 굵어서 다이아몬드 크리스털 사의 것보다 더 잘 뭉치기 때문에, 몰튼 소금 1작은술이 다이아몬드 크리스털 소금 1작은술보다 더 짜다(식탁용 소금 1작은술을 사용한다면 그 차이는 더 클 것이다). 몰튼 소금을 사용한다면 그러한 밀도 차를 상쇄하기 위해 양을 절반으로 줄여야 한다. 이 책의 레시피들은 간이 충분히 맞춰져 있기 때문에 그 조절 단계를 생략하면 짜서 못 먹게 될지도 모른다.

바닐라. 인공 바닐라 향이 아닌 **순수 바닐라 익스트랙트만** 사용하고, **바닐라 빈**은 통통하고 부드러우며 톡 쏘는 향이 나는 것으로 고르자. 두 가지 모두 공정 무역 상품으로 찾도록 하자.

바닐라 빈은 너무 비싸므로, 빈 꼬투리는 버리지 않고 보드카와 소량의 바닐라 익스트랙트를 넣은 유리병에 담가 둔다. 그러면 바닐라 빈 향이 액체에 우러나 홈메이드 바닐라 익스트랙트가 되며, 이것은 실온에 수년간 보관이 가능하다(꼬투리가 담긴 채로).

초콜릿과 코코아 가루. 초콜릿 역시 저장 식품으로 여기기 쉬우나 사실 식물성 식품이다. 공장에서 생산된 저렴한 초콜릿 칩에서부터 개당 1만 5천 원이 넘는 싱글 오리진(single-origin, 단일 품종) 수제 초콜릿 바에 이르기까지 품질과 가격이 다양하다. 베이킹을 할 때는 그 중간 정도 되는 초콜릿을 사용하도록 한다.

- 다크, 밀크, 화이트 초콜릿: 디스크(원반)나 '페브(féves, 콩)', 또는 블록 형태로 판매되는 초콜릿을 사용하자. 다크 초콜릿의 경우 카카오 함량이 68%를 넘지 않는 것을 사용하는데, 그 이상은 너무 쓰기 때문이다. 개인적으로 기타드(Guittard), 발로나(Valrhona), 칼리바우트(Callebaut) 사의 것을 주로 쓴다. 칩 형태로 된 것에는 초콜릿의 농도와 녹는 성질에 영향을 미치는 유화제가 들어 있으므로 사용하지 않는다.

- 무가당 코코아 가루: 주로 사용되는 두 종류는 생 코코아 가루와 더치 프로세스(Dutch process) 코코아 가루다. 개인적으로 더 선호하는 더치 프로세스 코코아는 알칼리 처리를 통해 생 코코아의 자연 산도를 중화시켜 더 깊은 맛이 나도록 한 것이다. 더치 프로세스와 생 코코아 가루는 산도가 달라 화학적 팽창제에도 다르게 반응하므로, 둘 중 하나를 다른 것으로 대체하기란 쉽지 않다. 보통은 레시피에서 요구하는 것으로 사용하면 된다. 당신이 가지고 있는 것이 더치 프로세스인지 잘 모르겠다면 성분표에 '알칼리(alkali)'라는 말이 적혀 있는지 확인해 보자.

견과류 및 씨앗류. 베이킹에는 아몬드, 헤이즐넛, 피칸, 호두, 피스타치오, 코코넛, 양귀비씨, 호박씨, 참깨 등을 비롯한 다양한 견과류 및 씨앗류가 사용된다. 이들은 지방 함량이 높아 산패되기 쉬우므로 밀폐 용기에 담아 냉동 보관해야 한다(견과류 가루들도 마찬가지). 그러므로 진열되거나 대량 포장된 상태로 오랜 기간이 지난 상품은 사지 않도록 주의해야 한다. 대부분은 구워서

사용하면 풍미가 한결 좋아진다. 냉동 상태의 견과류 및 씨앗류는 오븐에서 굽는 데 몇 분 더 걸린다는 것을 유념하자.

술. 브랜디, 럼, 위스키를 가장 많이 사용한다. 값비싼 술이 지닌 미묘한 차이는 베이킹 도중에 사라지기 때문에 최고급 브랜드 제품까지 쓸 필요는 없으며, 칵테일로 마실 만한 좋은 품질의 제품을 사용하면 된다. 술을 마시지 않아서 고작 몇 숟가락 쓰려고 한 병을 사기가 아깝다면, 50ml짜리 미니 사이즈를 구매하면 좋다.

팽창제. 베이킹 중에 빵, 케이크, 쿠키를 '부풀리는' 가스를 생성해 더 가볍고 폭신한 질감을 만들어주는 재료다.

- **화학적 팽창제:** 베이킹파우더와 베이킹소다는 모두 수분과 열을 만나면 다른 재료들과 반응해 이산화탄소를 생성하는 화학적 팽창제다. 이들은 레시피의 산도(acidity)에 따라 다르게 반응하며 서로 대체될 수 없다. 베이킹파우더는 알루미늄 프리 제품을 사용하되, 베이킹소다는 아무거나 써도 된다.

- **이스트:** 시판 이스트 중 가장 흔한 것이 활성 드라이 이스트라서 이 책에서는 그것을 사용한다. 이스트 반죽의 풍미는 길고 느린 발효 과정을 거치며 향상되게 마련이라서, 나는 비교적 적은 양의 이스트로 시간적 여유를 두고 발효시키는 편이다. 활성 건조 이스트는 부패하기 쉬우므로 신선도를 유지하려면 냉장 보관해야 한다. 사용 전에는 그 과립을 물이나 우유와 같은 따뜻한 액체에 녹여야 활성화된다. 이스트는 설탕을 만나면 (우유 속 유당이나 첨가된 설탕) 거품을 내기 시작한다. 이것이 바로 이스트가 살아 있음을 확인하는 '활성화 테스트(proofing)' 방법이다. 따뜻한 액체에 이스트를 녹이면 액체가 탁해질 뿐, 거품이 많이 나지는 않는다. 99%의 경우에는 이스트가 잘 살아 있으므로 굳이 '활성화 테스트'를 할 필요는 없다. 온도가 50도가 넘는 뜨거운 액체에 녹이면 이스트가 죽을 수 있으므로 주의해야 한다. 활성 드라이 이스트는 동량의 인스턴트 드라이 이스트로 대체가 가능하며, 이때에는 활성화 테스트 없이 바로 넣는다(이스트를 녹이는 데 사용된 액체와 함께). 'fast-acting (속효성)'이라고 적힌 이스트를 활성 드라이 이스트 대신 사용해서는 안 된다.

제철 재료와 지속 가능성에 관하여

내 베이킹 철학의 핵심은 가능한 한 제철 재료나 가까운 지역에서 재배된 농산물을 사용하는 것이다. 이 책은 제철 재료 베이킹만 다루는 책은 아니지만(사실 대부분의 레시피는 '늘푸른나무'와 같아서 연중 어느 때나 만들 수 있다), 레시피의 상당 부분은 특정 기간만 구할 수 있는 과일이나 채소를 사용한다.

제철 재료를 이용하면 보다 의미 있고 활기찬 베이킹을 할 수 있을 뿐만 아니라 환경에도 더 유익하다. 겨울에 남반구산 베리로 **블랙베리 캐러멜 타르트**(99쪽)를 만들면 맛도, 지속 가능성도 덜해지게 된다. 베이킹과 요리를 해온 시간 동안 나는 장을 보거나 주방에서 일할 때 나름대로 환경에 미치는 영향을 줄이려고 노력했지만, 이 책을 쓰기 위해 레시피 테스트를 하면서 그 노력이 충분치 못했다는 생각을 하게 되었다. 비록 매번 다 지킬 수는 없겠지만, 실행에 옮기기 쉬우면서도 실용적인 제안을 몇 가지 하고자 한다.

가능하면 가까운 곳에서, 의식적으로 구매하자. 인근 농산물 직판장에서 장을 보면 일반 마트에서 살 때보다 가격은 더 비쌀지 몰라도, 그밖에는 모든 면에서 더 좋다. 지역 농부들을 도울 수 있고, 물건이 더 신선하며 유기농 또는 지속 가능한 방식으로 재배되었을 가능성이 크기 때문이다. 베이킹을 할 때는 재료를 생으로, 혹은 통째로 쓰는 경우는 드물므로, 못생겼다는 이유만으로 버려질 위기에 처한 흠과를 구매해도 좋다. 초콜릿, 커피, 바닐라처럼 열대 기후에서만 나는 재료를 구매할 때는 공정 무역 인증을 받았는지 확인하자.

음식과 에너지 낭비를 줄이도록 노력하자. 당신이 사는 동네에서 음식물 쓰레기를 모으는 퇴비화 프로그램을 운영하는지 확인하고

(가져가기 전까지는 냉동실에 보관한다), 그렇지 않다면 집에서 퇴비화를 시작해 보자. 요리나 베이킹 전에 장을 보러 갈 때는 미리 계획을 세워 음식이 상하는 일을 방지하자. 재료가 상할까 봐 걱정된다면 바로 요리해 먹거나 냉동시켜 보관 기한을 늘리면 된다. 모든 용기는 재활용하고 과도한 포장은 피한다. 장을 볼 때는 장바구니를 꼭 챙겨서 물건을 비닐봉지에 바리바리 싸 오는 일이 없도록 하자.

일회용 종이, 비닐 랩, 유산지, 은박지의 사용을 줄이자. 비닐 랩, 은박지, 유산지는 이 책의 레시피들에서도 자주 사용되지만, 보통 한 번 쓰고 나면 버려진다. 집에서 재사용이 가능한 도구들로 대체하는 방법은 다음과 같다.

– 키친타월은 재활용 제품으로 바꾸고 가능하면 종이 대신 천으로 된 것을 사용한다.

– 짤주머니는 일회용 말고 재사용이 가능한 것을 사용한다.

– 베이킹 팬에 유산지 대신 실리콘 베이킹 매트를 깐다(실팻 (Silpat) 사의 제품을 추천한다). 값이 비싸지만 영구적으로 쓸 수 있으며 99%의 경우 달라붙지 않는다.

– 그릇을 덮어둘 때는 비닐 랩 대신 접시를 뒤집어 사용하거나, 씻어서 다시 쓸 수 있는 다양한 크기의 비닐 덮개(기본적으로는 샤워 캡, 온라인에서 구매 가능)를 사용하도록 한다. 베이킹 팬을 덮을 때는 먼저 젖은 주방용 수건으로 위를 덮은 다음 다른 베이킹 팬을 뒤집어 뚜껑처럼 덮는다. 이렇게 하면 밀봉 효과가 나서 팬 위에 있는 것들이 마르는 것을 방지할 수 있다.

– 은박지나 비닐 랩은 한 번 쓰고 버리지 말고 씻어서 최대한 여러 번 재사용한다.

로프 케이크와
싱글 레이어 케이크

번잡하지 않은 단층 케이크나 로프 케이크는 내가 가장 좋아하는 디저트이다.
이 장의 케이크들은 헐렁한 점프수트와 같이 편안하고 우아하며 힘이 거의 들지
않는다. 미리 계획하지 않아도 원할 때 후딱 만들 수 있는 동시에, 디너파티에
내도 될 만큼 괜찮다. 생과일이 많이 들어간다는 것도 내가 이 레시피들을
굽고, 먹고, 대접하는 걸 좋아하는 이유 중 하나다. 간단하지만 인상적인 것을
만들고 싶어 하는 초보자들에게(베테랑들에게도 같은 이유로) 이 케이크들을
추천한다.

와인에 졸인 자두를 넣은 마스카르포네 케이크(47쪽)

향긋한 호밀 꿀 케이크

로프 1개분

준비할 도구:

11×22cm(4.5×8.5in) 로프 팬
(윗부분을 쟀을 때)

팬에 바를 중성유(neutral oil)

중력분 1⅓컵(173g)

호밀 가루 ¼컵(33g)①

베이킹파우더 1½작은술(6g)

다이아몬드 크리스털 코셔 소금 ¾작은술

계핏가루 1작은술

올스파이스 가루 ¼작은술

너트메그 가루 ¼작은술(바로 갈아 쓰면 더
좋음)

정향가루 ⅛작은술

대란 2개(100g), 실온 상태로 준비

설탕 ¼컵(50g)

곱게 간 레몬 껍질 2작은술

꿀 ½컵(170g)과 토핑용 소량②

채종유나 포도씨유와 같은 중성유 ½컵
(113g)

무가당 사과 소스나 배 소스 ½컵(100g)

나팔절(Rosh Hashanah)은 유대교의 새해에 해당하는 명절로, 사람들은 사과를 꿀에 찍어 먹으며 달콤한 한 해가 펼쳐지기를 기원한다. 하지만 나팔절은 유대인들이 퍽퍽하고 맛없는 꿀 케이크를 전통이라는 이유로 마지못해 먹어야 하는 때이기도 하다. 이러한 문제를 해결하기 위해 호밀 가루와 꿀을 넣은 프랑스의 향신료 빵, 팽 데피스(pain d'épice)에서 영감을 얻은 케이크를 만들었다. 꿀을 줄이는 대신 설탕을 넣고, 호밀 가루의 비율을 줄이고, 부드러움을 더하기 위해 사과 소스나 배 소스를 추가해야 했지만, 덕분에 나팔절은 물론이고 언제든지 자랑스럽게 내놓을 만한 꿀 케이크가 완성되었다.

오븐 예열 및 팬 준비: 오븐 선반을 가운데 칸에 끼우고 오븐을 177도(화씨 350도)로 예열한다. 로프 팬 바닥과 옆면에 기름을 바른다. 바닥과 양쪽의 긴 옆면에 유산지를 깔되, 양 끝은 팬 높이보다 2.5~5cm쯤 길게 여유분을 남긴다.

마른 재료 섞기: 큰 볼에 중력분, 호밀 가루, 베이킹파우더, 소금, 계핏가루, 올스파이스 가루, 너트메그 가루, 정향가루를 넣고 휘저어 섞은 다음 한쪽에 둔다.

젖은 재료 섞기: 다른 큰 볼에 달걀을 넣고 노른자와 흰자가 섞이도록 잠시 휘젓는다. 여기에 설탕, 레몬 껍질, 꿀 ½컵을 넣은 다음 매끈하고 약간 걸쭉해질 때까지 약 30초간 세게 휘젓는다. 계속 휘저으며 기름 ½컵을 천천히 부어 섞고, 사과 소스를 넣어 휘젓는다.

마른 재료에 젖은 재료 섞기: 가루 혼합물의 한가운데를 움푹하게 만든 다음 거기에 젖은 재료를 붓는다. 가루가 보이지 않을 때까지 살살 섞어 매끈한 반죽을 만든다.

팬에 채워 굽기: 준비해 둔 로프 팬에 반죽을 부은 다음 윗부분이 부풀어 오르고 갈라진 모양이 나며 케이크 테스터나 이쑤시개로 가운데를 찔러보았을 때 아무것도 묻어나지 않을 때까지 50~60분간 굽는다. 케이크를 팬 안에서 20분 이상 식힌 후, 과도나 소형 오프셋 스패출러로 팬의 짧은 옆면과 케이크 사이를 자른다. 유산지를 들어 케이크를 팬에서 빼낸 다음 식힘망 위에서 완전히 식힌다.

완성: 식힌 케이크를 자른 후 꿀을 뿌린다.

알아두기

이 케이크는 잘 싸서 실온에 두면 4일까지 보관이 가능하다.

① 호밀 특유의 구수함과 짭짜름한 풍미를 좋아하지 않는다면 호밀 가루의 비율을 늘리지 말 것. 하지만 맛에 약간 변화를 주려면 스펠트밀가루, 메밀가루나 통밀가루를 호밀 가루 대신 사용할 수도 있다.

② 이 케이크가 지닌 복합적인 맛의 대부분은 꿀 자체에서 비롯되므로 가능한 한 진한 맛이 나는 양질의 꿀을 사용하자. 단, 메밀꿀이나 밤꿀은 너무 강하므로 사용하지 않는다.

아몬드 버터 바나나 빵

로프 1개분

준비할 도구:

11×22cm(4.5×8.5in) 로프 팬

(윗부분을 쟀을 때)

팬에 바를 코코넛오일

아몬드 버터 3큰술과 ⅓컵(130g)①

설탕 1큰술과 ⅔컵(143g)

버진 코코넛오일 1작은술과 ½컵(115g),

살짝 데워 액화시킨 것②

중력분 1⅓컵(173g)③

베이킹파우더 1작은술(4g)

다이아몬드 크리스털 코셔 소금 1작은술(3g)

베이킹소다 ½작은술

카다멈(cardamom)가루 ¼작은술

대란 2개(100g), 차가운 상태로 준비

바나나 으깬 것 1컵(227g), 농익은 큰 바나나

2개 사용④

플레인 그릭 요거트 ⅓컵(80g)

바닐라 익스트랙트 1작은술

구운 무염 아몬드 ½컵(60g, 선택 사항), 굵게

다진 것

이 단순한 바나나 빵은 쉬운 게 제일 어렵다는 것을 아주 잘 보여준다. 익은 바나나, 그릭 요거트, 코코넛오일, 아몬드 버터 등, 들어가는 재료는 몇 가지 안 되지만 비율을 약간만 바꿔도 전혀 다른 결과가 나온다. 요소들 간의 적절한 균형을 맞추기 위해 여러 번의 조정이 필요했지만 결국 부드러움, 촉촉함, 기분 좋은 달콤함에 아몬드 버터의 짭짤함까지 더해진 케이크가 탄생했다.

오븐 예열 및 팬 준비: 오븐 선반을 가운데 칸에 끼우고 오븐을 177도(화씨 350도)로 예열한다. 로프 팬 바닥과 옆면에 코코넛오일을 바른다. 바닥과 양쪽의 긴 옆면에 유산지를 깔되, 양 끝은 팬 높이보다 2.5~5cm쯤 길게 여유분을 남긴다.

아몬드 버터 휘젓기: 작은 볼에 아몬드 버터 3큰술, 설탕 1큰술, 코코넛오일 1작은술을 넣고 매끈한 상태가 될 때까지 휘젓는다. 한쪽에 둔다.

마른 재료 섞기: 큰 볼에 밀가루, 베이킹파우더, 소금, 베이킹소다, 카다멈 가루를 넣고 섞은 다음 한쪽에 둔다.

젖은 재료 섞기: 중간 크기의 볼에 달걀을 넣고 노른자와 흰자가 섞이도록 휘젓는다. 여기에 남은 설탕 ⅔컵(130g)을 넣은 다음 매끈하고 살짝 걸쭉해질 때까지 약 30초간 세게 휘젓는다. 으깬 바나나, 그릭 요거트, 바닐라 익스트랙트, 남은 아몬드 버터 ⅓컵(83g), 코코넛오일 ½컵(110g)을 넣고 매끈한 상태가 될 때까지 세게 휘젓는다(바나나 덩어리들이 조금 보여도 괜찮다).

마른 재료에 젖은 재료 섞기: 마른 재료가 든 볼에 젖은 재료 혼합물을 부은 다음 가루가 보이지 않는 매끈한 반죽이 될 때까지 살살 섞는다. 여기에 구운 아몬드를 넣고(선택 사항) 유연한 스패출러로 볼의 바닥과 옆면을 긁어가며 골고루 잘 섞는다.

팬에 반죽을 채우고 소용돌이무늬 내기: 준비해 둔 팬에 반죽을 긁어 부은 다음 윗면을 매끈하게 정리한다. 반죽 위에 준비해 둔 아몬드 버터 혼합물을 티스푼으로 한 덩이씩 떠서 올린 뒤, 이쑤시개나 과도 끝부분을 이용해 반죽 표면에 8자 소용돌이 모양을 낸다.

알아두기
이 케이크는 잘 싸서 실온에 두면 4일까지 보관이 가능하다.

① 천연 아몬드 버터를 사용하고 기름과 고형분이 잘 섞이도록 저어서 계량한다.

② 코코넛의 맛을 좋아하지 않거나 빵에서 코코넛 맛이 나지 않는 편을 선호한다면 정제 코코넛오일을 사용한다.

구워서 식히기: 윗부분이 부풀어 오르고 갈라진 모양이 나며 케이크 테스터나 이쑤시개로 가운데를 찔러보았을 때 아무것도 묻어나지 않을 때까지 60~70분간 굽는다. 빵을 오븐에서 빼낸 뒤 팬 안에서 20분 이상 식힌 다음 과도나 소형 오프셋 스패출러로 팬의 짧은 옆면과 빵 사이를 자른다. 유산지를 들어 빵을 팬에서 빼낸 다음 식힘망 위에서 완전히 식힌 뒤 자른다.⑤

③ 중력분의 절반을 동량의 통밀가루로 바꾸면 더 밀도 높고 고소하며 복합적인 맛이 나는 빵이 된다.

④ 농익은 바나나가 바나나 빵을 더욱 달콤하게 만들어 주므로, 며칠간 실온에서 후숙되며 검은 점이 많이 생긴 바나나를 쓰도록 한다.

⑤ 간단한 식사로 먹으려면 코코넛오일을 두른 팬에 바나나 빵 한 조각을 구운 다음 아몬드 버터를 듬뿍 바르고 플레이크 소금을 뿌린다.

양귀비씨 아몬드 케이크

케이크 1개분

준비할 도구:

스탠드 믹서나 핸드 믹서, 12컵 번트 팬①

케이크

팬에 바를 중성유와 중력분

백설탕 2⅓컵(465g)

양귀비씨 2큰술(17g)

베이킹파우더 1½작은술(6g)

다이아몬드 크리스털 코셔 소금 1작은술(3g)

중력분 3컵(390g)

우유 1½컵(360g)

채종유나 포도씨유와 같은 중성유 1⅓컵
(288g)

대란 3개(150g)

바닐라 익스트랙트 1½작은술

아몬드 익스트랙트 1½작은술

글레이즈

슈거파우더 ¾컵(90g)

오렌지 주스 ¼컵(57g)

버터 2작은술, 녹인 것

바닐라 익스트랙트 ½작은술

아몬드 익스트랙트 ½작은술

이 케이크는 나에게 더할 나위 없이 소중하다. 어린 시절 천 번쯤은 먹어봤지만 조금이라도 싫었던 적이 한 번도 없었다. 이 레시피는 내가 뱃속에 있었을 때 엄마가 친구인 그로스먼 부인으로부터 받은 것이다. 아몬드 익스트랙트의 풍미가 두드러지므로 그 점이 싫다면 이 케이크는 당신과는 맞지 않는다. 기름과 설탕이 많이 들어가 부드럽고 촉촉한 질감이 나며, 만들기도 간단해서 재료를 다 넣고 섞기만 하면 된다. 부디 아무것도 바꾸지 말고 이대로 만들어 보기를 바란다.

오븐 예열 및 팬 준비: 오븐 선반을 가운데 칸에 끼우고 오븐을 177도(화씨 350도)로 예열한다. 번트 팬 안쪽에 기름을 넉넉히 바른다. 팬의 바닥과 옆면, 중앙의 튜브 부분에 밀가루를 골고루 뿌린 다음 뒤집어서 한 번 털어낸다.②

설탕과 마른 재료 섞기: 패들을 끼운 스탠드 믹서의 볼(핸드 믹서를 쓸 때는 큰 볼)에 백설탕, 양귀비씨, 베이킹파우더, 소금, 밀가루를 넣고 섞는다.

젖은 재료 넣고 섞기: 같은 볼에 우유, 기름, 달걀, 바닐라 익스트랙트, 아몬드 익스트랙트를 넣고 저속으로 살짝 섞는다. 속도를 중고속으로 높여 반죽이 아주 매끈하고 걸쭉해질 때까지 약 2분간(핸드 믹서일 때는 1분 정도 더 오래) 섞는다.

팬에 채워 굽기: 준비해 둔 팬에 반죽을 깨끗이 긁어 담는다. 윗부분이 부풀고 갈라진 모양이 나고 짙은 황갈색을 띠며 케이크 테스터나 이쑤시개로 가장 깊숙한 부분을 찔러보았을 때 아무것도 묻어나지 않을 때까지 80~90분간 굽는다. 케이크를 팬 안에서 15분간 식힌다.

케이크 뒤집어 구멍 내기: 버터나이프나 소형 오프셋 스패출러로 번트 팬의 안쪽, 바깥쪽 테두리를 따라 잘라 케이크가 틀에서 떨어지도록 한다. 식힘망 위에서 팬을 뒤집은 다음 망을 내리쳐 케이크가 팬에서 떨어지도록 한다. 팬을 빼낸 뒤 꼬치나 이쑤시개로 케이크 윗면 전체를 콕콕 찌른다. 테두리가 있는 베이킹 팬에 식힘망을 올려(떨어지는 글레이즈를 받기 위해) 한쪽에 둔다.

글레이즈 만들기 및 완성: 중간 크기의 볼에 슈거파우더, 오렌지 주스, 녹인 버터, 바닐라 익스트랙트, 아몬드 익스트랙트를 넣고 매끈한 상태가 되도록 휘젓는다. 브러시로 케이크 윗면에 글레이즈를 발라 스며들도록 한다. 이때, 베이킹 팬에 떨어진 글레이즈는 모아서 다시 케이크에 바른다. 케이크를 완전히 식힌다.

알아두기

이 케이크는 잘 싸서 실온에 두면 5일간 보관이 가능하다.

① 번트 팬이 없으면 기본 사이즈의 로프 팬 2개를 사용해도 된다. 로프 팬에 기름칠을 하고 유산지를 깐 다음 반죽을 절반씩 나누어 담는다. 오븐 안에 나란히 넣고 케이크 테스터에 아무것도 묻어나지 않을 때까지 75~80분간 굽는다.

② 번트 팬에 기름을 바르고 밀가루를 뿌릴 때는 한 곳도 빠짐없이 구석구석 다 하도록 한다. 복잡한 무늬가 있는 팬을 사용한다면 기름 대신 실온 상태의 버터를 쓰는 것이 좋은데, 버터는 팬에 더 두껍게 발리고 윤활제 역할도 더 잘하기 때문이다.

단호박 강황 티 케이크

로프 1개분

준비할 도구:

11×22cm(4.5×8.5in) 로프 팬

(윗부분을 쟀을 때)

팬에 바를 코코넛오일

껍질을 깐 호박씨 ¼컵(40g)

중력분 1½컵(200g)

베이킹파우더 1½작은술(6g)

강황 가루 1작은술

다이아몬드 크리스털 코셔 소금 ¾작은술

가람 마살라 ½작은술①

대란 2개(100g), 실온 상태로 준비

메이플시럽 2큰술(35g)

바닐라 익스트랙트 1작은술

설탕 ¾컵과 2큰술(175g)

버진 코코넛오일 ½컵(110g), 살짝 데워

액화시킨 것②

익혀서 으깬 단호박 1컵(232g)③

좀 더 흥미로운 느낌의 호박빵을 원했는데, 단호박이 바로 그 답이었다. 강황과 약간의 가람 마살라를 더하니 의외로 복합적인 로프 케이크가 되었다. 호박을 요리할 때는 통째로 굽는 것이 좋다. 단단하고 매끈한 겉면에 구멍을 몇 개 낸 다음 은박지를 깐 베이킹 팬에 올려 218도(화씨 425도) 오븐에 넣고, 꼬치로 찔러보았을 때 부드럽게 쑥 들어갈 때까지 약 90분간(중간 크기 호박의 경우) 굽는다.

오븐 예열 및 팬 준비: 오븐 선반을 가운데 칸에 끼우고 오븐을 177도(화씨 350도)로 예열한다. 로프 팬 바닥과 옆면에 코코넛오일을 바른다. 바닥과 양쪽의 긴 옆면에 유산지를 깔되, 양 끝은 팬 높이보다 2.5~5cm쯤 길게 여유분을 남긴다.

호박씨 굽기: 테두리가 있는 작은 베이킹 팬에 호박씨를 고루 뿌려 노릇한 색이 나고 부풀어 오르며 터지기 시작할 때까지 5~7분간 굽되, 중간에 팬을 한 번 흔들어준다. 한쪽에 식혀 둔다.

마른 재료 섞기: 큰 볼에 밀가루, 베이킹파우더, 강황 가루, 소금, 가람 마살라를 넣고 섞는다. 한쪽에 둔다.

젖은 재료 섞기: 다른 큰 볼에 달걀을 넣고 노른자와 흰자가 섞이도록 잠시 휘젓는다. 여기에 메이플시럽, 바닐라 익스트랙트, 설탕 ¾컵(150g)을 넣은 다음 매끈하고 살짝 걸쭉해질 때까지 약 30초간 세게 휘젓는다. 계속 휘저으며 코코넛오일을 천천히 부어 잘 섞는다.④ 으깬 단호박을 넣고 매끈한 상태가 될 때까지 섞는다(덩어리들이 조금 보여도 괜찮다).

마른 재료에 젖은 재료 섞기: 가루 혼합물의 한가운데를 움푹하게 만든 다음 거기에 단호박 혼합물을 붓는다. 가루가 보이지 않는 매끈한 상태가 될 때까지만 살살 섞는다. 구운 호박씨를 넣고 섞는다.

팬에 채워 굽기: 준비해 둔 팬에 반죽을 긁어 부은 다음 윗면을 매끈하게 정리한다. 남은 설탕 2큰술을 뿌린다. 윗부분이 부풀어 오르고 갈라진 모양이 나며 케이크 테스터나 이쑤시개로 가운데를 찔러보았을 때 아무것도 묻어나지 않을 때까지 55~65분간 굽는다. 케이크를 팬 안에서 20분 이상 식힌 다음 과도나 소형 오프셋 스패출러로 팬의 짧은 옆면과 케이크 사이를 자른다. 유산지를 들어 케이크를 팬에서 빼낸 다음 식힘망 위에서 완전히 식힌다.

알아두기

이 케이크는 잘 싸서 실온에 두면 4일간 보관이 가능하다.

① 가람 마살라를 구할 수 없거나 그 향을 좋아하지 않는다면 생략하고, 대신 계핏가루 1½작은술을 넣는다.

② 코코넛의 맛을 좋아하지 않는다면 정제 코코넛오일이나 채종유를 사용한다.

③ 단호박을 동량의 통조림 호박으로 대체하면 밑준비가 필요 없는 레시피가 된다. 군고구마를 으깨서 사용해도 좋다.

④ 코코넛오일을 달걀과 설탕이 든 혼합물에 섞을 때 굳어서 작은 덩어리들이 생길 수도 있지만(달걀에 찬 기운이 남아 있으면 이럴 수 있다) 구울 때 녹아 없어지므로 괜찮다.

오향 감 케이크

로프 1개분

준비할 도구:
핸드 블렌더,
11×22cm(4.5×8.5in) 로프 팬
(윗부분을 쟀을 때)

팬에 바를 중성유와 데메라라 설탕
호두 반태 또는 피칸 1컵(115g)
잘 익은 큰 대봉감 2개①
베이킹소다 1작은술(6g)
중력분 1¾컵(228g)②
오향 가루 2작은술③
다이아몬드 크리스털 코셔 소금 1작은술(3g)
베이킹파우더 ½작은술
백설탕 1컵(200g)
채종유나 포도씨유와 같은 중성유 ½컵
(113g)
대란 2개(100g)
곱게 간 오렌지 껍질 1작은술
오렌지 주스 ¼컵(57g)
바닐라 익스트랙트 1작은술
잘 익은 중간 크기 단감 1개(선택 사항),
아주 얇은 원형 조각 8장으로 잘라서 준비
데메라라 설탕, 굽기 전에 반죽 위에 뿌릴 것

꼭 금구슬 같은 감을 처음 접한 건 제임스 비어드(James Beard)의 감 빵 레시피에서였다. 수년 전 페이스트리 셰프 겸 요리책 저자인 데이비드 리보비츠(David Lebovitz)의 웹사이트에서 그 레시피를 발견하고는 직접 만들어 보았던 것이다. 리보비츠는 감이 마치 물풍선처럼 흐물흐물하게 부풀 때까지 두었다가 써야 한다고 설명했고(좀 더 길쭉하고 끝이 뾰족한 대봉감이 여기에 해당하며, 둥근 모양의 단감은 익어도 단단하다), 나는 감 그 자체에 이미 끌렸다. 비어드의 레시피에서 영감을 받아 젤리 같은 감 과육이 수분감과 자연스러운 단맛을 더하는 이 속성빵을 만들어냈다.

오븐 예열 및 팬 준비: 오븐 선반을 가운데 칸에 끼우고 오븐을 177도(화씨 350도)로 예열한다. 로프 팬 바닥과 옆면에 기름을 바른다. 바닥과 양쪽의 긴 옆면에 유산지를 깔되, 양 끝은 팬 높이보다 2.5~5cm쯤 길게 여유분을 남긴다. 유산지에 기름을 바른 다음 데메라라 설탕을 팬 안에 전체적으로 뿌린 뒤 흔들어 바닥과 옆면에 입힌다.

견과류 굽기: 테두리가 있는 베이킹 팬에 호두를 올려 짙은 갈색을 띠고 고소한 냄새가 날 때까지 5~7분간 굽되, 중간에 팬을 한 번 흔들어준다. 한쪽에 식혀 둔다.

감 퓌레 만들기: 대봉감을 세로로 반으로 자른 뒤 하얀 심을 빼낸다. 숟가락으로 투명한 주황색 과육을 떠낸다(46쪽 사진 참조). 이것을 믹서(또는 핸드 블렌더)로 갈아 덩어리 없는 퓌레 상태로 만든다. 퓌레 1컵(256g)을 중간 크기의 볼에 담는다. 여기에 베이킹소다를 넣고 잘 섞은 다음 반죽을 준비할 동안 잠시 한쪽에 둔다(베이킹소다는 가스를 생성하며 퓌레를 걸쭉하게 굳힌다).

마른 재료 섞기: 큰 볼에 밀가루, 오향 가루, 소금, 베이킹파우더를 넣고 섞는다.

젖은 재료 섞기: 감 혼합물이 굳어서 걸쭉해지면 여기에 백설탕, 중성유, 달걀, 오렌지 껍질, 오렌지 주스, 바닐라 익스트랙트를 넣고 휘저어 잘 섞는다(감 조각들이 보일 수도 있지만 구울 때 퍼지므로 괜찮다). (다음 장에 계속)

알아두기
이 케이크는 잘 싸서 실온에 두면 4일간 보관이 가능하다.

① 덜 익은 대봉감은 떫은맛이 난다. 껍질이 반질반질하고 크기에 비해 묵직한 것으로 고른 다음 젤리가 차 있는 것처럼 아주 말랑말랑하고 껍질이 약간 투명해 보일 때까지 1주일쯤 조리대 위에 두어 후숙시킨다.

② 더 건강에 좋은 케이크를 만들려면 통밀가루 ¾컵(105g)을 동량의 중력분 대신 넣는다. 이때는 굽는 시간을 10~20분 늘려 테스터로 찔러보았을 때 아무것도 묻어나지 않을 때까지 굽는다.

③ 오향 가루가 없다면 몸을 따뜻하게 해주는 향신료인 계핏가루 1작은술, 생강가루 ¾작은술, 정향가루 ¼작은술을 섞어서 사용한다.

마른 재료에 젖은 재료 섞기: 가루 혼합물의 한가운데를 움푹하게 만든 다음 거기에 감 혼합물을 넣는다. 볼 가운데부터 시작해 바깥쪽으로 휘저어 가루가 보이지 않게 고루 섞일 때까지만 섞는다. 여기에 호두를 넣고 유연한 스패출러로 반죽을 잘 섞는다.

팬에 채워 굽기: 준비해 둔 팬에 반죽을 긁어 부은 다음 윗면을 매끈하게 정리한다. 단감 조각들을 반죽 위에 예쁘게 올린 뒤(선택 사항) 데메라라 설탕을 뿌린다. 케이크가 부풀어 오르고 윗면을 만져보았을 때 단단한 느낌이 나며 케이크 테스터나 이쑤시개로 가운데를 찔러보았을 때 아무것도 묻어나지 않을 때까지 60~75분간 굽는다. 케이크를 팬 안에서 20분 이상 식힌 다음 과도나 소형 오프셋 스패출러로 팬의 짧은 옆면과 케이크 사이를 자른다. 유산지를 들어 케이크를 팬에서 빼낸 다음 식힘망 위에서 완전히 식힌다.

와인에 졸인 자두를 넣은 마스카르포네 케이크

8인분

준비할 도구:

23cm(9in) 케이크 팬

와인에 졸인 자두

씨를 뺀 자두 227g(소과 30개 또는 대과
15개 정도)

가메(gamay)나 피노 누아(pinot noir)처럼
라이트한 레드 와인 1½컵(355g)

설탕 ¼컵(50g)

코셔 소금 한 꼬집

약 7.5cm(3in) 길이의 계피 스틱 2개 또는
계핏가루 ½작은술①

팔각 1개(선택 사항)

마스카르포네 케이크

팬에 바를 버터

중력분 1컵(130g)

베이킹파우더 ¾작은술

다이아몬드 크리스털 코셔 소금 ¾작은술

대란 1개(50g), 실온 상태로 준비

대란 노른자 2개(32g), 실온 상태로 준비

설탕 1컵(200g)

마스카르포네 ½컵(113g), 실온 상태로 준비
+ 곁들이용 소량

무염 버터 4큰술(57g), 녹여서 식힌 것

바닐라 익스트랙트 2작은술

곱게 간 레몬 또는 오렌지 껍질 2작은술

이 레시피에 영감을 준 원천은 두 가지다. 하나는 브루클린에 있는 프랭키스 스펀티노(Frankies Spuntino)의 와인에 졸인 자두와 마스카르포네 디저트인데, 이것은 졸인 레드 와인 시럽에서 부드럽고 통통해질 때까지 끓인 자두를 톡 쏘는 마스카르포네에 올려 먹는, 아주 단순하면서도 맛있는 디저트다. 다른 하나는 마리안 버로스(Marian Burros)의 그 유명한 자두 토르테로, 신선한 이탈리아 자두를 단순한 버터 케이크에 넣어 구운 것이 특징이다. 자두를 사랑하는 사람으로서 프랭키스 디저트의 맛과 버로스 케이크의 간편함을 접목하고자 했던 나는, 마침내 이 와인에 졸인 자두를 넣은 마스카르포네 케이크를 만들어냈다. 맛있고, 디너파티에 내도 손색이 없을 정도로 우아하며, 믹싱 볼 두 개로 간단히 만들 수 있는, 그야말로 완벽한 디저트라 하겠다.

와인에 자두 졸이기: 작은 냄비에 자두, 레드 와인, 설탕, 소금, 계피, 팔각(선택 사항), 물 ½컵(113g)을 넣는다. 중불에 올리고 설탕이 녹도록 휘저으며 끓인다. 불을 줄이고 냄비를 가끔 빙빙 돌려가며 자두가 아주 부드럽지만 부스러지지는 않고 와인이 걸쭉한 시럽처럼 될 때까지 40~50분간 뭉근히 끓인다(시럽이 약 ¼컵은 남아 있어야 한다). 냄비를 불에서 내리고 자두와 레드 와인 시럽을 작은 내열 볼에 담는다. 한쪽에 두어 완전히 식힌다.

오븐 예열 및 팬 준비: 오븐 선반을 가운데 칸에 끼우고 오븐을 177도(화씨 350도)로 예열한다. 케이크 팬 바닥과 옆면에 버터를 바른 다음 원형 유산지를 바닥에 깔고 유산지에도 버터를 바른다.

마른 재료 섞기: 중간 크기의 볼에 밀가루, 베이킹파우더, 소금을 넣고 휘저은 뒤 한쪽에 둔다.

젖은 재료 섞기: 다른 중간 크기의 볼에 대란, 대란 노른자, 설탕을 넣은 다음 걸쭉하고 뽀얀 색이 날 때까지 약 1분간 휘젓는다. 여기에 마스카르포네, 녹인 버터, 바닐라 익스트랙트, 레몬 껍질을 넣고 매끈한 상태가 될 때까지 섞는다.

마른 재료에 젖은 재료 섞기: 밀가루 혼합물이 든 볼에 마스카르포네 혼합물을 긁어 부은 다음 매끈한 반죽이 될 때까지 휘젓는다(다음 장에 계속).

알아두기
와인에 졸인 자두는 4일 전부터 미리 만들어놓아도 된다. 완전히 식으면 덮어서 냉장고에 보관한다. 케이크는 잘 싸서 실온에 두면 2일까지 보관이 가능하다.

① 계피나 팔각 외에 정향이나 카다멈처럼 몸을 따뜻하게 하는 향신료들을 넣어도 좋다 (뱅쇼처럼!).

팬에 반죽을 채우고 자두 올리기: 준비해 둔 팬에 반죽을 긁어 부은 다음 윗면을 매끈하게 정리한다(반죽이 묽어 보여도 괜찮다). 숟가락으로 자두를 하나씩 건져 시럽을 따라내고 반죽 위에 고르게 올린다(자두가 클 때는 반으로 잘라 올린다).② 와인 시럽은 버리지 말고 둔다.

굽기: 케이크의 윗면이 노릇한 갈색을 띠고 만져보았을 때 단단한 느낌이 나며 케이크 테스터나 이쑤시개로 가운데를 찔러보았을 때 촉촉하되 거의 아무것도 묻어나지 않을 때까지 45~60분간 굽는다. 거의 다 구워질 때쯤 자두 색깔이 너무 어둡다 싶으면 은박지로 위를 덮는다.

케이크 식히기 및 담아내기: 케이크를 팬 안에서 완전히 식힌다. 소형 오프셋 스패츌러나 과도로 케이크 가장자리를 따라 잘라 팬에서 떼어낸 다음 뒤집어서 식힘망에 올린다. 유산지를 떼어내고 접시에 뒤집어 담는다. 자른 케이크를 마스카르포네 한 덩어리와 함께 담고, 위에 레드 와인 시럽을 뿌린다.

② 자두를 반죽 위에 올릴 때는 레드 와인 시럽을 최대한 따라내고 올린다. 시럽은 케이크가 익기도 전에 타버릴 수 있다.

배를 올린 밤 케이크

10인분

준비할 도구:

오븐에 사용할 수 있는 25cm(10in) 무쇠 스킬렛 또는 같은 크기의 스프링폼 팬①, 스탠드 믹서

무쇠 스킬렛이나 팬에 바를 버터와 설탕

바틀렛(Bartlett)이나 코미스(Comice) 품종의 잘 익은 단단한 배 3개(개당 약 170g)

중력분 1⅓컵(173g)

베이킹파우더 2작은술(8g)

베이킹소다 ¼작은술

껍질을 벗겨 통째로 구운 밤 300g(2컵이 조금 안 됨), 시판 제품 사용②

바닐라 익스트랙트 2작은술

다이아몬드 크리스털 코셔 소금 1작은술(3g)

설탕 ¾컵과 2큰술(175g)

무염 버터 10큰술(142g), 실온 상태로 준비

대란 2개(100g), 실온 상태로 준비

생크림 ½컵(120g), 실온 상태로 준비 + 토핑용 소량

과일 브랜디(배로 만든 것이면 더 좋음) 또는 다크 럼 2큰술(28g)

나의 레시피 개발 과정은 보통 아이디어를 번뜩이게 하는 재료나 맛의 조합에서부터 시작된다. 밤과 배는 둘 다 순하고 섬세한 맛이라서 페어링해 보면 흥미롭겠다는 생각이 들었다. 많은 시행착오 끝에 레시피의 실제 결과가 바라던 대로 나오면 그렇게 만족스러울 수가 없다. 이 케이크는 껍질 벗겨 익힌 밤 (시판 제품)을 스탠드 믹서로 거칠게 갈아 넣어, 반죽에 질감은 물론 은은한 맛과 구수함을 더했다. 이것은 내가 마음속에 그리던 바로 그 케이크이자, 가을이 오면 꼭 만들어 먹고 싶어지는 케이크다.

오븐 예열 및 팬 준비: 오븐 선반을 가운데 칸에 끼우고 오븐을 177도(화씨 350도)로 예열한다. 무쇠 스킬렛이나 스프링폼 팬의 바닥과 옆면에 버터를 넉넉히 바른다. 바닥과 옆면에 설탕을 고루 뿌린 뒤 한 번 털어낸다.

배 준비: 배 1개는 심을 빼고 굵게 다져 한쪽에 둔다(반죽에 넣을 것, 껍질을 반드시 깎을 필요는 없다). 남은 배 2개는 심을 빼고 세로로 아주 얇게 썰어 한쪽에 둔다(케이크 위에 올릴 것).

마른 재료 섞기: 중간 크기의 볼에 밀가루, 베이킹파우더, 베이킹소다를 넣고 휘저어 섞는다.

밤 갈기: 패들을 끼운 스탠드 믹서의 볼에 밤, 바닐라 익스트랙트, 소금, 설탕 ¾컵 (150g)을 넣고 밤이 잘게 부서질 때까지 저속으로 간다. 속도를 중속으로 올리고 밤과 설탕이 섞여 작은 밤 덩어리가 남아 있는 거친 페이스트가 될 때까지 약 2분간 섞는다.

밤과 버터를 섞어 크림화하기: 볼의 옆면을 긁어내린 뒤 버터를 넣고 아주 가볍고 폭신한 느낌이 들 때까지 중고속으로 약 4분간 섞는다.

달걀 넣기: 계속 잘 섞으며 달걀을 한 개씩 넣되, 넣을 때마다 볼의 옆면을 긁어내린다. 혼합물이 가볍고 매끈해질 때까지 섞는다(다음 장에 계속).

알아두기

이 케이크는 잘 싸서 실온에 두면 4일까지 보관이 가능하나, 만든 당일이나 다음 날 먹는 것이 가장 맛있다.

① 스킬렛이나 팬은 높이가 최소 5cm(2in)는 되어야 반죽이 구워지며 넘치는 일을 막을 수 있다.

② 밤을 직접 구워 껍질을 까려면 힘이 많이 든다! 익혀서 껍질을 벗긴 상태로 판매하는 제품을 사서 쓰면 한결 수월하며, 또 시판 제품은 부드러워서 반죽할 때 잘 섞인다.

로프 케이크와 싱글 레이어 케이크

마른 재료에 젖은 재료 섞기: 믹서의 속도를 저속으로 줄이고 밀가루 혼합물의 절반을 천천히 넣는다. 가루가 보이지 않게 되면 생크림을 넣고 혼합될 때까지만 섞는다. 여기에 남은 밀가루 혼합물, 브랜디를 차례대로 넣은 다음 고루 잘 섞인 매끈한 상태가 될 때까지만 섞는다.

반죽에 배를 넣고 팬에 붓기: 유연한 스패출러로 볼의 옆면을 긁어가며 반죽을 몇 번 섞은 다음 굵게 다진 배를 넣고 살짝 섞어 고루 혼합되도록 한다(배가 으깨지지 않도록 살살 섞기). 준비해 둔 스킬렛이나 팬에 반죽을 긁어서 붓고 윗면을 매끈하게 정리한다.

배 올려 굽기: 얇게 썬 배를 5~6장씩 모아 부채 모양으로 펼친 다음 반죽 위에 모양내어 올린다. 남은 설탕 2큰술을 배 위에 뿌린다. 케이크 가장자리가 노릇한 갈색이 되고, 배 사이사이의 반죽이 노릇해지고, 가운데 부분을 만져보았을 때 탄력이 느껴지며, 케이크 테스터를 찔러보았을 때 아무것도 묻어나지 않을 때까지 50~60분간 굽는다. 팬 안에서 완전히 식힌다.

담아내기: 스프링폼 팬에 구웠다면 과도로 케이크 가장자리를 따라 자른 뒤 테두리 링을 조심스럽게 분리한다. 자른 케이크 위에 생크림을 올려 먹는다.③

---

③ 부서지지 않고 남아 있다가 굽는 동안 딱딱해진 밤 조각이 있을 수 있으니 주의한다. 이가 부러질 정도는 아니지만, 당신이 사용하는 밤의 부드러운 정도에 따라 여기저기에 밤 조각이 남아 있을 수 있음을 알아두자.

더블 애플 크럼블 케이크

10~12인분

준비할 도구:

23cm(9in) 스프링폼 팬①

무염 버터 3큰술(43g)

중간 크기의 핑크 레이디(Pink Lady) 사과 4개(약 794g), 껍질을 벗기고 반으로 잘라 씨를 뺀 뒤 약 0.6cm 두께로 썬 것②

팬에 바를 버터

중력분 2컵(260g)

계핏가루 1½작은술

베이킹파우더 1½작은술(6g)

베이킹소다 ½작은술

다이아몬드 크리스털 코셔 소금 ½작은술

사과 버터 1컵(220g)③

설탕 1컵(200g)

생크림 또는 사워크림 ½컵(120g)

채종유나 포도씨유와 같은 중성유 ¼컵(57g)

대란 2개(100g)

바닐라 익스트랙트 2작은술

만능 크럼블 토핑(319쪽)

생사과와 사과 버터가 들어가는 케이크라 '더블 애플 크럼블 케이크'라는 이름이 붙었다. 재료를 넣고 섞기만 하면 되는 쉬운 반죽에 사과 버터를 한 컵 가득 넣어 아주 부드러우며, 사과의 맛이 진하게 느껴진다. 비록 단계가 추가되기는 하지만 생사과를 반죽에 넣기 전에 팬에 한 번 볶으면 완전히 익힐 수 있다. 또 사과가 4개나 들어가면 케이크 속이 축축해져 맛을 반감시킬 수 있는데 볶는 동안 사과 속 수분이 어느 정도 제거되기도 한다. 과일이 가득 들어 있고, '달콤 바삭'한 토핑이 올려져 있으며, 기름을 넣어 퍽퍽하지 않은, 내가 너무나도 좋아하는 케이크다.

사과 볶기: 중간 크기의 스킬렛을 중불에 올리고 버터 3큰술을 넣는다. 버터에서 거품이 나기 시작하면 사과를 넣고 자주 뒤적이며 사과가 물러지고 약간 투명해 보일 때까지 10~15분간 볶는다(수분이 덜한, 냉장 보관된 사과의 경우 볶을 때 갈색을 띠기도 하지만, 그래도 괜찮다). 스킬렛을 불에서 내려 한쪽에 식혀 둔다.

오븐 예열 및 팬 준비: 오븐 선반을 가운데 칸에 끼우고 오븐을 177도(화씨 350도)로 예열한다. 스프링폼 팬의 바닥과 옆면에 실온 상태의 버터를 얇게 바른 다음 원형 유산지를 바닥에 깔고 매끈하게 펴서 기포를 제거한다.

마른 재료 섞기: 큰 볼에 밀가루, 계핏가루, 베이킹파우더, 베이킹소다, 소금을 넣고 섞는다.

젖은 재료 섞기: 중간 크기의 볼에 사과 버터, 설탕, 생크림, 중성유, 달걀, 바닐라 익스트랙트를 넣고 매끈한 상태가 되도록 휘젓는다.

마른 재료에 젖은 재료 섞기: 가루 혼합물의 한가운데를 움푹하게 만든 다음 거기에 사과 버터 혼합물을 붓는다. 볼 가운데부터 시작해 바깥쪽으로 휘저어 가루가 보이지 않게 고루 섞는다. (다음 장에 계속)

알아두기

이 케이크는 잘 싸서 실온에 두면 4일까지 보관이 가능하다.

① 23cm짜리 스프링폼 팬이 없으면 25cm (10in)짜리를 사용한다. 그러면 케이크 높이가 좀 낮아지므로 굽기 시작한 지 1시간

15분쯤 지나고서 다 익었는지 확인한다.

② 사과의 품종은 새콤한 맛이 좀 있는 사과 중에서 선호하는 것으로 선택한다. 오랜 기간 냉장 보관한 사과는 구웠을 때 퍼석퍼석해지므로 사용하지 않는다. 엄지손가락 끝으로 껍질을 꾹 눌러보았을 때

잘 들어가지 않으면 신선한 사과다.

③ 설탕이나 향신료가 첨가된 사과 버터는 사용하지 않는다. 사과로만 만든 것으로 찾아보자.

반죽에 사과 섞기: 유연하고 큰 스패출러를 이용해 식힌 사과를 최대한 물기 없이 반죽에 넣은 다음 고루 섞는다.

반죽을 팬에 채우고 크럼블 올리기: 준비해 둔 팬에 반죽을 긁어 부은 다음 윗면을 매끈하게 정리한다. 반죽 위에 크럼블을 골고루 뿌리되, 구슬 크기보다 큰 것은 잘게 부수어서 뿌린다.

구워서 식히기: 크럼블이 갈색을 띠고, 케이크 테스터나 이쑤시개로 가운데를 찔러보았을 때 사과 조각들에 걸리지 않고 잘 들어가고 반죽이 묻어나지 않을 때까지 1시간 20분~1시간 30분간 굽는다. 케이크를 식힘망으로 옮겨 완전히 식힌다.

담아내기: 과도로 케이크 가장자리를 따라 잘라 팬에서 떼어낸 다음 링을 제거한다. 톱니 칼로 케이크를 잘라 담아낸다.

루바브 케이크

로프 1개분

준비할 도구:

11×22cm(4.5×8.5in) 로프 팬(윗부분을 쟀을 때)

루바브 줄기 454g①

베이킹소다 ½작은술

팬에 바를 버터와 데메라라 설탕

중력분 1¾컵(228g)②

베이킹파우더 2½작은술(10g)

다이아몬드 크리스털 코셔 소금 ¾작은술

백설탕 1¼컵(250g)③

무염 버터 1스틱(113g), 녹여서 식힌 것

대란 2개(100g)

곱게 간 오렌지 껍질 1½작은술

그릭 요거트 ⅓컵(80g)

바닐라 익스트랙트 1작은술

데메라라 설탕, 굽기 전에 반죽 위에 뿌릴 것

나는 루바브를 좋아하지만 별로 안 좋아하는 사람들도 있다. 그 사람들은 그것을 봄을 알리는 채소 정도로만 여길 뿐, 맛있다고 생각하지는 않을 것이다. 이에 전적으로 반기를 드는 나는, 그 길고 반질반질한 루비색 줄기가 디저트 속에서 뿜어내는, 눈살을 찌푸릴 만큼 새콤한 맛과 은은한 채소 맛을 정말 사랑한다. 윗부분에만 루바브를 올려 장식한 디저트가 많지만 이 레시피에서는 200g이 넘는 루바브를 으깨가며 조리해 반죽에 넣고 맨 위에도 루바브를 올려 전체적으로 그 풍미를 배가시켰다. 나처럼 루바브를 좋아하는 사람들에게는 완벽한 디저트가 아닐 수 없다.

오븐 예열 및 팬 준비: 오븐 선반을 가운데 칸에 끼우고 오븐을 177도(화씨 350도)로 예열한다. 로프 팬 바닥과 옆면에 버터를 바른다. 바닥과 양쪽의 긴 옆면에 유산지를 깔되, 양 끝은 팬 높이보다 2.5~5cm쯤 길게 여유분을 남긴다. 유산지에 버터를 바른 다음 데메라라 설탕을 팬 안에 전체적으로 뿌린 뒤 흔들어 바닥과 옆면에 입힌다.

루바브 준비하기: 가장 신선하고 가느다란 루바브 줄기들을 4~5개 골라 약 22cm 길이로 자른다. 가느다란 줄기가 없으면 줄기 1~2개를 길게 잘라 사용한다. 자른 조각들의 무게는 약 113g이 되어야 하므로 무게에 따라 가감한다.

루바브 조리해서 으깨기: 남은 루바브를 약 1cm 길이로 썬다. 그중 2/3(227g)는 작은 냄비에 넣고, 나머지 1/3(113g)은 나중에 반죽에 넣을 것이므로 한쪽에 둔다. 중불에 올린 냄비에 물 1큰술을 넣고 나무 스푼으로 루바브를 자주 뒤적여가며 눌러서 으깬다. 다 으깨져서 사과 소스처럼 매끈한 상태가 될 때까지 5~7분간 조리한다. 냄비를 불에서 내려 완전히 식힌다(으깬 루바브의 양이 2/3컵(165g)쯤 되어야 한다).
다 식으면 베이킹소다를 넣고 잘 섞는다(거품이 나면서 회색빛이 나는 게 정상이다). 이 과정을 통해 산(acid)이 어느 정도 중화되고 케이크가 좀 더 보기 좋게 부풀게 된다.

알아두기
이 케이크는 잘 싸서 실온에 두면 5일까지 보관이 가능하다.

① 루바브 줄기는 가능하면 축 처지지 않고 아주 단단하며 뻣뻣하고, 짙은 붉은색을 띠며, 흠이 없는 것으로 고른다. 나는 비교적 부드럽고 풍미가 좋은 얇은 줄기를 선호하지만, 크기나 색은 아무래도 괜찮다.

② 이 레시피에는 중력분을 사용한다. 통밀가루를 쓰면 너무 뻣뻣해질 수 있다.

마른 재료 섞기: 중간 크기의 볼에 밀가루, 베이킹파우더, 소금을 넣고 섞는다.

젖은 재료 섞기: 큰 볼에 백설탕, 녹인 버터, 달걀, 오렌지 껍질을 넣고 걸쭉하면서도 가벼운 반죽이 될 때까지 약 1분간 힘차게 휘젓는다. 여기에 요거트, 바닐라 익스트랙트, 으깬 루바브를 넣고 매끈한 상태가 되도록 섞는다.

마른 재료에 젖은 재료 섞기: 밀가루 혼합물이 든 볼에 루바브 혼합물을 긁어서 넣은 다음 가루가 보이지 않고 반죽이 고루 섞일 때까지만 휘젓는다. 유연한 스패출러를 이용해 남겨두었던 루바브 113g을 반죽에 넣고 섞는다.

팬에 채워 굽기: 준비해 둔 팬에 반죽을 긁어서 부은 뒤 윗면을 매끈하게 정리한다. 길게 잘라둔 루바브 줄기들을 반죽 윗면에 나란히 올린다. 그 위에 데메라라 설탕을 넉넉히 뿌린 다음 오븐에 넣어 굽다가 60분 뒤에 오븐 온도를 163도 (화씨 325도)로 낮추고, 윗면이 바삭하고 노릇해지며 케이크 테스터로 가운데를 찔러보았을 때 아무것도 묻어나지 않을 때까지 총 80~90분간 굽는다.④ 이때 윗면의 색이 너무 짙어진다 싶으면 케이크 위를 은박지로 씌운다.

케이크를 식히고 틀에서 빼내기: 케이크를 팬 안에서 20분간 식힌다. 팬의 짧은 면 안쪽을 따라 잘라서 케이크를 팬에서 떼어낸 다음 유산지를 들어 케이크를 빼낸다. 식힘망 위에서 케이크를 완전히 식힌다.

③ 설탕의 양이 많다고 놀라지 말자. 루바브의 신맛과 균형을 맞추기 위한 것이므로 완성된 케이크는 심하게 달지 않을 것이다.

④ 이 케이크는 굉장히 촉촉해서 조금이라도 덜 구워지면 식는 동안 무너져 내릴 수 있기 때문에(맛은 여전히 좋을 테지만) 덜 굽는 것보다는 차라리 더 굽는 편이 낫다.

라이스푸딩 케이크와 망고 캐러멜 소스

10인분

준비할 도구:

일반 믹서나 핸드 블렌더, 25cm(10in)
케이크 팬①

망고 캐러멜 소스

설탕 1컵(200g)

굵게 다진 망고 1½컵(227g), 대략 큰 망고
1개분②

헤비크림(heavy cream, 유지방 함량이 36% 이상인 크림-옮긴이)
½컵(120g)

무염 버터 4큰술(57g), 약 1cm 크기로
조각낸 것

다이아몬드 크리스털 코셔 소금 ½작은술

라이스푸딩 케이크 및 기타 재료

아르보리오(Arborio) 또는 카르나롤리
(Carnaroli) 쌀 1컵(200g)

우유 3컵(720g)

무가당 연유(evaporated milk) 1캔(340g)

다이아몬드 코셔 소금 1작은술(3g)

설탕 ¾컵(150g)

다크 럼 ¼컵(57g)

카다멈 가루 ½작은술

바닐라 빈 1개에서 긁어낸 씨와 꼬투리

무염 버터 4큰술(57g), 약 1cm 크기로
조각내 냉장해 둔 것

팬에 바를 버터

대란 2개(100g)

대란 노른자 3개(50g)

큰 망고 1개, 껍질을 벗겨 얇게 썬 것,
곁들이용

유당이 풍부한 밀키한 디저트를 좋아하는 나에게 라이스푸딩은 도저히 거부할 수 없는 디저트다. 이 케이크는 썰어 먹을 수 있는 라이스푸딩이라고 보면 된다. 쌀을 오븐에서 익혀 걸쭉하지만 여전히 푸딩과 같은 질감을 내는 '구운 라이스푸딩'과는 다르게 이 레시피에서는 불 위에서 쌀을 완전히 익힌 다음 달걀을 넣고 구워 단단한 커스터드로 만든다. 여기에 곁들여지는 망고 캐러멜 소스와 생망고 슬라이스는 케이크 속 럼과 바닐라의 열대적인 느낌을 더욱 두드러지게 한다. 편안함을 주는 진한 맛의 망고 디저트, 게다가 글루텐 프리라 더 좋다!

망고 캐러멜 소스 만들기: 작은 냄비에 설탕과 물 ⅓컵(75g)을 넣고 중불에 올린 다음 내열 스패출러로 저어 설탕을 녹인다. 끓기 시작하면 젓기를 멈추고, 젖은 페이스트리 브러시를 이용해 냄비 안쪽에 붙은 설탕 결정을 쓸어내리고 냄비를 빙빙 돌리며 짙은 호박색이 날 때까지 7~10분간 끓인다. 곧바로 불에서 내린 다음 다진 망고를 조심스럽게 넣는다. 냄비를 다시 중약불에 올려 가끔 저으며 망고에서 수분이 빠져나오기 시작할 때까지 약 5분간 끓인다. 계속 휘저으며 헤비크림을 고르게 천천히 붓고(이때 혼합물이 튈 수 있다), 버터를 한 번에 한 조각씩 넣어 매끈해지도록 섞는다. 여기에 소금을 넣고 뭉근히 끓는 정도로 불을 조절한다. 캐러멜이 약간 걸쭉해질 때까지 가끔 저으며 5~10분간 더 끓인다.

캐러멜 소스 갈기: 캐러멜 소스를 불에서 내려 잠시 식힌다. 믹서나 핸드 블렌더로 덩어리 없이 매끈한 상태가 될 때까지 간다(양이 2컵 정도 되어야 하므로 모자라면 헤비크림을 좀 더 넣는다). 한쪽에 둔다.

라이스푸딩 만들기: 중간 크기의 냄비에 쌀, 우유, 무가당 연유, 소금, 설탕, 럼, 카다멈 가루를 넣고 섞는다. 여기에 바닐라 빈 씨와 꼬투리를 넣는다. 중불에 올린 다음 설탕이 잘 녹고 쌀이 바닥에 눌어붙지 않도록 자주 저으며 끓인다. (다음 장에 계속)

알아두기

캐러멜 소스는 밀폐 용기에 담아 1주일간 냉장 보관이 가능하다. 낮은 온도 때문에 굳어버린 캐러멜은 작은 냄비나 전자레인지를 이용해 재가열해 녹인다. 라이스푸딩은 이틀 전부터 미리 만들어놓아도 된다. 단, 버터를 넣은 뒤에는 잘 덮어서 냉장 보관하고, 달걀을 넣어 굽기 전에 미리 실온에 내놓는다. 구운 케이크는 잘 덮어 냉장고에 넣어두면 3일간 보관이 가능하나, 만든 당일이나 다음 날 먹는 것이 가장 맛있다.

① 25cm짜리 팬이 없으면 23cm(9in)짜리를 사용한다. 그러면 케이크 높이가 좀 높아지므로 굽는 시간도 몇 분 더 걸릴 수 있다.

뭉근히 끓도록 불을 줄이고, 쌀이 투명하고 부드러워지고 농도가 걸쭉해질 때까지 자주 저으며 25~30분간 끓인다. 쌀이 냄비 바닥에 붙어 있지 않고 둥둥 떠다니면 다 익은 것이다.③

버터 넣고 식히기: 냄비를 불에서 내린 다음 버터 4큰술을 조금씩 나누어 넣고 휘저어 녹아들도록 한다. 라이스푸딩 혼합물을 가끔 저어서 표면에 생기는 막을 없애가며 따뜻해질 때까지 식힌다(냄비를 얼음물 위에 올려두면 이 과정을 더 빨리 진행할 수 있다).

오븐 예열 및 팬 준비: 오븐 선반을 가운데 칸에 끼우고 오븐을 177도(화씨 350도)로 예열한다. 케이크 팬 바닥과 옆면에 버터를 바른 다음 원형 유산지를 바닥에 깔고 유산지에도 버터를 바른다.

달걀 섞기: 작은 볼에 대란과 대란 노른자를 넣고 잘 혼합한 뒤, 라이스푸딩 혼합물에 넣고 휘저어 잘 섞는다.

구워서 식히기: 준비해 둔 케이크 팬에 라이스푸딩 혼합물을 붓는다(바닐라 빈 꼬투리는 구워질 때도 풍미를 내므로 그냥 놔두어도 된다). 케이크 윗면이 군데군데 노릇해지고 테스터나 이쑤시개로 가운데를 찔러보았을 때 아무것도 묻어나지 않을 때까지 40~50분간 굽는다. 케이크를 오븐에서 꺼내 식힘망 위에서 완전히 식힌다.

담아내기: 소형 오프셋 스패출러나 과도로 케이크 가장자리를 따라 잘라 팬에서 떼어낸 다음 뒤집어서 식힘망에 올린다. 유산지를 떼어내고 접시에 뒤집어 담는다. 캐러멜 소스는 필요하면 다시 데운다. 케이크를 자른 뒤 (바닐라 빈 꼬투리가 아직 남아 있다면 이때 빼낸다) 캐러멜을 뿌리고 망고 슬라이스를 곁들여 낸다.

② 다른 계절에 먹거나 맛을 다르게 하고 싶다면 망고를 동량의 다른 과일(베리류나 바나나 등)로 대체해도 된다. 블랙베리처럼 씨가 있는 과일을 사용한다면 믹서에 간 캐러멜 소스를 체에 한 번 내리는 게 좋다.

③ 쌀이 '알 덴테(al dente)' 상태이면 반죽에 고루 퍼지지 못하고 바닥에 가라앉은 채로 구워지므로 쌀은 완전히 익히는 것이 좋다. 불에서 내리기 전에 쌀이 통통하고 투명해졌는지 확인하자. 맛을 보면 확실하다!

리코타 케이크와 금귤 마멀레이드

8인분

준비할 도구:

23cm(9in) 스프링폼 팬, 푸드 프로세서, 핸드 믹서 또는 스탠드 믹서

케이크

팬에 바를 버터
리코타 치즈 2컵(452g)①
헤비크림 1컵(232g), 냉장해 둔 것
대란 4개(200g), 분리해 둔 것
대란 노른자 1개(16g)
곱게 간 레몬 껍질 1큰술
바닐라 익스트랙트 2작은술
다이아몬드 크리스털 코셔 소금 ½작은술과
한 꼬집
설탕 1컵과 1큰술(213g)
중력분 1컵(130g)

마멀레이드②

금귤 227g, 가로로 반 갈라 씨를 뺀 것
(큰 것은 가로로 한 번 더 자르기)
생레몬즙 1큰술(14g)
설탕 ½컵(100g)
바닐라 빈 ½개에서 긁어낸 씨 또는 바닐라
익스트랙트 1작은술

이 리코타 케이크는 커스터드처럼 달걀이 많이 들어가고 크리미하면서도 가벼운 케이크 같은, 뭐라 설명하기 힘든 질감이다. 그 자체로도 아주 맛있지만 어떤 과일과도 더할 나위 없이 잘 어울린다. 나는 특히 겨울에 금귤과 같은 시트러스류 과일과 페어링하는 것을 좋아한다. 푸드 프로세서와 핸드 믹서 또는 스탠드 믹서까지 준비하라고 하니 언뜻 보기에는 좀 까다로워 보일 수 있지만, 그 외에는 볼과 스패출러 하나씩만 있으면 되고 반죽도 금방 만들 수 있다.

오븐 예열 및 팬 준비: 오븐 선반을 가운데 칸에 끼우고 오븐을 190도(화씨 375도)로 예열한다. 스프링폼 팬의 바닥에 버터를 바른 다음(옆면에는 바르지 않는다) 원형 유산지를 깔고 유산지에도 버터를 바른다.③

리코타 치즈와 크림 섞기: 푸드 프로세서에 리코타 치즈와 헤비크림을 넣은 다음 아주 걸쭉하고 거친 부분이 하나도 없이 매끈해질 때까지 약 1분간 섞는다.

남은 젖은 재료 섞기: 리코타 치즈 혼합물에 노른자 5개, 레몬 껍질, 바닐라, 소금 ½작은술, 설탕 1컵(200g)을 넣는다. 푸드 프로세서의 순간 작동 모드를 이용해 모든 재료가 잘 섞여 매끈하고 주르륵 흐르는 상태가 될 때까지 섞되, 중간에 볼 옆면을 한 번 긁어내린다.

밀가루 섞기: 여기에 밀가루를 넣고 순간 작동 모드로 살짝만 섞는다. 큰 볼에 옮겨 담은 뒤 한쪽에 둔다.

달걀흰자 휘핑하기: 거품기를 끼운 스탠드 믹서의 볼(핸드 믹서를 쓸 때는 큰 볼)에 달걀흰자와 소금 한 꼬집을 넣은 다음 중저속으로 살짝 휘핑한다. 속도를 중고속으로 올리고 흰자를 거품기로 찍어 올렸을 때 끝이 약간 휘어지는 부드러운 상태(soft peak)가 되도록 휘핑한다. 여기에 남은 설탕 1큰술을 조금씩 뿌려가며 속도를 고속으로 올려 흰자에서 윤기가 흐르고 부피가 4배가량 늘고 거품기로 찍어 올렸을 때 끝이 설 듯 말 듯한 상태(firm peak)가 될 때까지 약 2분간 휘핑한다.④ (다음 장에 계속)

알아두기
이 케이크는 잘 덮어 냉장고에 넣어두면 4일간 보관이 가능하나, 만든 당일이나 다음 날 먹는 것이 가장 맛있다. 먹기 전에는 실온에 내놓았다가 마멀레이드를 올려 담아낸다. 마멀레이드는 2주까지 냉장 보관이 가능하다.

① 맛이 은은한 케이크이므로 저지방이 아닌 지방 성분이 그대로 있는 일반 리코타 치즈를 사용한다. 리코타는 물기를 제거할 필요 없이 용기에서 꺼낸 그대로 사용한다.

② 계절에 따라 금귤 대신 절인 베리류(여름), 졸인 루바브(봄, 187쪽의 **딸기 루바브 파블로바** 참조)나 졸인 털모과(가을, 115쪽의 **털모과 아몬드 타르트** 참조)와 같은 제철 과일을 사용해도 된다.

로프 케이크와 싱글 레이어 케이크

리코타 치즈에 달걀흰자 섞기: 달걀흰자를 리코타 치즈 혼합물이 든 볼에 긁어서 부은 다음 유연하고 큰 스패출러로 자국이 보이지 않을 때까지 살살 섞는다.

팬에 채워 굽기: 준비해 둔 팬에 반죽을 긁어서 부은 뒤 윗면을 매끈하게 정리한다. 케이크 가장자리가 짙은 갈색을 띠고 가운데 부분이 황갈색으로 부풀어 오르고 갈라진 모양이 나며, 케이크 테스터나 이쑤시개로 가운데를 찔러보았을 때 아무것도 묻어나지 않을 때까지 40~45분간 굽는다(다 구워진 뒤에도 약간 출렁이는 느낌이 날 수 있다). 팬을 식힘망으로 옮긴다. 케이크가 곧 푹 꺼지며 움푹해지는 것은 정상적인 과정이다. 케이크를 팬 안에서 완전히 식힌다.

마멀레이드 만들기: 케이크를 식히는 동안 작은 냄비에 금귤, 레몬즙, 설탕, 바닐라 빈 씨, 물 2큰술을 넣고 중약불에 올린다. 끓기 시작하면 불을 뭉근하게 줄인 다음 자주 저으며 위에 생기는 거품을 걷어낸다. 15~20분간 끓이다가 금귤이 물러지고 거의 투명해 보이며 메이플시럽과 같은 농도가 나면 불에서 내려 완전히 식힌다.

완성: 소형 오프셋 스패출러나 과도로 케이크 가장자리를 따라 잘라 팬에서 떼어낸 다음 링을 제거한다. 케이크 위에 식힌 마멀레이드를 고루 펴서 올린다(또는 곁들여 낸다).

③ 팬 옆면에 버터를 바르면 나중에 다 구워진 케이크가 푹 꺼질 때 옆면을 따라 움푹 들어간 '허리'가 생기므로, 옆면에는 버터를 바르지 않는다(혹시 허리가 생겼더라도 외관상의 문제일 뿐, 맛은 똑같이 좋다).

④ 흰자를 너무 오래 휘핑하면 윤기 없이 매트하고 거친 질감이 나며 반죽에 혼합하기가 매우 힘들어진다. 얼마나 휘핑해야 할지 모르겠다면 너무 많이 하는 것보다는 차라리 부족하다 싶게 하는 편이 낫다.

밀가루가 안 들어간 물결무늬 초콜릿 케이크

10인분

준비할 도구:

23cm(9in) 스프링폼 팬, 스탠드 믹서나 핸드
믹서

팬에 바를 중성유와 설탕

세미스위트 초콜릿(카카오 함량이 66~68%
인 것이 좋음) 283g, 굵게 다져서 1⅓컵
채종유나 포도씨유와 같은 중성유 ½컵
(112g)
아마레토(amaretto)나 다크 럼 3큰술(43g)
대란 6개(300g), 분리해 둔 것
아몬드 가루 ½컵(60g), 덩어리가 있으면
체에 거르기
다이아몬드 크리스털 코셔 소금 1작은술(3g)
설탕 ½컵과 2큰술(125g)
바닐라 익스트랙트 1작은술

이 책에 수록된 대부분의 레시피는 내가 알고 사랑하는 디저트를 재해석한
것이지만, 일부는 내가 알지만 좋아하지는 않는 디저트를 개선한(내 개인적인
의견) 것이다. 밀가루 없이 만드는 초콜릿 케이크는 맛이 너무 진해서 평소에
좋아하지 않았는데, 오랜 시간 공들여 개발한 끝에 아주 마음에 드는 케이크가
탄생했다. 아주 가볍고 촉촉해서 밀가루 없이 만드는 케이크 중에서는 최고의 맛을
내며, 오븐에서 높이 부풀었다가 식으면 서서히 가라앉으며 물결무늬를 드러낸다.
또 유제품도 들어가지 않아서 유월절 케이크로도 손색이 없다.

오븐 예열 및 팬 준비: 오븐 선반을 가운데 칸에 끼우고 오븐을 177도(화씨 350도)
로 예열한다. 스프링폼 팬의 바닥과 옆면에 기름을 바르되, 테두리까지 빠짐없이
바른다. 팬 안쪽에 설탕을 뿌리고 팬을 돌려가며 고루 입힌 뒤 한 번 털어낸다.

초콜릿 녹이기: 큰 내열 볼에 초콜릿, 중성유, 아마레토, 물 ¼컵(57g)을 넣는다.
중간 크기의 냄비에 물을 약 2.5cm 높이로 채워 중약불에 올린다. 끓기 시작하면
불을 뭉근히 줄이고 볼을 냄비 위에 올린다(볼의 밑면이 물에 닿지 않도록 한다).
초콜릿이 녹고 아주 매끈한 상태가 될 때까지만 내열 스패츌러로 젓는다. 불에서
내려 한쪽에 두어 잠시 식힌다.

달걀노른자와 아몬드 가루 섞기: 초콜릿 혼합물에 달걀노른자를 넣고 잘
휘젓는다. 분리된 것처럼 보일 수도 있지만 괜찮다. 여기에 아몬드 가루를 넣은
다음 매끈하고 윤기가 날 때까지 휘젓는다.

달걀흰자 휘핑하기: 거품기를 끼운 스탠드 믹서의 볼(핸드 믹서를 쓸 때는 큰 볼)
에 달걀흰자와 소금을 넣은 다음 저속으로 살짝 휘핑한다. 속도를 중고속으로
올리고 흰자를 거품기로 찍어 올렸을 때 끝이 약간 휘어지는 부드러운 상태(soft
peak)가 되도록 휘핑한다. 여기에 설탕 ½컵(100g)을 조금씩 일정하게 넣으며
계속 휘핑한다. 설탕을 다 넣고 나면 속도를 고속으로 올려 머랭이 아주 뻣뻣하고
윤기가 흐르며 거품기로 찍어 올렸을 때 끝이 뾰족하게 설 때까지(stiff peak)
친다.① 바닐라 익스트랙트를 넣는다. (다음 장에 계속)

알아두기
이 케이크는 잘 싸서 실온에 두면 3일간
보관이 가능하나, 만든 당일이나 다음 날
먹는 것이 가장 맛있다.

① 머랭을 너무 오래 치면 초콜릿 혼합물에 잘
혼합되지 않는다. 윤기를 잃고 매트해지는
기미가 보이지는 않는지 잘 지켜보자. 완성된
머랭은 아주 뻣뻣한 상태이면서도 윤기 있고
매끈해야 한다.

로프 케이크와 싱글 레이어 케이크

초콜릿 혼합물에 머랭 섞기: 초콜릿 혼합물이 든 볼에 머랭의 약 1/4을 넣고 자국이 거의 안 보일 때까지 휘젓는다. 남은 머랭을 두 번에 나누어 넣으며 머랭의 공기층이 꺼지지 않도록 유연하고 큰 스패출러로 살살 섞는다. 자국이 좀 남아 있어도 괜찮으니 너무 오래 섞지 않도록 한다.

팬에 채워 굽기: 준비해 둔 팬에 반죽을 살살 부은 뒤 윗면을 매끈하게 정리한다. 남은 설탕 2큰술을 위에 뿌린다. 윗부분이 바삭해지고 케이크가 아주 많이 부풀어 오르고

테스터나 이쑤시개로 가운데를 찔러보았을 때 촉촉한 부스러기만 약간 묻어날 때까지 30~35분간 굽는다. 팬을 오븐에서 꺼내 식힘망 위에서 완전히 식힌다. 케이크는 식는 동안 서서히 꺼지며 군데군데가 더 많이 주저앉아 전체적으로 물결무늬가 생길 것이다.

완성: 이 케이크는 팬에서 저절로 떨어지긴 하지만 혹시 모르니 과도나 소형 오프셋 스패출러로 가장자리를 따라 한 번 잘라준다. 링을 빼고 담아낸다.

블러드 오렌지 올리브오일 업사이드다운 케이크

8~10인분

준비할 도구:

25cm(10in) 스프링폼 팬, 스탠드 믹서나
핸드 믹서

팬에 바를 엑스트라 버진 올리브오일
중간 크기의 블러드 오렌지 4개(680g)②
설탕 1⅓컵(263g)
박력분 1⅓컵(156g)
세몰리나 ½컵(82g)
베이킹파우더 2작은술(8g)
다이아몬드 크리스털 코셔 소금 ½작은술
그랑 마르니에(Grand Marnier) 3큰술(43g)
곱게 간 오렌지 껍질 1큰술
오렌지 블로썸 워터(orange blossom water)
나 바닐라 익스트랙트 1작은술
대란 3개(150g)
엑스트라 버진 올리브오일 1¼컵(280g)
플레인 요거트, 많이 달지 않은 것, 곁들이용

블러드 오렌지 올리브오일 케이크는 모양이 참 예쁘고 블러드 오렌지의 쌉싸름한 맛과 올리브오일이 잘 어울려서인지 흔히 볼 수 있는 케이크다. 내 버전은 소량의 오렌지 블로썸 워터와 그랑 마르니에를 넣어 오렌지 맛을 더하고, 세몰리나로 질감을 더했다. 블러드 오렌지를 구할 수 없거나 좀 더 평범한 케이크를 원한다면 '업사이드다운' 부분을 빼고 올리브오일 케이크로만 만들어도 맛있다.① 개인적으로는 단맛이 약간 있는 요거트를 곁들여 먹기를 좋아하지만 케이크 자체에는 유제품이 전혀 들어가지 않는다. 따라서 잘 싸서 실온에 며칠간 두어도 문제가 없으며, 올리브오일이 들어가는 케이크라 시간이 지나면서 맛과 질감이 더 좋아진다.

오븐 예열 및 팬 준비: 오븐 선반을 가운데 칸에 끼우고 오븐을 204도(화씨 400도)로 예열한다. 스프링폼 팬의 바닥과 옆면에 올리브오일을 바른다. 원형 유산지를 바닥에 깔고 매끈하게 펴서 기포를 제거한 다음 유산지 위에도 올리브오일을 바른다.

블러드 오렌지 자르기: 블러드 오렌지를 도마 위에 가로로 놓고 잘 드는 칼로 한쪽 끝을 잘라낸 다음 가장 굵은 부분을 0.3cm가 넘지 않는 두께로 최대한 얇게 썬다.③ 양쪽 끄트머리는 착즙용으로 두고 씨가 보이면 제거하며 총 25~30조각이 되도록 썬다. 끄트머리에서 2큰술 분량의 즙을 짜서 중간 크기의 볼에 담는다(남은 과일은 착즙 및 기타 용도로 사용하도록 둔다).

팬에 업사이드다운 레이어 깔기: 즙이 든 볼에 설탕 ⅓컵(66g)을 넣은 뒤 매끈하고 걸쭉한 상태가 되도록 휘젓는다. 이것을 준비해 둔 팬에 부은 다음 사방으로 기울여 유산지 위에 고루 퍼지게 한다. 그 위에 얇게 썬 블러드 오렌지 조각들을 겹쳐서 깐다(68쪽 사진 참조). (다음 장에 계속)

알아두기
이 케이크는 잘 싸서 실온에 두면 5일간 보관이 가능하나 만든 지 이틀이나 사흘째 되는 날 먹는 것이 가장 맛있다.

① 플레인 올리브오일 케이크를 만들려면 블러드 오렌지 층을 생략하면 된다. 이때 설탕은 오렌지즙과 섞을 ⅓컵을 빼고 케이크 반죽에 필요한 1컵만 사용한다. 그밖에 스프링폼 팬 준비 및 기타 과정은 동일하게 진행한다. 굽기 직전 반죽 위에 설탕을

뿌리면 달콤하고 바삭한 맛을 더할 수 있다. 다 구워진 케이크는 팬 안에서 완전히 식힌 다음 링을 조심스럽게 분리한다.

마른 재료 섞기: 중간 크기의 볼에 박력분, 세몰리나, 베이킹파우더, 소금을 넣고 덩어리가 없도록 휘저어 섞는다.

젖은 재료 섞기: 작은 볼에 그랑 마르니에, 오렌지 껍질, 오렌지 블로썸 워터를 넣고 젓는다.

달걀과 설탕 섞기: 거품기를 끼운 스탠드 믹서의 볼(핸드 믹서를 쓸 때는 큰 볼)에 달걀과 남은 설탕 1컵(200g)을 넣는다. 처음에는 저속으로 시작해 점차 고속으로 점차 속도를 올린다. 아주 가볍고 걸쭉하며 뽀얀 색이 날 때까지, 거품기를 들었을 때 끝에서 떨어진 혼합물이 리본 자국을 남겼다가 스며드는 상태가 되도록 약 5분간 섞는다(핸드 믹서의 경우에는 몇 분 더 걸림). 리본 자국이 생기는 상태로 휘핑된 달걀의 사진은 23쪽 참조.

올리브오일 섞기: 믹서를 고속으로 켜 둔 채 올리브오일을 조금씩 일정하게 부으며 완전히 혼합되고 더욱 걸쭉해질 때까지 섞는다(부피는 살짝 줄어든다).④

마른 재료와 젖은 재료 번갈아 섞기: 믹서의 속도를 저속으로 줄이고 밀가루 혼합물을 3번, 그랑 마르니에 혼합물을 2번으로 나누어 번갈아 가며 섞되, 처음과 끝에는 밀가루 혼합물을 넣는다. 다 섞은 뒤에는 믹서를 멈추고, 유연하고 큰 스패츌러로 볼 바닥과 옆면을 긁어내리며 몇 번 더 섞어 고르게 혼합되도록 한다.

팬에 채워 굽기: 블러드 오렌지 조각들이 흐트러지지 않도록 반죽을 살살 붓고 윗면을 매끈하게 정리한다. 케이크를 오븐에 넣자마자 온도를 177도(화씨 350도)로 낮춘다. 윗면이 노릇해지고 가운데를 만져보았을 때 단단한 느낌이 나며 케이크 테스터나 이쑤시개로 가운데를 찔러보았을 때 아무것도 묻어나지 않을 때까지 35~45분간 굽는다.

케이크를 식히고 틀에서 빼내기: 팬을 식힘망으로 옮겨 15분간 식힌다. 얇은 칼로 케이크 가장자리를 따라 자른 뒤 링을 분리한다(즙이 흐를 수 있으므로 주의한다). 케이크를 식힘망 위에 뒤집어 올린 다음 원형 밑판을 제거한다. 유산지를 조심스럽게 떼어낸 뒤 케이크를 완전히 식힌다. 비닐 랩으로 싸서 실온에 하루 이상 두면 최상의 맛과 질감이 난다.

담아내기: 케이크를 잘라 단맛이 약간 있는 요거트를 곁들여낸다.

---

② 블러드 오렌지 대신 귤 등 다른 시트러스류 과일을 사용해도 된다. 단, 껍질이 두꺼우면 케이크에서 쓴맛이 날 수 있으므로 껍질이 얇은 것을 쓰도록 한다.

③ 블러드 오렌지가 두꺼우면 굽는 동안 흰 중과피가 완전히 연해지지 않아서 쓴맛이 날 뿐만 아니라 케이크가 잘 안 잘릴 수도 있으므로 최대한 얇게 잘라야 한다. 가능하면 종잇장처럼 얇게 자른다.

④ 올리브오일은 천천히 넣으며 유화시켜야 폭신하고 고른 질감을 가진 케이크를 만들 수 있다. 한꺼번에 많이 넣으면 휘핑된 달걀이 짓눌려 다 꺼져버린다.

꿀과 무화과를 올린 염소 치즈 케이크

10인분

준비할 도구:

23cm(9in) 스프링폼 팬, 스프링폼 팬이 들어갈 만큼 큰 로스팅 팬, 스탠드 믹서나 핸드 믹서

그레이엄 크래커 크러스트(326쪽), 23cm 스프링폼 팬에 완전히 구워서 식힌 것

염소 치즈 297g, 실온 상태로 준비

크림치즈 227g, 가능하면 필라델피아 (Philadelphia)사 제품 사용, 실온 상태로 준비

설탕 ⅔컵(130g)

바닐라 빈 1개에서 긁어낸 씨 또는 바닐라 페이스트 1작은술

헤비크림 ½컵(113g)

대란 4개(200g), 실온 상태로 준비

곱게 간 레몬 껍질 1큰술

생레몬즙 2큰술(28g)

생무화과 454g, 4등분 한 것①

꿀, 엑스트라 버진 올리브오일, 레몬 조각, 토핑용

나는 뉴욕 스타일 치즈케이크와 복잡한 관계에 놓여 있다. 그 뻣뻣하면서도 매끈하고 진하디진한 첫 한 입은 정말 좋지만, 그때부터는 내리막길이다. 보통 내 입맛에는 필링이 너무 과해서 금세 질리고 먹기 싫어지기 때문이다. 좀 더 가볍고 복합적이며 필링 대 크러스트의 비율을 더 잘 맞춘 케이크는 없을까? 크림치즈의 일부를 염소 치즈로 바꾼 것이 신의 한수였다. 필라델피아 크림치즈(내가 유일하게 좋아하는 크림치즈)의 확실한 크리미함은 그대로인데 염소 치즈의 톡 쏘는 맛과 약간의 특징적인 냄새가 더해진 것이다. 또 필링 양을 전체적으로 줄여 한 입 먹을 때마다 그레이엄 크래커 크러스트의 맛을 함께 느낄 수 있다.

오븐 예열하기: 오븐 선반을 가운데 칸에 끼우고 오븐을 163도(화씨 325도)로 예열한다. 구워서 식힌 그레이엄 크래커 크러스트가 들어 있는 스프링폼 팬의 바깥쪽을 은박지 두 겹으로 꼭 맞게 감싸되, 물이 스며들지 못하도록 팬 테두리 높이보다 7.5cm쯤 높게 여유분을 남긴다.②

필링 만들기: 패들을 끼운 스탠드 믹서의 볼(핸드 믹서를 쓸 때는 큰 볼)에 염소 치즈, 크림치즈, 설탕, 바닐라 빈 씨를 넣고 완전히 매끈해질 때까지 중고속으로 섞는다. 여기에 헤비크림을 넣고 중저속으로 매끈하게 섞은 다음 달걀, 레몬 껍질, 레몬즙을 넣고 섞는다. 속도를 중고속으로 올린 뒤 볼 옆면을 가끔 긁어내리며 아주 가볍고 매끈한 상태가 될 때까지 약 3분간 섞는다. 믹서를 끈다.

중탕 준비하기: 약 2ℓ의 물을 끓인다. 로스팅 팬을 오븐에 넣은 다음 끓인 물을 약 2.5cm 깊이로 채운다. 이 중탕 그릇에 치즈케이크를 담아 구울 것이다.③

크러스트에 반죽 채워 굽기: 그레이엄 크래커 크러스트에 반죽을 붓고 윗면을 매끈하게 정리한다. 팬을 살짝 내리쳐 기포를 제거한 다음 로스팅 팬 안에 조심히 집어넣는다. (다음 장에 계속)

알아두기

이 치즈케이크는 무화과 토핑 없이 잘 싸서 냉장고에 넣어두면 3일간 보관이 가능하다 (단, 크러스트는 시간이 지남에 따라 물러질 수 있다). 무화과는 담아내기 직전에 올리고 남은 무화과는 케이크와는 별도로 밀폐 용기에 담아 냉장 보관한다.

① 무화과는 흠 없이 부드럽고 즙이 나오기 시작한, 잘 익은 것으로 고른다. 덜 익은 무화과는 아무 맛이 없어서 케이크에 올려도 별다른 맛을 내지 못한다.

② 스프링폼 팬은 은박지로 꼼꼼히 감싸도록 한다. 중탕을 할 때는 물이 새는 일이 자주 있으므로 틈이 보이거나 찢어진 부분이 있으면 은박지를 한 겹 더 감싼다. 물이 조금 샜더라도 치즈케이크를 망칠 일은 없으니 너무 걱정 말기를(크러스트는 약간 질척거릴 수 있다).

필링 가장자리가 익고 가운데 부분은 살짝 출렁이는 상태가
될 때까지 30~35분간 굽는다.

오븐을 끄고 오븐 문을 약간 연 채로 치즈케이크를 2시간
이상 식힌다(케이크를 완전히 굳히고 서서히 식혀 표면이
갈라지는 것을 막기 위해).

치즈케이크 냉장하기: 식은 치즈케이크를 로스팅 팬에서
꺼내 은박지를 벗긴다. 케이크 팬을 냉장고에 넣고 2시간
이상 둔다(더 오래 냉장 보관할 때는 위에 비닐 랩을 씌운다).

무화과 올리기:④ 치즈케이크를 냉장고에서 꺼낸 다음
과도나 소형 오프셋 스패출러로 케이크 가장자리를 잘라
팬에서 떼어낸다(냉장하는 동안 필링이 수축할 수도 있으나
이는 자연스러운 현상이다). 링을 제거한다. 케이크를
스프링폼 팬 밑판에 올려진 채로 접시에 담는다. 케이크 위에
무화과를 예쁘게 올리고 꿀과 엑스트라 버진 올리브오일을
약간씩 뿌린다. 레몬 조각의 즙을 짜서 뿌린다.

③ 유용한 팁: 끓는 물이 든 팬을 출렁거리며
오븐으로 옮기는 것보다 팬을 먼저 오븐
선반에 올린 뒤 끓는 물을 붓는 것이 훨씬
낫다.

④ 염소 치즈는 어떤 과일과도 잘 어울리므로
무화과 대신 절인 베리류(여름), 졸인 루바브
(봄, 187쪽의 **딸기 루바브 파블로바** 참조)
나 금귤 마멀레이드(겨울, 61쪽의 **리코타
케이크와 금귤 마멀레이드** 참조)와 같은 제철
과일을 사용해도 좋다.

파인애플 피칸 업사이드다운 케이크

8인분

준비할 도구:

23cm(9in) 케이크 팬, 푸드 프로세서, 스탠드 믹서나 핸드 믹서

파인애플 캐러멜 레이어

팬에 바를 버터

중간 크기의 파인애플 1개(약 1.59kg)①

눌러 담은 황설탕 ½컵(100g)

다크 럼 ¼컵(57g)

무염 버터 1큰술

코셔 소금 한 꼬집

구운 피칸 케이크 및 기타 재료

피칸 반태 또는 분태 1컵(113g)

중력분 1컵(130g)

계핏가루 1½작은술

다이아몬드 크리스털 코셔 소금 1작은술(3g)

베이킹소다 1작은술(6g)

베이킹파우더 ½작은술

너트메그 가루 ¼작은술(바로 갈아 쓰면 더 좋음)

무염 버터 1스틱(113g), 실온 상태로 준비

백설탕 ½컵(100g)

눌러 담은 황설탕 ¼컵(50g)

대란 1개(100g), 실온 상태로 준비

바닐라 익스트랙트 1작은술

버터밀크 ½컵(120g), 실온 상태로 준비

체에 거른 살구잼⅓컵(선택 사항), 따뜻하게 데운 것, 글레이징용

업사이드다운 케이크를 그토록 좋아하는데도 이 책을 쓰기 전까지 파인애플 업사이드다운 케이크는 만들어 본 적이 없었다. 파인애플 통조림으로 만드는 일반적인 버전과는 전혀 다르게 신선한 파인애플과 럼, 황설탕, 바닐라, 몸을 따뜻하게 해주는 향신료를 섞어 열대의 풍미를 내고자 했다. 피칸이 듬뿍 들어가 고소하고 폭신한 케이크와 새콤달콤한 파인애플 층이 균형을 이루어 더할 나위 없는 맛을 내지만 계피, 바닐라, 또는 버터 피칸 아이스크림 한 스쿱을 곁들이는 것도 절대 나쁘지 않을 것이다.

팬 준비하기: 케이크 팬의 바닥과 옆면에 버터를 얇게 바르고 원형 유산지를 바닥에 깐다.

파인애플 자르기: 도마 위에 파인애플을 가로로 놓고 줄기 부분과 밑동을 잘라낸다. 파인애플을 똑바로 세운 다음 파인애플을 돌려가며 두꺼운 껍질을 위에서 아래로 잘라낸다. 이때 울퉁불퉁한 부분이 남지 않도록 두껍게 잘라내야 한다(필요한 경우 과도를 이용해 '눈'을 제거한다). 파인애플을 길게 4등분을 한 뒤 각 조각을 옆으로 평평하게 눕힌다. 섬유질로 된 심을 길게 잘라낸 다음② 파인애플을 두께가 0.3cm가 넘지 않는 부채 모양의 아주 얇은 조각들로 자른다.

파인애플 졸이기: 큰 냄비에 파인애플 조각들과 자를 때 나온 즙, 황설탕, 럼을 넣고 파인애플이 겨우 잠길 정도의 물을 붓는다. 냄비를 중약불에 올리고 설탕이 녹도록 빙빙 돌려가며 끓인다. 뭉근히 끓도록 불을 조절한 뒤 고르게 졸여지도록 가끔 냄비를 돌려가며 파인애플이 투명하고 물러질 때까지 10~15분간 졸인다. 파인애플을 접시에 조심히 담고(찢어지기 쉬우므로) 즙은 냄비에 남겨 둔다.

캐러멜 만들기: 냄비를 다시 중불에 올리고 버터와 소금 한 꼬집을 넣는다. 냄비를 자주 돌리며 버터가 녹고 거품이 나며 걸쭉해질 때까지 5~7분간 끓인다. (다음 장에 계속)

알아두기

이 케이크는 잘 싸서 실온에 두면 3일간 보관이 가능하나 만든 당일에 먹는 것이 가장 맛있다. 살구잼은 먹기 직전에 바른다.

① 통파인애플을 고를 때는 밑동의 냄새를 맡아보자. 잘 익은 것은 달콤하고 향긋한 냄새가 난다. 껍질을 벗기고 심을 제거하되 자르지 않은 상태로 판매하는 파인애플이 있다면 그것을 사용해도 된다. 이때는 파인애플 무게가 680g은 되어야 한다.

준비해 둔 케이크 팬에 캐러멜을 부은 다음 팬을 기울여 바닥에 고루 입힌다. 한쪽에 식혀 둔다.

팬에 파인애플 깔기: 식힌 파인애플 조각들을 케이크 팬 바닥에 촘촘히 겹쳐서 깐다(파인애플 조각이 몇 개 남을 수도 있다). 케이크를 만드는 동안 팬은 한쪽에 둔다.

오븐 예열 및 피칸 굽기: 오븐 선반을 가운데 칸에 끼우고 오븐을 177도(화씨 350도)로 예열한다. 테두리가 있는 작은 베이킹 팬에 피칸을 올린 다음 피칸 색이 짙어지고 아주 고소한 냄새가 날 때까지 10~14분간 굽되, 중간에 팬을 한 번 흔들어준다. 팬을 오븐에서 꺼내 완전히 식힌다.

마른 재료 섞기: 푸드 프로세서에 밀가루, 계핏가루, 소금, 베이킹소다, 베이킹파우더, 너트메그 가루를 넣고 섞는다. 여기에 식힌 피칸을 넣고 순간 작동 버튼을 길게 눌러가며 곱게 갈릴 때까지 섞는다.

버터와 설탕 크림화하기: 패들을 끼운 스탠드 믹서의 볼(핸드 믹서를 사용할 때는 큰 볼)에 버터, 백설탕, 황설탕을 넣은 다음 가볍고 폭신한 느낌이 들 때까지 약 4분간 중고속으로 섞되, 중간에 볼 옆면을 한두 번 긁어내린다.

달걀 넣기: 달걀을 한 개씩 넣고, 넣을 때마다 잘 섞기를 반복한다. 바닐라 익스트랙트를 넣는다.

마른 재료와 젖은 재료 번갈아 섞기: 믹서의 속도를 저속으로 줄이고 밀가루 혼합물을 3번, 버터밀크를 2번으로 나누어 넣고 매끈한 상태가 되도록 섞기를 반복한다. 믹서를 끄고 유연한 스패출러로 볼 바닥과 옆면을 긁어내리며 몇 번 더 섞어 고르게 혼합되도록 한다.

팬에 채워 굽기: 파인애플 위에 반죽을 살살 올린 다음 유연한 스패출러나 소형 오프셋 스패출러로 고르게 펼친다(파인애플에서 나온 즙이 가장자리에 조금 고일 수 있지만 괜찮다). 케이크 윗면이 전체적으로 노릇해지고 만져보았을 때 탄력이 느껴지며 케이크 테스터나 이쑤시개로 가운데를 찔러보았을 때 아무것도 묻어나지 않을 때까지 40~45분간 굽는다.

식혀서 글레이징하기: 팬을 식힘망으로 옮겨 15분간 식힌다.③ 오프셋 스패출러나 과도로 케이크 가장자리를 따라 잘라 팬에서 떼어낸다. 케이크를 식힘망 위에 뒤집어 올린 다음 팬을 천천히 빼낸다. 유산지를 떼어낸 뒤 케이크를 완전히 식힌다. 윤기를 내고 싶다면 따뜻하게 데운 살구잼을 페이스트리 브러시로 케이크 표면 전체에 바른다.

---

② 파인애플 심은 구운 뒤에도 딱딱하고 질기므로 완전히 제거하도록 한다.

③ 15분이 넘기 전에 케이크를 뒤집어 팬을 빼내야 한다. 케이크가 식으면 캐러멜이 굳어서 팬을 깔끔하게 분리할 수 없기 때문이다(아무리 유산지가 있어도 마찬가지다).

파이와 타르트

내가 생각하는 베이킹은 일종의 예술 행위인데 마침 그게 먹을 수도 있는 것이라니, 얼마나 좋은지! 이런 생각이 가장 크게 드는 때는 바로 파이나 타르트를 만들 때다. 반죽을 밀어 파이 접시에 깔고 가장자리에 주름을 잡고... 이 모든 단계가 나를 더 명상적이고 창의적인 마음 상태로 이끈다. 과일 파이나 갈레트는 다 자기만의 색깔이 있기 때문에 그것을 만드는 것은 발견의 과정이다. 또 해야 할 일도 많다. 파이와 타르트에는 (거의) 항상 크러스트와 필링이 있어서 케이크나 쿠키보다 더 많은 준비와 전반적인 작업이 필요하다. 이 장의 레시피들은 페이스트리를 만들어 휴지시키는 것에서부터 필링을 준비하고 그 둘을 합쳐서 굽기까지, 일련의 단계를 거친다. 하지만 결과는 틀림없이 수단을 정당화해 줄 것이며, 그 과정에서 즐거움까지 찾게 될 수도 있다.

새콤한 체리 파이, 111쪽

크랜베리 석류 무스 파이

8인분

준비할 도구:

23cm(9in) 파이 접시, 스탠드 믹서나 핸드
믹서(선택 사항)

채소 필러로 깎은 오렌지 껍질 2줄
계피 스틱 1개 또는 계핏가루 ¼작은술
코셔 소금 한 꼬집
생크랜베리 283g(2½컵)과 가니시용
20여 개①
백설탕 1½컵(300g)과 가니시용 소량
석류 당밀 4큰술(100g)②
헤비크림 2컵(453g), 냉장해 둔 것
무향 젤라틴 가루 1½작은술(5g)
그레이엄 크래커 크러스트, 스페큘로스
버전(327쪽), 23cm 파이 접시에 완전히
구워서 식힌 것③
분말 설탕 2큰술

내가 좋아하는 호박과 사과만큼이나 추수감사절 만찬 후에 먹고 싶은 파이다.
가볍고 부드러운 데다 크랜베리와 석류 당밀의 새콤한 맛까지. 게다가 필링을
굽지 않아도 되어서 푸짐한 명절 상을 준비할 때 다른 음식에 오븐을 양보할
수 있다. 이럴진대 크랜베리 파이나 다른 크랜베리 디저트가 가을과 겨울 내내
모습을 드러내지 않을 이유는 없을 것이다. 그만큼 맛이 좋으니까.

크랜베리 콩포트 만들기: 작은 냄비에 오렌지 껍질, 계피, 소금, 크랜베리, 백설탕
1컵(200g), 석류 당밀 3큰술(72g), 물 1컵(227g)을 넣고 끓인다. 내열 스패출러로
자주 저으며 크랜베리가 터지고 전체적으로 아주 걸쭉한 잼 같은 농도가 날
때까지 10~15분간 졸인다(스패출러로 냄비 바닥을 긁었을 때 혼합물이 잠시
양쪽으로 갈라질 정도). 냄비를 불에서 내린다.

콩포트를 체에 내리고 크림 섞기: 중간 크기의 볼 위에 고운 체를 올린 뒤
스패출러로 콩포트를 꾹꾹 눌러 덩어리를 으깨가며 체에 내린다(건더기는
버린다). 냄비는 다시 쓸 것이므로 한쪽에 둔다. 헤비크림 ⅓컵(76g)을 콩포트에
넣고 매끈한 상태가 되도록 휘젓는다. 볼에 비닐 랩을 씌워 25~30분간 냉장
보관한다.

젤라틴 불리기: 한쪽에 두었던 냄비를 씻어서 물기를 닦는다. 찬물 3큰술(43g)을
넣고 그 위에 젤라틴 가루를 뿌린 다음 젓지 말고 약 10분간 그대로 둔다.

크림 휘핑하기: 젤라틴이 녹는 사이, 거품기를 끼운 스탠드 믹서의 볼(핸드
믹서를 쓸 때는 큰 볼)에 헤비크림 1컵(227g)을 넣고 중저속에서 시작해
중고속으로 점차 속도를 올리며 크림이 걸쭉해지고 거품기로 찍어 올렸을 때
끝이 설 듯 말 듯한 상태(firm peak)가 될 때까지 휘핑한다. (다음 장에 계속)

알아두기
크랜베리 콩포트는 4일 전부터 미리
만들어놓아도 된다. 단, 계속 잘 덮어서
냉장 보관할 것. 크랜베리 무스를 완성해
크러스트에 붓는 작업은 하루 전에 미리
해두어도 되며, 이 경우에도 파이를 잘
덮어서 냉장 보관하도록 한다. 크림을 휘핑해
설탕을 묻힌 크랜베리와 함께 파이 위에
올리는 작업은 먹기 직전에 한다.

① 생크랜베리가 아닌 냉동 크랜베리는
콩포트에는 사용할 수 있지만 설탕을 묻힌
크랜베리 가니시에는 사용할 수 없으므로,
냉동 크랜베리밖에 없다면 가니시는
생략한다.

② 석류 당밀은 인터넷을 통해 구할 수 있다. 못
찾겠다면 생략하고 그 대신 레시피상의 물
1컵을 100% 무가당 석류즙으로 대체한다.
설탕을 입힌 크랜베리에 들어가는 물과 석류
당밀도 석류즙 ½컵으로 대체한다.

이 작업은 수동 거품기로 해도 된다. 크림은 무스를 만들 때까지 냉장 보관한다.

젤라틴을 녹여 콩포트에 섞기: 냉장 보관했던 크랜베리 혼합물을 꺼내 랩을 벗긴 뒤 부드럽게 휘젓는다. 젤라틴이 든 냄비를 약불에 올린 다음 빙빙 돌리며 가루가 보이지 않는 투명한 상태가 되도록 녹인다. 이때 완전히 녹여야 나중에 무스가 제대로 굳는다. 녹인 젤라틴을 크랜베리 혼합물에 섞는다.

크랜베리 무스를 완성해 크러스트에 부어 냉장하기: 냉장해 두었던 크림을 꺼내 그 절반을 크랜베리 혼합물이 든 볼에 넣는다. 자국이 거의 안 보일 때까지만 섞는다.④ 남은 크림을 마저 넣고 가볍고 균일한 상태가 될 때까지 섞은 다음 준비해 둔 크러스트에 붓는다. 윗면을 매끈하게 정리한 뒤 무스가 굳을 때까지 4시간 이상 냉장 보관한다. 냉장한 지 1시간이 지났을 때 파이를 비닐 랩으로 씌워 막이 생기는 것을 방지한다.

설탕을 입힌 크랜베리 만들기: 파이가 굳는 동안, 작은 냄비에 남은 백설탕 ½컵(100g), 석류 당밀 1큰술(25g), 물 ⅓컵(76g)을 넣고 약불에 올린 다음 설탕이 녹도록 휘젓다가 크랜베리 20개를 넣는다. 크랜베리가 물러지고 터진 부분이 보이기 시작할 때까지 약 3분간 아주 약한 불로 뭉근히 끓인다. 구멍이 뚫린 스푼으로 크랜베리를 떠서 식힘망으로 옮긴다(뭉그러지거나 모양이 망가진 것은 버린다). 크랜베리를 만져보았을 때 끈적이는 느낌이 약간 남아 있을 때까지 약 1시간 동안 그대로 둔다. 크랜베리 겉면에 백설탕을 입힌 다음 다시 식힘망에 올려 파이가 굳을 때까지 실온에서 건조시킨다.

남은 크림을 휘핑해 파이 위에 올리기: 파이는 담아내기 직전에 냉장고에서 꺼내 랩을 벗긴다. 남은 헤비크림 ⅔컵을 거품기로 찍어 올렸을 때 끝이 약간 휘어지는 부드러운 상태(soft peak)가 되도록 휘핑한다. 여기에 슈거파우더를 넣고 섞은 뒤 볼에 묻은 크림까지 싹싹 긁어 파이 위에 올린다. 크림을 모양내서 펼친 다음 그 위에 설탕을 입힌 크랜베리를 올린다. 잘라서 담아낸다.

③ 비스코프 쿠키가 없으면 그냥 그레이엄 크래커 크러스트를 만들거나, 다른 생강 쿠키로 대체한다.

④ 무스는 너무 많이 섞으면 가벼운 느낌이 사라지므로 주의한다. 날렵한 손놀림으로 자국이 거의 안 보일 때까지만 섞어야 폭신한 질감을 낼 수 있다.

폴렌타와 피스타치오를 뿌린 자두 갈레트

8인분

준비할 도구:

껍데기를 벗긴 피스타치오 ⅓컵(45g)

입자가 굵은 폴렌타나 콘밀(cornmeal, 굵게 빻은 옥수숫가루-옮긴이) 2큰술(18g)

옥수수 전분 ½작은술

코셔 소금 한 꼬집

데메라라 설탕 5큰술(63g)

결이 살아 있는 올버터 파이 반죽(333쪽)

중력분, 덧가루용

작은 자두 567g, 이탈리아 자두면 더 좋음, 반으로 잘라 씨를 뺀 것 ①

꿀 1큰술과 토핑용 소량

대란 1개, 잘 푼 것

과즙과 풍미가 가득한 한 입 크기의 이탈리아 자두는 여름에서 가을로 넘어갈 때쯤 느껴지는 달콤 쌉싸름한 기분을 한층 더 달콤하게 해준다. 이 자두는 그냥 먹어도 좋지만, 오븐에서 열을 받으면 본래의 새콤한 맛이 응축되어 첨가된 설탕과 놀라운 시너지를 일으키기 때문에 베이킹용으로는 더욱 좋다. 이 자두 갈레트는 영화 <콜 미 바이 유어 네임(Call Me by Your Name)> 속 이탈리아의 분위기처럼 단순하면서도 우아한 느낌을 준다. 자두 아래 폴렌타, 구운 피스타치오, 설탕, 옥수수 전분으로 만든 층은 자두즙이 스며들어 촉촉하고 맛있는 질감이 나는 동시에, 부드럽고 진득진득한 과일과 바삭한 페이스트리 사이의 장벽 역할도 한다. 매년 여름의 끝 무렵에 꼭 등장해야 하는 레시피다.

오븐 예열 및 피스타치오 굽기: 오븐 선반을 가운데 칸에 끼우고 오븐을 177도(화씨 350도)로 예열한다. 테두리가 있는 작은 베이킹 팬에 피스타치오를 고루 뿌린 다음 노릇해지고 고소한 냄새가 날 때까지 8~10분간 굽되, 중간에 팬을 한 번 흔들어준다. 팬을 오븐에서 꺼내 식힌다. 오븐 온도를 218도(화씨 425도)로 높인다.

피스타치오 껍질 벗겨 다지기: 따뜻한 상태의 피스타치오를 손으로 비벼 얇은 속껍질을 벗긴 뒤 곱게 다진다. 그중 1큰술은 완성된 갈레트 위에 뿌릴 것이므로 따로 둔다.

폴렌타 레이어 재료 섞기: 작은 볼에 폴렌타, 옥수수 전분, 소금, 데메라라 설탕 3큰술(38g), 다진 피스타치오를 넣고 섞는다.

페이스트리 반죽 밀기: 파이 반죽을 약 5분간 실온에 내놓아 살짝 녹인다. 덧가루를 뿌린 조리대 위에 랩을 벗긴 반죽을 올린 다음 밀대로 두드려 더 유연하게 만든다. 반죽의 위와 아래에 밀가루를 뿌려가며 지름 약 30cm의 원형으로 민다. (다음 장에 계속)

알아두기
이 갈레트는 잘 덮어 실온에 두면 4일간 보관이 가능하나 만든 당일에 먹어야 크러스트의 바삭함이 살아 있어서 더 맛있다 (오래 두면 크러스트가 눅눅해진다).

① 나는 9월 초에 갓 따서 아주 작고 새콤한 이탈리아 자두를 주로 사용한다. 몇 주 지나서 더 커진 자두는 쐐기 모양으로 잘라서 사용한다. 이탈리아 자두가 없으면 구할 수 있는 자두 중 맛있는 것을 사용하면 된다.

파이와 타르트

갈레트 조합하기: 테두리가 있는 큰 베이킹 팬에 유산지를 깔고 페이스트리 반죽을 올린다. 반죽 위 테두리 부분 약 4cm를 남기고 폴렌타 혼합물을 골고루 뿌린다. 자두를 자른 단면이 위로 가게 해 촘촘히 올린다. 꿀 1큰술을 자두 위에 뿌린다.

페이스트리 접기: 페이스트리 반죽 테두리에 잘 푼 달걀을 바른다. 반죽 테두리 부분을 유산지에 붙은 채로 들어 올려 자두 위로 접고 일정한 간격으로 주름을 잡는다. 반죽이 벌어지지 않도록 주름 잡은 부분을 꼭 누른 뒤 남은 달걀을 반죽 위에 바른다. 남은 데메라라 설탕 2큰술을 갈레트 위에 고루 뿌린다.

갈레트 냉장하기: 페이스트리가 단단해질 때까지 10~15분간 갈레트를 냉장고에 넣어 둔다.

구워서 식히기: 베이킹 팬을 오븐에 넣은 다음 페이스트리가 부풀어 오르고 노릇한 갈색이 나며 자두가 진득진득해질 때까지 55~65분간 굽는다.② 갈레트를 오븐에서 꺼내 30분 이상 식힌다.

담아내기: 갈레트 위에 꿀과 남겨 둔 다진 피스타치오를 뿌린다.③ 잘라서 담아낸다.

---

② 과일이 들어가는 파이나 갈레트는 과하다 싶을 정도로 구워도 비교적 안전하므로 짙은 황갈색이 날 때까지 굽는다. 오래 구워야 자두에서 나온 즙이 폴렌타 층에 스며들어 촉촉하고 부드러워지며, 과일과 페이스트리 사이에 달콤하고 특유의 식감이 느껴지는 층이 형성된다.

③ 자두나 살구와 같은 핵과류는 구우면 신맛이 더 강해지므로 신맛이 강한 자두를 쓸 때는 꿀을 넉넉히 뿌리도록 한다.

피스타치오 린처 타르트

8인분

준비할 도구:

23cm(9in) 원형 또는 35.5×10cm(14×4in)
직사각형 분리형 타르트 팬, 푸드 프로세서,
짤주머니, 큰 아이싱용 깍지나 기타 모양
깍지(선택 사항)

껍데기를 벗긴 피스타치오 1컵(120g)①

팬에 바를 버터

중력분 1컵(130g)

계핏가루 ½작은술

다이아몬드 크리스털 코셔 소금 ½작은술

설탕 ½컵(100g)

무염 버터 10큰술(142g), 약 1cm 크기로
조각내 냉장해 둔 것

대란 1개(50g), 차가운 상태로 준비

바닐라 익스트랙트 1작은술

곱게 간 레몬 껍질 2작은술

시판 잼 ⅔컵(200g), 라즈베리나 딸기, 체리,
살구 등②

생레몬즙 2작은술

내가 뉴욕에서 유독 좋아하는 장소 중 하나는 카페 사바스키(Caf Sabarsky)다. 이 놀랄 만큼 매력적인 비엔나 스타일 카페는 맨해튼 5번가와 86번가 사이, 독일과 오스트리아 작품을 주로 전시하는 노이에 갤러리(Neue Galerie)에 안에 있다. 나는 클림트와 실레의 그림을 감상한 후 카페 테이블에 앉아, 작은 쟁반에 탄산수와 함께 나오는 카페 크레메(kaffee cr me)와 완벽한 모습의 린처 토르테 한 조각을 주문한다. 향긋한 견과류 베이스의 타르트에 잼을 채운 린처 토르테는 비엔나를 대표하는 디저트로, 풍부한 맛이 나는 동시에 소박한 느낌도 있다(좋은 뜻으로!). 이 레시피는 휴지시켜서 밀어야 하는 페이스트리 반죽 대신 푸드 프로세서로 만드는 아주 뻣뻣한 반죽을 사용하며, 흔히 넣는 헤이즐넛이나 아몬드가 아닌 피스타치오를 넣었다. 반죽의 절반을 팬에 구워 바닥의 크러스트 부분을 만든 다음 필링(시판 잼에 레몬즙을 약간 넣어 맛을 살린 것)을 넣고, 그 위에 남은 반죽을 짜서 올린다. 단계가 많아서 그렇지, 만들기도 꽤 쉬운 데다 수수함과 화려함 사이의 가장 이상적인 지점을 딱 맞춘 아주 맛있는 디저트다.

오븐 예열 및 피스타치오 굽기: 오븐 선반을 가운데 칸에 끼우고 오븐을 177도(화씨 350도)로 예열한다. 테두리가 있는 작은 베이킹 팬에 피스타치오를 고루 뿌려 노릇해지고 고소한 냄새가 날 때까지 8~10분간 굽되, 중간에 팬을 한 번 흔들어준다. 팬을 오븐에서 꺼내(오븐은 계속 켜 둔다) 피스타치오를 식힌다. 따뜻한 상태의 피스타치오를 손으로 비벼 얇은 속껍질을 벗긴다.

팬 준비: 타르트 팬의 바닥과 옆면에 버터를 얇게 바른 뒤 한쪽에 둔다.

피스타치오를 갈아서 마른 재료와 섞기: 푸드 프로세서에 밀가루, 계핏가루, 소금, 식힌 피스타치오를 넣고 순간 작동 버튼을 길게 눌러가며 피스타치오가 곱게 갈릴 때까지 섞는다. 이것을 중간 크기의 볼에 옮겨 담는다.

반죽 만들기: 푸드 프로세서에(씻을 필요 없음) 설탕, 차가운 버터를 넣고 순간 작동 버튼을 눌러가며 매끈하고 크리미한 상태가 되도록 섞되, 중간에 한두 번 볼 옆면을 긁어내린다. 여기에 달걀, 바닐라 익스트랙트, 레몬 껍질을 넣고 다시 순간 작동시켜 잘 혼합하고, 한 번 더 볼 옆면을 긁어내린다(이때 반죽이 좀 거칠어 보여도 괜찮다). 피스타치오가 든 밀가루 혼합물을 넣은 뒤 순간 작동 기능을 이용해 걸쭉하고 매끈한 반죽이 될 때까지 섞는다. (다음 장에 계속)

알아두기

이 타르트는 잘 싸서 실온에 두면 3일간 보관이 가능하나 만든 당일이나 다음 날 먹는 것이 가장 맛있다.

① 피스타치오를 동량의 아몬드, 헤이즐넛, 피칸, 호두로(혹은 견과류 믹스로) 대체해도 되나, 어느 것을 쓰든 잘 구워서 사용하도록 한다.

② 잼에 든 씨는 체에 내려 제거해도 되지만 반드시 그럴 필요는 없다. 나는 개인적으로 씨가 씹히는 질감을 더 좋아한다!

반죽 절반을 팬에 담고 매끈하게 정리하기: 푸드 프로세서의 날을 조심히 빼낸 뒤 남은 반죽을 모두 볼에 담는다. 유연한 스패출러로 모든 재료가 고루 혼합되도록 섞은 다음 그중 절반을 준비해 둔 팬에 긁어 담는다. 소형 오프셋 스패출러로 반죽을 팬 구석구석까지 얇게 펼쳐 매끈한 층을 만든다.

반죽을 구워서 식히기: 팬을 오븐에 넣은 다음 반죽이 단단하게 익고 가장자리가 노릇해지기 시작할 때까지 15~20분간 굽는다. 팬을 오븐에서 꺼내 식힌다(오븐은 계속 켜 둔다).
큰 아이싱용 깍지(또는 원하는 모양의 깍지)를 끼운 짤주머니에 남은 반죽을 넣는다. 이때 반죽이 걸쭉하더라도 기포를 최대한 제거해야 반죽을 예쁘게 짤 수 있다. 일회용 짤주머니의 경우에는 가위로 끝부분을 2.5cm쯤 잘라서 사용한다(지퍼백을 사용할 때도 마찬가지).

필링 섞기: 작은 볼에 잼과 레몬즙을 넣고 매끈한 상태가 되도록 휘저어 섞는다.

타르트 조합하기: 식힌 타르트 바닥에 테두리 부분 약 0.5cm를 남기고 잼 혼합물을 고르게 펴 바른다. 그 위로 팬 한쪽 끝에서 다른 쪽 끝까지 짤주머니에 든 반죽을 촘촘하고 평행하게 짠다(또는 원하는 모양으로 짜도 좋다). 이때 힘을 고르게 주어 걸쭉한 반죽을 천천히 짜도록 한다. 반죽이 끊어지거나 기포가 있으면 그 부분부터 다시 짜기 시작한다. 남은 반죽을 다 사용한다.③

타르트 굽기: 잼에서 거품이 약간 나고 타르트 가장자리가 황갈색을 띨 때까지 25~30분간 더 굽는다. 팬을 오븐에서 꺼내 타르트를 완전히 식힌다.

완성: 타르트 팬의 밑판을 조심히 빼낸 뒤 타르트를 자른다.

③ 반죽을 짤 때는 최대한 고르게 힘을 주고 천천히 작업하도록 한다. 이 반죽은 굽는 동안 아주 살짝 부풀기 때문에 굽기 전과 후의 모양이 별로 다르지 않다.

로즈메리를 넣은 솔티 너트 타르트

12인분

준비할 도구:

23cm(9in) 분리형 타르트 팬, 푸드 프로세서
(반죽용)

잣 1컵(143g)①

호두 1컵(113g), 굵게 다진 것

꿀 ¼컵(85g)

설탕 ¼컵(50g)

헤비크림 ¼컵(57g)

엑스트라 버진 올리브오일 ¼컵(57g)

라이트 콘시럽(light corn syrup, 콘시럽에 바닐라 향과 소금을
가미한 것으로 거의 투명한 색이다—옮긴이) 2큰술(40g)

다이아몬드 크리스털 코셔 소금 ½작은술

바닐라 익스트랙트 ½작은술

곱게 다진 생로즈메리 ½작은술

달콤한 타르트 반죽(338쪽), 23cm 분리형
타르트 팬에 파베이크해 식힌 것②

플레이크 소금 ¼작은술, 위에 뿌릴 것

모양이나 맛만 보면 만들기가 어려울 것 같지만 실은 전혀 그렇지 않은 디저트가 간혹 있는데, 이 호사스러운 타르트가 바로 그것이다. 힘든 일은 오븐이 다 해주니까! 로즈메리를 넣은 꿀 시럽에 구운 잣과 호두를 섞은 필링이 틀 안에서 구워지면서 캐러멜라이징되기 때문에 캐러멜을 끓여서 만들 필요도 없다. 완성된 타르트는 진하고(지방질이 풍부한 잣 덕분에) 기분 좋은 '단짠' 맛을 낸다. 테스트 과정에서 우리 가족이 맛있다며 가장 좋아했던 타르트였고, 만들기가 복잡하지 않으면서도 고급스러워 보여서 내 마음에도 쏙 들었다. 캐러멜, 견과류, 로즈메리는 모두 치즈와 잘 어울리므로 숙성된 체다, 콩테, 크리미 블루치즈 등을 곁들이면 더욱 빛을 발할 것이다.

오븐 예열 및 견과류 굽기: 오븐 선반을 가운데 칸에 끼우고 오븐을 177도(화씨 350도)로 예열한다. 테두리가 있는 작은 베이킹 팬에 잣과 다진 호두를 고루 뿌려 노릇해지고 고소한 냄새가 날 때까지 6~9분간 굽는다. 잣은 잘 타므로 굽기 시작한 지 5분 뒤부터는 잘 지켜봐야 한다! 팬을 오븐에서 꺼내 견과류를 식힌다 (오븐은 계속 켜 둔다).

필링 만들기: 작은 냄비에 꿀, 설탕, 헤비크림, 올리브오일, 콘시럽을 넣고 중약불에 올린 다음 내열 스패출러로 살살 저으며 설탕을 녹인다. 중불로 올려 끓인다. 젓지 말고 냄비를 빙빙 돌리며 약간 걸쭉해질 때까지 5분쯤 끓인다. 이 과정의 목적은 수분을 어느 정도 날리고 재료를 잘 섞는 것이지 캐러멜라이징이 아니므로 너무 걸쭉해지지 않도록 한다. 냄비를 불에서 내린 뒤 코셔 소금, 바닐라 익스트랙트, 로즈메리 ¼작은술을 넣고 휘젓는다. 구운 견과류를 넣고 다시 휘저어 섞는다.

필링을 채워 굽기: 테두리가 있는 대형 베이킹 팬에 은박지를 깔고 파베이크해 식혀 둔 타르트 크러스트를 올린다. 필링 혼합물을 긁어 타르트에 붓되, 견과류를 잘 분배해 그 사이사이에 필링이 고르게 고이도록 한다. (다음 장에 계속)

알아두기
이 타르트는 잘 싸서 실온에 두면 4일간 보관이 가능하나, 만든 당일이나 다음 날 먹어야 크러스트의 바삭함이 살아 있어서 가장 맛있다. 캐러멜이 공기 중의 수분을 빨아들여 끈적거릴 수 있으므로(습도가 높은 날은 더더욱) 타르트를 단단히 말아 싸두도록 한다.

견과류 주위의 필링에서 거품이 끓어오르고 표면이 짙은 황갈색을 띨 때까지 25~30분간 굽는다. 오븐에서 꺼내 잠시 식힌다.

로즈메리 소금 뿌리기: 타르트가 따뜻할 때, 작은 볼에 플레이크 소금과 남은 로즈메리 ¼작은술을 넣고 손끝으로 몇 초간 비벼 향이 배도록 한다. 이것을 타르트 위에 뿌리고 타르트를 완전히 식힌다(타르트는 식으면서 굳는다).

완성: 타르트를 틀에서 꺼낸다. 얇은 금속 스패츌러를 타르트 바닥 밑으로 밀어 넣어 틀의 밑판과 분리한 다음 조심스럽게 접시에 담아 자른다.

① 잣은 비싸므로 데쳐서 껍질을 벗긴 아몬드(blanched almonds)와 같은 다른 견과류로 대체해도 된다. 하지만 비용을 들일 용의가 있고 구할 수 있다면, 이탈리아산 잣을 구매하면 좋다. 흔히 볼 수 있는 세모난 모양의 중국산 잣보다 더 길고 원통형에 가까우며 맛이 더 좋기 때문이다. 잣은 지방 함량이 매우 높아 산패 속도가 빠르기 때문에 밀폐 용기에 담아 냉동실에 보관한다.

② 액체 필링은 작은 틈으로도 새어 나올 수 있으니 파베이크한 타르트 크러스트에 갈라진 부분이 없는지 다시 한번 확인한다. 덧붙일 반죽이 없다면 소량의 밀가루와 물을 섞어 만든 부드러운 반죽으로 갈라진 부분을 메운다(크러스트를 다시 구울 필요는 없다).

애플 타르트

8인분

중간 크기의 핑크 레이디 사과나 그밖에
새콤달콤하고 단단해 구워 먹기 좋은 사과
6개(약 1.13kg)
눌러 담은 흑설탕 ¼컵(50g)
무염 버터 6큰술(85g)
바닐라 빈 ½개에서 긁어낸 씨
다이아몬드 크리스털 코셔 소금 ¼작은술
무가당 애플 사이다 2½컵과 4큰술(624g)
러프 퍼프 페이스트리(355쪽)의 절반 분량
또는 시판 냉동 퍼프 페이스트리 1장 녹인
것①
중력분, 덧가루용
대란 1개, 잘 푼 것
데메라라 설탕, 위에 뿌릴 것
살구잼 ½컵(160g)

파리에서 요리학교를 다니던 시절 내가 살던 3구 탕플 거리에서 불과 몇 블록 안
떨어진 곳에 유명세로는 세상에서 둘째가라면 서러울 빵집, 푸알란(Poilâne)이
있었다. 나는 가끔 최고의 애플 타르트를 사러 그곳에 들르곤 했다. 단순히 사과,
버터, 흑설탕, 페이스트리를 섞은 것이었지만 오븐에서 갓 꺼낸 따뜻한 타르트를
만나게 되는 날이면 그건 그야말로 내가 먹어본 것 중 최고였다. 그 마법 같은
애플 타르트와 요리학교에서 만들었던 고전적인 '타르트 오 폼므(tarte aux pommes,
'애플 타르트'의 프랑스어-옮긴이)'를 토대로 탄생시킨 이 타르트는 캐러멜라이징한 사과
콩포트 위에 얇게 저민 사과 조각들을 올렸다. 푸알란의 애플 타르트와 똑같은
맛은 절대 아니라 해도, 갓 구운 따뜻한 상태로 먹으면 꽤 비슷한 맛을 느낄 수
있다.

콩포트 만들기: 사과 3개의 껍질을 벗기고 반으로 자른 뒤 심을 빼고 굵게
다진다. 중간 크기의 냄비에 흑설탕, 버터 4큰술(57g), 바닐라 빈 씨, 소금, 물
1큰술(14g)을 넣은 다음 중강불에 올려 설탕이 녹도록 자주 저으며 끓인다. 끓기
시작하면 젓지 말고 냄비를 빙빙 돌리며 걸쭉해지고 거품이 커지면서 터지는
속도가 느려질 때까지 2분쯤 더 끓인다. 다진 사과를 넣고 자주 저어주되,
타지 않게 나무 스푼이나 내열 스패출러로 냄비 바닥을 긁어가며 사과가
물러지고 캐러멜라이징이 시작될 때까지 8~10분간 끓인다(유독 신선하거나
즙이 많은 사과는 색이 나기까지 시간이 좀 더 걸릴 수 있으나, 참을성을 갖고
캐러멜라이징이 시작될 때까지 계속 끓인다).

콩포트 졸이기: 여기에 애플 사이다 2½컵(567g)을 천천히 부으며 휘저어 다시
끓이되, 혼합물이 튈 수 있으므로 주의한다. 사이다가 보글보글 끓을 정도로
불을 줄이고 양이 절반쯤으로 줄 때까지 8~12분간 끓인다. 포테이토 매셔나 나무
스푼으로 사과를 으깬 뒤 자주 저으며 걸쭉하고 거친 질감이 나고 짙은 황갈색을
띨 때까지 12~18분간 더 끓인다. 그 후에는 타지 않게 계속 저으며, 수분이 거의
다 날아가고 나무 스푼으로 냄비 바닥을 긁었을 때 혼합물이 잠시 양쪽으로
갈라질 만큼 걸쭉해질 때까지 5~8분간 더 끓인다(남은 양이 1½~1¾컵은 되어야
한다). (다음 장에 계속)

알아두기
사과 콩포트는 잘 덮어 냉장고에 넣어두면
1주일간 보관이 가능하다. 애플 타르트는
느슨하게 덮어 실온에 두면 3일간 보관이
가능하나 만든 당일이나 다음 날 먹는 것이
가장 맛있다.

① 냉동 퍼프 페이스트리의 경우에는 밤새
냉장고에서 서서히 녹여 사용한다. 듀포
(Dufour) 사의 제품을 추천하지만, '올
버터(all-butter)'라고 적혀 있기만 하다면
브랜드는 상관없다. 큰 사이즈 한 장이
아니라 작은 사이즈 두 장이 들어 있다면 두

장을 겹친 다음 레시피에 적힌 크기로 밀면
된다.

불에서 내려 살짝 식힌 다음 볼이나 용기에 옮겨 담아 차가워질 때까지 냉장고에 넣어 둔다.

오븐 예열하기: 오븐 선반을 가운데 칸에 끼우고 오븐을 218도(화씨 425도)로 예열한다.

페이스트리 밀기: 페이스트리를 실온에 약 5분간 내놓아 부드럽게 만든다. 밀가루를 약간 뿌린 조리대 위에 페이스트리를 올려놓고 필요한 경우 페이스트리에도 가루를 뿌린 다음 약 0.3cm 두께의 큰 직사각형으로 민다.② 약 33×23cm 크기의 반듯한 직사각형 형태가 되도록 4면을 잘라낸다(가로나 세로가 약간 더 길어도 괜찮다). 냉동 퍼프 페이스트리를 녹여 사용힐 때는 밀가루를 약간 뿌린 조리대 위에 반죽을 올려놓고 주름을 펴는 정도로만 밀어 원하는 길이와 너비로 만든다. 테두리가 있는 베이킹 팬에 유산지를 깔고 페이스트리 반죽을 올린다.

페이스트리에 포크로 구멍을 내고 달걀물 바르기: 페이스트리 가장자리의 2.5cm 두께의 테두리만 남기고 나머지 부분에 포크로 구멍을 뚫는다. 페이스트리 브러시로 2.5cm 두께의 테두리에 달걀물을 바른 다음 그 위에 데메라라 설탕을 넉넉히 뿌린다. 남은 사과를 자르는 동안 페이스트리는 냉장고에 넣어 둔다.

남은 사과 자르기: 남은 사과 3개를 똑바로 놓고 마지막에 사각형 모양 심이 남도록 심을 따라 4조각으로 자른다. 각 조각을 평평한 쪽이 아래로 가게 놓은 다음 조각의 본래 모양이 최대한 유지되도록 유의하며 얇고 긴 조각들로 고르게 자른다.

타르트 조합하기: 페이스트리와 사과 콩포트를 냉장고에서 꺼낸 다음 콩포트를 페이스트리 위에(설탕을 뿌린 테두리의 안쪽에) 고르게 펴 바른다. 얇게 자른 사과 조각을 하나씩 펼쳐 콩포트 위에 촘촘히 겹쳐 올린다(사과 조각이 남을 수도 있다). 남은 버터 2큰술을 녹인 뒤, 애플 사이다 2큰술과 섞어 페이스트리 브러시로 사과 조각들 위에 바른다.

타르트 굽기: 타르트를 오븐에 넣고 온도를 177도(화씨 350도)로 낮춘다. 테두리 부분이 짙은 갈색을 띠고 사과가 군데군데 갈색을 띨 때까지 40~55분간 굽는다. 타르트를 오븐에서 꺼내 식힌다.

글레이징해 완성하기: 작은 냄비에 잼과 남은 애플 사이다 2큰술을 넣고 중약불에 올려 저으며 끓인다. 이것을 고운 체에 내려 건더기를 제거한 다음 사과 위에 발라 글레이징한다.③ 따뜻하게 또는 실온 상태로 먹는다.

---

② 페이스트리가 녹아 밀대에 달라붙는다면 다시 몇 분간 냉장고에 넣어 굳힌다. 차갑지 않은 페이스트리로 작업하면 바삭하면서도 부드러운 크러스트가 될 가능성이 줄어든다.

③ 글레이징을 할 때는 페이스트리 브러시를 끌듯이 하지 말고 누르듯이 해야 매끈한 모양이 나고 사과가 흐트러지지 않는다.

캐러멜라이징한 꿀 호박 파이

8인분

준비할 도구:

23cm(9in) 파이 접시, 파이 누름돌 또는
말린 콩이나 쌀 4컵(파베이킹용)

결이 살아 있는 올버터 파이 반죽(333쪽),
23cm 파이 접시에 파베이크하여 식힌 것
무염 버터 5큰술(71g)
꿀 ⅓컵(113g)①
헤비크림 ¾컵(170g), 실온 상태로 준비
대란 4개(200g), 실온 상태로 준비
눌러 담은 흑설탕 ¼컵(50g)
무가당 호박 퓌레('호박 파이 필링'이 아님)
1캔(425g), 리비스(Libby's)사 제품이면 더
좋음②
계핏가루 2작은술
생강 가루 1½작은술
바닐라 익스트랙트 1작은술
다이아몬드 크리스털 코셔 소금 1작은술
(3g)
올스파이스 가루 ½작은술
너트메그 가루 ½작은술(바로 갈아 쓰면 더
좋음)과 위에 뿌릴 것 소량
정향가루 ¼작은술③
부드럽게 휘핑한 크림, 토핑용

수천, 아니, 수만 가지에 달하는 호박 파이 레시피의 거의 대부분에는 '호박+달걀+설탕+유제품+향신료'라는 기본 공식에 따른 필링이 들어간다. 그런데 또 다른 레시피가 왜 필요하냐고? 그 모든 요소의 비율이 맞지 않을 때가 너무도 많기 때문이다. 향신료가 너무 많이 들어가기도 하고, 달걀이 너무 적어서 커스터드와 같은 질감이 나지 않는다. 설탕이 너무 많이 들어간 경우는 더 많다. 나는 단단한 커스터드 질감의 필링을 원했고 호박의 채소 맛과 균형을 맞추기 위해 브라운 버터의 진한 풍미와 캐러멜라이징한 꿀(꿀을 끓여 풍미를 강화한 것)의 달콤함을 이용했다. 추수감사절뿐만 아니라 어느 때라도 기꺼이 먹고 싶어질 만큼 맛있는 파이다.

오븐 예열하기: 오븐 선반을 가운데 칸에 끼우고 오븐을 163도(화씨 325도)로 예열한다. 테두리가 있는 베이킹 팬에 은박지를 깔고 파베이크한 파이 크러스트를 올려 한쪽에 둔다.

브라운 버터 만들기: 작은 냄비에 버터를 넣고 중약불에 올린 다음 내열 스패츌러로 계속 휘젓고 냄비 바닥과 옆면을 긁어가며 끓인다. 수분이 날아가며 튀다가 잦아들고 버터에서 거품이 나며 짙은 갈색 조각들이 보일 때까지 5~7분간 계속 끓인다.

꿀 캐러멜라이징하기: 냄비를 불에서 내린 뒤 곧바로 꿀을 넣고(버터가 타지 않도록 하기 위함) 휘저어 섞는다. 냄비를 다시 중불에 올려 자주 빙빙 돌리며 색이 살짝 어두워지고 향긋하고 고소한 냄새가 날 때까지 약 2분간 끓인다. 냄비를 불에서 내린 다음 헤비크림을 천천히 부으며(튈 수 있으니 주의한다) 매끈한 상태가 되도록 계속 휘젓는다. 한쪽에 둔다.

호박 필링 만들기: 큰 볼에 달걀을 넣고 잘 푼 다음 흑설탕을 넣고 색이 밝아질 때까지 약 1분간 세게 휘젓는다. 호박 퓌레, 계핏가루, 생강가루, 바닐라 익스트랙트, 소금, 올스파이스 가루, 너트메그 가루, 정향가루를 넣고 매끈해지도록 휘저어 섞는다. 따뜻한 꿀 혼합물을 천천히 부으며 계속 휘저어 고르게 혼합되도록 한다. (다음 장에 계속)

알아두기

이 파이는 잘 덮어 냉장고에 넣어두면 3일간 보관이 가능하나 만든 당일이나 다음 날 먹는 것이 가장 맛있다(오래 두면 크러스트가 눅눅해진다).

① 진한 빛깔을 띠는 양질의 꿀을 사용한다. 꿀의 풍미가 호박 맛에 묻히지 않게 하려면 맛이 진할수록 좋지만, 메밀꿀이나 밤꿀이 너무 강하므로 사용하지 않는다.

② 생호박으로 퓌레를 직접 만드는 것은 노력할 만한 가치가 없는 일이므로 굳이 시도하지 않아도 된다. 리비스의 호박 통조림은 수분이 적어 더할 나위 없이 부드럽고 맛있는 파이를 만들 수 있다.

크러스트에 필링 채워 굽기: 파베이크한 크러스트에 필링을 가득 붓는다(크러스트의 높이에 따라 필링이 좀 남을 수도 있는데 남은 필링은 버리지 말고 두도록 한다!④). 파이를 아주 조심히 오븐에 넣은 다음 필링이 익고 가장자리가 약간 부풀고 가운데 부분이 살짝 출렁이는 상태가 될 때까지 45~60분간 굽는다.

파이 서서히 식히기: 오븐을 끄고 오븐 문틈에 나무 스푼을 끼워 살짝 열어 둔다. 파이를 오븐 안에서 완전히 식힌다. 이렇게 서서히 식히면 표면이 갈라지는 것을 막을 수 있다.

담아내기: 파이를 자르고 각 조각 위에 부드럽게 휘핑한 크림을 올린다. 크림 위에 너트메그를 갈아 올려 담아낸다.

③ 나는 개인적으로 이 향신료 조합을 좋아하지만 이 중에서 없는 것이 있다고 끝까지 찾아다니지 말고, 좋아하는 향신료가 있다면 당신만의 조합을 만들어내도 된다.

④ 남은 호박 필링은 작은 라메킨에 따로 담아 구워보자. 그러면 재료를 버리지 않아도 되고 파이 필링을 미리 맛볼 수도 있다!

사과 콩코드 포도 크럼블 파이

8인분

준비할 도구:

23cm(9in) 파이 접시, 파이 누름돌 또는
말린 콩이나 쌀 4컵(파베이킹용)

핑크 레이디 사과나 그밖에 새콤달콤하고
단단해 구워 먹기 좋은 사과 1.13kg(중간
크기로 약 6개), 껍질을 벗겨 심을 빼고
얇게 썬 것
눌러 담은 황설탕 ¼컵(50g)
생레몬즙 2큰술(28g)
바닐라 익스트랙트 2작은술
계핏가루 2작은술
다이아몬드 크리스털 코셔 소금 ½작은술
콩코드 포도 454g(줄기 포함 약 600g)①
백설탕 ⅓컵(66g)
옥수수 전분 3큰술(18g)
결이 살아 있는 올버터 파이 반죽(333쪽),
23cm 파이 접시에 파베이크해 식힌 것②
만능 크럼블 토핑, 메밀 버전(319쪽)
바닐라 또는 계피 아이스크림, 곁들이용

콩코드 포도는 가장 날카롭고 강렬한 맛을 내는 과일 중 하나이며, 어느 천재가
씨 없는 품종을 개발하기 전까지 나는 그 지루한 껍질 벗기기 작업을 견뎌내고야
말 것이다(왜 껍질을 꼭 벗겨야 하는지는 163쪽에 나와 있다). 사과와 콩코드
포도가 주인공인 이 파이를 만들려면 그 정도 수고는 감수해야 한다. 둘 다
가을을 알리는 과일들로, 같은 계절, 같은 기후에서 자라는 대부분의 과일들처럼
서로 아주 잘 어울린다. 거기에 구수한 메밀 크럼블까지 올린 이 파이는 내가
가장 좋아하는 조합이라고 해도 과언이 아니다.

사과 혼합물 만들기: 큰 볼에 사과, 황설탕, 레몬즙, 바닐라 익스트랙트, 계핏가루,
소금을 넣고 사과에 다른 재료들이 고루 입혀지도록 섞는다. 사과에서 즙이
나오도록 잠시 한쪽에 둔다.

콩코드 포도 껍질 벗겨 졸이기:③ 엄지와 검지로 포도를 한 알씩 잡고 눌러
과육을 빼낸 다음 과육은 작은 냄비에 담고 껍질은 중간 크기 볼에 따로 담는다.
과육이 든 냄비를 중약불에 올린다. 나무 스푼으로 과육을 냄비 옆면에 대고 눌러
으깨며 전체적으로 흐물흐물하고 씨가 따로 돌아다니는 상태가 될 때까지
5~10분간 뭉근히 졸인다. 냄비를 불에서 내려 잠시 식힌다.

포도 과육 체에 내려 설탕과 섞기: 포도 껍질이 든 볼 위에 고운 체를 올린다.
과육을 체에 담고 유연한 스패출러로 꾹꾹 누르고 긁어가며 내려 씨만 남긴다.
과육과 껍질을 다시 냄비에 담는다(씨는 버린다). 여기에 백설탕을 넣는다.

사과즙 졸이기: 사과 혼합물이 든 볼에 생긴 즙을 포도가 든 냄비에 붓고 중불에
올려 뭉근히 끓인다. 가끔 저으며 혼합물이 시럽처럼 변하고 양이 약 1/3로 줄
때까지 8~10분간 끓이다가 불에서 내린다. (다음 장에 계속)

알아두기
이 파이는 느슨하게 덮어 실온에 두면 4일간
보관이 가능하나 만든 당일이나 다음 날 먹는
것이 가장 맛있다.

① 포도는 냄새를 맡아보고 특별히 향이 진한
것으로 고른다. 향긋할수록 맛도 진하다.

② 이 레시피를 아주 간소하게 만들려면 **결이
살아 있는 올버터 파이 반죽**을 만들어
파베이크하는 것을 생략하고 그냥 크럼블로
만들어도 된다. 이때에는 레시피대로 준비한
필링을 2ℓ들이의 얕은 베이킹용 접시에 담고
크럼블을 올려 구우면 된다.

옥수수 전분 넣어 걸쭉하게 만들기: 작은 볼에 옥수수 전분을 넣은 다음 뜨거운 포도 혼합물 3큰술을 넣고 포크로 휘저어 매끈한 상태로 만든 뒤 냄비에 넣는다. 냄비를 다시 중불에 올려 자주 저으며 걸쭉해질 때까지 약 1분간 끓인다. 냄비를 불에서 내려 잠시 식힌다.

오븐 예열 및 팬 준비: 오븐 선반을 가운데 칸에 끼우고 오븐을 177도(화씨 350도)로 예열한다. 테두리가 있는 베이킹 팬에 은박지를 깔고 한쪽에 둔다.

필링 섞어 파이에 채우기: 따뜻한 포도 혼합물을 사과에 붓고 유연한 스패출러로 섞어 사과에 포도 혼합물을 고루 입힌다. 이 필링의 절반을 파이 크러스트에 부은 다음 사과 조각들이 크러스트 바닥 구석구석까지 차도록 고루 펼친다. 그 위에 남은 필링을 긁어 붓되, 파이 가운데 부분이 봉긋해지도록 담는다.

크럼블 토핑 꾹꾹 눌러 올리기: 크럼블 토핑을 사과 위에 고루 뿌린다. 양이 많아 보일 수 있지만 꾹꾹 눌러가며 잘 올려 고정시킨다. 이렇게 하면 필링을 압축시켜 기포를 없애는 효과도 있을 뿐만 아니라, 크럼블이 단단히 다져져 깔끔하게 잘린다.

은박지 씌워서 굽기: 은박지를 깔아 둔 베이킹 팬에 파이를 올리고 그 위에 은박지 한 장을 느슨하게 씌운다(파이 위가 타는 것을 방지하기 위해). 팬을 오븐에 넣고 30분간 굽는다. 위에 씌운 은박지를 벗긴 다음 크럼블 토핑이 단단하고 갈색을 띠며 파이 가장자리에서 걸쭉한 과즙이 보글거릴 때까지 40~50분간 더 굽는다. 파이를 오븐에서 꺼내 2시간 이상 식힌다.

담아내기: 파이를 잘라 따뜻하게 또는 실온 상태로 아이스크림과 함께 담아낸다.

③ 이 단계를 생략해서는 안 된다! 포도 껍질 까기는 정말 귀찮게 느껴질 수 있지만 그렇다고 통째로 졸이면 그 후에 껍질까지 체에 걸러져 껍질의 색과 맛이 섞이게 된다. 껍질 까는 작업을 피해 보려고 통째로 테스트해 봤지만, 결과는 비교할 수 없을 정도로 형편없었다.

블랙베리 캐러멜 타르트

8인분

준비할 도구:

23cm(9in) 분리형 타르트 팬, 푸드
프로세서('달콤한 타르트 반죽' 만들 때)

설탕 ⅔컵(130g)

라이트 콘시럽 2큰술(40g)

헤비크림 ⅓컵(81g), 실온 상태로 준비

바닐라 익스트랙트 1작은술

다이아몬드 크리스털 코셔 소금 ¼작은술

달콤한 타르트 반죽(338쪽), 23cm 분리형
타르트 팬에 완전히 구워서 식힌 것①

블랙베리 510g(약 3½컵), 물에 헹궈서 잘
말린 것

무향 젤라틴 가루 1작은술(3g)

과일 디저트의 경우, 그 과일을 생으로 먹는 것보다 맛이 없다면 뭔가 잘못된 것이다. 여름 블랙베리의 상큼한 풍미와 과즙으로 꽉 찬 질감을 유지하고 싶어서 대부분은 그대로 타르트 위에 올리고, 그 주위에는 생블랙베리의 자연스러운 맛과 달콤함을 강조하는 블랙베리 캐러멜을 채웠다. 젤라틴으로 굳히는 것이라 필링을 구울 필요가 없어서 의외로 빠르고 쉽게 만들 수 있다. 항상 그렇듯이, 제철이 아닌 블랙베리는 쓴맛이 나고 단맛이 부족할 수 있으므로 한창 제철에 난 것을 사용하는 것이 좋다.

블랙베리 캐러멜 만들기: 바닥이 두꺼운 중간 크기의 냄비에 설탕, 콘시럽, 물 3큰술(43g)을 넣고 중불에 올린 뒤 내열 스패출러로 휘저어 설탕을 녹인다. 끓기 시작하면 젓기를 멈추고, 젖은 페이스트리 브러시를 이용해 냄비 안쪽에 붙은 설탕 결정을 쓸어내리고 냄비를 빙빙 돌리며 중간 톤의 호박색이 날 때까지 6~8분간 끓인다(보통 캐러멜을 만들 때는 짙은 호박색이 날 때까지 끓이기를 추천하지만, 이 경우에는 좀 더 밝은색 캐러멜이 블랙베리의 풍미를 더 돋보이게 하므로 비교적 짧게 끓인다).② 냄비를 곧바로 불에서 내린 다음 헤비크림을 천천히 부으며 내열 스패출러로 매끈한 상태가 될 때까지 휘젓는다(혼합물이 튈 수 있으므로 주의한다). 여기에 바닐라 익스트랙트, 소금, 블랙베리 170g(약 1¼컵)을 넣고 휘젓는다. 냄비를 다시 중불에 올려 보글보글 끓인다. 자주 휘젓고 블랙베리를 냄비 옆면에 대고 눌러 으깨가며 전체적으로 약간 걸쭉해질 때까지 약 5분간 끓인다. 냄비를 불에서 내려 잠시 식힌다.

크러스트 위에 블랙베리 배열하기: 타르트 팬을 담아낼 접시 위에 올려놓고 남은 블랙베리 340g(약 2¼컵)을 크러스트 위에 고른 간격을 두고 배열한다. 접시를 한쪽에 둔다.

젤라틴 불리기: 작은 볼에 찬물 2큰술(28g)을 넣고 그 위에 젤라틴 가루를 뿌린 다음 젓지 말고 약 10분간 그대로 둔다. (다음 장에 계속)

알아두기

이 타르트는 잘 싸서 냉장고에 넣어두면 4일간 보관이 가능하나 만든 당일이나 다음 날 먹는 것이 가장 맛있다(오래 두면 크러스트가 눅눅해진다).

① 캐러멜은 타르트에 붓는 시점에는 액체 상태라 작은 틈으로도 새어 나올 수 있으니 타르트 크러스트에 갈라진 부분이 없는지 다시 한번 확인한다. 갈라진 부분이 있는데 덧붙일 반죽이 없다면 소량의 밀가루와 물을

섞어 만든 부드러운 반죽으로 갈라진 부분을 메운다(크러스트를 다시 구울 필요는 없다).

캐러멜을 체에 내리기: 중간 크기의 볼 위에 고운 체를 올린 뒤 캐러멜을 긁어 체에 내린다(냄비는 다시 쓸 것이므로 한쪽에 둔다). 스패츌러로 덩어리를 꾹꾹 눌러 으깨서 과즙과 캐러멜을 최대한 많이 뽑아낸다(체에 남은 찌꺼기는 버린다).

젤라틴 녹이기: 불려둔 젤라틴(이때쯤이면 투명하게 굳어 있을 것이다)을 캐러멜을 만들었던 냄비에 긁어 담은 뒤 냄비를 약불에 올린다. 가루가 보이지 않는 투명한 액체 상태가 될 때까지 가열한다. 젤라틴을 완전히 녹여야 나중에 타르트가 제대로 굳으므로 여유를 가지고 주의 깊게 지켜본다.③ 단, 끓이면 젤라틴의 고형화 기능이 파괴될 수 있으므로 끓이지는 말아야 한다!

필링에 젤라틴을 넣고 식히기: 녹인 젤라틴을 캐러멜에 넣고 잘 섞는다. 큰 볼에 얼음물을 1/3쯤 채운 뒤 그 안에 캐러멜이 든 볼을 넣는다. 캐러멜이 헤비크림 정도로 걸쭉해질 때까지 약 3분간 볼의 옆면을 긁어내리며 잘 휘젓는다.

타르트에 필링 채워 냉장하기: 캐러멜을 크러스트에 천천히 조심스럽게 붓는다. 이때 블랙베리 사이사이로 여러 군데에 나누어 부어 캐러멜이 고루 채워지도록 한다. 캐러멜을 다 부으면 크러스트에 꽉 차고 블랙베리들이 절반쯤 잠길 것이다. 타르트를 냉장고에 넣고 캐러멜이 완전히 굳을 때까지 2시간 이상 보관한다. 2시간 이상 보관할 때는 비닐 랩을 씌운다. 타르트를 팬에서 빼내 담아낸다.

② 캐러멜을 끓일 때는 옆에서 잘 지켜보아야 한다. 처음 몇 분 동안은 아무 일도 일어나는 것 같지 않지만 시럽에 색이 나기 시작하면 금방 호박색에서 짙은 호박색으로 변하고 또 금세 타버릴 수 있다. 계속 지켜볼 것!

③ 젤라틴을 뜨거운 캐러멜에 녹이면 더 간편할 것 같지만, 어두운색의 캐러멜과 섞어 버리면 젤라틴이 녹았는지 확인할 수가 없으므로 따로 녹이는 것이 좋다.

살구 크림 브리오슈 타르트

12인분

준비할 도구:

스탠드 믹서(브리오슈 반죽 만들 때,
없어도 되지만 있으면 좋음)

브리오슈 반죽(352쪽)의 절반 분량,
차가운 상태로 준비①

중력분, 덧가루용

생크림 ½컵(120g)

대란 노른자 1개(15g)

설탕 ½컵(100g)

생살구 16개(약 1.5kg), 씨를 빼고 약 1cm
두께의 쐐기 모양으로 자른 것②

대란 1개, 잘 푼 것

꿀 아몬드 시럽(320쪽)의 절반 분량

바닐라 아이스크림, 곁들이용

여름에 맛있는 살구를 구할 수 있는 기간은 잠시뿐이고 한창 제철일 때조차 퍽퍽하고 맛없는 살구를 만나기도 하지만, 정말 맛있는 살구는 그야말로 상상을 초월하는 맛이다. 게다가 그런 살구는 구우면 더 맛있다고 장담한다. 그 진득하고 강렬하리만치 달콤한 자두 타르트를 내가 얼마나 사랑하는지! 요리학교 페이스트리 수업에서 만들었던 것을 재해석한 이 거대한 타르트는 살구를 위한 멋진 쇼케이스라 할 수 있다. 바닐라 아이스크림을 곁들이면 달콤한 디저트가 되지만, 진한 버터 맛 브리오슈에 살구잼을 발라 먹는 맛과 비슷해 아침 식사용 페이스트리로도 훌륭하다!

브리오슈 반죽 밀기: 밀가루를 약간 뿌린 유산지 위에 브리오슈 반죽을 올려놓고 필요한 경우 덧가루를 더 뿌려가며 반죽을 약 33×23cm크기의 얇고 평평한 직사각형으로 민다(반죽을 손끝으로 약간씩 늘여도 된다).③ 반죽을 유산지째로 들어 테두리가 있는 베이킹 팬 위로 옮긴다.

반죽 테두리 접기: 반죽의 가장자리를 안으로 접어 타르트 테두리를 만든다. 접은 부분을 꾹꾹 눌러 반죽이 잘 붙도록 한다.

반죽 발효시키기: 젖은 행주로 반죽을 덮어 반죽이 약간 부풀어 오르고 밀가루를 묻힌 손가락으로 찔러보았을 때 반죽이 따라 올라오되 자국이 살짝 남는 상태가 될 때까지 25~30분간 발효시킨다.

오븐 예열하기: 반죽이 발효되는 동안 오븐 선반을 위에서 세 번째 칸에 끼우고 오븐을 177도(화씨 350도)로 예열한다.

타르트 조합하기: 작은 볼에 생크림, 달걀노른자, 설탕 ¼컵(50g)을 넣고 매끈한 상태가 되도록 휘젓는다.④ 이것을 반죽 위에 고루 뿌린 다음 숟가락 뒷면을 이용해 테두리 부분까지 살살 고르게 펼친다. 그 위에 잘라둔 살구 조각들을 줄지어 올린 뒤 살짝 눌러준다(살구가 크면 남을 수 있다). 풀어둔 달걀을 테두리에 바른다. 남은 설탕 ¼컵(50g)을 타르트 윗면 전체에 골고루 뿌린다.

알아두기
이 타르트는 잘 덮어 실온에 두면 3일간 보관이 가능하나 만든 당일에 먹는 것이 가장 맛있다.

① 이 레시피에는 브리오슈 반죽의 절반 분량만 필요하지만 전량을 만들어 두는 것이 좋다. 남은 반죽은 로프로 굽거나(354쪽 설명 참조) **브리오슈 소시지빵**(303쪽) 또는 고수 **설탕을 입힌 브리오슈 꽈배기**(229쪽)에 사용한다.

② 살구는 사용하기 며칠 전에 미리 구입해 조리대 위에 두고 후숙시킨다. 잘 익은 살구는 아주 향긋한 냄새가 나며 손으로 눌러보면 약간의 탄력이 느껴진다. 미리 맛을 보고 아주 달다면 설탕의 양을 2큰술 줄인다.

타르트 굽기: 살구가 진득해지며 형태가 무너지고 자른 끝부분이 노릇해지며, 브리오슈 테두리가 짙은 황갈색을 띨 때까지 30~35분간 굽는다.

시럽을 듬뿍 발라 식히기: 타르트를 오븐에서 꺼낸 뒤 곧바로 브러시를 이용해 꿀 아몬드 시럽을 살구와 타르트 테두리에 듬뿍 바른다. 타르트가 식는 동안 시럽이 다 떨어질 때까지 약 10분 간격으로 덧바른다. 타르트를 네모나게 잘라 바닐라 아이스크림을 곁들여 먹는다.

살구 대신 천도복숭아나 자두와 같은 다른 핵과류를 사용해도 된다.

③ 이 크기로 반죽을 밀면 꽤 얇아 보이지만, 오븐 안에서는 놀랄 정도로 높이 부푼다!

④ 생크림, 달걀노른자와 설탕을 미리 섞어두면 생크림이 묽어져 굽는 동안 흐를 수 있으므로 타르트에 올리기 직전에 섞는다.

메이어 레몬 타르트

8~10인분

준비할 도구:

23cm(9in) 분리형 타르트 팬 또는
스프링폼 팬, 조리용 디지털 온도계, 푸드
프로세서('달콤한 타르트 반죽' 만들 때)

레몬 커드, 메이어 레몬 버전(330쪽)①
그릭 요거트 ½컵(120g)
달콤한 타르트 반죽(338쪽), 23cm 분리형
타르트 팬이나 스프링폼 팬에 파베이크해
식힌 것
라즈베리잼이나 블랙베리잼 ⅓컵(100g)

감귤류 과일은 겨울이면 찾아오는 계절성 우울증의 천연 해독제이며, 그중에서도 나는 메이어 레몬이 나오면 더 신이 난다. 꽃향기, 심지어 매운 향도 살짝 나서 아주 특별한 레몬 커드나 타르트를 만들 수 있다. 이 레시피에서는 커드에 요거트를 조금 섞어 은은한 레몬 맛을 내는 동시에 필링에 약간의 무게감을 주었다. 그래도 여전히 꽤 새콤한데, 원래 레몬 디저트는 새콤해야 제맛 아닐까.

필링 섞기: 중간 크기의 볼에 레몬 커드와 요거트를 넣고 매끈한 상태가 되도록 휘젓는다. 볼을 덮은 다음 한쪽에 두어 실온 상태가 되도록 한다.

오븐 예열하기: 오븐 선반을 가운데 칸에 끼우고 오븐을 177도(화씨 350도)로 예열한다.

크러스트에 잼 발라서 굽기: 은박지를 깐 베이킹 팬에 파베이크한 타르트 크러스트를 올린다. 타르트 바닥에 잼을 구석구석 잘 펴 바른다. 잼이 굳을 때까지 5~7분간 굽는다(잼 층은 레몬 커드와 크러스트 사이를 막아주어 크러스트의 바삭함을 유지하는 역할을 한다). 타르트를 오븐에서 꺼낸다(오븐은 계속 켜 둔다).

필링 채워 굽기: 뜨거운 크러스트에 필링을 긁어 부은 다음 오프셋 스패출러로 윗면을 매끈하게 정리한다(크러스트의 높이에 따라 필링이 소량 남을 수도 있는데, 버리지 말고 다른 곳에 사용한다②). 타르트를 조심스럽게 오븐에 넣은 뒤 필링이 익고 가장자리가 부풀어 오르며 가운데가 살짝 출렁이는(물결치는 모양이 아니라 한 덩어리로 출렁이는) 상태가 될 때까지 28~33분간 굽는다.

식히고 냉장하기: 타르트를 식힘망 위에서 완전히 식힌 뒤 링을 빼낸다. 타르트를 접시에 담아 차가워질 때까지 1시간 이상 냉장한다. 잘라서 담아낸다.

알아두기
이 타르트는 잘 덮어 냉장고에 넣어두면 3일간 보관이 가능하나 만든 당일에 먹는 것이 가장 맛있다(오래 두면 크러스트가 눅눅해진다).

① 보다 고전적인 레몬 타르트를 만들고자 한다면 일반 레몬 커드로 대체한다.

② 남은 레몬 커드는 스콘이나 조각 케이크에 올려 먹거나 샌드위치 쿠키의 필링으로 사용한다.

실패 없는 타르트 타탱

8인분

준비할 도구:

25cm(10in) 오븐용 스킬렛

핑크 레디 사과나 그밖에 새콤달콤하고
단단해 구워 먹기 좋은 사과 7~8개(약
1.36kg)①
메이플시럽 ⅔컵(200g)
브랜디 ⅓컵(74g), 사과 브랜디면 더 좋음
애플 사이다 식초 2작은술(8g)
다이아몬드 크리스털 코셔 소금 ½작은술과
한 꼬집
설탕 1컵(200g)
무염 버터 3큰술(43g), 약 1cm 크기로
조각낸 것
러프 퍼프 페이스트리(355쪽) 절반 분량
또는 시판 냉동 퍼프 페이스트리 1장 녹인 것
중력분, 덧가루용
바닐라 아이스크림, 곁들이용

흔히들 타르트 타탱을 '간단한' 레시피라고 말하지만 사실 망치기가 정말 쉽다.
나 같은 경우에는 사과가 지나치게 캐러멜라이징되어 스킬렛에 달라붙은 적도
있고, 끝까지 미색을 띠고 물기가 엄청나게 나오거나, 확 오그라들어 버린 적도
있다. 사과의 신선도와 과즙량의 차이가 항상 문제였기에 나는 사과를 미리
구워서 수분을 어느 정도 뽑아내는 방법을 개발해 냈다. 이 방법의 또 다른
장점은 차가운 페이스트리를 차가운 사과 위에 올려 페이스트리의 바삭함을
유지하도록 한다는 것이다. 이 레시피면 무조건 성공이냐고? 아마 그렇지는 않을
것이다. 하지만 기존 버전보다는 훨씬 더 믿을 수 있으며, 어느 모로 보나 뒤지지
않는다.

오븐 예열: 오븐 선반을 가운데 칸에 끼우고 오븐을 135도(화씨 275도)로
예열한다.

사과 굽기: 사과의 꼭지와 밑 부분을 얇게 깎아 똑바로 세운다. 사과의 껍질을
벗긴 다음 심을 따라 반으로 자른다. 멜론 볼러나 둥근 티스푼으로 심과 씨를
빼낸 뒤 남은 심과 꼭지 부분을 잘라낸다. 반으로 자른 사과들을 25cm 오븐용
스킬렛에 세워서 놓는다(안에 꽉 들어찰 것이다). 사과 위에 메이플시럽, 브랜디,
애플 사이다 식초 1작은술을 붓고 소금 한 꼬집을 뿌린다. 은박지로 스킬렛을
덮고 가장자리를 꼭 맞게 감싸 수증기가 새지 않도록 한다.
스킬렛을 오븐에 넣고 사과를 케이크 테스터나 이쑤시개로 찔러 보았을 때 쉽게
들어갈 때까지 1시간 15분~1시간 45분간(단단한 정도에 따라 조절) 굽는다.
'알 덴테'보다는 더 익히되, 부서지거나 곤죽이 되지는 않도록 한다②(확신이
없다면 약간 덜 익히는 편이 낫지만, 좀 과하게 익히더라도 맛있는 타르트를
만들 수 있다). 사과는 구워지는 동안 노릇해지는데, 어차피 타르트에 넣으면
캐러멜라이징될 것이므로 괜찮다.

사과 냉장하기: 즙은 스킬렛에 남긴 채, 뜨거운 사과를 큰 접시로 조심히 옮겨
담은 뒤 최소 20분에서 길게는 하룻밤 동안 냉장 보관한다(20분 넘게 보관할
때는 뚜껑을 덮는다). 스킬렛은 다음 단계에서 쓸 것이므로 닦지 않는다. (다음
장에 계속)

알아두기
사과는 2일 전부터 미리 구워두어도 된다.
접시로 옮겨 식힌 다음 잘 덮어 냉장 보관한다.
사과에서 나온 즙은 설명에 따라 졸인 뒤
용기에 담아 사용 전까지 냉장 보관한다.
이 타르트는 잘 덮어 실온에 두면 3일간

보관이 가능하나 만든 당일에 먹는 것이 가장
맛있다.

① 너무 달지도 시지도 않은, 당장 먹기 좋은
사과로 고른다. 핑크 레디는 내가 마트에서
주로 구매하는 품종이고, 골드 러시(Gold

Rush)는 농산물 직판장에서 찾을 수 있다. 또
모양이 잘 유지되고 굽는 동안 곤죽이 되지
않을 만한 단단한 사과가 좋다. 사과를 잡고
엄지로 눌러보았을 때 자국이 나지 않거나
아주 세게 눌러야 겨우 날 정도면 단단한
것이다.

사과즙 졸여 글레이즈 만들기: 사과즙이 든 스킬렛을 중약불에 올려 보글보글 끓인다. 스킬렛을 자주 빙빙 돌려가며 즙이 시럽처럼 걸쭉해질 때까지 약 2분간 끓인다. 졸인 즙을 내열 컵이나 용기에 옮겨 담아(양이 ⅓~½컵은 되어야 한다) 한쪽에 둔다. 스킬렛은 닦아서 건조한다.

캐러멜 만들기: 스킬렛 바닥에 설탕 몇 큰술을 고르게 뿌린다. 스킬렛을 중불에 올려 설탕 알갱이 대부분이 투명한 액체로 녹을 때까지 약 4분간 가열한다. 그 위에 설탕을 한 겹 더 뿌린 다음 내열 스패출러로 가장자리의 녹은 설탕이 가운데로 모이도록 휘저으며 설탕이 거의 다 녹을 때까지 1분 남짓 더 가열한다. 이 작업을 설탕 1컵 (200g)을 다 녹일 때까지(여기저기에 덩어리진 설탕이 남아 있을 수도 있다) 반복한다(총 6~8분 소요). 녹은 설탕을 가끔 저으며 짙은 호박색을 띠고 매우 유동적으로 움직이며 연기가 피어오를 때까지 약 5분간 더 가열한다. 스킬렛을 불에서 내리고 버터를 한 조각씩 천천히 넣으며 매끈한 상태가 되도록 젓는다(캐러멜이 튈 수 있으니 주의한다). 여기에 소금과 남은 애플 사이다 식초 1작은술을 넣고 휘저은 다음 캐러멜이 굳을 때까지 10~15분간 식힌다.

스킬렛에 사과 배열하기: 냉장해 둔 사과를 둥근 부분이 아래로 가도록 스킬렛에 촘촘히 배열한다. 사과의 크기에 따라 사과가 다 들어가지 않을 수도 있지만, 굽는 동안 사과가 줄어들게 되므로 겹치듯이 꼭 맞게 끼워 넣는다. 페이스트리 반죽을 미는 동안 스킬렛을 냉장고에 넣어 둔다.

오븐 예열하기: 오븐 선반을 가운데 칸에 끼우고 오븐을 218도(화씨 425도)로 예열한다.

페이스트리 반죽 밀고 성형하기: 페이스트리를 냉장고에서 꺼내 실온에서 약 5분간 녹인다. 밀가루를 약간 뿌린 조리대 위에 랩을 벗긴 반죽을 올린 다음 밀대로 두들겨 더 유연하게 만든다. 반죽의 위와 아래에 밀가루를 뿌려가며 지름 약 30cm의 원형으로 민다. 냉동 퍼프 페이스트리를 녹여 사용할 때는 밀가루를 약간 뿌린 조리대 위에 반죽을 올려놓고 주름을 펴가며 사방으로 밀어 지름 약 30cm 의 원형으로 만든다. 반죽 위에 지름 28cm 크기의 접시 (또는 지름 28cm의 원형 유산지)를 올려놓은 다음 잘 드는 칼이나 휠 커터로 접시 테두리를 따라 반죽을 잘라 지름 28cm의 원형 페이스트리를 만든다. 포크로 반죽을 군데군데 찔러 구멍을 낸다.

페이스트리로 사과를 덮어 냉장하기: 사과 위에 페이스트리를 덮고 큼직한 숟가락으로 페이스트리 가장자리를 눌러 사과와 스킬렛 사이에 끼운다. 페이스트리가 단단하게 굳도록 스킬렛을 10~15분간 냉장고에 넣어 둔다.

타르트 굽기: 스킬렛을 오븐에 넣고 20분간 굽다가 온도를 177도(화씨 350도)로 낮춘 다음 페이스트리가 부풀어 오르고 전체적으로 황갈색을 띠며 가장자리를 따라 캐러멜이 보글거릴 때까지 35~45분 더 굽는다. 스킬렛을 오븐에서 조심히 꺼내 5~10분간 그대로 둔다.

타르트 뒤집기: 즙이 흐를 수 있으니 싱크대 위에서 스킬렛을 조심스럽게 뒤집어 식힘망 위에 올린다.

글레이징해서 담아내기: 타르트가 따뜻할 때 페이스트리 브러시로 졸여둔 사과즙을 사과 위에 꼭꼭 누르듯 발라 글레이징한다(글레이즈를 꼭 다 사용할 필요는 없다). 글레이즈가 너무 걸쭉하면 살짝 데운다. 식힘망 위의 타르트를 접시로 밀어 옮긴 다음 잘라 따뜻하게 또는 실온 상태로 바닐라 아이스크림과 함께 담아낸다.

---

② 농산물 직판장에서 구매한 사과를 사용한다면 굽는 데 더 오랜 시간이 걸릴 수 있다. 아주 단단하고 신선한 사과는 마트에서 파는 저온 저장 사과에 비해 부드러워지기까지 시간이 2배는 더 걸린다.

사워체리 파이

8인분

준비할 도구:

체리씨 제거기, 23cm(9in) 파이 접시

결이 살아 있는 올버터 파이 반죽, 아몬드
버전(337쪽) 2개

중력분, 덧가루용

씨를 뺀 사워체리 8컵(1.12kg), 씨 빼기 전
무게는 약 1.36kg②

백설탕 1¼컵(250g)

옥수수 전분 5큰술(44g)

곱게 간 레몬 껍질 2작은술

바닐라 익스트랙트 2작은술

계핏가루 ½작은술

카다멈 가루 ½작은술

다이아몬드 크리스털 코셔 소금 ¼작은술

아몬드 익스트랙트 ¼작은술

대란 1개, 잘 푼 것

데메라라 설탕, 위에 뿌릴 것

어렸을 적 우리 집 앞마당에는 사워체리 나무 한 그루가 있었다. 여름이면 언니들과 나는 2층 창문을 통해 체리를 땄고, 엄마는 그것으로 파이를 만들어주셨다. 이제 사워체리 파이는 내가 가장 즐겨 굽는 파이가 되었다. 사워체리는 7월에 잠깐 나기 때문에 보통은 농산물 직판장에서만 구할 수 있다 (간혹 냉동된 것을 구할 수도 있지만). 나는 매년 여름에 사워체리를 가능한 한 많이 사서 씨를 빼고 냉동해 두었다가 가을과 겨울에 파이를 만들 때 사용한다.① 이 파이에는 일반 파이에 들어가는 것보다 더 많은 양의 옥수수 전분과 설탕이 들어가지만, 균형 있는 맛을 내고 필링을 굳히기 위해서는 둘 다 꼭 필요하다.

오븐 예열하기: 오븐 선반을 맨 아래 칸에 끼우고 오븐을 218도(화씨 425도)로 예열한다.

파이 반죽 밀기: 반죽 1개를 냉장고에서 꺼내 실온에서 약 5분간 녹인다. 밀가루를 약간 뿌린 조리대 위에 랩을 벗긴 반죽을 올린 다음 밀대로 두들겨 더 유연하게 만든다. 반죽의 위와 아래에 밀가루를 뿌려가며 지름 약 33cm, 두께 약 0.3cm의 원형으로 민다.
파이 접시에 반죽의 가장자리가 밖으로 처지도록 올려놓는다. 반죽이 접시 바닥과 옆면에 완전히 붙도록 손으로 누른다. 접시 밖으로 반죽이 2cm쯤 나오도록 가위로 반죽을 다듬는다. 이것을 냉장 보관하고 두 번째 반죽을 꺼내 첫 번째 반죽과 같은 모양으로 민다. 원형 반죽을 2.5cm 너비의 띠 모양으로 길게 자른다. 반죽을 접시에 담아 냉장고에 넣고 필링을 만드는 동안 휴지시킨다.

필링 섞기: 큰 볼에 체리, 백설탕, 옥수수 전분, 레몬 껍질, 바닐라 익스트랙트, 계핏가루, 카다멈 가루, 소금, 아몬드 익스트랙트를 넣고 잘 섞는다. (다음 장에 계속)

알아두기
이 파이는 느슨하게 덮어 실온에 두면 4일간 보관이 가능하나, 만든 당일이나 다음 날 먹어야 크러스트의 바삭함이 살아 있어서 가장 맛있다.

① 씨를 뺀 체리를 곧바로 파이에 넣어 구울 계획이라고 해도 냉동하는 것이 좋다. 냉동 체리는 반죽을 차갑게 유지되게 하고(더 바삭한 크러스트를 만드는 데 도움이 됨) 생체리에 비해 즙이 천천히 배출되기 때문에 파이를 조합하기가 더 쉽다.

② 파이를 만들기 전에 체리의 맛을 봐서 당도를 측정한다. 아주 잘 익었을 때 딴 체리는 색이 더 어둡고 당도가 더 높으므로 설탕의 양을 2큰술 정도 줄이는 편이 나을 수도 있다.

파이 조합하기: 두 가지 반죽을 다 냉장고에서 꺼낸다. 반죽이 든 파이 접시에 필링을 가운데가 봉긋한 모양이 되도록 긁어 담은 뒤 체리를 꾹꾹 눌러 기포를 없앤다. 페이스트리 브러시를 이용해 반죽 가장자리에 풀어둔 달걀을 바른다. 띠 모양 반죽들 가운데 가장 긴 것 2개를 파이 중심에서 열십자로 교차하도록 놓는다. 다음으로 긴 띠들을 처음 2개의 위와 아래에 약 1cm 간격을 두고 평행하게 놓은 뒤 위, 아래를 번갈아 가며 격자무늬로 엮기 시작한다. 가령, 세로줄 모양을 만들 때는 가로로 놓인 띠 반죽들을 하나 걸러 하나씩 접어 올린 다음 세로띠 반죽 하나를 놓은 뒤 접었던 반죽들을 다시 내리는 것이다. 이런 식으로 남은 반죽을 엮어 격자무늬가 완성되면, 달걀물을 바른 자리에 놓인 띠 반죽이 바닥 반죽과 붙도록 꼭 누른

뒤 튀어나온 반죽을 잘라낸다. 가장자리에 달걀물을 더 바른 다음 위쪽으로 접는 듯이 올리며 모아준다. 필요한 경우 손에 밀가루를 묻히고(반죽이 손에 붙는 것을 방지), 가장자리를 꼬집듯이 눌러 주름을 잡는다. 파이 윗면 전체에 달걀물을 바른 뒤 데메라라 설탕을 넉넉히 뿌린다.

파이 구워서 식히기: 테두리가 있는 베이킹 팬에 은박지를 깔고(필링이 흘러내릴 수 있다!) 20분간 굽는다. 오븐 온도를 177도(화씨 350도)로 낮추고 유독 빨리 갈색을 띠는 부분은 은박지로 덮은 뒤 파이 가운데의 필링이 보글거릴 때까지 1시간 30분~2시간 더 굽는다.③ 오븐에서 꺼내 4시간 이상 완전히 식힌다.

---

③ 레시피에 나와 있는 대로 다 구워지는 데 2시간은 걸리므로, 정말 파이 가운데에서 필링이 보글거리는 게 보일 때까지는 파이를 꺼내지 않는다. 이 파이는 윗면이 타는 것 외에는(은박지를 씌우면 타는 것을 막을 수 있음) 너무 오래 구워서 문제가 될 일은 없다.

즙이 흐르고 바닥 크러스트의 색이 창백한 파이보다는, 윗면이 군데군데 갈색을 띠고 필링이 완전히 굳는 파이가 더 맛있다.

털모과 아몬드 타르트

8인분

준비할 도구:

25cm(10in) 오븐용 스킬렛

드라이 로제 와인 1병(750ml)①
설탕 1¼컵(250g)
바닐라 익스트랙트 1작은술
계피 스틱 1개
팔각 1개
코셔 소금 한 꼬집
칵테일 비터스(cocktail bitters, 약초를 주정에 넣어 만든
고농축 리큐어로 주로 칵테일에 향을 더하는 용도로 쓰인다-옮긴이)
2작은술(선택 사항)
레몬 1개
큼직한 털모과 5개(약 1.13kg), 문질러
씻어서 솜털을 제거한 것②
스킬렛에 바를 중성유
아몬드 페이스트 113g(마지팬 아님)
결이 살아 있는 올버터 파이 반죽(333쪽)
또는 러프 퍼프 페이스트리(355쪽) 절반
분량
중력분, 덧가루용

이 책은 내가 소중히 여기는 레시피들로 가득 차 있으니 '가장 좋다'는 말이 자꾸 나오더라도 용서하시길(나는 좋아하는 것이 엄청나게 많다!). 하지만 털모과는 내가 정말 좋아하는 것이다. 이 매혹적인 과일은 농산물 시장에서 사과나 배로 오해받기 쉽지만 그것들과는 전혀 다른, 오히려 리치와 파인애플을 연상시키는 독특한 풍미를 지닌다. 단단하고 퍽퍽한 털모과 과육을 향긋하고 촉촉하게 만들기 위해서 로제 와인과 소량의 칵테일 비터스(둘 다 자연스러운 분홍색과 향긋함을 더해준다), 그리고 몇 가지 향신료에 넣고 졸였다. 며칠 전에 해두어도 되는 이 졸이는 과정만 끝나면, 나머지는 타르트 타탱처럼 뒤집어 만드는 방식으로 신속하게 진행된다.

털모과 졸임물 만들기: 큰 냄비나 작은 더치 오븐에 로제 와인, 설탕, 바닐라 익스트랙트, 계피 스틱, 팔각, 소금, 칵테일 비터스(선택 사항)를 넣는다. 채소 필러로 레몬 껍질을 넓게 깎아 넣는다(흰 중과피 말고 노란 껍질만 깎는다). 레몬을 반으로 자른 뒤 즙을 짜서 넣고(씨까지 넣기) 레몬은 버린다. 냄비를 중불에 올려 한두 번 저어 설탕을 녹이며 끓이다가 불에서 내린다.

털모과 손질하기: 잘 드는 칼로 털모과의 양 끝을 자른 다음 채소 필러로 껍질을 벗긴다. 껍질은 볼에 담아 한쪽에 둔다. 털모과는 줄기를 따라 반으로 자른 뒤 멜론 볼러나 둥근 계량용 티스푼으로 씨와 심을 파내 껍질과 함께 담아 둔다.③ 껍질을 벗기고 심을 파낸 털모과 조각들은 졸임물에 넣는다.

털모과 졸이기: 털모과 조각들을 졸임물에 전부 넣고 나면 털모과가 겨우 잠길 정도로 물을 추가한다. 원형 유산지를 졸임물 위에 덮고 눌러 기포를 제거한 다음 그 위에 작은 접시를 올린다(졸이는 동안 털모과가 완전히 잠겨 있도록 하기 위함). (다음 장에 계속)

알아두기

졸인 털모과와 털모과 젤리는 냉장고에 넣어두면 2주간 보관이 가능하다. 타르트는 잘 덮어 실온에 두면 4일간 보관이 가능하나 만든 당일이나 다음 날 먹는 것이 가장 좋다 (오래 두면 크러스트가 눅눅해진다).

① 그냥 마셔도 될 정도로 맛이 괜찮으면서 비싸지 않은 로제 와인이라면 어떤 것이라도 사용이 가능하다.

② 털모과는 익었어도 돌처럼 단단한 것이 있다. 익었는지 알아보는 가장 좋은 방법은 색깔과 향을 확인하는 것이다. 녹색보다는 노란색에 가깝고 아주 향긋한 열대 과일 향이 나는

것으로 고른다. 아무 냄새도 나지 않는다면 아직 덜 익은 것이니 조리대 위에 올려두자.

③ 털모과의 생과육은 아주 단단해서 미끄러지기 쉬우므로 심을 파낼 때 아주 조심해야 한다.

중강불에 올려 보글보글 끓이다가 뭉근히 끓도록 불을 줄여 털모과가 부드럽되 너무 흐물거리지 않고 과도를 찔러보았을 때 부드럽게 잘 들어갈 때까지 25분(아주 잘 익은 털모과인 경우)~1시간쯤 끓인다. 이때 약 10분마다 털모과의 상태를 확인한다. 냄비를 불에서 내려 따뜻해질 때까지 식힌다.

털모과 젤리 만들기: 구멍이 뚫린 스푼으로 졸임물에 든 털모과를 떠서 도마 위로 옮긴 다음 계속 식힌다. 볼에 담아 둔 털모과 껍질, 씨, 심을 졸임물에 넣고 중강불에 올려 끓이기 시작한다. 가끔 저으며 아주 걸쭉한 시럽과 같은 농도가 나고 거품이 천천히 터질 때까지 20~25분간 끓인다. 이것을 고운 체에 내려 내열 볼에 담는다. 이때 내열 스패츌러로 건더기를 꾹꾹 눌러 최대한 많은 양의 액체가 걸러지도록 한다(건더기는 버린다). 액체의 양이 약 ⅔컵은 되어야 하는데, 이보다 훨씬 더 많다면 다시 작은 냄비에 담아 졸여서 양을 맞춘다. 이 액체는 털모과의 씨와 심에 함유된 천연 펙틴 성분 때문에 차게 두면 부드러운 젤리가 된다. 젤리는 잘 덮어 냉장 보관한다.

털모과 슬라이스하기: 털모과 조각은 가로로 0.3~0.6cm 두께로 얇게 자른다. 미리 준비해 둘 때는 접시에 담아 잘 덮어서 냉장 보관한다.

오븐 예열 및 스킬렛 준비: 오븐 선반을 가운데 칸에 끼우고 오븐을 204도(화씨 400도)로 예열한다. 25cm 오븐용 스킬렛의 바닥과 옆면에 기름을 얇게 바른다. 원형 유산지를 바닥에 깔고 매끈하게 펴서 기포를 없앤다. 유산지 위에도 기름을 아주 얇게 바른다.

아몬드 페이스트 밀기: 다른 유산지 위에 아몬드 페이스트를 올려놓고 손바닥 아랫부분으로 눌러 평평한 원형으로 만든다. 그 위에 다른 유산지 한 장을 올린 다음 밀대를 이용해 지름 약 23cm의 얇은 원형이 되도록 민다. 한쪽에 둔다.

페이스트리 반죽 밀기: 파이 반죽은 약 5분간 실온에 내놓아 살짝 녹인다. 덧가루를 뿌린 조리대 위에 랩을 벗긴 반죽을 올린 다음 밀대로 두드려 더 유연하게 만든다. 반죽의 위와 아래에 밀가루를 뿌려가며 지름 약 28cm의 원형으로 민다. 반죽 위에 지름 25cm 크기의 접시나 케이크 팬을 올려놓은 다음 잘 드는 칼이나 휠 커터로 그 테두리를 따라 반죽을 잘라 지름 25cm의 원형 페이스트리를 만든다. 반죽을 접시에 올려 냉장고에 넣고 타르트를 조합하기 전까지 휴지시킨다.

타르트 조합하기: 냉장해 둔 털모과 젤리를 약 3큰술만 빼고 전부 스푼으로 떠서 준비해 둔 스킬렛 바닥에 올린다(남은 젤리는 글레이징에 사용할 것이다). 얇게 자른 털모과 조각들을 젤리 위에 모양내서(줄지어놓거나, 장미 모양 또는 자기가 원하는 대로!) 올린다. 유산지를 벗긴 아몬드 페이스트를 스킬렛 가운데에 조심히 올린다. 그런 다음 냉장고에서 꺼낸 페이스트리를 올리고 숟가락으로 페이스트리 가장자리를 눌러 털모과와 스킬렛 사이에 끼운다. 과도로 페이스트리를 찔러 수증기가 빠질 작은 구멍을 8개쯤 내준다.

굽기: 스킬렛을 오븐에 넣고 20분간 굽는다. 오븐 온도를 177도(화씨 350도)로 낮추고 페이스트리가 황갈색을 띠고 가장자리에서 젤리가 보글거리며 노릇해지기 시작할 때까지 25~35분간 더 굽는다. 스킬렛을 오븐에서 꺼내 5분간 식힌다.

타르트 뒤집어 글레이징하기: 뜨거운 즙이 흐를 수 있으니 행주를 들거나 장갑을 끼고 싱크대 위에서 스킬렛에 식힘망을 올린 다음 뒤집는다. 타르트가 스킬렛에서 떨어지도록 식힘망을 조리대 위에 대고 세게 두드린 다음 스킬렛을 천천히 빼낸다. 유산지를 제거하고 10분쯤 식힌 뒤 타르트가 따뜻할 때 남겨 둔 젤리를 털모과에 발라 글레이징한다. 식은 타르트를 접시에 담아 실온 상태로 먹는다.

블루베리 슬랩 파이

24인분

준비할 도구:

푸드 프로세서, 46×33cm(18×13in) 베이킹
팬 2개 이상②

반죽

중력분 7½컵(975g)과 덧가루용 소량

백설탕 4큰술(50g)

다이아몬드 크리스털 코셔 소금 3작은술
(9g)

무염 버터 6스틱(680g), 약 1cm 크기로
조각내 냉장해 둔 것

필링 및 조합

생블루베리 또는 냉동 블루베리 1.6kg(약
11컵)③

백설탕 1컵(200g)

옥수수 전분 7큰술(61g)

곱게 간 레몬 껍질 2큰술

생레몬즙 ⅓컵(76g)

바닐라 익스트랙트 2작은술

생강가루 2½작은술

계핏가루 1½작은술

카다멈 가루 ½작은술

다이아몬드 크리스털 코셔 소금 ½작은술

대란 1개, 잘 푼 것

데메라라 설탕, 위에 뿌릴 것

바닐라 아이스크림, 곁들이용

사람마다 의견이 다르겠으나, 일반 파이도 좋지만 슬랩 파이는 그보다 더 좋을
수 있다. 크러스트를 좋아하는 사람들은 필링에 비해 크러스트가 많아서 좋을
것이고, 자르기도 쉬운 데다 여러 사람이 나누어 먹을 수 있으니 금상첨화다.
하지만 단점도 있다. 초보자라면 그렇게 큰 파이 반죽을 미는 것이 힘들 수
있으며, 대형 베이킹 팬을 다루거나 냉장고에 넣는 것도 쉽지 않기 때문에
효율적인 작업이 필요하다. 게다가 즙이 넘치거나, 타서 연기가 나는 바람에 화재
경보가 울릴 가능성도 있다. 그래도 이 레시피는 블루베리를 사용하므로 필링을
만들 때 껍질을 벗기거나 자르는 과정이 없으니 얼마나 편한가. 다른 종류의
필링을 넣고 싶다면 아래 주석 ①을 보고 다른 과일 파이 레시피를 슬랩 파이로
바꿀 수 있다! 슬랩 파이에는 반죽이 아주 많이 필요하기 때문에, 여기서는
크러스트 레시피를 간소화한 뒤 양을 늘려 사용했다.

푸드 프로세서로 반죽 만들기: 얼음물 1컵을 준비해 반죽하는 동안 냉장
보관한다. 푸드 프로세서에 밀가루 3¾컵(488g), 백설탕 2큰술(25g), 소금
1½작은술(4.5g)을 넣고 순간 작동 버튼을 몇 번 눌러 섞는다.④ 여기에 잘라둔
버터의 절반(340g)을 넣은 다음 순간 작동 버튼을 길게 눌러가며 버터가
헤이즐넛 크기보다 작아질 때까지 섞는다. 이 혼합물을 큰 볼에 옮겨 담는다.

반죽을 뭉쳐 휴지시키기: 비닐 랩을 크게 한 장 뜯어 조리대 한쪽에 올려 둔다.
얼음물 ¾컵(340g)을 떠서 밀가루 혼합물 위에 천천히 뿌리며 포크로 계속
뒤적여 섞는다. 물을 다 넣고 나면 손으로 몇 번 더 뒤적여 아주 거칠고 큰
조각들로 뭉치도록 반죽한다(아직 섞이지 않은 밀가루가 있을 수 있다). 섞이지
않은 밀가루는 남기고 뭉친 조각들만 비닐 랩으로 옮긴 다. 얼음물을 1큰술 더
뿌리고 포크로 뒤적이다가 손으로 섞기를 반복해 모든 반죽을 다 섞는다. 여전히
여기저기에 가루가 남아 있고 건조해 보일 수 있지만 손으로 쥐었을 때 뭉치는
상태여야 한다.⑤ 반죽을 전부 비닐 랩으로 옮겨 한 덩어리로 뭉친 뒤 2cm 두께의
정사각형 모양으로 납작하게 만든다. 반죽을 기포가 들어가지 않게 주의하며
랩으로 단단히 감싼다. 밀대를 이용해 반죽을 양쪽으로 세게 밀되, 모서리
부분까지 힘을 주어 두께가 균일해지도록 한다. (다음 장에 계속)

알아두기

이 파이는 잘 덮어서 실온에 두면 4일간
보관이 가능하나 만든 당일이나 다음 날 먹는
것이 가장 맛있다. 반죽은 3일 전부터 미리
만들어 냉장 보관해 두어도 되고, 냉동은
2개월까지 가능하다. 냉동 반죽은 사용 전
냉장고에서 24시간 이상 해동시킨다.

① **사워체리 파이**(111쪽)와 같은 일반적인
크기의 과일 파이를 슬랩 파이로 만들려면
필링의 양을 2배로 하고 이 레시피대로
반죽을 만들어 조합한다.

② 이 레시피의 반죽과 필링의 양은 46×33cm
베이킹 팬에 맞추어져 있으므로 꼭 이 팬을
사용하도록 한다.

반죽을 냉장고에 넣는다. 남은 밀가루 3¾컵(488g), 백설탕 2큰술(25g), 소금 1½작은술(4.5g), 버터 3스틱(340g), 얼음물로 반죽을 한 번 더 똑같이 만든다. 반죽 2개를 2시간 이상 냉장고에서 휴지시킨다.

반죽 1개를 밀어 띠 모양으로 자르기: 반죽 1개를 약 5~10분간 실온에 내놓아 살짝 녹인다. 덧가루를 뿌린 조리대 위에 랩을 벗긴 반죽을 올린 다음 밀대로 두드려 더 유연하게 만든다. 반죽의 위와 아래에 밀가루를 뿌려가며 약 46×38cm의 큰 직사각형으로 민다. 미는 도중에 갈라진 부분이 보이면 가장자리의 반죽을 조금 떼어내 갈라진 부분에 붙이고 계속 민다. 휠 커터나 식칼을 이용해 반죽을 너비 4cm, 길이 38cm의 띠 모양이 되도록 가로로 자른다. 유산지를 깐 베이킹 팬에 자른 반죽을 올려 필링을 만드는 동안 냉장 보관한다.

오븐 예열하기: 오븐 선반을 맨 아래 칸에 끼우고 은박지를 여러 장 겹쳐 선반 전체를 감싼다. 버터가 섞인 즙이 넘쳐서 오븐 바닥에 떨어지면 연기가 나게 되므로, 은박지를 이용해 즙이 떨어지는 것을 막는 것이다. 46×33cm 크기의 베이킹 팬이 하나 더 있다면(슬랩 파이를 구울 팬을 제외하고) 은박지를 씌운 선반 위에 올려놓는다. 오븐을 218도(화씨 425도)로 예열한다. 이 팬 안에 슬랩 파이 팬을 끼워 구우면 파이 바닥이 노릇해지고 속까지 더 잘 익는다(이 좋은 팁을 준 내 친구 수 리(Sue Li)에게 고맙게 생각한다!).

필링 만들기: 큰 볼에 블루베리, 백설탕, 옥수수 전분, 레몬 껍질, 레몬즙, 바닐라 익스트랙트, 생강가루, 계핏가루, 카다멈 가루, 소금을 넣는다. 크고 유연한 스패츌러나 서빙용 스푼으로 잘 섞어 한쪽에 둔다.

바닥 반죽 밀고 필링 채우기: 두 번째 반죽을 첫 번째 반죽과 같은 방법으로 밀되, 이번에는 약 53×41cm 크기로 좀 더 얇은 직사각형을 만든다. 반죽을 살짝 반으로 접어 46×33cm 베이킹 팬 위로 밀어 올린 다음 다시 펼치고 4면이 다 팬 밖으로 1cm쯤 튀어나오도록 놓는다. 팬 바닥과 옆면의 반죽을 꾹꾹 누른다. 가장자리의 튀어나온 부분에 달걀물을 바른 뒤 블루베리 필링을 긁어 붓고 눌러가며 고르게 펼친다.

띠 반죽 배열하기: 띠 모양으로 잘라둔 반죽을 냉장고에서 꺼낸 다음 베이킹 팬의 한쪽 끝에서부터 가로로 살짝 지그재그 모양이 나게 약간씩 겹쳐 배열한다. 달걀물을 바른 바닥 반죽 가장자리 부분과 맞닿은 띠 반죽을 꾹꾹 누른 뒤 튀어나온 부분은 잘라낸다. 띠 반죽 위에 달걀물을 바르고 필링을 덮듯이 가장자리 부분을 안으로 접는다 (이쯤 되면 이미 힘이 들 때라, 가장자리는 모양을 내지 않고 그대로 둔다). 가장자리에 달걀물을 더 바르고 파이 윗면에 전체적으로 데메라라 설탕을 넉넉히 뿌린다. 생블루베리를 사용하는 경우, 냉장고나 냉동실에 자리가 있다면 파이를 10~15분간 차게 보관해 페이스트리를 굳힌다(자리가 없다면 생략해도 무방하다).

파이를 구워 담아내기: 슬랩 파이는 무거우므로 오븐 안에 미리 넣어 둔 베이킹 팬에 조심히 넣어(또는 은박지로 감싼 선반 위에 바로 올려) 20분간 굽는다. 오븐 온도를 177도(화씨 350도)로 낮추고 윗면이 짙은 황갈색을 띠고 필링이 보글거릴 때까지 1시간 15분~1시간 30분간 더 굽는다. 파이를 식힘망 위에 올려 1시간 이상 식힌 다음 따뜻하게 또는 실온 상태로 바닐라 아이스크림과 함께 담아낸다.

③ 냉동 블루베리는 미리 녹이지 않는다. 냉동 블루베리는 바닥 반죽을 차갑게 유지해 주기 때문에 파이를 조합할 때 여유가 생긴다는 장점이 있다.

④ 밀가루 3¾컵과 버터 3스틱은 11컵 용량의 푸드 프로세서에 거의 꽉 차는 양이라서 반죽을 2번 나누어서 하는 것이 가장 좋다

(더 작은 푸드 프로세서를 갖고 있다면 더 여러 번으로 나누어서 해야 할 것이다). 손으로도 할 수는 있지만 절대 쉽지 않은 일이다. 그 많은 버터를 녹기 전에 밀가루 혼합물에 섞어야 하는데 손으로 하다 보면 잘 녹기 때문이다. 따라서 여러 번 나누어서 반죽하거나 누군가에게 도움을 청하는 편이 좋다.

⑤ 만약 오래 보관해 두었던(그래서 그동안 수분이 빠져 버린) 밀가루를 사용한다면 파이 반죽에 필요한 물의 양이 크게 달라질 수 있다. 전에 나는 얼마나 됐는지 알 수도 없을 만큼 오래된 밀가루를 쓴 적이 있었는데, 물이 평소보다 거의 50%는 더 들었다.

피치 멜바 타르트

8인분

준비할 도구:

큰 더치 오븐이나 옆면이 바닥과 수직인 스킬렛

백설탕 1컵(200g)

드라이 화이트 와인 ½컵(113g)

바닐라 익스트랙트 1작은술

코셔 소금 한 꼬집

레몬 1개, 가로로 반으로 자른 것

잘 익은 단단한 복숭아 680g(작은 것 6~10개 정도), 껍질과 씨는 그대로 두고 반으로 자른 것①

러프 퍼프 페이스트리(355쪽) 절반 분량 또는 시판 냉동 퍼프 페이스트리 1장 녹인 것②

중력분, 덧가루용

대란 1개, 잘 푼 것

라즈베리 170g(약 1⅓컵)

페이스트리 크림(321쪽)

대학원생 때 프랑스 음식의 역사를 공부하던 나는 우연히 '피치 멜바(peach Melba)'로 알려진, 바닐라 아이스크림에 복숭아와 라즈베리 소스를 얹은 디저트의 진짜 기원에 관한 오래된 프랑스 신문 스크랩을 우연히 발견했다. 그 신문에 따르면, 피치 멜바가 19세기 말과 20세기 초에 가장 유명했던 프랑스 요리사 오귀스트 에스코피에(Auguste Escoffier)가 호주의 오페라 가수 넬리 멜바(Nellie Melba)를 위해 만든 디저트라는 이야기는 사실이 아니었다. 실은, 멜바가 파리 곳곳에서 에스코피에의 요리가 형편없다는 말을 하고 다녔고, 이에 멜바가 복숭아를 싫어하는 것을 알았던 에스코피에가 악의적으로 그 디저트에 그녀의 이름을 붙였다는 것이다. 둘 다 확실치 않은 이야기지만(도대체 어떻게 복숭아를 싫어할 수 있단 말인가!), 어쨌든 피치 멜바는 경이로운 디저트다. 이 타르트는 아이스크림 대신 바닐라 페이스트리 크림을 넣고, 구운 페이스트리 안에 페이스트리 크림, 졸인 복숭아, 으깬 라즈베리를 차례로 올린다(페이스트리만 빼면, 구울 필요도 없다!). 이 타르트를 만들려면 노력과 계획이 필요하지만(각 작업을 분배하는 방법은 '알아두기' 참조) 이보다 더 여름에 잘 어울리는 디저트는 아마 없을 것이다.

복숭아 졸이기: 큰 더치 오븐 또는 옆면이 바닥과 수직인 스킬렛에 설탕, 바닐라 익스트랙트, 소금, 물 2컵(454g)을 넣는다. 여기에 반으로 자른 레몬의 즙을 짜서 넣고, 남은 껍질도 넣는다. 더치 오븐을 중불에 올리고 설탕이 녹도록 가끔 젓는다. 뭉근히 끓으면 반으로 자른 복숭아를 자른 단면이 위로 가게 해 물에 잠기도록 넣는다. 다시 뭉근히 끓을 때까지 약 4분간 끓인다. 더치 오븐을 불에서 내린 다음 복숭아를 뒤집는다. 더치 오븐의 뚜껑을 덮어 복숭아가 잔열로 익도록 한쪽에 둔다.

오븐 예열하기: 오븐 선반을 가운데 칸에 끼우고 오븐을 204도(화씨 400도)로 예열한다. (다음 장에 계속)

알아두기

졸인 복숭아는 졸임물에 담긴 채로 냉장고에 넣어두면 3일간 보관이 가능하다. 구운 크러스트는 필링을 채우지 않은 채 잘 싸서 실온에 두면 1일간 보관이 가능하다. 이 타르트는 만든 당일에 먹는 것이 가장 맛있지만 잘 덮어서 냉장고에 넣어두면 2일간 보관할 수 있다(오래 두면 페이스트리가 눅눅해진다).

① 복숭아는 최소 2~3일 전에 구매해 실온에서 후숙시킨다. 단단하지만 살짝 눌러지는 정도여야 한다. 졸이려고 할 때까지 무르익지 않았다면 익히고 나서 껍질이 잘 안 벗겨질 수 있으므로 껍질을 벗겨서 졸이도록 한다.

② 냉동 퍼프 페이스트리의 경우에는 밤새 냉장고에서 서서히 녹여 사용한다. 듀포사의 제품을 추천하지만, '올 버터'라고 적혀 있기만 하다면 브랜드는 상관없다. 큰 사이즈 한 장이 아니라 작은 사이즈 두 장이 들어 있다면 두 장을 겹친 다음 레시피에 적힌 크기로 밀면 된다.

페이스트리 반죽을 밀고 크러스트 모양 잡기: 파이 반죽은 약 5분간 실온에 내놓아 살짝 녹인다. 밀가루를 약간 뿌린 조리대 위에 반죽을 올린 다음 반죽의 위와 아래에 밀가루를 뿌려가며 두께 약 0.3cm, 크기 약 38×28cm의 큰 직사각형으로 민다.

냉동 퍼프 페이스트리를 녹여 사용할 때도 밀가루를 약간 뿌린 조리대 위에 반죽을 올려놓고 같은 크기로 민다. 테두리가 있는 베이킹 팬에 유산지를 깔고 반죽을 올린 다음, 칼로 반죽의 가장자리를 직선으로 잘라 약 35×25cm의 똑바른 직사각형으로 만든다. 반죽의 한 면당 약 1cm 두께의 띠 모양 반죽을 하나씩 잘라낸다. 직사각형 반죽의 가장자리에 달걀물을 바르고 그 위에 띠 반죽을 나란히 올려 액자 모양으로 만든다. 귀퉁이 부분에 튀어나온 반죽을 자른 뒤 가장자리를 따라 눌러 반죽을 붙인다. 띠 반죽 위에 달걀물을 바른 다음 반죽 전체에 포크로 구멍을 낸다.

페이스트리 굽기: 페이스트리의 윗면이 부풀어 오르고 전체적으로 짙은 황갈색이 날 때까지 20~25분간 굽는다. 팬을 오븐에서 꺼낸 다음 군데군데 부풀어 오른 부분을 숟가락 뒷면으로 평평하게 누른다. 완전히 식힌다.

복숭아 껍질 벗기고 씨 제거하기: 페이스트리가 식는 동안, 식혀 둔 복숭아를 하나씩 꺼내 껍질을 살살 벗긴다. 잘 익은 제철 복숭아라면 껍질이 잘 벗겨질 것이다. 씨는 빼서 버린다. 껍질을 벗기고 씨를 뺀 복숭아 조각들은 접시에 담는다. 졸임물 ¼컵을 남겨 둔다(과일을 졸일 일이 또 있다면 이 맛있는 졸임물을 버리지 말고 냉장해 두자!).

라즈베리 으깨기: 작은 볼에 라즈베리 절반과 남겨 둔 졸임물 ¼컵을 넣고 숟가락 뒷면으로 눌러 소스 정도의 농도가 될 때까지 으깬다. 여기에 남은 라즈베리를 넣은 뒤 한쪽에 둔다.

타르트 조합하기: 페이스트리 크림을 매끈해지도록 휘저은 다음 1½~2컵쯤 떠서 페이스트리 위에 올린다 (페이스트리 크림을 다 쓰면 타르트가 넘칠 수 있으므로 일부는 남겨두었다가 다른 여름 과일에 곁들인다). 크림을 가장자리까지 고르게 펴 바른 뒤 그 위에 복숭아 조각들을 올린다(한두 조각이 남을 수도 있다). 라즈베리 혼합물을 숟가락으로 떠서 복숭아 위에 올리고 바로 먹거나, 바로 먹지 않으려면 타르트를 느슨하게 덮어 냉장 보관한다.

바와 쿠키

쿠키는 케이크와 파이만큼 내가 잘하는 분야는 아니다. 신선한 재료를 쓰는 일이 많지
않기 때문에 내게는 덜 흥미롭다. 게다가, 한 개씩 만들고 굽는 것도 내 스타일과 별로
맞지 않는다. 그래도 몇 가지 쿠키 레시피를 알고 있으면 유용하다는 것은 잘 알고 있다.
쿠키는 휴대가 간편하고, 선물용으로 좋으며, 얼릴 수 있어, 파티나 모임에서 언제나
환영받는 디저트니까. 쿠키를 만들 때면 나는 사블레처럼 버터의 풍미가 가득하고
부드러우면서도 바삭하거나, 정통 초콜릿 칩 쿠키처럼 쫀득하고 버터스카치와
황설탕의 맛이 나거나, 둘 중 하나의 조합으로 자연스레 이끌린다. 성형 과정을 최대한
단순하게 하려다 보니 잘라서 굽는 쿠키, 바 쿠키, 그리고 복잡한 장식이 없는 쿠키
레시피들이 많다. 여기 있는 모든 쿠키는 얼마 안 되는 나의 쿠키 목록에 올라 있는
것들이며, 다행히 과일이 들어가는 것도 한두 개 있다.

쫀득한 당밀 스파이스 쿠키(144쪽)

마르코나 아몬드 쿠키

약 24개분

준비할 도구:

푸드 프로세서

마르코나 아몬드 118g과 토핑용 통아몬드
약 24개①
아몬드 페이스트 1튜브(198g, 마지팬
아님), 굵게 부순 것
설탕 ¼컵(50g)
바닐라 익스트랙트 1작은술
대란 2개(100g)

내가 전에 살던 브루클린의 캐럴 가든스(Carroll Gardens)는 이탈리아계 미국인들이 모여 사는 동네로, 내 아파트에서 멀지 않은 곳에 사람들이 즐겨 찾는 이탈리아 빵집들이 몇 군데 있었다. 나는 지하철역에서 집으로 오는 길에 몬테레오네(Monteleone)나 코트 페이스트리(Court Pastry), 카푸토의 베이크 숍(Caputo's Bake Shop), 또는 마졸라 베이커리(Mazzola Bakery)에 들러 피뇰리(pignoli) 쿠키(아몬드를 넣은 쫀득하고 달콤한 쿠키로, 이탈리아 쿠키 중에서 내가 제일 좋아하는 것)를 사곤 했다. 피뇰리에서 영감을 받은 쿠키를 이 책에 하나 넣어야겠다고 생각하던 중, 진하고 고소한 마르코나 아몬드가 잣 대용으로 제격일 거라는 아이디어가 떠올랐다. 반죽에 아몬드를 갈아 넣으면 질감은 물론, 견과류의 짭짤한 맛과 아몬드 페이스트의 달콤한 맛의 조화도 더해진다. 쉽고 빠르게 만들 수 있는 데다, 사랑스럽고, 정말 맛있다.

오븐 예열 및 팬 준비: 오븐 선반을 가운데 칸에 끼우고 오븐을 204도(화씨 400도)로 예열한다. 테두리가 있는 큰 베이킹 팬에 유산지를 깐다.

반죽 만들기: 푸드 프로세서에 아몬드 118g을 넣고 순간 작동 기능으로 굵게 다진다. 아몬드 페이스트, 설탕, 바닐라 익스트랙트, 달걀 1개, 달걀흰자 1개분(노른자는 작은 볼에 담아 둔다)을 넣고 순간 작동 버튼을 길게 눌러가며 매끈한 상태가 되도록 섞는다. 노른자에 물 2작은술을 넣고 포크로 휘저어 달걀물을 만든다.

반죽 짜고 토핑하기: 짤주머니나 지퍼백에 반죽을 담고 약 2.5cm 굵기의 구멍을 낸다. 준비해 둔 베이킹 팬에 반죽을 지름 약 4cm의 원형으로 짜되, 각 반죽 사이에 4cm쯤 간격을 둔다(이 쿠키는 아주 약간만 퍼진다). (아니면 15g 들이 스쿱이나 둥근 계량스푼을 이용해 똑같은 모양으로 떠서 올려도 된다.) 페이스트리 브러시로 반죽 위에 달걀물을 얇게 바른 다음 통아몬드를 하나씩 꾹 눌러 박는다.

굽기: 쿠키가 부풀어 오르고 전체적으로 노릇해질 때까지 10~12분간 굽는다. 팬을 오븐에서 꺼내 완전히 식힌 뒤 쿠키를 유산지에서 조심히 떼어낸다.

알아두기
이 쿠키는 밀폐 용기에 담아 실온에 두면 5일간 보관이 가능하다. 구운 쿠키는 냉동실에 넣어두면 2개월간 보관할 수 있다.

① 마르코나 아몬드는 지방 함량이 매우 높아 산패 속도가 빠르기 때문에 밀폐 용기에 담아 냉동실에 보관해야 신선함을 유지할 수 있다. 마르코나 아몬드를 구할 수 없다면 가염 구운 캐슈너트 등 다른 고지방 견과류를 사용한다.

솔티드 할바 블론디

16개분

준비할 도구:

20×20cm(8×8in) 팬(금속 소재가 좋음)

팬에 바를 버터

중력분 1¼컵(163g)

다이아몬드 크리스털 코셔 소금 1작은술(3g)

베이킹파우더 ½작은술

화이트 초콜릿 170g, 굵게 다진 것(1컵)

무염 버터 1스틱(113g)

타히니 ¼컵(70g)

눌러 담은 황설탕 ½컵(100g)

대란 1개(50g)

대란 노른자 2개(32g)

바닐라 익스트랙트 1큰술

할바 113g, 부순 것(약 ½컵)①

참깨 2큰술(18g)

플레이크 소금, 위에 뿌릴 것

참깨 애호가인 나는 수년 전 참깨와 관련 제품들이 마트 진열대에 놓이기 시작했을 때 흥분을 금치 못했다. 내가 참깨를 좋아하는 이유는 그 특유의 강하고 쌉싸래한 맛이 달콤한 맛과 특히 잘 어울려서, 강렬하면서도 균형 잡힌 디저트가 탄생하기 때문이다. 할바(혹은 할와, Halvah)는 설탕과 참깻가루로 만든 중동식 사탕으로, 부슬부슬하게 녹아내리는 질감 덕분에 화이트 초콜릿을 기본으로 하고 타히니를 더한 이 블론디에 아주 완벽하게 어우러진다. 여기에 촘촘히 뿌린 참깨와 약간의 플레이크 소금으로 질감을 내서 예상 밖의(그리고 아주 맛있는) 바 쿠키로 완성되었다.

오븐 예열 및 팬 준비: 오븐 선반을 가운데 칸에 끼우고 오븐을 177도(화씨 350도)로 예열한다. 20×20cm 팬에 은박지 2장을 서로 교차시켜 깐 다음 모서리 부분과 옆면을 눌러 뜨지 않게 한다. 은박지에 버터를 넉넉히 바른다.

마른 재료 섞기: 중간 크기의 볼에 밀가루, 소금, 베이킹파우더를 넣고 휘저어 섞는다.

화이트 초콜릿 혼합물 녹이기: 큰 내열 볼에 화이트 초콜릿, 버터, 타히니를 넣은 다음, 끓기 직전의 물(끓이지는 않는다)이 약 2.5cm 담긴 중간 크기 냄비 위에 올린다. 볼에 든 혼합물을 가끔 저으며 화이트 초콜릿과 버터가 녹아 매끈해질 때까지만 살살 섞는다. 볼을 냄비에서 내려 잠시 식힌다.

설탕과 달걀 넣기: 화이트 초콜릿 혼합물에 황설탕을 넣고 휘젓는다. 알갱이가 보이고 지방이 분리되기 시작하는 것은 정상적인 현상이다. 여기에 대란, 대란 노른자, 바닐라 익스트랙트를 넣은 다음 혼합물이 아주 걸쭉하면서도 매끈하고, 윤기가 흐르며, 볼 옆면에서 살짝 떨어지기 시작할 때까지 세게 휘저어 섞는다.

마른 재료와 할바 넣기: 여기에 밀가루 혼합물을 넣고 유연한 스패출러로 휘저어 고루 섞이도록 한다. 부순 할바를 넣은 뒤 너무 잘게 부서지지 않도록 주의하며 살살 섞는다.

알아두기

이 블론디는 밀폐 용기에 담아 실온에 두면 5일간, 냉동하면 2개월간 보관이 가능하다.

① 할바는 바닐라, 마블, 피스타치오 등 원하는 맛을 사용한다.

② 다 구운 뒤에도 약간 덜 익은 것처럼 보일 수 있지만 식는 동안 굳는다. 더 이상 구우면 퍽퍽해질 수 있다.

블론디 굽기: 준비해 둔 팬에 반죽을 긁어 붓고 구석구석 고르게 펼친다. 반죽 위에 참깨를 뿌린 다음 플레이크 소금을 뿌린다. 블론디 윗면이 부풀어 오르고 가장자리가 노릇해지며 가운데 부분이 살짝 흔들리는 상태가 될 때까지 20~25분간 굽는다.②

식혀서 담아내기: 블론디는 팬 안에서 완전히 식힌다. 은박지 양 끝을 들어 블론디를 팬에서 빼낸 뒤 16개로 자른다.

브라운 버터 세이지 사블레

36개분

준비할 도구:

스탠드 믹서 또는 핸드 믹서

무염 버터 2스틱(227g)

잎이 무성한 세이지 잔가지 4개(14g)

중력분 1¾컵(228g)

옥수수 전분 ¼컵(35g)①

다이아몬드 크리스털 코셔 소금 1작은술
(3g)

백설탕 ¾컵(150g)

곱게 간 레몬 껍질 1작은술

대란 노른자 2개(32g)

바닐라 익스트랙트 2작은술

데메라라 설탕 ½컵

나는 전통적인 사블레 쿠키의 모래알 같은, 녹아내리는 질감을 좋아한다. 그건 마치 쇼트브레드의 더 가볍고 부드러운 버전 같다. 사블레는 버터 맛만 있는 텅 빈 캔버스와 같은 쿠키이다. 브라운 버터와 세이지는 보통 짭짤한 맛을 내는 레시피에 사용되기에 달콤한 쿠키에 잘 어울릴지 확신이 없었지만, 소박한 사블레에 성숙한 복합미가 살짝 더해지며 아주 성공적인 결과물이 만들어졌다.

세이지와 버터 끓이기: 작은 냄비에 버터와 세이지를 넣고 중약불에 올린 다음 가끔 저으며 버터를 끓인다. 내열 스패출러로 냄비 바닥과 옆면을 긁어가며 세이지 잎이 지글지글 소리를 내며 볶아지고, 버터가 튀며 거품을 내고 짙은 갈색 조각들이 떠다닐 때까지 5~8분간 계속 끓인다.②

세이지 버터 식히기: 스탠드 믹서의 볼(핸드 믹서를 사용할 때는 큰 볼)에 버터와 세이지 혼합물을 남김없이 싹싹 긁어 붓는다. 세이지를 전부 건져내 흐르는 버터는 다시 볼에 담은 뒤 세이지는 한쪽에 둔다. 버터를 가끔 저으며 막 굳기 시작하는 실온 상태로 완전히 식힌다(이 과정을 더 빨리하려면 볼 바닥을 얼음물에 담가 버터가 불투명해질 때까지 젓되, 버터가 굳지는 않도록 한다).③

마른 재료 섞기: 버터가 식는 동안, 중간 크기의 볼에 밀가루, 옥수수 전분, 소금을 넣고 섞는다.

버터와 설탕을 크림화하기: 스탠드 믹서에 식힌 버터가 든 볼을 올리고 패들을 끼운다. 볼에 백설탕과 레몬 껍질을 넣은 뒤 재료들이 다 잘 섞이고 뽀얀 색이 날 때까지 중속으로 약 2분간 섞는다.

달걀노른자와 바닐라 넣기: 유연한 스패출러로 볼 옆면을 긁어내리고 달걀노른자와 바닐라 익스트랙트를 넣는다. 중속으로 약 30초간 섞어 혼합한다.

밀가루 혼합물 넣기: 믹서를 끄고 밀가루 혼합물을 전부 볼에 넣은 다음 다시 믹서를 가장 낮은 속도로 켜서 매끈한 상태로 잘 혼합되도록 섞는다. (다음 장에 계속)

알아두기

이 쿠키는 밀폐 용기에 담아 실온에 두면 4일간 보관이 가능하나 만든 당일에 먹는 것이 가장 맛있다. 원통 모양 반죽은 냉장하면 3일간, 냉동하면 2개월간 보관할 수 있다

(냉동할 때는 잘라서 굽기 하루 전에 냉장고로 옮겨 녹인다). 만든 지 이틀 이상 된 반죽으로 쿠키를 만들 때는 굽기 직전에 생세이지를 버터에 볶아 데메라라 설탕과 섞어야 신선하고 향긋한 설탕이 된다.

① 옥수수 전분이 없으면 밀가루 ¼컵(33g)을 더 넣어도 되지만, 그러면 완성된 쿠키의 질감이 옥수수 전분을 넣었을 때보다는 덜 가벼울 것이다.

유연한 스패츌러로 몇 번 더 뒤섞어 가루가 보이지 않게 잘 섞였는지 확인한다.

원통형 반죽 만들기: 반죽을 절반으로 나누어 25cm 길이의 유산지 2장에 각각 올린다. 각 반죽을 20cm 길이의 원통 모양으로 만든다(원통형 반죽 만드는 방법은 22쪽의 사진 설명 참조). 각 반죽을 비닐 랩으로 싸서 최소 2시간에서 최대 2일까지 냉장고에 넣어 둔다.

세이지 설탕 만들기: 남겨 둔 세이지 잔가지에서 잎을 떼어내 그중 절반을 데메라라 설탕과 함께 작은 볼에 담는다.④ 이 혼합물을 손끝으로 비벼 부서진 세이지 잎 조각들과 설탕이 섞이도록 한다.

오븐 예열 및 팬 준비: 오븐 선반 2개를 각각 위에서 세 번째 칸, 아래에서 세 번째 칸에 끼우고 오븐을 177도(화씨 350 도)로 예열한다. 테두리가 있는 베이킹 팬 2개에 유산지를 깐다.

반죽에 설탕 입혀 자르기: 원통형 반죽 1개를 냉장고에서 꺼내 랩을 벗긴다. 깨끗한 조리대나 도마 위에 세이지 설탕의 약 절반을 살살 뿌린 다음 반죽을 꾹꾹 누르며 굴려 설탕을 골고루 입힌다. 날이 얇은 잘 드는 칼로 반죽을 약 0.5~1cm 두께의 동전 모양으로 자르되, 반죽을 자꾸 굴려서 한쪽만 눌리는 일이 없도록 한다. 반죽 1개당 약 18개의 쿠키가 나온다. 준비해 둔 베이킹 팬에 자른 반죽을 약 5cm 간격을 두고 올린다. 팬을 냉장고에 넣고, 두 번째 반죽도 똑같이 설탕을 입히고 잘라서 팬에 올린다.

굽기: 팬 2개를 각 선반에 올린 다음 쿠키 가장자리가 노릇해질 때까지 16~20분간 굽되, 중간에 두 팬의 위치를 서로 바꾸고 각 팬의 앞뒤를 돌려 넣는다. 팬을 오븐에서 꺼내 쿠키를 팬 위에서 완전히 식힌다.

---

② 버터를 냄비에 끓일 때는 계속 잘 지켜보아야 한다. 스토브 위나 맨살 위로 버터가 확 튀기도 하며, 유고형분이 탈 수도 있기 때문이다.

③ 버터가 완전히 식어서 볼 안에서 굳으려고 할 때 다음 과정으로 넘어가야지, 그렇지 않으면 쿠키의 모래알 같은 질감을 낼 수 없다.

④ 남은 세이지 잎은 남겨두었다가 파스타나 감자 요리, 수프, 로스트 치킨 등에 뿌린다.

초콜릿 칩 쿠키

약 18개분

무염 버터 2스틱(227g), 1큰술씩 자른 것

헤비크림이나 우유, 또는 크림과 우유를 반반씩 섞은 것 2큰술(28g)

중력분 2컵(260g)①

다이아몬드 크리스털 코셔 소금 2작은술 (6g)

베이킹소다 1작은술(6g)

눌러 담은 흑설탕 ¾컵(150g)

백설탕 ¾컵(150g)

대란 2개(100g), 냉장해 둔 것

바닐라 익스트랙트 1큰술

비터스위트(bittersweet, 다크 초콜릿의 범주에 속하며 보통 세미스위트 초콜릿보다 카카오 함량이 더 높다-옮긴이) 초콜릿 디스크 142g, 절반만 굵게 다진 것

밀크 초콜릿 디스크 142g, 절반만 굵게 다진 것②

초콜릿 칩 쿠키 레시피 개발이 매력적인 이유는 각각의 재료가 결과에 뚜렷한 영향을 미쳐서 재료 하나를 바꾸는 것만으로 쿠키 맛을 변화시킬 수 있기 때문이다. 핵심은 적절한 비율을 찾는 것이다. 수년간의 조정 끝에 완성된 이 레시피에는 내가 초콜릿 칩 쿠키에 원하는 모든 것이 담겨 있다. 가장자리는 바삭하면서도 쫀득하고, 가운데 부분은 부드러운 초콜릿을 머금고 있으며, 소금을 넉넉히 넣어 버터스카치 맛이 한껏 느껴지는 쿠키. 이 특별한 쿠키를 만들려면 몇 가지 단계를 거쳐야 하지만(브라운 버터 만들기, 우유와 다크 초콜릿 디스크 (칩 아님)를 넣어 반죽 만들기, 반죽을 냉장고에서 휴지시켜 맛과 질감 향상하기) 힘든 건 별로 없다(믹서도 필요 없다!). 가장 힘든 부분은 아마 반죽을 냉장하고 기다리는 시간일 것이다.

브라운 버터 만들기: 큰 볼에 버터 113g을 넣어 한쪽에 둔다. 작은 냄비에 남은 버터 113g을 넣은 뒤 중약불에 올려 자주 저으며 끓인다. 내열 스패출러로 냄비 바닥과 옆면을 계속 긁어가며 버터가 튀고 거품이 나다가 짙은 갈색 조각들이 보일 때까지 5~7분간 계속 끓인다. 브라운 버터를 남김없이 싹싹 긁어 버터가 든 볼에 붓고 헤비크림을 넣는다(저을 필요는 없다). 한쪽에 식혀 둔다.③

마른 재료 섞기: 중간 크기의 볼에 밀가루, 소금, 베이킹소다를 넣고 휘저어 섞는다.

반죽 섞기: 브라운 버터가 든 볼(뜨겁지 않은 약간 따뜻한 상태여야 한다) 에 흑설탕과 백설탕을 넣은 뒤 아주 매끈하고 걸쭉해질 때까지 약 45초간 세게 휘젓는다(케이크처럼 가벼운 질감의 쿠키를 만들 것이 아니므로 반죽이 가벼운 느낌이 날 필요는 없다). 달걀과 바닐라 익스트랙트를 넣고 윤이 나는 상태가 될 때까지 약 45초간 휘젓는다. 여기에 밀가루 혼합물을 넣고 휘저어 매끈하게 섞는다. 반죽이 약간 묽어 보여도 괜찮다. 유연한 스패출러로 볼 옆면을 긁어내리며 반죽을 접어 모든 재료가 잘 혼합되도록 한다. (다음 장에 계속)

알아두기

이 쿠키는 밀폐 용기에 담아 실온에 두면 5일간, 냉동하면 1개월간 보관이 가능하다. 1스쿱씩 나누어놓은 쿠키 반죽은 냉장하면 2일간, 냉동하면 2개월간 보관할 수 있다. 냉동할 때는 나눈 반죽을 먼저 2시간 이상

냉장 보관했다가 냉동실로 옮긴다. 반죽이 스쿱 모양으로 꽁꽁 얼고 나면 냉동실용 지퍼백에 넣어서 보관한다. 냉동한 반죽은 해동 없이 바로 굽되, 굽는 시간을 1~2분 정도 늘린다.

① 원한다면 밀가루의 절반을 통밀가루로 대체해도 된다. 이 경우 고소함과 풍미가 더해지지만 쫀득함은 약간 줄어든다.

두 가지 초콜릿을 전부 넣고(다진 것과 안 다진 것 모두) 섞는다.④ 반죽을 5분간 한쪽에 두어 살짝 굳힌다.

반죽 분할해 휴지시키기: 2oz(약 57g)들이 스쿱이나 ¼컵들이 계량컵에 반죽을 평평하게 채운 다음 유산지를 깐 베이킹 팬 위에 최대한 가깝게 올린다(간격을 띄우는 작업은 굽기 전에 한다). 비닐 랩을 팬에 꼭 맞게 씌운 뒤 최소 12시간에서 최대 48시간 동안 냉장고에 넣고 휴지시킨다 (시간이 없다면 2시간 정도만 해도 되지만 그러면 쫀득함이나 주름진 모양이 덜할 것이다).⑤

오븐 예열 및 팬 준비: 구울 준비가 끝나면 오븐 선반 2개를 각각 위에서 세 번째 칸, 아래에서 세 번째 칸에 끼우고 오븐을 177도(화씨 350도)로 예열한다. 테두리가 있는 베이킹 팬 2개에 유산지를 깐다.

쿠키 1차분 굽기: 냉장해 둔 쿠키 반죽 6개를 준비한 베이킹 팬에 7.5cm 이상의 간격을 두고 올린다.⑥ 팬 2개를 각 선반에 올린 다음 쿠키 가장자리에 짙은 황갈색이 날 때까지 18~22분간 굽되, 굽기 시작한 지 12분이 지난 뒤에 두 팬의 위치를 서로 바꾸고 각 팬의 앞뒤를 돌려 넣는다. 쿠키를 팬 위에 5분간 그대로 두었다가 금속 스패출러를 이용해 식힘망으로 옮겨 식힌다.

남은 쿠키 굽기: 오븐 선반 하나를 가운데 칸으로 옮긴다. 남은 반죽들을 베이킹 팬 1개에 올린 다음(팬이 아직 따뜻해도 상관없다) 오븐 가운데 칸에서 굽는다(이번에는 1차분보다 좀 더 빨리 구워질 수 있다).

---

② 밀크 초콜릿과 다크 초콜릿을 섞지 않고 한 가지 종류만 써도 되나, 그러면 단맛의 균형이 변하게 된다(다크 초콜릿은 쿠키를 덜 달게, 밀크 초콜릿은 더 달게 만든다). 기타다나 발로나 사의 디스크형 또는 페브형 초콜릿은 쿠키 안에서 녹으며 끈적끈적한 웅덩이를 만들어놓을 것이다. 디스크 초콜릿이 없다면 블록이나 바 형태의 초콜릿을 사서 직접 굵게 다진다. 초콜릿 칩에는 보통 녹는 것을 막는 유화제가 들어 있으므로 사용하지 않는 것이 좋다.

③ 시간이 촉박하면 브라운 버터를 만드는 과정을 생략해도 되지만, 진한 버터스카치의 풍미를 더하려면 꼭 하기를 추천한다. 만약 이 과정을 생략한다면 헤비크림을 다 빼고 버터 2스틱을 냄비에서 천천히 녹인 뒤 식히고 다음 단계로 넘어간다.

④ 호두, 아몬드, 피칸 등의 견과류 1컵을 구워서 다진 뒤 초콜릿과 함께 반죽에 넣어도 좋다.

⑤ 반죽을 한 덩어리로 냉장하면 너무 단단해져 분할하기가 어려우므로, 항상 냉장하기 전에 분할한다. 덩어리로 냉장할 수밖에 없는 상황이라면 분할하기 전에 실온에 미리 내놓는다.

⑥ 짭짤한 디저트를 좋아한다면 굽기 전에 플레이크 소금을 조금 뿌린다. 이미 코셔 소금이 2작은술이나 들어갔어도 주로 다른 재료들의 맛을 끌어내는 역할을 하는 것이라 짠맛이 두드러지지는 않는다.

시나몬 슈거 팔미에

16개분

데메라라 설탕 ½컵(100g)

계핏가루 2작은술①

코셔 소금 한 꼬집

러프 퍼프 페이스트리(355쪽) 절반 분량
또는 결이 살아 있는 올버터 파이 반죽
(333쪽)

중력분, 덧가루용

대란 1개, 잘 푼 것

요리학교에 다니던 시절 파리에 살면서 가장 좋았던 것 중 하나는 당연히 '파티스리(p tisserie)' 문화였다. 아주 수수한 빵집들조차도 가게 앞에 거대한 구름을 연상시키는 머랭부터 윤기 나는 과일 타르트와 바삭한 에스카르고 페이스트리까지, 놀랍도록 매력적인 디저트들을 진열한다(파리 사람들은 쇼윈도 장식 기술이 정말 뛰어나다). 항상 내 눈을 사로잡은 건 코끼리 귀라고도 불리는 팔미에(palmier)였다. 양쪽이 나선형으로 돌돌 말린 모양을 한 이 디저트는 캐러멜라이징된 바삭한 '비앙 퀴(bien cuit, 프랑스어로 '잘 익은' '잘 구워진'이라는 뜻-옮긴이)' 퍼프 페이스트리로, 한입 베어 물면 버터 맛 파편들이 입안에서 부서진다. 팔미에는 내가 남은 파이 반죽이나 퍼프 페이스트리를 이용해 집에서 자주 만드는, 가장 좋아하는 '쿠키'(쿠키라고 불러도 될지 모르겠지만) 중 하나다. 페이스트리만 있으면 쉽고 빠르게 만들 수 있는 데 비해 결과는 어마어마한 레시피이다.

계피 설탕 만들기: 작은 볼에 데메라라 설탕, 계핏가루, 소금을 넣고 섞는다.

페이스트리를 밀어 계피 설탕 뿌리기: 페이스트리를 몇 분간 실온에 내놓아 살짝 녹인다. 밀가루를 약간 뿌린 유산지 위에 반죽을 올린 다음 반죽의 위와 아래에 밀가루를 뿌려가며 크기 30×25cm, 두께 0.5cm의 직사각형으로 민다. 페이스트리 브러시로 반죽의 위와 아래에 묻은 밀가루를 털어낸다. 반죽 위에 달걀물을 얇게 바른 다음 계피 설탕 절반을 뿌리고 살짝 눌러준다.

페이스트리 말기: 반죽의 긴 쪽을 끝에서부터 중간 정도까지 짱짱하게 돌돌 만다. 유산지를 180도 돌린 다음 반대편도 똑같이 말아 두께가 같은 나선형 반죽 두 개가 맞닿은 형태가 되도록 한다. 페이스트리를 한쪽 끝에서 다른 쪽 끝까지 손으로 꼭꼭 쥐어서 나선형 반죽을 눌러준다(페이스트리가 오븐 안에서 부풀어 오르며 돌돌 만 반죽이 살짝 풀어질 수 있으므로). 페이스트리 겉면에 달걀물을 바르고 남은 계피 설탕을 전체적으로 입힌다.

반죽 냉동하기: 반죽을 밀 때 사용한 유산지로 설탕을 입힌 페이스트리를 감싼 다음 다시 한번 위, 아래를 손으로 꼭꼭 쥐어 나선형으로 만 부분을 잘 붙인다. 반죽을 냉동실에 넣고 아주 단단하되 얼지는 않은 상태가 될 때까지 20~25분간 보관한다.

알아두기
이 팔미에는 밀폐 용기에 담아 실온에 두면 3일간 보관이 가능하다.

① 계피 대신 카다멈, 또는 그보다 덜 흔한 고수와 같은 향신료를 사용해도 좋다. 아니면 다음과 같은 재료들을 레시피의 데메라라 설탕 ½컵과 섞어 사용해도 된다.

- 바닐라: 바닐라 빈 ½개에서 긁어낸 씨
- 감귤류: 곱게 간 감귤류 껍질 1작은술
- 라벤더: 아주 곱게 다진 말린 식용 라벤더 ½작은술

오븐 예열 및 팬 준비: 오븐 선반을 가운데 칸에 끼우고 오븐을 190도(화씨 375도)로 예열한다. 테두리가 있는 큰 베이킹 팬에 유산지를 깐다.

팔미에 잘라 굽기: 반죽을 냉동실에서 꺼내 도마에 올려놓는다. 잘 드는 칼로 양 끝의 고르지 못한 부분을 1cm 쯤 잘라낸다. 반죽을 반으로 자른 뒤 다시 반으로 잘라 4등분 한 다음, 각 조각을 다시 4등분 해 1~2cm 두께의 팔미에 16조각으로 만든다. 준비해 둔 베이킹 팬에 고른 간격을 두고 올린 뒤 팔미에가 노릇하게 부풀어 오르고 녹은 설탕이 캐러멜라이징되어 팬 위에 고여 있는 상태가 될 때까지 25~30분간 굽는다. 팔미에를 팬 위에서 완전히 식힌다.

'포에버' 브라우니

16개분

준비할 도구:

20×20cm(8×8in) 팬(금속 소재가 좋음)①

팬에 바를 버터
더치 프로세스 코코아 가루 ¼컵(20g)
세미스위트 초콜릿(카카오 함량이
64~68%인 것이 좋음) 142g, 굵게 다진 것
무염 버터 6큰술(85g), 조각낸 것
채종유나 포도씨유와 같은 채종유 ¼컵
(56g)
백설탕 ½컵(100g)
눌러 담은 흑설탕 ½컵(100g)
대란 1개(50g)
대란 노른자 2개(32g)
바닐라 익스트랙트 1½작은술
중력분 ¾컵(100g)
맥아 분유(malted milk powder) 2큰술
(18g)②(선택 사항)
다이아몬드 크리스털 코셔 소금 1작은술
(3g)
밀크 초콜릿 170g, 굵게 다진 것(1컵)

이 책을 쓰기 전에는 즐겨 찾는 브라우니 레시피가 없었는데, 워낙 자주 요청을
받고 널리 사랑받는 간식이다 보니 이번에 개발하게 되었다. 브라우니니까 당연히
만들기 쉬울 거라 생각했지만 수차례의 실패를 맛보았다. 도무지 쫀득하지가
않았고, 도구 없이 손으로 만들 수 있고 평일 저녁에도 해 먹을 만큼 손쉽게
만들리라는 결심과는 다르게 자꾸 복잡해지는 느낌이었다. 많은 조정과 냉장은
필수라는 깨달음 끝에 마침내 성공 공식을 얻어냈다. 앞으로 다른 브라우니
레시피는 만들 것 같지 않아서 '포에버(forever)' 브라우니라는 이름을 붙였다.

오븐 예열 및 팬 준비: 오븐 선반을 가운데 칸에 끼우고 오븐을 177도(화씨 350
도)로 예열한다. 20×20cm 팬③에 은박지 2장을 서로 교차시켜 깐 다음 모서리
부분과 옆면을 눌러 뜨지 않게 한다. 은박지에 버터를 얇게 바른다.

코코아 가루 불리기: 큰 내열 볼에 코코아 가루와 끓는 물 ¼컵(57g)을 넣고
매끈한 상태가 되도록 휘젓는다(이 작업은 코코아 가루의 풍미를 끌어내기 위한
것이다).

초콜릿, 버터, 기름 섞어 녹이기: 코코아 가루가 든 볼에 세미스위트 초콜릿, 버터,
중성유를 넣은 다음, 끓기 직전(끓으면 안 됨)의 물이 2.5cm 높이쯤 담긴 중간
크기 냄비 위에 볼을 올린다(볼 바닥이 물에 닿지 않도록 한다). 혼합물을 가끔
저으며 초콜릿과 버터가 녹아 매끈한 상태가 되도록 한다. 볼을 냄비 위에서 내려
미지근하게 식힌다.

설탕, 달걀 넣기: 여기에 백설탕과 흑설탕을 넣고 휘젓는다. 알갱이가 보이고
지방이 분리되기 시작하는 것은 정상적인 현상이다. 대란, 대란 노른자, 바닐라
익스트랙트를 넣은 다음 혼합물이 아주 걸쭉하면서도 매끈하고, 윤기가 흐르는
상태로 잘 혼합될 때까지 세게 휘젓는다.

마른 재료 넣기: 여기에 밀가루, 맥아 분유(선택 사항), 소금을 넣고 천천히 휘저어
잘 섞은 다음, 45초간 더 세게 휘저어 아주 걸쭉한 반죽을 만든다. (다음 장에
계속)

알아두기
이 브라우니는 밀폐 용기에 담아 실온에 두면
5일간, 냉동하면 2개월간 보관이 가능하다.
냉동할 때는 브라우니 조각 사이에 유산지를
끼워 분리해 보관한다.

① 20×20cm 팬이 없으면 레시피를 2배로
만들어 33×23cm(13×9in) 팬에 굽는다. 남는
반죽은 냉동하면 된다!

② 맥아 분유는 카네이션(Carnation) 사의
제품을 사용하면 좋다. 만약 구할 수 없다면,
밀크 초콜릿 대신 맥아로 만든 밀크볼(내가
가장 좋아하는 캔디!) 170g을 굵게 다져서
넣는다.

바와 쿠키

초콜릿 섞어 굽기: 반죽에 밀크 초콜릿을 넣고 유연한 스패출러로 고루 섞는다. 준비해 둔 팬에 반죽을 긁어 부은 뒤 구석구석 고르게 펼친다.④ 브라우니는 표면에 윤기가 돌며 부풀어 오르고, 가운데 부분을 눌러보았을 때 겉은 바삭하지만 속은 아직 부드러운 느낌이 들 때까지 25~30분간 굽는다.

식혀서 냉장한 뒤 자르기: 브라우니를 팬 안에서 약 1시간 동안 식힌 다음 냉장고에 넣고 팬 아래가 차가워질 때까지 1시간쯤 둔다(이 과정을 거치면 더 쫀득한 질감이 난다). 은박지 양 끝을 들어 브라우니를 도마 위로 옮긴 뒤 정사각형 모양 16조각으로 자른다.

VARIATION

- **민트:** 맥아 분유를 빼고 페퍼민트 ½작은술을 넣는다. 밀크 초콜릿 대신 앤디스(Andes) 사의 민트 초콜릿 170g을 다져서 넣는다.
- **견과류:** 구운 호두나 헤이즐넛, 또는 피칸 110g을 굵게 다져서 밀크 초콜릿과 함께 반죽에 넣는다.
- **통곡물:** 중력분 ¼컵(33g)을 동량의 메밀가루나 호밀 가루, 통밀가루 또는 스펠트밀가루로 대체한다.

③ 유리 소재의 팬을 사용할 경우는 구울 때 주의할 점이 있다. 유리는 금속에 비해 데우고 식히는 데 더 오랜 시간이 걸리므로 브라우니를 오븐에서 꺼낸 뒤에도 계속 구워져 이 레시피의 '미디엄-레어'의 굽기를 넘어설 수 있다. 이때는 오븐 온도를 15도(화씨로는 25도) 낮추고 계속 지켜보도록 한다.

④ 짭짤한 맛을 좋아한다면 굽기 전 반죽 위에 플레이크 소금을 뿌린다.

피스타치오 롤쿠키

32개분

준비할 도구:

푸드 프로세서

껍데기를 벗긴 피스타치오 ⅔컵(90g)①

무염 버터 12큰술(170g), 약 1cm 크기로
조각내 실온 상태로 준비

슈거파우더 ¾컵과 2큰술(105g)

대란 노른자 2개(32g)

아몬드 익스트랙트 ½작은술

중력분 1컵(130g)

다이아몬드 크리스털 코셔 소금 ½작은술

아몬드 가루 1⅓컵(160g)

데메라라 설탕 ½컵, 반죽에 입힐 것

베이커라면 하나쯤 알고 있어야 할, 썰어서 굽는 쿠키 레시피 중 하나다. 롤쿠키는 맛도 좋지만 장식이 따로 필요 없고 특별히 조합할 것도 없다. 쇼트브레드 느낌이 나는 이 고소한 버터 맛 쿠키는 그 어떤 레시피보다도 완성도가 높아서 그 모습과 맛만 보면 만들기가 어려울 것 같지만, 실제로는 그렇지 않다.

피스타치오 갈기: 푸드 프로세서에 피스타치오를 넣고 순간 작동 버튼을 약 25회 눌러 아주 곱지만 페이스트처럼 되지는 않도록 간다. 간 피스타치오를 작은 볼에 옮겨 담는다.

푸드 프로세서로 반죽 만들기: 같은 푸드 프로세서에(피스타치오를 간 다음 씻을 필요 없음) 버터와 슈거파우더를 넣은 뒤 매끈하고 크리미한 상태가 되도록 간다. 여기에 달걀노른자, 아몬드 익스트랙트를 넣고 부드럽고 가벼워질 때까지 간다. 밀가루, 소금을 넣은 다음 순간 작동 기능을 이용해 뻣뻣한 느낌이 나고 잘 섞일 때까지 갈되, 중간에 볼 옆면을 한두 번 긁어내린다.

아몬드 반죽 만들기: 중간 크기의 볼에 반죽의 2/3와 아몬드 가루를 넣는다 (반죽의 무게는 약 283g). 유연한 스패출러로 아몬드 가루를 잘 섞어 균일한 반죽을 만든다.

아몬드 반죽 밀기: 아몬드 반죽을 유산지 위에 싹싹 긁어 올린다. 손으로 반죽을 두드려 얇게 만든 뒤 그 위에도 유산지를 올린다. 유산지 위로 밀대를 밀어 반죽을 크기 약 30×20cm(12×8in), 두께 0.5cm 남짓 되는 네모난 판 모양으로 만든다 (필요한 경우, 반죽 위의 유산지를 벗긴 뒤 소형 오프셋 스패출러로 반죽을 직사각형으로 다듬는다). 반죽을 유산지가 붙은 채로 베이킹 팬 위에 올린 다음 10~15분간 냉장고에서 굳힌다.

피스타치오 반죽 만들기: 아몬드 반죽을 냉장하는 동안, 푸드 프로세서에 간 피스타치오와 남은 반죽을 넣은 다음 고르게 혼합되어 전체적으로 녹색을 띠도록 순간 작동 버튼을 약 7회 눌러 섞는다. 이 반죽은 아몬드 반죽이 굳을 때까지 실온에 둔다. (다음 장에 계속)

알아두기

이 롤쿠키는 밀폐 용기에 담아 실온에 두면 5일간, 냉동하면 2개월간 보관이 가능하다. 원통형 반죽은 자르지 않고 잘 싸서 냉장하면 2일간, 냉동하면 2개월간 보관할 수 있다. 냉동 반죽은 사용 전 냉장고에서 24시간 동안 해동시킨 뒤 잘라 굽는다.

① 데쳐서 껍질을 벗긴 피스타치오(blanched pistachio)를 구할 수 있으면 좋지만, 없으면 껍데기만 벗긴 것을 써도 된다. 녹색이 진하면 진할수록 아몬드 반죽과 뚜렷한 대비를 보여서 좋다.

롤 형태로 말기: 냉장고에서 꺼낸 아몬드 반죽 위에 피스타치오 반죽을 숟가락으로 뭉텅뭉텅 떠서 올린다. 아몬드 반죽의 양쪽 끝에 약 1cm의 경계를 남기고 나머지 부분에 오프셋 스패출러로 피스타치오 반죽을 고루 펴 바른다. 유산지의 도움을 받아 반죽을 긴 쪽부터 타이트하게 돌돌 만다. 원통형으로 말린 반죽을 유산지로 싼 다음 냉장고에 넣고 아주 단단해질 때까지 1시간 이상 휴지시킨다.

오븐 예열 및 팬 준비: 오븐 선반 2개를 각각 위에서 세 번째 칸, 아래에서 세 번째 칸에 끼우고 오븐을 177도(화씨 350도)로 예열한다. 테두리가 있는 큰 베이킹 팬 2개에 유산지를 깐다.

반죽에 데메라라 설탕 입혀 자르기: 도마 위에 데메라라 설탕을 뿌린다. 냉장해 둔 반죽을 꺼내 유산지를 벗긴 뒤 도마 위에 놓고 꾹꾹 누르며 굴려 설탕을 고루 입힌다. 잘 드는 칼로 반죽의 양 끝을 약간씩 잘라내 나선형이 보이는 단면이 드러나게 한다. 반죽을 반으로 자른 뒤 다시 반으로 잘라 4등분 한 다음, 각 조각을 다시 2등분 해 8조각으로 만든다. 반죽을 자를 때는 자주 굴려서 한쪽만 눌리는 일이 없도록 한다. 각 반죽을 4등분 해 총 32개가 되도록 한다.

굽기: 자른 반죽을 준비해 둔 베이킹 팬 2개에 고른 간격을 두고 올린다. 팬 2개를 각 선반에 올린 다음 쿠키 가장자리가 노릇해질 때까지 15~20분간 굽되, 중간에 두 팬의 위치를 서로 바꾸고 각 팬의 앞뒤를 돌려 넣는다. 팬을 오븐에서 꺼내 쿠키를 팬 위에서 완전히 식힌다.

쫀득한 당밀 스파이스 쿠키

42개분

준비할 도구:

스탠드 믹서나 핸드 믹서

중력분 3¾컵(488g)

베이킹소다 1큰술(18g)

생강가루 2½작은술

곱게 간 후추 ½작은술

올스파이스 가루 ½작은술

다이아몬드 크리스털 코셔 소금 ½작은술

정향가루 ¼작은술

무염 버터 1½스틱(170g), 녹여서 실온
상태로 식힌 것

눌러 담은 흑설탕 1½컵(300g)

대란 2개(100g), 실온 상태로 준비

무황(unsulfured) 당밀 ½컵(160g)

애플 사이다 식초 2작은술(9g)

바닐라 익스트랙트 2작은술

데메라라 설탕 ½컵, 반죽에 입힐 것

잘 만든 당밀 쿠키는 흑설탕의 단맛, 당밀의 쓴맛, 그리고 향신료의 은은한 온기가
조화를 이룬다. 이 쿠키는 그 모든 것을 달성한 데 더해, 완벽하게 부드럽고 쫀득한
질감까지 갖추었다. 반죽을 미리 분할한 다음 냉동해 둘 수 있어서 명절용 쿠키로도
좋다.

마른 재료 섞기: 큰 볼에 밀가루, 베이킹소다, 생강가루, 후추, 올스파이스 가루,
소금, 정향가루를 넣고 휘젓는다.

반죽 만들기: 패들을 끼운 스탠드 믹서의 볼(핸드 믹서를 사용할 때는 큰 볼)에
버터와 흑설탕을 넣고 색이 약간 연해질 때까지 중속으로 약 1분간 섞는다. 달걀을
한 개씩 넣고, 넣을 때마다 잘 섞어 폭신한 느낌이 나도록 한다(총 약 1분간). 여기에
당밀, 식초, 바닐라 익스트랙트를 넣고 잘 섞는다. 속도를 저속으로 줄이고 밀가루
혼합물을 천천히 넣어 가루가 보이지 않을 때까지만 섞는다. 반죽은 아주 부드럽고
끈적이는 상태가 된다.

반죽 휴지시키기: 반죽을 반으로 나누어 각각 비닐 랩으로 싼 뒤 손으로 눌러
15×15cm의 정사각형 모양을 만든다. 반죽이 단단해지도록 최소 1시간에서 최대
2일까지 냉장고에서 휴지시킨다.

오븐 예열 및 팬 준비: 오븐 선반 2개를 각각 위에서 세 번째 칸, 아래에서 세 번째
칸에 끼우고 오븐을 177도(화씨 350도)로 예열한다. 테두리가 있는 큰 베이킹 팬
2개에 유산지를 깐다.

반죽 공 모양으로 빚기: 작은 볼에 데메라라 설탕을 넣는다. 냉장해 둔 반죽 1개를
꺼내 28g씩 떼어 지름 약 3cm인 공 모양으로 빚는다. 이것을 설탕이 든 볼에 넣고
설탕을 고루 입힌 다음 준비해 둔 베이킹 팬에 약 7.5cm 간격을 두고 올린다(쿠키는
굽는 동안 퍼질 것이다). 팬에 들어가지 않는 반죽은 냉장고에 넣어 둔다.

굽기: 팬 2개를 각 선반에 올린 다음 쿠키를 만져보았을 때 가장자리는 단단하고
가운데 부분은 아주 부드러우며 윤기가 살짝 돌 때까지 12~14분간 굽되, 중간에
두 팬의 위치를 서로 바꾸고 각 팬의 앞뒤를 돌려 넣는다.① 팬을 오븐에서 꺼내
쿠키를 팬 위에서 15분간 식힌 뒤 얇은 스패츌러를 이용해 식힘망으로 옮긴다. 남은
반죽도 똑같이 공 모양으로 빚어 설탕을 입혀 굽는다.

알아두기

이 쿠키는 밀폐 용기에 담아 실온에 두면
5일간 보관이 가능하다. 반죽은 냉장하면
3일간 보관할 수 있다. 냉동하려면 우선
반죽을 공 모양으로 빚어 설탕을 입힌 다음
유산지를 깐 팬에 촘촘히 올려 냉동실에서

굳힌다. 굳은 반죽을 냉동용 지퍼백에 옮겨
담으면 2개월간 보관할 수 있다. 굽기 전에
녹일 필요는 없지만 굽는 시간을 2~3분 정도
늘린다.

① 오븐에서 꺼냈을 때는 쿠키 가운데가 한참
덜 익어 보일 수 있으나, 식으면서 굳는다.
이 쿠키의 부드럽고 쫀득한 질감의 비결은
약간 덜 익히는 것이다. 더 바삭한 질감을
원한다면 2분 더 구우면 된다.

로즈 고모의 맨델 브레드

36개분

준비할 도구:

스탠드 믹서

계핏가루 2큰술
설탕 1½컵(300g)
세로로 길쭉하게 자른(slivered) 아몬드
2컵(227g)
채종유나 포도씨유와 같은 중성유 1큰술과
1컵(238g)①
중력분 1큰술과 4컵(528g)
베이킹파우더 2작은술(8g)
다이아몬드 크리스털 코셔 소금 ½작은술
대란 3개(150g)
바닐라 익스트랙트 1작은술

얼마 전, 우리 증조할아버지가 미국으로 이민 오시기 전에 제빵사로 일하셨다는 사실을 알게 되었다. 외가 쪽에서 몇 가지 레시피가 전해 내려온 것도 그 덕분이었다. 그중에서도 우리 엄마의 고모 이름(Rose)을 딴 이 맨델 브레드는 내 최애 레시피에 속한다. 맨델 브레드는 유대인의 비스코티라 할 수 있는(비록 일반 비스코티와는 달리 한 번만 굽지만) 일종의 아몬드 쿠키다. 유대인이 먹는 다른 많은 빵들과 마찬가지로 버터 대신 기름을 넣어 파레브(pareve, 코셔 규칙에 따라 유제품이나 육류와 함께 먹을 수 있는)로 인정된다. 겉면에 계피 설탕을 잔뜩 묻히긴 했지만 많이 달지 않으며, 잘 구운 아몬드의 고소한 맛과 바슬바슬 부서지는 질감이 느껴진다. 강요하는 것이 아니라, 맛이 정말 괜찮으니 차나 커피와 함께 한번 음미해 보면 좋겠다. 레시피를 수정하고 싶은 충동을 꾹 참고 소금만 약간 더해 로즈 고모할머니의 버전을 충실히 재현해 보았다. 4대에 걸쳐 구워 왔다면 앞으로도 쭉 지켜갈 만한 유산이 아닐까.

계피 설탕 만들기: 작은 볼에 계핏가루와 설탕 ½컵(100g)을 넣고 고루 섞는다.

오븐 예열 및 아몬드 굽기: 오븐 선반을 가운데 칸에 끼우고 오븐을 177도 (화씨 350도)로 예열한다. 테두리가 있는 작은 베이킹 팬에 중성유 1큰술을 섞은 아몬드를 펼친다. 아몬드가 짙은 황갈색을 띠고 고소한 냄새가 날 때까지 8~10분간 굽되, 중간에 팬을 한 번 흔들어준다.② 팬을 오븐에서 꺼내 식힌 다음 밀가루 1큰술을 뿌려 고루 입힌다(오븐은 꺼 둔다).

마른 재료 섞기: 중간 크기의 볼에 베이킹파우더, 소금, 남은 밀가루 4컵(520g)을 넣고 휘저어 섞는다.

쿠키 반죽 만들기: 패들을 끼운 스탠드 믹서의 볼에 달걀, 남은 설탕 1컵 (200g), 남은 중성유 1컵(224g)을 넣은 다음 균일하고 매끈한 상태가 될 때까지 중고속으로 약 1분간 섞는다. 속도를 저속으로 줄인 뒤 바닐라 익스트랙트와 구워서 식힌 아몬드를 넣고, 이어서 밀가루 혼합물을 넣는다. 저속으로 약 45초간 계속 섞어 매끈한 반죽이 되도록 한다. (다음 장에 계속)

알아두기
이 쿠키는 잘 싸서 실온에 두면 5일간, 냉동하면 2개월간 보관이 가능하다.

① 중성유 대신 올리브오일을 사용해도 되지만, 이 경우 쌉싸름한 풀 맛이 약간 날 수 있다 (좋은 의미로).

② 아몬드를 오븐에서 꺼내기 전에 짙은 황갈색이 나는지 확인한다. 이 단계가 이 쿠키의 풍미를 좌우하므로 아주 잘 구워야 한다.

반죽 휴지시키기: 유연한 스패출러로 패들에 붙은 반죽을 잘 긁어 담은 뒤 반죽을 몇 번 접어 잘 섞는다. 볼을 덮지 말고 냉장고에 넣어 4시간 동안 휴지시킨다(우리 엄마는 정확히 4시간이라고 하셨지만 1시간 덜 하거나 더해도 괜찮다).

오븐 예열하기: 오븐 선반을 가운데 칸에 끼우고 오븐을 177도(화씨 350도)로 예열한다.

반죽 덩어리로 빚기: 반죽을 냉장고에서 꺼내 3등분 한다(저울이 있으면 약 454g씩 3개로 나눈다). 베이킹 팬에 유산지나 기름칠 없이 반죽 3개를 서로 띄워서 올린다. 각 반죽을 손으로 두드려 크기 약 20×8cm, 높이 약 4cm의 매끈한 덩어리 형태로 만든다. 이 사이즈를 정확히 맞출 필요는 없지만 3개를 같은 모양으로 빚어야 한다. 반죽은 오븐에서 퍼지므로 간격을 충분히 둔다.

반죽에 칼집 내고 설탕 뿌리기: 톱니 칼을 이용해 각 반죽에 가로 2cm 간격으로 약 1cm 깊이의 칼집을 낸다(이 자국은 구우면 완전히 사라지지만, 로즈 대고모와 우리 엄마의 말씀에 따르면, 구운 뒤에 쿠키가 더 잘 잘리도록 해준다). 계피 설탕 1/3을 반죽 위에 전체적으로 뿌린다.

굽기: 베이킹 팬을 오븐에 넣은 다음 반죽이 익고 윗면이 노릇해질 때까지 약 30분간 굽는다. 팬을 오븐에서 꺼낸 뒤 홈이 길게 파인 생선용 뒤집개와 벤치 스크레이퍼, 또는 넓적한 금속 스패출러로 반죽을 아주 조심히 뒤집어 설탕 묻은 면이 아래로 가도록 한다. 반죽이 아직 일부만 익어 부서지기 쉬운 상태이므로 주의해야 한다. 남은 계피 설탕의 절반을 반죽 위에 뿌린 뒤 다시 오븐에 집어넣는다. 15분간 구워 오븐에서 꺼낸 다음 반죽을 다시 뒤집는다. 남은 계피 설탕을 반죽 위에 뿌리고 마지막으로 15분간 더 굽는다. 팬을 오븐에서 꺼내 10~15분간 그대로 식힌다.

쿠키 자르기: 쿠키가 만져도 될 정도로 식되 아직 충분히 따뜻한 상태일 때, 금속 스패출러를 밑으로 밀어 넣어 하나씩 도마 위로 옮긴다. 톱니 칼로 톱질하듯 2cm 두께로 썬다(굽기 전에 낸 칼집은 이미 사라졌을 테니 그냥 썰면 된다). 쿠키를 완전히 식힌다.

코코넛 엄지 쿠키

약 50개분

준비할 도구:

스탠드 믹서

코코넛 반죽

무염 버터 14큰술(200g), 실온 상태로
준비

슈거파우더 ¾컵(90g)

다이아몬드 크리스털 코셔 소금 한 꼬집

대란 노른자 2개(32g)

중력분 1½컵(200g)

잘게 조각낸 무가당 건코코넛 2컵(188g)

코코넛 캐러멜①

백설탕 ½컵(100g)

라이트 콘시럽 2큰술(40g)

무가당 코코넛밀크 ¼컵(61g)

버진 코코넛오일 2큰술(28g)

다이아몬드 크리스털 코셔 소금 ½작은술

공들여 아이싱하지 않아도 예쁜 쿠키를 끊임없이 찾아 헤매는 나에게 이 엄지 쿠키는 정말 소중하다. 엄지 쿠키 반죽은 굽는 동안 눌린 자국이 그대로 유지될 만큼 뻣뻣해야 하기에 보통 밀가루가 많이 들어가지만, 그래서 퍽퍽한 맛이 나기도 한다. 이 코코넛 반죽은 잘게 조각낸 코코넛이 뻣뻣함을 주는 동시에 맛과 향, 질감, 그리고 퍽퍽한 느낌을 줄여주는 지방까지 더해주어, 다른 대부분의 반죽보다 더 나은 결과가 나왔다. 쇼트브레드 느낌의 버터 맛 쿠키와 끈적하고 진한 코코넛 캐러멜 필링이 어우러진 이 '두 입' 쿠키는 나 같은 코코넛 애호가들에게 꿈같은 맛을 선사할 것이다.

팬 준비: 테두리가 있는 큰 베이킹 2개에 유산지를 깐다.

반죽 만들기: 패들을 끼운 스탠드 믹서의 볼에 버터를 넣고 매끈해지도록 중속으로 휘젓는다. 슈거파우더와 소금을 넣고 순간 작동 버튼을 몇 번 눌러 섞은 뒤, 속도를 중저속으로 낮추어 가볍고 크리미한 상태가 될 때까지 약 1분간 섞는다. 달걀노른자를 넣고 약간 폭신한 느낌이 날 때까지 중속으로 약 1분간 더 섞는다. 여기에 밀가루와 코코넛을 넣고 뻣뻣한 반죽이 될 때까지 저속으로 약 30초간 섞는다. 볼의 바닥과 옆면을 긁어내린 다음 믹서를 순간 작동시켜 마지막으로 잘 섞는다.

엄지로 반죽 누르기: 0.5oz(약 14g)들이 스쿱이나 계량스푼에 반죽을 평평하게 채운다. 이 반죽을 손바닥으로 굴려 공 모양으로 만든 다음 준비해 둔 베이킹 팬 위에 약 2.5cm 간격을 두고 올린다(굽는 동안 많이 퍼지지 않는다). 각 반죽을 눌러 살짝 납작하게 만든 뒤 엄지나 나무 스푼 손잡이 끝으로 가운데를 움푹하게 누른다(베이킹 팬 바닥에 닿을락 말락 할 정도로). 손끝으로 그 구멍의 지름이 약 2.5cm가 되도록 넓힌다(굽는 동안 반죽이 약간 주저앉으며 구멍도 좀 더 얕고 좁아진다). 이때 반죽이 갈라진다면 손으로 꼬집듯이 붙여준다. (다음 장에 계속)

알아두기

이 쿠키는 밀폐 용기에 담아 실온에 두면 5일간 보관이 가능하다. 구워서 필링을 채우지 않은 쿠키는 냉동용 지퍼백에 담아 1개월간 냉동 보관할 수 있다. 엄지로 누른

쿠키 반죽은 잘 덮어서 냉장하면 24시간, 냉동하면 1개월간 보관이 가능하다. 캐러멜도 잘 덮어서 냉장하면 1주일간 보관할 수 있으며, 사용 전에 약불에 녹여 쿠키에 채우면 된다.

① 빠르고 간편한 필링을 원한다면 코코넛 캐러멜 대신 시판 둘세 데 레체(dulce de leche, '달콤한 우유'라는 뜻으로 우유와 설탕을 가열해 캐러멜처럼 만든 라틴 아메리카 전통 디저트-옮긴이)를 사용한다. 병이나 캔에 든 둘세 데 레체는 매우 걸쭉하므로, 코코넛밀크나 헤비크림을 약간 섞어 녹인 뒤 쿠키에 채운다.

반죽 휴지 및 오븐 예열: 베이킹 팬을 냉장고에 넣고 반죽을 만져보았을 때 아주 단단해질 때까지 15~20분간 휴지시킨다. 그 사이 오븐 선반 2개를 각각 위에서 세 번째 칸, 아래에서 세 번째 칸에 끼우고 오븐을 177도(화씨 350도)로 예열한다.

쿠키 굽기: 팬 2개를 각 선반에 올린 다음 쿠키가 전체적으로 노릇해질 때까지 20~25분간 굽되, 굽기 시작한 지 12분 뒤에 두 팬의 위치를 서로 바꾸고 각 팬의 앞뒤를 돌려 넣는다. 팬을 오븐에서 꺼내 잠시 식히는 동안 캐러멜을 만든다.

코코넛 캐러멜 만들기: 바닥이 두꺼운 작은 냄비에 백설탕, 콘시럽, 물 3큰술(43g)을 넣는다. 냄비를 중불에 올린 다음 내열 스패출러로 저어 설탕을 녹인다. 끓기 시작하면 젓는 대신 팬을 가끔 빙빙 돌리고 젖은 페이스트리 브러시로 냄비 옆면에 붙은 설탕 결정을 쓸어내리며 시럽이 짙은 호박색을 띨 때까지 6~8분간 끓인다. 냄비를 곧바로 불에서 내린 뒤 코코넛밀크를 천천히 조금씩 부으며 내열 스패출러로 젓되, 혼합물이 튈 수 있으니 주의한다. 여기에 코코넛오일과 소금을 넣고 매끈해질 때까지 젓는다. 캐러멜을 가끔 저으며, 걸쭉하지만 따뜻해서 부을 수 있는 상태가 될 때까지 20~25분간 식힌다(빨리 식히려면 얼음물 위에 놓고 젓는다).

필링 채우기: 티스푼으로 캐러멜을 떠서 쿠키의 움푹 파인 구멍에 최대한 넉넉히 채운다(캐러멜을 짤주머니에 넣고 짜면 더 고르게 채울 수 있다). 캐러멜을 약 10분간 굳힌다.

귀리 피칸 브리틀 쿠키

약 18개분

준비할 도구:

스탠드 믹서, 푸드 프로세서

피칸 브리틀

굵게 다진 피칸 1¼컵(142g)

백설탕 ¾컵(150g)

무염 버터 4큰술(57g)

베이킹소다 ½작은술

다이아몬드 크리스털 코셔 소금 ½작은술

쿠키

무염 버터 2스틱(227g), 1큰술씩 자른 것

중력분 1⅓컵(173g)

다이아몬드 크리스털 코셔 소금 2작은술
(6g)

베이킹소다 1작은술(6g)

납작귀리(퀵 오트가 아닌 롤드 오트) 2컵
(200g)

눌러 담은 흑설탕 ¾컵(150g)

백설탕 ½컵(100g)

대란 2개(100g), 냉장해 둔 것

바닐라 익스트랙트 1큰술

이 책의 지침은 정말 필요하지 않은 한 수없이 많은 단계를 수행하거나 설거짓거리를 과도하게 만드는 일이 없도록 하는 것이다. 하지만 어떤 경우에는 목적이 수단을 정당화하기도 하는데, 이 오트밀 쿠키가 바로 그렇다. 견과류를 굽고, 브리틀을 만들고(이 단계를 생략하려면 시판 토피로 대체해도 된다), 브라운 버터를 만들고, 마른 재료에 귀리와 브리틀 조각을 넣어 갈고, 반죽을 냉장 휴지시키는 과정을 요구하는 것은(아, 그리고 푸드 프로세서와 스탠드 믹서를 다 사용해야 한다) 이 쿠키가 분명 당신이 지금까지 만든 것 중 최고의 오트밀 쿠키가 되리라 확신하기 때문이다. 아주 쫄깃한 버전과 레이스처럼 얇고 바삭한 버전의 중간쯤 되는 이 쿠키는, 정말 너무나 맛있다. 빠르고 쉽게 만들 수 있는 귀리 쿠키는 아니지만(이 경우 퀘이커 오츠(Quaker Oats) 통 뒤에 적힌 레시피를 강력 추천한다!), 모든 관문을 뛰어넘고 나면 그런 노력을 기울일 만했다는 생각이 들 정도로 만족하게 될 것이다.

오븐 예열 및 피칸 굽기: 오븐 선반을 가운데 칸에 끼우고 오븐을 177도(화씨 350도)로 예열한다. 테두리가 있는 작은 베이킹 팬에 피칸을 흩뿌린 뒤 노릇해지고 고소한 냄새가 날 때까지 8~10분간 굽되, 중간에 팬을 한 번 흔들어준다. 팬을 오븐에서 꺼내 피칸을 식힌다.

브리틀 만들기: ① 테두리가 있는 작은 베이킹 팬에 유산지를 깐다. 작은 냄비에 백설탕, 버터, 물 2큰술(28g)을 넣고 중약불에 올린 다음 내열 스패츌러로 살살 저어 설탕을 녹인다. 중불로 올려 끓어오르면 젓지 말고 냄비를 빙빙 돌리며 짙은 호박색 시럽이 될 때까지 8~10분간 끓인다. 곧바로 불에서 내린 뒤 피칸을 넣고 휘젓는다. 피칸에 시럽을 고루 입힌 다음 베이킹소다와 소금을 넣고 빠르게 휘저어 섞는다(베이킹소다로 인해 캐러멜에 공기층이 생기면서 빠른 속도로 거품이 나며 뛴다). 준비해 둔 베이킹 팬에 브리틀을 빠르게 긁어 올린 뒤, 최대한 굳기 전에 얇게 펼친다(굳는 속도가 매우 빠름). 5~10분간 브리틀을 완전히 식혀 완두콩 크기로 다진다. (다음 장에 계속)

알아두기

이 쿠키는 밀폐 용기에 담아 실온에 두면 5일간, 냉동하면 1개월간 보관이 가능하다. 쿠키 반죽은 분할해 냉장하면 2일간, 냉동하면 2개월간 보관할 수 있다. 분할한

반죽을 냉동하려면 우선 2시간 이상 냉장 보관했다가 냉동실로 옮긴다. 반죽이 완전히 냉동되고 나면 냉동용 지퍼백에 옮겨 담는다. 굽기 전에 녹일 필요는 없지만 굽는 시간을 1~2분 정도 늘린다.

브라운 버터 만들기: 스탠드 믹서의 볼에 버터 113g을 넣어 한쪽에 둔다. 작은 냄비에 남은 버터 113g을 넣은 뒤 중약불에 올려 자주 저으며 끓인다. 내열 스패출러로 냄비 바닥과 옆면을 계속 긁어가며 버터가 튀고 거품이 나다가 짙은 갈색 조각들이 보일 때까지 5~7분간 계속 끓인다. 브라운 버터를 남김없이 싹싹 긁어 스탠드 믹서의 볼에 부은 다음 버터가 다시 굳기 시작할 때까지 약 30초간 식힌다.

마른 재료 갈기: 푸드 프로세서에 밀가루, 소금, 베이킹소다를 넣은 뒤 피칸 브리틀 절반과 귀리 1컵(100g)을 넣는다. 순간 작동 버튼을 길게 눌러 귀리와 브리틀이 고운 가루가 되도록 간다.

반죽 섞기: 스탠드 믹서에 버터가 든 볼을 올리고 패들을 끼운다. 흑설탕과 백설탕을 넣은 뒤 가볍고 매끈하되 폭신하지는 않은 상태가 될 때까지 중속으로 약 2분간 섞는다. 볼의 옆면을 긁어내린 뒤 달걀과 바닐라 익스트랙트를 넣고, 아주 가볍고 윤기가 돌 때까지 약 1분간 더 섞는다. 볼의 옆면을 긁어내리고 밀가루 혼합물을 넣은 다음 저속으로 섞어 가루가 보이지 않는 부드럽고 균일한 반죽을 만든다. 여기에 남은 피칸 브리틀과 귀리 1컵(100g)을 넣고 다시 저속으로 고루 섞는다. 유연한 스패출러로 반죽을 몇 번 접으며 고르게 섞였는지 확인한다.

반죽 분할해 휴지시키기: 2oz(약 57g)들이 스쿱이나 ¼컵들이 계량컵에 반죽을 평평하게 채운 다음 유산지를 깐 베이킹 팬 위에 최대한 가깝게 올린다(간격을 띄우는 작업은 굽기 전에 한다). 비닐 랩을 팬에 꼭 맞게 씌운 뒤 최소 12시간에서 최대 48시간 동안 냉장고에 넣고 휴지시킨다(시간이 없다면 2시간 정도만 해도 되지만 그러면 쫀득함이 덜할 것이다).

오븐 예열과 팬 준비: 구울 준비가 끝나면 오븐 선반 2개를 각각 위에서 세 번째 칸, 아래에서 세 번째 칸에 끼우고 오븐을 177도(화씨 350도)로 예열한다. 테두리가 있는 큰 베이킹 팬 2개에 유산지를 깐다.

쿠키 1차분 굽기: 냉장해 둔 쿠키 반죽 6개를 준비해 둔 베이킹 팬에 7.5cm 이상의 간격을 두고 올린다. 팬 2개를 각 선반에 올린 다음 쿠키 가장자리에 짙은 황갈색이 날 때까지 16~20분간 굽되, 굽기 시작한 지 12분이 지난 뒤에 두 팬의 위치를 서로 바꾸고 각 팬의 앞뒤를 돌려 넣는다. 쿠키를 팬 위에 5분간 그대로 두었다가 금속 스패출러를 이용해 식힘망으로 옮겨 식힌다.

남은 쿠키 굽기: 오븐 선반 하나를 가운데 칸으로 옮긴다. 남은 반죽들을 베이킹 팬 1개에 올린 다음(팬이 아직 따뜻해도 상관없다) 오븐 가운데 칸에서 굽는다(이번에는 1차분보다 좀 더 빨리 구워질 수 있다).

---

① 피칸 브리틀을 만드는 단계를 생략하고 싶다면 그 대신 히스(Heath) 사의 '비츠 오 브리클(Bits o' Brickle)'과 같은 토피 조각 227g을 반죽에 넣으면 된다. 이 경우에도 피칸을 구워서 절반은 밀가루 혼합물에 넣어 갈고, 나머지 절반은 토피 조각, 남은 귀리와 함께 반죽에 섞는 작업은 필요하다.

민트 라임 바

16개분

준비할 도구:

20×20cm(8×8in) 팬(금속 소재가 좋음)①

조리용 디지털 온도계

쇼트브레드 크러스트

팬에 바를 버터

곱게 간 라임 껍질 2큰술(라임 약 3개분)

백설탕 ¼컵(50g)

중력분 1컵(130g)

곱게 다진 생민트 2큰술

베이킹파우더 ¼작은술

다이아몬드 크리스털 코셔 소금 한 꼬집

무염 버터 1스틱(113g), 약 1cm 크기로

조각내 냉장해 둔 것

라임 커드 필링

생라임즙 ¾컵(170g), 라임 약 7개분

생레몬즙 ¼컵(57g), 큰 레몬 약 1개분

옥수수 전분 1작은술(3g)

다이아몬드 크리스털 코셔 소금 한 꼬집

백설탕 1컵(200g)

대란 노른자 5개(80g)

대란 1개(50g)

무염 버터 6큰술(85g), 1큰술씩 잘라

냉장해 둔 것

슈거파우더와 곱게 간 라임 껍질, 위에

뿌릴 것

키 라임 파이 말고는 라임이 주인공인 디저트가 별로 없다는 것은 이해할 수 없는 일이다. 레몬 대신 라임즙을 넣고, 크러스트에도 라임 껍질과 생민트를 잔뜩 넣어 쿠키로 승화시킨 이 바는 나의 초등학교 시절 빵 바자회를 떠올리게 한다. 내가 중점을 둔 것은, 필링이 눈살을 찌푸릴 만큼 새콤하고(레몬즙을 넣은 것도 이 때문이다) 실크처럼 매끈하며 완전히 익어서 잘 잘리도록 하는 것이었다. 이를 위한 유일한 방법은 커드 필링을 만들되, 쌓을 수 있을 만큼 단단한 라임 바가 되도록 소량의 옥수수 전분을 더하는 것이었다. 휘저어 섞는 일반적인 레몬 바의 필링보다는 수고로운 작업이지만, 당연히 그럴 만한 가치가 있을 것이다.

오븐 예열 및 팬 준비: 오븐 선반을 가운데 칸에 끼우고 오븐을 177도(화씨 350도)로 예열한다. 20×20cm 팬에 은박지 2장을 서로 교차시켜 깐 다음 모서리 부분과 옆면을 눌러 뜨지 않게 한다. 은박지 바닥과 옆면에 버터를 얇게 바른다.

쇼트브레드 크러스트 만들기: 중간 크기의 볼에 백설탕과 라임 껍질을 넣고 손끝으로 비벼 아주 향긋한 냄새가 나고 젖은 모래와 같은 질감이 나도록 한다. 여기에 밀가루, 다진 민트, 베이킹파우더, 소금을 넣고 섞는다. 손끝으로 버터를 으깨며 밀가루 혼합물에 섞어, 꼭 쥐면 잘 뭉쳐지는 촉촉한 부스러기 형태가 되도록 한다.

크러스트 굽기: 준비해 둔 팬에 쇼트브레드 반죽을 고르게 흩뿌려 올린다. 손으로 평평하게 눌러 귀퉁이와 가장자리까지 고루 펼친다. 표면이 살짝 노릇해질 때까지 25~30분간 굽는다. 팬을 오븐에서 꺼내 필링을 만드는 동안 크러스트를 식힌다(오븐은 149도(화씨 300도)로 낮추어 켜 둔다). (다음 장에 계속)

알아두기

이 라임 바는 밀폐 용기에 담아 냉장고에 넣어두면 5일간 보관이 가능하나 만든 당일이나 다음 날 먹는 것이 가장 맛있다. 미리 만들어 두려면 슈거파우더와 라임 껍질은 먹기 직전에 뿌린다. 쇼트브레드 크러스트는 하루 전부터 미리 구워두어도 된다. 이때는 크러스트를 식힌 뒤 잘 싸서 실온에 둔다. 라임 커드는 3일 전부터 미리 만들어놓을 수 있다. 플라스틱이나 유리로 된 용기에 담아 (스테인리스 스틸 용기에 담으면 금속 맛이 날 수 있다) 비닐 랩을 커드 표면에 닿도록 덮어 냉장 보관한다. 사용 전에 실온에 내놓았다가 휘저은 다음 크러스트에 부어 굽는다.

라임 커드 필링 만들기: 작은 냄비에 라임즙, 레몬즙, 옥수수 전분, 소금, 백설탕 ½컵(100g)을 넣고 중불에 올린 다음 가끔 휘저어 설탕을 녹인다. 끓기 시작하면 계속 휘저으며 약간 걸쭉해질 때까지 약 1분간 끓이다가 불에서 내린다. 중간 크기의 볼에 달걀노른자, 달걀, 남은 설탕 ½컵(100g)을 넣은 뒤 매끈하고 걸쭉하며 색이 약간 뽀얘질 때까지 약 1분간 세게 휘젓는다.② 계속 휘저으며 뜨거운 라임즙 혼합물 절반을 한 번에 1큰술씩, 천천히 조금씩 부어 온도가 서서히 오르도록 한다.

달걀 혼합물을 냄비에 부은 다음 다시 중약불에 올리고, 커드가 불투명하고 스푼 뒷면에 입혀질 만큼 걸쭉해질 때까지(조리용 온도계로 77도(화씨 170도)) 3~5분간 계속 휘젓는다.

커드를 불에서 내린 뒤 버터를 한 조각씩 넣으며 휘젓되, 한 조각이 다 녹은 뒤에 다음 조각을 넣는다. 커드를 매끈하게 섞는다.

바 굽기: 뜨거운 커드를 크러스트 위에 붓고 팬을 살짝 흔들어 고르게 펼친다. 가장자리가 부풀어 오르고 팬을 흔들어 보았을 때 가운데가 굳긴 했지만 약간 출렁이는 상태가 될 때까지 30~35분간 굽는다. 팬을 오븐에서 꺼내 바를 팬 안에서 완전히 식힌다.

냉장한 뒤 자르기: 식힌 팬을 냉장고에 넣고 팬 바닥이 차가워질 때까지 약 1시간 동안 냉장한다. 그러면 커드와 크러스트에 들어 있는 버터가 굳어서, 바를 팬에서 꺼내 자르기가 쉬워진다. 은박지 양 끝을 들어 바를 팬에서 꺼낸 뒤 옆면의 은박지를 벗긴다. 금속 스패츌러를 바 밑으로 밀어 넣어 크러스트를 은박지에서 떼어낸 다음, 바를 도마 위에 올려 정사각형 16개로 자른다. 슈거파우더를 뿌리고 라임 껍질을 올려 담아낸다.

① 이 레시피로 타르트를 만들려면 23cm(9in) 분리형 타르트 팬을 사용한다. 버터를 바른(유산지는 깔지 않은) 팬의 바닥과 옆면에 쇼트브레드 크러스트를 펼친 뒤 계량컵 바닥으로 눌러 매끈하게 만든다. 좀 거칠어 보여도 괜찮으니 부슬부슬한 틈을 최대한 메운다. 레시피에 따라 크러스트를 파베이크한 다음 커드를 붓고(타르트를 채운 뒤 커드가 좀 남을 수 있다) 가운데 부분이 굳긴 했으나 약간 출렁이는 상태가 될 때까지 35~40분간 굽는다. 쇼트브레드 크러스트 대신 **달콤한 타르트 반죽**(338쪽)을 레시피에 따라 파베이크해 사용해도 된다.

② 설탕과 달걀을 먼저 섞어두면 덩어리가 질 수 있으므로 이 작업은 라임 혼합물을 끓인 뒤에 진행한다.

세 번 구운 호밀 쿠키

수십 개분(자르는 모양에 따라 다름)

중력분 1컵(130g)

호밀 가루 1컵(130g)①

다이아몬드 크리스털 코셔 소금 1½작은술
(5g)

베이킹파우더 1작은술(4g)

삶은 달걀노른자 2개(30g)

무염 버터 227g, 유럽식 버터면 더 좋음,
실온 상태로 준비

백설탕 ¾컵(150g)

바닐라 익스트랙트 2작은술

대란 1개, 잘 푼 것

데메라라 설탕, 위에 뿌릴 것

지금은 문을 닫은 파리의 '스프링(Spring)' 레스토랑에서 일하던 당시, 나는 최고의 베이킹 지식 두 가지가 담긴 쿠키 레시피 하나를 배웠다. 그중 하나는 삶은 달걀노른자를 체에 내려 반죽에 넣는 것이었는데, 이렇게 하면 믿을 수 없을 만큼 부드러운 쿠키가 만들어진다. 두 번째는 밀가루를 뜨거운 오븐에 구워 사용하는 것으로, 맛의 깊이를 더하는 방법이다. 구우면 글루텐 형성도 억제되기 때문에 구운 밀가루와 체에 내린 노른자를 결합하면 입안에서 바로 녹아내리는 버터 맛 쿠키가 된다. 스프링의 그 천재적인 쿠키로부터 영감을 받은 이 쿠키는 구운 호밀 가루의 구수한 풍미가 가득하다. 한 번은 밀가루를 굽고, 두 번째로 반죽을 굽고, 세 번째로 자른 쿠키를 굽는 과정을 거치므로 '세 번 구운' 쿠키라 이름 붙였다. 좀 번거롭지만 반죽이 빠르고 여느 쿠키들과는 차별화되는, 특별한 쿠키다.

오븐 예열 및 밀가루 굽기: 오븐 선반을 가운데 칸에 끼우고 오븐을 218도(화씨 425도)로 예열한다. 테두리가 있는 큰 베이킹 팬에 중력분과 호밀 가루를 고루 뿌려 오븐에 넣는다. 가루가 갈색을 띠고 아주 고소한 냄새가 날 때까지(구워지며 수증기가 피어오를 것이다) 8~12분간 굽되, 중간에 가루를 한 번 뒤적인다. 오븐에서 꺼내 완전히 식힌다(오븐은 꺼 둔다).

마른 재료 체에 내리기: 중간 크기의 볼에 고운 체를 올린 다음 소금, 베이킹파우더, 구워서 식힌 밀가루와 호밀 가루를 넣고 손끝으로 비벼 체에 내린다. 달걀노른자를 숟가락 뒷면으로 눌러 체에 내려 밀가루 혼합물과 섞는다. 뒤적여 섞은 뒤 한쪽에 둔다.

반죽 섞기: 큰 볼에 버터를 넣고 유연한 스패츌러를 이용해 매끈하고 펴 바를 수 있는 상태가 될 때까지 눌러 으깬다. 백설탕과 바닐라 익스트랙트를 넣은 다음 가볍고 크리미해질 때까지 스패츌러로 약 1분간 세게 휘저어 섞는다. 여기에 밀가루 혼합물을 넣고 부드럽고 균일한 상태가 될 때까지 반죽한다.

반죽 냉장 휴지시키기: 반죽을 비닐 랩 위에 긁어 올린 뒤 정사각형 모양으로 빚는다. 랩으로 단단히 감싸 냉장고에 넣고 반죽이 굳을 때까지 약 1시간 동안 휴지시킨다. (다음 장에 계속)

알아두기
이 쿠키는 밀폐 용기에 담아 실온에 두면 5일간 보관이 가능하다. 반죽은 미리 만들어 냉장고에 넣어두면 3일간 보관이 가능하다.

① 호밀 가루 대신 스펠트밀가루, 통밀가루, 보릿가루, 메밀가루와 같은 다른 통곡물 가루를 사용해도 된다.

오븐 예열 및 반죽 밀기: 오븐 선반을 가운데 칸에 끼우고 오븐을 177도(화씨 350도)로 예열한다. 냉장해 둔 반죽을 실온에 몇 분간 내놓아 살짝 녹인 다음, 유산지 2장을 양면에 붙여 밀기 시작한다. 밀다가 주름이 생기면 유산지를 떼었다가 다시 붙여가며 0.3~0.6cm 두께로 민다 (반죽이 베이킹 팬 안에 들어가도록 크기를 맞춘다).

쿠키 자르고 굽기: 반죽 윗면에 붙여둔 유산지를 벗기고 달걀물을 얇게 바른 뒤 데메라라 설탕을 넉넉히 뿌린다. 칼이나 휠 커터를 이용해 원하는 크기의 다이아몬드나 직사각형 모양으로 자르되, 자른 반죽은 그 자리에 그대로 둔다. 테두리가 있는 큰 베이킹 팬 위로 반죽이 붙은 유산지를 밀어 올린다. 쿠키가 부풀어 오르고 가장자리가 갈색을 띨 때까지 18~22분간 굽는다. 오븐에서 꺼낸 쿠키는 아직 뜨거울 때 굽기 전에 자른 선을 따라 칼이나 휠 커터로 한 번 더 잘라둔 뒤 식힌다(오븐은 켜 두고 오븐 선반 2개를 위에서 세 번째 칸, 아래에서 세 번째 칸에 끼운다).

쿠키 분리해서 한 번 더 굽기: 쿠키가 만질 수 있을 정도로 식으면 하나씩 분리한다. 다른 베이킹 팬에 유산지를 깐 다음 쿠키 절반을 올린다. 각 팬의 쿠키들을 고르게 띄워 놓은 뒤 팬 2개를 각 선반에 올린다. 쿠키가 전체적으로 갈색을 띨 때까지 10~12분간 더 굽되, 굽기 시작한 지 6분이 지난 뒤에 두 팬의 위치를 서로 바꾸고 각 팬의 앞뒤를 돌려 넣는다(오븐에서 꺼냈을 때 물렁거리는 것처럼 보일 수 있으나 식으면서 바삭해진다). 쿠키를 팬 위에서 완전히 식힌다.

얼그레이 살구 하만타셴

약 20개분

준비할 도구:

푸드 프로세서, 9cm 원형 커터①

얼그레이 살구 필링②

건살구 170g, 굵게 다진 것(1컵이 조금
안 됨)

꿀 3큰술(64g)

얼그레이 티백 2개

곱게 간 레몬 1개분의 껍질

생레몬즙 1큰술(15g)

반죽 및 조합

무염 버터 12큰술(170g), 약 1cm 크기로
조각내 실온 상태로 준비

크림치즈 113g, 약 1cm 크기로 조각내
실온 상태로 준비

슈거파우더 ½컵(60g)

대란 노른자 1개(16g)

바닐라 익스트랙트 2작은술

곱게 간 레몬 껍질 2작은술

다이아몬드 크리스털 코셔 소금 ½작은술

베이킹파우더 1작은술(4g)

중력분 2컵(260g)과 덧가루용 소량

대란 1개, 잘 푼 것

양귀비씨와 데메라라 설탕, 위에 뿌릴 것

유대교 명절인 부림절(Purim)에 먹는 하만타셴(Hamantaschen)은 과일이나 양귀비씨가 들어간 필링을 한가운데에 채운 삼각형 모양의 쿠키다. 안타깝게도, 정말 맛있는 하만타셴은 구하기가 힘들다. 세모난 모양이 오븐 안에서 괴상한 원형으로 퍼지며 필링이 흘러나오는 일을 막기 위해, 보통 반죽에 밀가루를 잔뜩 넣기 때문이다. 그러면 쿠키가 퍼석퍼석하고 맛이 없어질 수밖에 없다. 내 버전에는 크림치즈와 레몬 껍질의 톡 쏘는 맛이 더해졌으며, 밀가루는 모양 유지에 딱 필요한 만큼만 넣었다. 여기에 내가 가장 좋아하는 전통적인 맛을 살짝 변형시킨 얼그레이 향 살구 필링을 넉넉히 채웠다.

필링 만들기: 중간 크기의 냄비에 물 2컵(454g)을 넣고 끓인다. 냄비를 불에서 내린 뒤 살구, 꿀, 얼그레이 티백을 넣고 10분간 우린다. 티백을 빼고 냄비를 중불에 올린다. 끓으면 불을 뭉근하게 줄인 뒤 저으며 나무 스푼이나 포테이토 매셔로 살구를 으깬다. 스푼으로 냄비 바닥을 긁었을 때 혼합물이 잠시 양쪽으로 갈라질 만큼 걸쭉한 페이스트 상태가 될 때까지 25~30분간 끓인다(필링이 걸쭉할수록 굽는 동안 하만타셴의 모양이 더 잘 유지된다). 냄비를 불에서 내린 다음 살구 혼합물을 긁어 내열 유리 계량컵에 담는다. 양이 1~1¼컵쯤 되어야 하며, 약간 적은 건 괜찮지만 1~2큰술 이상 더 많다면 다시 냄비에 담아 좀 더 졸인다. 여기에 레몬 껍질과 레몬즙을 넣고 젓는다. 완전히 식힌 뒤 잘 덮어서 냉장 보관한다.

반죽 만들어 휴지시키기: 푸드 프로세서에 버터, 크림치즈, 슈거파우더, 달걀노른자, 바닐라 익스트랙트, 레몬 껍질을 넣고 순간 작동 버튼을 길게 20번쯤 눌러 매끈하고 크리미한 상태가 되도록 섞되, 중간에 볼 옆면을 한두 번 긁어내린다. 한 번 더 볼 옆면을 긁어내린 다음 소금, 베이킹파우더, 밀가루 2컵을 넣는다. 순간 작동 버튼을 10번쯤 눌러 날에 반죽이 뭉칠 때까지 섞는다. 반죽을 2등분 해 각 반죽을 비닐 랩으로 감싼 뒤 2cm 두께의 직사각형으로 만든다. 반죽이 단단해질 때까지 최소 2시간~최대 2일간 냉장 보관한다. (다음 장에 계속)

알아두기
필링은 밀폐 용기에 담아 냉장고에 넣어두면 1주일간 보관이 가능하다. 하만타셴은 밀폐 용기에 담아 실온에 5일까지 둘 수 있다.

반죽은 냉장하면 2일간, 냉동하면 1개월간 보관할 수 있다(냉동 반죽은 밀기 24시간 전에 냉장고로 옮겨 녹인다).

① 9cm 커터가 없다면 7.5cm나 6cm짜리를 사용해도 된다. 단, 하만타셴의 크기가 작아지면 필링의 양과 굽는 시간도 줄여야 한다는 점을 유념하자.

오븐 예열 및 팬 준비: 오븐 선반을 가운데 칸에 끼우고 오븐을 177도(화씨 350도)로 예열한다. 테두리가 있는 베이킹 팬 2개에 유산지를 깐다.

반죽 밀어 자르기: 반죽 1개를 약 5분간 실온에 내놓아 살짝 녹인다. 밀가루를 약간 뿌린 조리대 위에 반죽을 올린 다음 반죽의 위와 아래에 밀가루를 뿌려가며 약 0.3cm 두께로 납작하게 민다(크기는 상관없음). 지름 9cm 원형 커터로 반죽을 최대한 촘촘히 찍어낸다. 준비해 둔 팬 1개에 잘라낸 반죽들을 올린다. 남은 반죽은 재빨리 다시 뭉친 뒤 덧가루를 뿌려가며 민다. 커터로 반죽을 다시 촘촘히 찍어내 팬 위에 올리고, 자투리는 버린다. 팬 위의 반죽들(약 10개는 되어야 한다) 사이에 고른 간격을 둔다.

필링 채우고 모양 잡기: 각 반죽의 가운데에 필링을 1큰술이 좀 안 되게 덜어 올린다. 페이스트리 브러시로 반죽 테두리에 달걀물을 얇게 바른다. 반죽의 세 부분을 접어 가운데가 1cm쯤 뚫린 정삼각형 모양으로 만든 다음, 꼭짓점 부분을 꼭 눌러 반죽을 붙인다. 각 반죽의 3면에 달걀물을 바른 뒤 양귀비씨와 데메라라 설탕을 뿌린다. 팬을 냉장고에 넣고 반죽을 덮지 않은 채 10분 이상 휴지시킨다.③ 그 사이 두 번째 반죽과 남은 필링 및 달걀, 그리고 두 번째 베이킹 팬을 이용해 반죽 밀어 자르기, 필링 채우기, 모양 잡기, 냉장하기를 반복한다.

구워서 식히기: 첫 번째 베이킹 팬을 냉장고에서 꺼내 하만타셴이 전체적으로 노릇해질 때까지 22~27분간 굽는다. 굽는 동안 약간 벌어질 수는 있지만 삼각형 모양은 유지해야 한다. 첫 번째 팬을 꺼낸 뒤 두 번째 팬을 냉장고에서 꺼내 굽는다. 하만타셴은 팬 위에서 완전히 식힌 다음 유산지에서 떼어낸다.

---

② 시간을 절약하려면 살구 필링을 만드는 대신 시판 잼이나 과일청을 이용한다 (무화과청이나 오렌지 마멀레이드를 추천한다). 실제 과육 조각이 들어 있는 콩포트나 과일 버터(fruit butter, 과일을 설탕과 함께 졸여 만든 달콤한 스프레드-옮긴이)처럼 걸쭉하고 농축된 것으로 고른다.

③ 하만타셴을 굽기 전에 냉장 휴지시키는 과정은 중요하다. 냉장하는 동안 반죽의 글루텐이 약화되어 구울 때 덜 벌어지게 되기 때문이다. 반죽이 벌어지는 일은 한 팬에 1~2개꼴로 생기며, 자투리 반죽을 모아서 다시 민 경우에 더욱 그렇다. 그래도 맛은 좋으니 걱정하지 말고, 직접 구운 사람만이 맛볼 수 있는 특전으로 여기자.

콩코드 포도잼을 채운 땅콩버터 샌드위치 쿠키

약 30개분①

준비할 도구:

스탠드 믹서, 2cm 원형 커터나 그밖의
소형 커터(선택 사항, 쿠키 만들 때),
조리용 디지털 온도계(포도잼 만들 때)

중력분 2½컵(325g)
베이킹소다 ½작은술
다이아몬드 크리스털 코셔 소금 1½작은술
(5g)과 위에 뿌릴 것 소량
무염 버터 2스틱(227g), 실온 상태로 준비
눌러 담은 황설탕 ½컵(100g)
백설탕 ½컵(100g)과 위에 뿌릴 것 소량
천연 원료로 만든 크런치 땅콩버터 1컵
(260g)③
대란 2개(100g)
바닐라 익스트랙트 1작은술
콩코드 포도잼(다음 레시피 참조)

될 수 있으면 주방에서 너무 번잡스럽게 느껴지는 기술은 피하려고 노력하는
편이지만(그럴 시간이 있는 사람?!) 콩코드 포도만은 예외다. 그 강렬한 맛을
최대한 뽑아내려면 껍질을 꼭 벗겨야 하기 때문이다. 생각만큼 골치 아픈 일은
아니다. 그저 포도 과육이 껍질에서 빠져나오도록 꾹 누르기만 하면 되니까.
과육은 걸쭉하게 졸여 씨를 거른 다음, 진한 맛과 향을 품고 있는 껍질과 다시
섞는다. 이것을 졸여 만든 잼을 이 린처 스타일 쿠키 사이에 채우니, 나만의
'피비앤제이(PB&J, Peanut butter and jelly sandwich, 땅콩버터와 젤리(잼)를 넣어 만든 샌드위치로 미국의
인기 간식-옮긴이)'가 되었다. 콩코드 포도잼은 시판 잼으로 대체할 수 있다.②

마른 재료 섞기: 중간 크기의 볼에 밀가루, 베이킹소다, 소금 1½작은술(5g)을
넣고 휘젓는다.

버터, 설탕, 땅콩버터를 부드럽게 섞기: 패들을 끼운 스탠드 믹서의 볼에 버터,
황설탕, 백설탕 ½컵(100g)을 넣은 다음 가볍고 아주 약간 폭신한 느낌이 들
때까지 중속으로 약 2분간 섞되, 가끔 볼 옆면을 긁어내린다. 땅콩버터를 넣은 뒤
매끈하고 크리미한 상태가 될 때까지 약 1분간 섞는다.

달걀과 마른 재료 넣기: 여기에 달걀을 한 개씩 넣고, 넣을 때마다 볼 옆면을
긁어내리며 매끈해지도록 섞는다. 믹서를 끈 다음 밀가루 혼합물과 바닐라
익스트랙트를 넣고 저속으로 순간 작동시켜 가루가 보이지 않을 때까지만 섞는다.
속도를 중속으로 올리고 필요한 경우 볼 옆면을 긁어내리며, 걸쭉하고 매끈하며
고른 반죽이 될 때까지 약 30초간 섞는다.

반죽을 원통형으로 빚기: 반죽을 2등분 한 다음 유산지를 이용해 각 반죽을 5cm
두께의 원통형으로 빚는다(원통형 반죽 만들기는 22쪽 참조). 각 반죽을 비닐
랩으로 싸서 냉장고에 넣고 단단해질 때까지 최소 2시간~2일간 휴지시킨다(그
사이에 콩코드 포도잼을 만들면 좋다). (다음 장에 계속)

알아두기
잼을 채우지 않은 쿠키는 밀폐 용기에 담아
실온에 두면 4일간 보관이 가능하나, 잼을
채우고 나면 곧 눅눅해지기 시작하므로 만든
당일에 먹는 것이 가장 좋다.

① 더 적게 만들고 싶다면 재료를 절반만 계량해
반죽을 절반만 만들면 된다.

오븐 예열 및 팬 준비: 오븐 선반 2개를 각각 위에서 세 번째 칸, 아래에서 세 번째 칸에 끼우고 오븐을 177도(화씨 350도)로 예열한다. 테두리가 있는 베이킹 팬 2개에 유산지를 깐다.

반죽 자르고 모양내기: 원통형 반죽 1개를 냉장고에서 꺼내 랩을 벗긴 뒤 도마에 놓고 잘 드는 칼로 양 끝을 잘라낸다. 반죽을 가로로 약 0.3cm 두께로 썬다. 최대한 얇게 썰면 좋지만, 전부 같은 두께로 잘라 고르게 구워지도록 하는 것이 더 중요하다. 이때 반죽을 자주 굴려서 눌리지 않게 한다. 준비해 둔 베이킹 팬에 자른 반죽을 약 2.5cm 간격을 두고 올린다. 반죽 1개당 약 30개의 쿠키가 나오며 팬 2개에 다 구울 수 있다. 일반 샌드위치 쿠키가 아닌 린처 쿠키를 만들고 싶다면, 전체 쿠키 절반의 가운데 부분을 2cm 커터로 찍어내 '윗면'을 만든다(찍어낸 조각들은 모아두었다가 나중에 굽는다). '윗면'(린처 쿠키가 아닌 경우에는 전체 쿠키의 절반)에 설탕과 약간의 소금을 뿌린다.

굽기 및 반복: 팬 2개를 각 선반에 올린 다음 쿠키 가장자리가 살짝 노릇해질 때까지 13~15분간 굽되, 굽기 시작한 지 10분쯤 지나면 두 팬의 위치를 서로 바꾸고 각 팬의 앞뒤를 돌려 넣는다. 팬을 오븐에서 꺼내 완전히 식힌다. 두 번째 반죽도 같은 순서대로 자르고 굽는다.

필링 채우기: 콩코드 포도잼을 휘저어 뭉치지 않게 풀어준다. 린처 쿠키를 만드는 경우, 커터로 찍어내지 않은 '아랫면' 쿠키(린처 쿠키가 아닌 경우에는 설탕을 뿌리지 않은 쿠키)를 뒤집어 잼을 가장자리까지 얇게 펴 바른다. 여기에 '윗면' 쿠키(또는 설탕을 뿌린 쿠키)를 살짝 눌러 붙인다.

② 콩코드 포도잼 대신 질 좋은 시판 잼 1½컵을 사용해도 된다. 아니면 아예 필링 없이 그냥 땅콩버터 쿠키로 먹어도 좋다. 이 경우에는 모든 쿠키에 설탕과 약간의 소금을 뿌려 굽는다.

③ 구운 땅콩과 소금으로만 만든 땅콩버터를 사용해야 땅콩의 맛과 향을 가장 강렬하게 느낄 수 있다. 짠맛이 강한 제품을 쓰면 완성된 쿠키 역시 짭짤한 맛을 지니게 된다 (개인적으로는 이 맛도 나쁘진 않다).

콩코드 포도잼

약 1½컵 분량

콩코드 포도 454g(줄기 포함 약 600g)

설탕 ½컵(100g)

생레몬즙 2큰술(28g)

콩코드 포도 껍질 벗겨 졸이기: 엄지와 검지로 포도를 한 알씩 잡고 눌러 과육을 빼낸 다음 과육은 작은 냄비에 담고 껍질은 중간 크기 볼에 따로 담는다. 과육이 든 냄비를 중약불에 올린다. 나무 스푼으로 과육을 냄비 옆면에 대고 눌러 으깨며 전체적으로 흐물흐물하고 씨가 따로 돌아다니는 상태가 될 때까지 5~10분간 뭉근히 졸인다. 냄비를 불에서 내려 식힌다.

포도 과육 체에 내려 껍질과 섞기: 포도 껍질이 든 볼 위에 고운 체를 올린다. 과육을 체에 담고 유연한 스패츌러로 꾹꾹 누르고 긁어가며 내려 씨만 남긴다. 과육과 껍질을 다시 냄비에 담는다(씨는 버린다). 매끈한 잼을 원하면 이 혼합물을 퓌레로 만들어도 되고, 덩어리가 있는 질감을 원하면 그대로 둔다.

잼 만들기: 여기에 설탕과 레몬즙을 넣고 중강불에 올린 뒤 설탕이 녹도록 젓는다. 계속 끓도록 불을 조절하고 가끔 저으며 시럽처럼 졸아들고 온도계로 재보았을 때 104도(화씨 220도)가 될 때까지 15~20분간 끓인다.

잼 냉장하기: 뜨거운 잼을 깨끗한 2컵들이 유리병에 부은 다음 뚜껑을 덮고 최소 2시간 동안 냉장고에 넣어 둔다.

알아두기
이 잼은 냉장고에 넣어두면 1개월간 보관할 수 있다.

레이어 케이크와
고급 디저트

알아둘 것: 이 장은 초보 베이커에게는 최적의 출발점이 아닐 수 있음(케이크 만들기의
세계에 첫발을 들이려면 34쪽의 '로프 케이크와 싱글 레이어 케이크' 장이 더 나은
시작점이 될 것이다). 이 장의 레시피들은 여러 가지 요소로 이루어지긴 하나, 대부분은
쌓아올리거나 조합하는 작업이 까다로울 뿐(크로캉부슈, 너를 두고 하는 말인 거
알지?) 각 요소 자체는 비교적 간단하다. 예를 들어, 181쪽의 **초콜릿 버터밀크 케이크**는
내가 생각하는 이상적인 초콜릿 케이크다. 부드러운 세 개의 층이 실크처럼 매끈한
프로스팅으로 분리된 구조, 그게 전부다. 필링을 더하거나 머랭을 토치로 굽는 등,
나도 가끔은 좀 화려해질 수 있지만 정교한 장식은 기대하지 말기를. 잘 만든 케이크와
프로스팅만 있으면 그런 건 전혀 필요가 없으니 말이다.

레몬 절임 머랭 케이크(206쪽)

클래식 생일 케이크

10인분

준비할 도구:

스탠드 믹서, 20cm(8in) 케이크 팬 3개①

팬에 바를 버터
박력분 3컵(360g)②
베이킹파우더 2작은술(8g)
다이아몬드 크리스털 코셔 소금 1½작은술
(5g)
베이킹소다 ½작은술
무염 버터 2스틱(226g), 실온 상태로 준비
설탕 1¾컵(350g)
채종유나 포도씨유와 같은 중성유 ¼컵
(57g)
대란 노른자 5개(80g)
대란 2개(100g)
바닐라 익스트랙트 1큰술
버터밀크 1컵(240g), 실온 상태로 준비
클래식 크림치즈 프로스팅, 초콜릿 버전
(324쪽)
스프링클, 장식용

노란색 케이크 시트에 초콜릿 프로스팅을 입힌, 전형적인 생일 케이크가 꼭 필요한 때가 있다. 이 노란색 케이크는 버터 맛이 강하고, 아주 부드럽고 가볍다 (박력분아, 고마워!). 이대로 먹어도 충분히 맛있지만, **클래식 크림치즈 프로스팅** 초콜릿 버전을 입히면 몇 배는 더 맛있다.

오븐 예열 및 팬 준비: 오븐 선반 2개를 각각 위에서 세 번째 칸, 아래에서 세 번째 칸에 끼우고 오븐을 177도(화씨 350도)로 예열한다. 케이크 팬 3개의 바닥과 옆면에 버터를 바른 다음 원형 유산지를 바닥에 깔고 매끈하게 펴서 기포를 제거한다.

마른 재료 섞기: 큰 볼에 밀가루, 베이킹파우더, 소금, 베이킹소다를 넣고 휘저어 섞는다.

버터, 설탕, 기름을 크림화하기: 패들을 끼운 스탠드 믹서의 볼에 버터, 설탕, 중성유를 넣고 매끈해지도록 저속으로 섞는다. 속도를 중고속으로 올린 다음 볼 옆면을 한두 번 긁어가며 아주 가볍고 폭신한 상태가 될 때까지 약 4분간 섞는다.

달걀과 바닐라 익스트랙트 넣기: 믹서 속도를 중속으로 줄이고 달걀노른자를 몇 번에 나누어 넣으며 잘 섞은 뒤 달걀(전란)을 넣는다. 혼합물이 아주 가볍고 걸쭉해질 때까지 중고속으로 약 1분간 섞는다. 여기에 바닐라 익스트랙트를 넣고 섞는다. 믹서를 끄고 볼 옆면을 긁어내린다.

마른 재료와 젖은 재료 번갈아 섞기: 밀가루 혼합물의 약 1/3을 넣고 가루가 거의 보이지 않을 때까지 저속으로 섞는다. 여기에 버터밀크 절반을 넣고 살짝 섞은 다음, 남은 밀가루 혼합물을 2번에 나누어 버터밀크와 번갈아 넣는다. 가루가 보이지 않는 상태가 되면 믹서를 끄고 볼을 뺀다. 유연한 스패츌러로 볼 옆면을 긁어내리며 반죽을 몇 번 뒤적여 고루 섞였는지 확인한다.

팬에 채워 굽기: 반죽을 케이크 팬 3개에 나누어 붓는다(팬당 482g씩). (다음 장에 계속)

알아두기

이 케이크는 잘 싸서 냉장고에 넣어두면 3일간 보관이 가능하다. 프로스팅을 입힌 케이크는 냉장고에서 프로스팅을 굳힌 다음 비닐 랩으로 느슨하게 덮어 보관했다가, 먹기 몇 시간 전에 실온에 내놓는다. 케이크 시트는 단단하게 감싸서 실온에 두면 2일간, 냉동하면 3주간 보관할 수 있다. 냉동 시트는 냉동 상태로 프로스팅을 바른 뒤 느슨하게 싸서 시트가 완전히 녹을 때까지 24시간 이상 냉장 보관했다가 담아낸다.

반죽을 팬 가장자리까지 고르고 매끈하게 펼친다. 팬 2개는 오븐 위 선반에, 1개는 아래 선반에 올리되, 위아래 팬의 위치가 일직선상에 있지 않고 서로 어긋나도록 한다. 케이크가 부풀어 오르며 팬 가장자리에서 떨어지기 시작하고 윗면이 황갈색을 띠며 케이크 테스터나 이쑤시개로 가운데를 찔러보았을 때 아무것도 묻어나지 않을 때까지 30~35분간 굽되, 굽기 시작한 지 25분 뒤에 두 선반의 위치를 서로 바꾸고 각 팬의 앞뒤를 돌려 넣는다.

케이크 식혀 자르기: 케이크들을 오븐에서 꺼내 팬 안에서 완전히 식힌다. 과도나 오프셋 스패출러로 케이크 가장자리를 따라 잘라 팬에서 떼어낸 다음 식힘망 위에 뒤집어 올리고 유산지를 벗긴다. 케이크를 다시 뒤집어 원형 케이크 보드나 도마 위에 올린다. 긴 톱니 칼을 조리대와 평행하게 움직이며 둥그스름하게 부푼 케이크 윗부분을 평평하게 잘라낸다(잘라낸 자투리는 간식으로 먹는다). 이렇게 하면 케이크를 쌓고 조합하기가 더 쉬워진다.

케이크 쌓고 프로스팅하기: 케이크 시트 1장을 원형 케이크 보드나 접시, 또는 케이크 스탠드에 자른 단면이 밑으로 가도록 올려놓는다. 프로스팅이 흐를 수 있으니 유산지 여러 장을 케이크 밑에 살짝 끼우듯이 빙 둘러 깐다. 소형 오프셋 스패출러로 프로스팅 ¾컵을 시트 윗면에 고르게 펴 바른 뒤, 다른 시트 1장을 자른 단면이 밑으로 가도록 올리고 마찬가지로 프로스팅 ¾컵을 펴 바른다. 그 위에 나머지 시트 1장을 단면이 밑으로 가도록 올린 다음 프로스팅 1컵을 케이크 윗면과 옆면 전체에 아주 얇고 고르게 펴 바른다. 이것은 '크럼 코트(crumb coat, 케이크 겉면에 프로스팅을 얇게 발라 부스러기가 일어나지 않는 매끈한 상태로 만드는 것으로, 이후의 프로스팅이나 장식이 더 잘 고정되도록 해준다─옮긴이)' 단계이므로 군데군데 시트가 비쳐 보여도 괜찮다. 프로스팅이 굳을 때까지 10~15분간 냉장 보관했다가 남은 프로스팅을 케이크 겉면에 펴 바른다. 기호에 따라 스프링클로 장식한다.

담아내기: 유산지들을 빼내고 케이크를 잘라 담아낸다.

① 20cm 팬이 없다면 23cm(9in) 팬 2개를 사용하되, 각 팬에 반죽을 약 765g씩 담아 굽는다. 오븐 선반을 가운데 칸에 끼우고 팬 2개를 나란히 올려 30~35분간 굽되, 굽기 시작한 지 25분 뒤에 팬 2개의 위치를 서로 바꾸고 팬의 앞뒤를 돌려 넣는다.

② 박력분이 없다면 동량의 중력분으로 대체할 수도 있다. 단, 이때에는 밀가루 1컵당 밀가루 1큰술을 빼고 옥수수 전분 1큰술을 넣는다 (즉, 이 레시피의 경우 중력분 3컵을 계량한 뒤 3큰술을 덜어내고 옥수수 전분 3큰술을 넣는다).

콘페티 케이크

16인분

준비할 도구:

스탠드 믹서, 23cm(9in) 케이크 팬 3개

팬에 바를 버터

박력분 5½컵(660g)②

설탕 2⅓컵(466g)

베이킹파우더 4½작은술(18g)

다이아몬드 크리스털 코셔 소금 1½작은술
(5g)

베이킹소다 ¾작은술

무염 버터 3스틱(340g), 실온 상태로
준비③

버터밀크 1½컵(360g)

채종유나 포도씨유와 같은 중성유 ⅓컵
(75g)

대란 3개(150g), 실온 상태로 준비

대란 흰자 6개분(210g), 실온 상태로 준비

바닐라 익스트랙트 1큰술

아몬드 익스트랙트 ½작은술(선택 사항)

시판 레인보우 스프링클 ½컵(93g)과

장식용 소량④

클래식 크림치즈 프로스팅(324쪽)

나는 어렸을 적에 케이크 믹스로 베이킹을 처음 시작했다. 어린 시절 최애 케이크로 필스버리 펀페티 케이크(Pillsbury Funfetti Cake)를 꼽는 사람은 나뿐만이 아닐 것이다. 그저 반죽에 스프링클을 섞은 흰색 케이크지만, 그야말로 추억의 맛이다. 언니가 펀페티 케이크를 결혼식 케이크로 만들어달라고 한 것을 계기 삼아 이 홈메이드 버전을 만들게 되었다. 이것은 언니의 결혼식 케이크 레시피로, 재료의 양은 지름 23cm짜리 케이크 시트 3장을 넉넉히 구울 수 있도록 조절했다.① 여기서는 버터와 설탕을 크림화한 뒤 달걀, 액체, 마른 재료를 섞는 일반적인 방식 대신 '역크림법(reverse creaming)'을 사용했다. 케이크 전문가인 로즈 레비 베란바움(Rose Levy Beranbaum)이 개발한 이 방식은 지방과 액체를 마른 재료에 직접 섞는 것으로, 케이크 시트가 아주 고른 질감과 더 평평한 모양을 지니게 된다. 어릴 때 이후로는 필스버리 믹스를 만들어 본 적이 없었는데, 그 추억의 맛을 기억나게 하는 케이크다.

팬 준비 및 오븐 예열: 케이크 팬 3개의 바닥과 옆면에 버터를 바른 다음 원형 유산지를 바닥에 깔고 매끈하게 펴서 기포를 제거한다. 오븐 선반 2개를 각각 위에서 세 번째 칸, 아래에서 세 번째 칸에 끼우고 오븐을 177도(화씨 350도)로 예열한다.

마른 재료 섞기: 용량이 4.7리터 이상인 스탠드 믹서의 볼에⑤ 밀가루, 설탕, 베이킹파우더, 소금, 베이킹소다를 넣는다. 패들을 끼우고 저속으로 살짝 섞는다 (가루가 날리므로 주의한다).

지방과 액체 재료 넣기: 여기에 버터, 버터밀크, 중성유를 넣고 가루가 촉촉해질 때까지 저속으로 섞는다. 속도를 점차 중고속으로 높이고 볼 옆면을 한두 번 긁어내리며 아주 매끈한 상태가 될 때까지 약 1분간 섞는다.

달걀과 남은 재료 넣기: 중간 크기의 볼에 달걀, 달걀흰자, 바닐라 익스트랙트, 아몬드 익스트랙트(선택 사항)를 넣고 휘저어 잘 섞는다. 밀가루 혼합물이 든 믹서의 볼에 달걀 혼합물을 2번에 나누어 넣으며 중저속으로 잘 섞는다. 속도를 중속으로 올리고 반죽이 아주 가벼우면서도 걸쭉해질 때까지 약 2분간 계속 섞는다. (다음 장에 계속)

알아두기

이 케이크는 잘 싸서 냉장고에 넣어두면 3일간 보관이 가능하다. 프로스팅을 입힌 케이크는 냉장고에서 프로스팅을 굳힌 다음 비닐 랩으로 느슨하게 덮어 보관했다가, 먹기 몇 시간 전에 실온에 내놓는다. 케이크

시트는 단단하게 감싸서 실온에 두면 2일간, 냉동하면 3주간 보관할 수 있다. 냉동 시트는 냉동 상태로 프로스팅을 바른 뒤 느슨하게 싸서 시트가 완전히 녹을 때까지 24시간 이상 냉장 보관했다가 담아낸다.

스프링클 섞기: 스탠드 믹서의 볼을 믹서에서 빼낸 뒤 스프링클을 넣은 다음 크고 유연한 스패출러로 고르게 섞는다. 너무 오래 섞으면 스프링클의 색이 반죽에 물들 수 있으므로 주의한다.

팬에 채워 굽기: 준비해 둔 케이크 팬 3개에 반죽을 똑같이 나누어 붓는다(팬당 785g씩). 반죽을 팬 가장자리까지 고르고 매끈하게 펼친다. 팬 2개는 오븐 위 선반에, 1개는 아래 선반에 올리되, 위아래 팬의 위치가 일직선상에 있지 않고 서로 어긋나도록 한다. 케이크 윗면이 황갈색을 띠고 가운데를 눌렀을 때 탄력이 느껴지며 케이크 테스터나 이쑤시개로 가운데를 찔러보았을 때 아무것도 묻어나지 않을 때까지 35~40분간 굽되, 굽기 시작한 지 30분 뒤에 두 선반의 위치를 서로 바꾸고 각 팬의 앞뒤를 돌려 넣는다.

케이크 식혀 자르기: 케이크들을 오븐에서 꺼내 팬 안에서 완전히 식힌다. 과도나 소형 오프셋 스패출러로 케이크 가장자리를 따라 잘라 팬에서 떼어낸 다음 식힘망 위에 뒤집어 올리고 유산지를 벗긴다. 케이크를 다시 뒤집어 원형 케이크 보드나 도마 위에 올린다. 긴 톱니 칼을 조리대와

평행하게 움직이며 둥그스름하게 부푼 케이크 윗부분을 평평하게 잘라낸다(잘라낸 자투리는 간식으로 먹는다). 이렇게 하면 케이크를 쌓고 조합하기가 더 쉬워진다.

케이크 쌓고 프로스팅하기: 케이크 시트 1장을 원형 케이크 보드나 접시, 또는 케이크 스탠드에 자른 단면이 밑으로 가도록 올려놓는다. 프로스팅이 흐를 수 있으니 유산지 여러 장을 케이크 밑에 살짝 끼우듯이 빙 둘러 깐다. 소형 오프셋 스패출러로 프로스팅 1컵을 시트 윗면에 고르게 펴 바른 뒤, 다른 시트 1장을 자른 단면이 밑으로 가도록 올리고 마찬가지로 프로스팅 1컵을 펴 바른다. 그 위에 나머지 시트 1장을 단면이 밑으로 가도록 올린 다음 프로스팅 1½컵을 케이크 윗면과 옆면 전체에 아주 얇고 고르게 펴 바른다. 이것은 '크럼 코트' 단계이므로 군데군데 시트가 비쳐 보여도 괜찮다. 프로스팅이 굳을 때까지 10~15분간 냉장 보관했다가 남은 프로스팅을 케이크 겉면에 펴 바른다. 겉면을 스프링클로 장식한다.

담아내기: 유산지들을 빼내고 케이크가 실온 상태일 때 잘라서 담아낸다.

① 이 레시피로 컵케이크를 만들면 36개가 나오므로 머핀 틀 3개가 필요하다. 레시피 양을 반으로 줄여 18개만 만들어도 된다. 또 1장의 시트로 구우려면 46×33cm(18×13in) 베이킹 팬에 유산지를 깔고 버터를 발라 반죽을 채운다. 오븐 선반을 가운데 칸에 끼우고 팬을 올린 다음 윗면이 고른 황갈색을 띠고 눌렀을 때 탄력이 느껴질 때까지 35~40분간 굽는다. 그대로 프로스팅해 싱글 레이어 케이크로 만들거나, 가로로 2등분 한 뒤 쌓아서 2층 케이크로 만든다.

② 박력분이 없다면 동량의 중력분으로 대체할 수도 있다. 단, 이때에는 밀가루 1컵당 밀가루 1큰술을 빼고 옥수수 전분 1큰술을 넣는다.

③ 버터는 반드시 실온 상태로 반죽에 섞어야 한다. 실온 상태란 버터가 부드럽고 잘 발라지되 기름져 보이지 않는 상태(따뜻한 버터도 좋지 않다)를 말한다. 버터를 몇 시간 또는 하룻밤 동안 실온에 두거나, 더 빨리 녹이려면 출력을 30%로 조절한 전자레인지에 넣고 20초씩 돌린다. 역크림법의 경우에는 버터가 완전히 섞여 밀가루 입자에 고루 입혀지도록 해야 하는데 (그래야 액체 재료가 섞일 때 글루텐 형성이 저지되어 더 부드러운 케이크가 된다), 버터가 조금이라도 차가우면 이 작업이 잘되지 않기 때문이다.

④ 비건 색소로 만들어진 스프링클은 반죽에 섞으면 굽는 동안 사라져 버릴 수 있으므로 사용하지 않는다. 왁스로 코팅되고 아무 맛이 나지 않는 밝은 색상의 인공 스프링클을 사용한다.

⑤ 이 레시피는 반죽의 양이 많으므로 용량이 4.7리터 이상인 스탠드 믹서를 사용한다. 핸드 믹서를 쓰려면 양을 절반으로 줄이는 것이 좋다. 스탠드 믹서에 비해 힘이 약한 핸드 믹서로는 그렇게 많은 양의 반죽을 제대로 섞기가 어렵기 때문이다.

당근 피칸 케이크

10인분

준비할 도구:

스탠드 믹서, 20cm(8in) 케이크 팬 3개

피칸이나 호두 분태 그리고/또는 반태 1½
컵(150g)

팬에 바를 중성유

당근 454g(큰 것 5개 정도), 껍질 벗겨
굵게 간 것(약 3컵)

버터밀크 1컵(240g), 실온 상태로 준비

곱게 간 생강 1큰술

바닐라 익스트랙트 2작은술

중력분 2½컵(325g)

계핏가루 2½작은술

베이킹파우더 2작은술(8g)

다이아몬드 크리스털 코셔 소금 2작은술
(6g)

베이킹소다 1작은술(6g)

생강가루 1작은술

정향가루 ¼작은술

대란 4개(200g), 실온 상태로 준비

백설탕 ¾컵(150g)

눌러 담은 흑설탕 ¾컵(150g)

채종유나 포도씨유와 같은 중성유 1컵
(226g)

클래식 크림치즈 프로스팅, 브라운 버터
버전(324쪽)

내가 어렸을 때 우리 엄마는 1971년 클리블랜드 오케스트라 주니어 위원회가 출간한 <바흐의 점심(Bach's Lunch)>이라는 요리책에 나온 당근 케이크를 만들어주셨다. 어린 시절 자주 먹은 음식들이 흔히 그렇듯, 나에게는 그 케이크가 다른 모든 당근 케이크의 판단 기준이 되어버렸다. 이것은 전혀 다른 레시피지만 (많은 양의 구운 피칸, 버터밀크, 생강을 넣은) 당근을 가득 넣은 풍부하고, 부드럽고, 향신료 풍미가 적당히 나는 케이크라는 본질은 똑같다. 꼭 **클래식 크림치즈 프로스팅**(324쪽)의 브라운 버터 버전을 사용해서 만들기를 권한다.

오븐 예열 및 피칸 굽기: 오븐 선반 2개를 각각 위에서 세 번째 칸, 아래에서 세 번째 칸에 끼우고 오븐을 177도(화씨 350도)로 예열한다. 테두리가 있는 작은 베이킹 팬에 피칸을 흩뿌려 아래 선반에 올린 다음 피칸이 짙은 황갈색을 띠고 아주 고소한 냄새가 날 때까지 8~10분간 굽되, 중간에 팬을 한 번 흔들어준다. 오븐에서 꺼내 식힌다.

팬 준비: 케이크 팬 3개의 바닥과 옆면에 중성유를 바른 다음 원형 유산지를 바닥에 깔고 매끈하게 펴서 기포를 제거한다.

젖은 재료 섞기: 중간 크기의 볼에 당근, 버터밀크, 곱게 간 생강, 바닐라 익스트랙트를 넣고 휘저어 섞는다.①

피칸 부수기: 식힌 피칸의 2/3를 지퍼백에 담고 공기가 들어가지 않도록 하며 봉한다. 피칸을 밀대로 살살 두드려 잘게 부순 뒤 작은 볼에 담는다. 남은 피칸은 같은 지퍼백에 담아 봉한 다음 밀대로 잘 두드려 굵은 가루처럼 되도록 더 곱게 으깬다. 이것은 중간 크기의 볼에 담는다.

마른 재료 섞기: 굵은 피칸 가루가 든 중간 크기의 볼에 밀가루, 계핏가루, 베이킹파우더, 소금, 베이킹소다, 생강가루, 정향가루를 넣고 휘저어 섞는다. (다음 장에 계속)

알아두기

이 케이크는 잘 싸서 냉장고에 넣어두면 3일간 보관이 가능하다. 프로스팅을 입힌 케이크는 냉장고에서 프로스팅을 굳힌 다음 비닐 랩으로 느슨하게 덮어 보관했다가, 먹기 몇 시간 전에 실온에 내놓는다. 케이크 시트는 단단하게 감싸서 실온에 두면 2일간, 냉동하면 3주간 보관할 수 있다. 냉동 시트는 냉동 상태로 프로스팅을 바른 뒤 느슨하게 싸서 시트가 완전히 녹을 때까지 24시간 이상 냉장 보관했다가 담아낸다.

① 버터밀크를 당근과 섞으면 당근이 부드러워져서 더 부드러운 케이크가 되므로, 가능하면 약 15분, 길게는 몇 시간 전에 미리 섞어두는 것이 좋다.

달걀과 설탕 섞기: 거품기를 끼운 스탠드 믹서의 볼에 달걀, 백설탕, 흑설탕을 넣는다. 중저속으로 달걀을 치다가 점차 중고속으로 속도를 올리며 거품기를 들었을 때 끝에서 떨어진 혼합물이 리본 자국을 냈다가 스며드는 상태가 되도록 약 4분간 섞는다(리본 자국이 생기는 상태로 휘핑된 달걀의 사진은 23쪽 참조).

기름 흘려 넣기: 믹서를 중고속으로 켜 둔 채 중성유를 아주 천천히 부어 매끈한 상태로 유화시킨다(혼합물의 부피가 조금 줄어들게 된다).

마른 재료와 젖은 재료 번갈아 섞기: 거품기를 패들로 바꿔 끼운다. 밀가루 혼합물의 약 1/3을 넣고 가루가 거의 보이지 않을 때까지 저속으로 섞는다. 여기에 당근 혼합물의 절반을 넣은 다음, 남은 밀가루 혼합물을 2번에 나누어 남은 당근 혼합물과 번갈아 넣는다. 가루가 보이지 않는 상태가 되면 믹서를 끄고 볼을 뺀다. 유연한 스패출러로 볼 옆면을 긁어내리며 반죽을 몇 번 뒤적여 고루 섞였는지 확인한 뒤, 잘게 부순 피칸을 넣고 섞는다.

팬에 채워 굽기: 준비해 둔 케이크 팬 3개에 반죽을 똑같이 나누어 붓는다(팬당 595g씩). 팬 2개는 오븐 위 선반에, 1개는 아래 선반에 올리되, 위아래 팬의 위치가 일직선상에 있지 않고 서로 어긋나도록 한다. 케이크 가운데를 눌렀을 때 탄력이 느껴지고 케이크 테스터나 이쑤시개로 가운데를 찔러보았을 때 아무것도 묻어나지 않을 때까지 25~30분간 굽되, 굽기 시작한 지 20분 뒤에 두 선반의 위치를 서로 바꾸고 각 팬의 앞뒤를 돌려 넣는다.

케이크 식히기: 케이크들을 오븐에서 꺼내 팬 안에서 완전히 식힌다. 소형 오프셋 스패출러나 과도로 케이크 가장자리를 따라 잘라 팬에서 떼어낸 다음 식힘망 위에 뒤집어 올리고 유산지를 벗긴다. 케이크를 다시 뒤집어 다른 식힘망이나 도마, 또는 접시 위에 올린다.②

케이크 쌓고 프로스팅하기: 케이크 시트 1장을 원형 케이크 보드나 접시, 또는 케이크 스탠드에 뒤집어 올린다. 프로스팅이 흐를 수 있으니 유산지 여러 장을 케이크 밑에 살짝 끼우듯이 빙 둘러 깐다. 소형 오프셋 스패출러로 프로스팅 약 1컵을 시트 윗면에 고르게 펴 바른 뒤, 다른 시트 1장을 뒤집어 올리고 살짝 눌러 평평하게 한 다음 마찬가지로 프로스팅 1컵을 펴 바른다. 그 위에 나머지 시트 1장을 뒤집어 올린 뒤 살짝 누르고 프로스팅 1½컵을 케이크 윗면과 옆면 전체에 아주 얇고 고르게 펴 바른다. 이것은 '크럼 코트' 단계이므로 군데군데 시트가 비쳐 보여도 괜찮다. 프로스팅이 굳을 때까지 10~15분간 냉장 보관했다가 남은 프로스팅을 케이크 겉면에 넉넉히 펴 바른다. 먼저 케이크 윗면에 프로스팅을 올리고 가장자리로 펼쳐가다가 옆면을 따라 내려가며 자연스럽게 모양을 낸다 (프로스팅의 두께에 따라 ½~1컵쯤 남을 것이다). 다시 냉장고에 넣고 10~15분간 프로스팅을 굳힌다.

담아내기: 유산지들을 빼내고 잘라서 담아낸다.

---

② 이 케이크 시트들은 거의 평평하지만, 아주 평평하게 만들고 싶다면 톱니 칼로 부풀어 오른 부분을 잘라내면 된다. 어차피 당근과 피칸 때문에 깔끔하게 잘리지는 않기에 나는 굳이 톱니 칼까지 쓰지는 않는다!

딸기 콘밀 레이어 케이크

8인분

준비할 도구:

23cm(9in) 스프링폼 팬 또는 높이
5cm(2in)인 23cm(9in) 케이크 팬, 스탠드
믹서

콘밀 케이크

팬에 바를 버터
노란색 콘밀 ½컵(75g)①
버터밀크 1컵(240g), 실온 상태로 준비
바닐라 익스트랙트 1작은술
중력분 1½컵(200g)
베이킹파우더 1큰술(12g)
베이킹소다 ½작은술
다이아몬드 크리스털 코셔 소금 ¾작은술
설탕 ¾컵(150g)
곱게 간 레몬 껍질 2작은술
무염 버터 10큰술(142g), 실온 상태로
준비
대란 2개(100g), 실온 상태로 준비

조합

딸기 681g(약 4컵), 꼭지를 딴 것②
설탕 ¼컵(50g)
생레몬즙 2작은술
헤비크림 2컵(454g)

복잡하지 않고 가벼운 데다 과일이 주인공이라 봄, 여름 디저트로 아주 이상적인 케이크다. 내가 좋아하는 두 가지 딸기 디저트, 프랑스 케이크 '프레지에(fraisier)'와 클래식한 딸기 쇼트케이크를 조합해 만들었다. 프레지에는 만들기가 번거롭고 스펀지 맛은 평범한 반면, 쇼트케이크는 신선도가 금세 떨어지고 버터가 차가울 때 재빨리 작업해야 한다. 이러한 단점을 보완한 이 간단한 케이크는 그저 생과일과 즙을 즐기기 위한 아주 좋은 수단이라 하겠다.

오븐 예열 및 팬 준비: 오븐 선반을 가운데 칸에 끼우고 오븐을 177도(화씨 350도)로 예열한다. 스프링폼 팬이나 케이크 팬의 바닥과 옆면에 버터를 바른다. 팬 바닥에 원형 유산지를 깔고 유산지에도 버터를 바른다.

콘밀 수화(hydrate)시키기: 작은 볼이나 2컵들이 계량컵에 콘밀, 버터밀크, 바닐라 익스트랙트를 넣고 휘젓는다(케이크를 구웠을 때 콘밀이 너무 바삭거리지 않도록 부드럽게 만드는 작업).

마른 재료 섞기: 중간 크기의 볼에 밀가루, 베이킹파우더, 베이킹소다, 소금을 넣고 휘젓는다.

반죽 만들기: 스탠드 믹서의 볼에 설탕과 레몬 껍질을 넣고 손끝으로 비벼 아주 향긋한 냄새가 나고 젖은 모래와 같은 질감이 나도록 한다. 믹서에 볼을 올리고 패들을 끼운 다음 버터를 넣고 아주 가볍고 폭신한 상태가 될 때까지 중고속으로 약 4분간 섞되, 중간에 볼 옆면을 한두 번 긁어내린다. 달걀을 한 개씩 넣고, 넣을 때마다 볼 옆면을 긁어내리며 아주 뽀얗고 가벼워질 때까지 2분간 더 섞는다. 속도를 저속으로 줄이고 밀가루 혼합물을 3번, 버터밀크 혼합물을 2번에 나누어 서로 번갈아 넣으며 매끈하고 균일한 상태가 될 때까지만 섞는다. 믹서를 끄고 유연한 스패출러로 볼 바닥을 긁으며 반죽을 몇 번 뒤적여 고루 섞였는지 확인한다. 준비해 둔 팬에 반죽을 긁어 담은 뒤 윗면을 매끈하게 정리한다. (다음 장에 계속)

알아두기

이 케이크는 느슨하게 덮어 냉장고에 넣어두면 8시간 동안 보관이 가능하다. 먹기 2시간 전에 실온에 내놓는다. 구운 케이크 시트는 단단히 싸서 실온에 두면 하루 동안 보관할 수 있다.

① 콘밀은 어느 것을 사용해도 되나, 입자가 고운 것은 더 가벼운 질감이 나고 좀 더 많이 부풀어 오를 수 있음을 알아두자. 입자가 굵은 콘밀은 기분 좋은 바삭함을 더해준다.

② 블랙베리와 라즈베리도 콘밀과 잘 어울리므로 딸기 대신 반으로 자른 블랙베리나 통라즈베리를 레시피대로 절여서 사용해도 된다(단, 라즈베리를 사용할 때는 일부를 스푼 뒷면으로 으깨서 즙을 낸다).

레이어 케이크와 고급 디저트

굽기: 케이크 겉면이 짙은 갈색을 띠며 팬 가장자리에서 떨어지기 시작하고 케이크 테스터나 이쑤시개로 가운데를 찔러보았을 때 아무것도 묻어나지 않을 때까지 40~50분간 굽는다.③ 케이크를 오븐에서 꺼내 팬 안에서 20분 이상 식힌다. 과도나 소형 오프셋 스패츌러로 케이크 가장자리를 따라 잘라 팬에서 떼어낸 다음 접시 위에 뒤집어 올리고 유산지를 벗긴다. 케이크를 다시 뒤집어 식힘망 위에 올려 완전히 식힌다.

딸기 절이기: 가장 큰 딸기 5개를 골라 높이가 같아지도록 칼로 다듬는다. 남은 딸기는 세로로 자르되, 아주 작은 것들은 2등분 하고 나머지는 0.5cm 두께로 자른다. 큰 볼에 자른 딸기, 설탕, 레몬즙을 넣고 딸기에서 즙이 나올 때까지 15분 이상 절인다.

크림 휘핑하기: 거품기를 끼운 스탠드 믹서의 볼에 헤비크림을 넣고 중저속으로 시작해 점차 고속으로 속도를 높이며 거품기로 찍어 올렸을 때 끝이 약간 휘어지는 부드러운 상태(soft peak)가 될 때까지 휘핑한다(또는 헤비크림을 큰 볼에 담아 핸드 믹서로 휘핑해도 된다). 크림은 케이크를 조합할 때까지 냉장 보관한다(크림이 꺼질 수 있으므로 1시간 이상 두어서는 안 된다).

케이크 잘라 2등분 하기:④ 톱니 칼로 케이크 옆면의 가운데 부분을 빙 둘러 수평으로 선을 긋는다. 톱니 칼을 조리대와 평행하게 든 채 그어둔 선을 따라 길고 고르게 칼질해 케이크를 2등분 한다. 위의 시트를 들어 한쪽에 내려놓는다.

케이크 조합하기: 아래 시트를 케이크 스탠드나 접시 위에 자른 단면이 위로 가도록 조심스럽게 올린다. 다듬어둔 큰 딸기 5개를 꼭지 부분이 아래로 가도록 시트 위에 올리되, 1개는 한가운데에 놓고 나머지 4개는 그 주위에 일정한 간격을 두고 놓는다. 이 딸기들이 위 시트를 들어 올리는 기둥 역할을 해 케이크를 자를 때 크림이 뭉개지며 삐져나오지 않게 해줄 것이다. 절여둔 딸기의 2/3를 즙과 함께 통딸기 주위에 올린다. 휘핑해 둔 크림을 냉장고에서 꺼내 그중 절반을 딸기 위에 떠서 올린 다음 케이크 가장자리까지 펴 바른다. 그 위에 나머지 시트를 자른 단면이 아래로 가도록 조심히 올린다. 남은 크림을 케이크 위에 올려 소용돌이 모양으로 펴 바른다. 그 위에 남은 딸기와 즙을 떠 올린 뒤 담아낸다.

③ 케이크가 덜 구워지면 약간 꺼질 수 있으므로, 레시피에 적힌 모든 기준에 따라 완전히 구워졌는지 잘 확인한다. 몇 분 더 구워도 퍼석거리지 않으니 짙은 색이 난다고 해서 걱정하지 말자.

④ 케이크를 이 방법대로 자르고 싶지 않다면 약 2.5cm 크기의 조각들로 자르거나 부순 뒤 휘핑한 크림과 딸기를 올려 트라이플처럼 먹는다.

초콜릿 버터밀크 케이크

10인분

준비할 도구:

스탠드 믹서, 20cm(8in) 케이크 팬 3개①,
당과용 온도계나 조리용 디지털 온도계
(버터크림 만들 때)

팬에 바를 버터와 밀가루
중력분 2⅓컵(300g)
베이킹파우더 2½작은술(10g)
다이아몬드 크리스털 코셔 소금 2작은술
(6g)
베이킹소다 ½작은술
세미스위트 초콜릿 170g, 굵게 다진 것
(약 1컵)
원두커피 ⅔컵(157g)이나 인스턴트커피
1작은술을 물 ⅔컵에 녹인 것
더치 프로세스 코코아 가루 ½컵(41g)
버터밀크 ⅔컵(160g), 실온 상태로 준비
바닐라 익스트랙트 2작은술
무염 버터 1½스틱(170g), 실온 상태로 준비
백설탕 1컵(200g)
눌러 담은 황설탕 1컵(200g)
채종유나 포도씨유와 같은 중성유 ¼컵
(57g)
대란 3개(150g), 실온 상태로 준비
실크보다 부드러운 초콜릿 버터크림
(359쪽)이나 클래식 크림치즈 프로스팅
초콜릿 버전(324쪽)

나는 초콜릿을 너무 많이 넣어서 한 입 먹을 때마다 물을 들이켜고 싶게 만드는 초콜릿 디저트에 예민한 편이다. 내가 좋아하는 이 케이크는 버터밀크의 부드러움, 황설탕의 촉촉함, 그리고 녹인 초콜릿과 코코아의 조합에서 비롯된 적당한 맛의 강도를 지닌다. 내 주변의 초콜릿 애호가들을 더욱 만족시키기 위해 여기에 실크보다 **부드러운 초콜릿 버터크림**(359쪽)까지 더했다. 이 프로스팅은 맛이 굉장히 부드럽고 풍부해서 초콜릿을 지나치게 많이 넣은 케이크와 합쳐지면 너무 과할 수 있다. 다만 이 기술적인 버터크림(온도계와 정확한 타이밍이 필요함)을 시도하기가 꺼려진다면 **클래식 크림치즈 프로스팅**(324쪽) 초콜릿 버전을 더해도 아주 맛있는 케이크가 된다.

오븐 예열 및 팬 준비: 오븐 선반 2개를 각각 위에서 세 번째 칸, 아래에서 세 번째 칸에 끼우고 오븐을 177도(화씨 350도)로 예열한다. 20cm(8in) 케이크 팬 3개의 바닥과 옆면에 버터를 바르고 원형 유산지를 깐 다음 매끈하게 펴서 기포를 제거한다. 유산지 위에도 버터를 바르고 팬에 밀가루를 넉넉히 뿌린다. 팬을 흔들고 돌려가며 바닥과 옆면에 밀가루를 입힌 뒤 뒤집어서 한 번 털어낸다.

마른 재료 섞기: 큰 볼에 밀가루, 베이킹파우더, 소금, 베이킹소다를 넣고 휘젓는다.

초콜릿 녹이기: 다른 큰 내열 볼에 다진 초콜릿, 커피, 코코아 가루를 넣는다. 끓기 직전(끓으면 안 됨)의 물이 2.5cm 높이쯤 담긴 중간 크기 냄비 위에 볼을 올리고 가끔 저으며 초콜릿이 녹고 혼합물이 완전히 매끈한 상태가 될 때까지 가열한다. 볼을 냄비 위에서 내리고 버터밀크와 바닐라 익스트랙트를 넣는다.

버터, 설탕, 기름을 크림화하기: 패들을 끼운 스탠드 믹서의 볼에 버터, 백설탕, 황설탕, 중성유를 넣고 저속으로 매끈하게 섞는다. 속도를 중고속으로 높이고 볼 옆면을 한두 번 긁어내리며 아주 가볍고 폭신한 상태가 될 때까지 약 5분간 섞는다. (다음 장에 계속)

알아두기
이 케이크는 잘 싸서 냉장고에 넣어두면 3일간 보관이 가능하다. 먹기 몇 시간 전에 실온에 내놓는다. 케이크 시트는 단단하게 감싸서 실온에 두면 2일간, 냉동하면 3주간 보관할 수 있다. 냉동 시트는 냉동

상태로 프로스팅을 바른 뒤 느슨하게 싸서 (싸기 전에 냉장고에서 프로스팅을 굳힌다) 시트가 완전히 녹을 때까지 24시간 이상 냉장 보관했다가 담아낸다.
① 20cm 팬이 없다면 높이가 5cm 23cm(9in) 케이크 팬에 굽는다. 레시피에 설명된 대로

굽되, 시간은 40~45분이 걸릴 것이다. 시트가 아주 높을 것이므로 수평으로 잘라서 4층 케이크로 만들어도 된다. 각 층 사이에 프로스팅을 거의 1컵씩 바르되, 기타 조합 방법은 레시피대로 한다.

달걀 넣기: 믹서 속도를 중속으로 줄인 뒤 달걀을 한 개씩 넣고, 넣을 때마다 잘 섞는다. 믹서를 끄고 볼 옆면을 긁어내린다.

마른 재료와 젖은 재료 번갈아 섞기: 밀가루 혼합물의 약 1/3을 넣고 가루가 거의 보이지 않을 때까지 저속으로 섞는다. 여기에 식은 초콜릿 혼합물의 절반을 넣고 살짝 섞은 다음, 남은 밀가루 혼합물을 2번에 나누어 남은 초콜릿 혼합물과 번갈아 넣는다. 가루가 보이지 않는 상태가 되면 믹서를 끄고 볼을 뺀다. 유연한 스패출러로 볼 옆면을 긁어내리며 반죽을 몇 번 뒤적여 초콜릿 자국이 나지 않게 고루 섞였는지 확인한다.

팬에 채워 굽기: 준비해 둔 케이크 팬 3개에 반죽을 똑같이 나누어 담고(팬당 510g씩) 잘 펼쳐 평평하게 만든다. 팬 2개는 오븐 위 선반에, 1개는 아래 선반에 올리되, 위아래 팬의 위치가 일직선상에 있지 않고 서로 어긋나도록 한다. 케이크가 부풀어 오르며 팬 가장자리에서 막 떨어지기 시작하고, 만지면 단단한 느낌이 나고, 케이크 테스터나 이쑤시개로 가운데를 찔러보았을 때 아무것도 묻어나지 않을 때까지 30~40분간 굽되, 굽기 시작한 지 25분 뒤에 두 선반의 위치를 서로 바꾸고 각 팬의 앞뒤를 돌려 넣는다.

케이크 식히기: 케이크를 오븐에서 꺼내 팬 안에서 완전히 식힌다.② 소형 오프셋 스패출러나 과도로 케이크 가장자리를 따라 잘라 팬에서 떼어낸 다음 식힘망 위에 뒤집어 올리고 유산지를 벗긴다.

케이크 평평하게 자르기(필요한 경우): 식은 케이크를 원형 케이크 보드나 도마에 다시 뒤집어 올린다. 케이크가 심하게 부풀어 올랐거나 평평한 케이크를 선호한다면 톱니 칼을 조리대와 평행하게 든 채 길고 고르게 칼질해 부풀어 오른 부분을 잘라낸다(잘라낸 자투리는 간식으로 먹는다). 이렇게 하면 케이크를 쌓고 조합하기가 더 쉬워진다. 많이 부풀지 않았다면 그냥 두어도 된다.

케이크 쌓고 프로스팅하기: 케이크 시트 1장을 원형 케이크 보드나③ 접시, 또는 케이크 스탠드에 뒤집어 올린다(윗면을 잘라낸 경우 자른 단면이 밑으로 가도록). 프로스팅이 흐를 수 있으니 유산지 여러 장을 케이크 밑에 살짝 끼우듯이 빙 둘러 깐다. 소형 오프셋 스패출러로 초콜릿 프로스팅 ¾컵을 시트 윗면에 고르게 펴 바른 뒤, 다른 시트 1장을 뒤집어 올리고 마찬가지로 프로스팅 ¾컵을 펴 바른다. 그 위에 나머지 시트 1장을 뒤집어 올린 뒤 프로스팅 1컵을 케이크 윗면과 옆면 전체에 아주 얇고 고르게 펴 바른다. 이것은 '크럼 코트' 단계이므로 군데군데 시트가 비쳐 보여도 괜찮다. 프로스팅이 굳을 때까지 10~15분간 냉장 보관했다가 남은 프로스팅을 케이크 겉면에 바른다.

담아내기: 유산지들을 빼내고 잘라서 담아낸다.④

---

② 케이크는 충분히 시간을 두고 식힌다. 조금이라도 온기가 남아 있으면 프로스팅에 든 버터가 녹아 케이크의 모양이 흐트러질 수 있다.

③ 원형 케이크 보드 위에서 케이크를 조합하면 옮기기가 한결 편하다. 시판 제품을 구매해서 써도 되지만, 판지를 케이크 팬 바닥 모양으로 잘라 은박지를 씌워서 사용해도 된다.

④ '실크보다 부드러운 버터크림'을 더해 만든 케이크를 미리 만들어놓을 때는 먹기 2~4시간 전에는 실온에 내놓아야 한다. 프로스팅에 버터가 들어갔기 때문에 케이크가 조금이라도 차가우면 크림이 굳어 있어 부드럽지 않고 크리미하지 않아 맛이 훨씬 덜하다.

초콜릿 헤이즐넛 갈레트 데 루아

8~10인분

준비할 도구:

푸드 프로세서(프랑지판 만들 때)

러프 퍼프 페이스트리(355쪽)나 시판 냉동
퍼프 페이스트리 녹인 것 2장

중력분, 덧가루용

초콜릿 헤이즐넛 스프레드 ¼컵(65g)①

프랑지판 초콜릿 헤이즐넛 버전(329쪽)②

대란 1개, 잘 푼 것

구운 헤이즐넛 2큰술, 굵게 다진 것

데메라라 설탕 1큰술

갈레트 데 루아(Galette des Rois)는 프랑스에서 새해를 맞이해 먹는 고급스러운 디저트다. 이름만 듣고 지레 겁먹을 필요는 없다. 쉽게 말하면 퍼프 페이스트리를 이용해 자유로운 형태로 만든 더블 크러스트 타르트니까. 보통은 아몬드 프랑지판(frangipane) 필링이 들어가지만 여기서는 초콜릿 헤이즐넛 버전을 사용하고 바닥에 초콜릿 헤이즐넛 스프레드도 살짝 발라 특별한 느낌을 더하고 맛을 배가시켰다. 인상적이면서도 미리 준비해 두기 쉬운 디저트라, 꼭 새해가 아니어도 언제든 만들기 좋을 것이다.

오븐 예열 및 팬 준비: 오븐 선반을 가운데 칸에 끼우고 오븐을 204도(화씨 400도)로 예열한다. 큰 베이킹 팬에 유산지를 깐다.

페이스트리 밀기: 페이스트리 1개를 실온에 약 5분간 내놓아 부드럽게 만든다. 덧가루를 뿌린 조리대 위에 랩을 벗긴 반죽을 올린 다음 밀대로 두드려 더 유연하게 만든다. 반죽의 위와 아래에 밀가루를 뿌려가며 지름 25cm 남짓한 원형으로 민다. 페이스트리(이것이 갈레트의 윗면이 될 것이다)를 접시에 올려 냉장 보관한다. 두 번째 페이스트리를 냉장고에서 꺼내 미는 과정을 반복한다. 준비해 둔 베이킹 팬에 올린다(시판 냉동 제품을 사용하는 경우, 덧가루를 뿌린 조리대 위에서 주름을 펴는 정도로만 살짝 밀어 25cm 남짓한 크기로 만든다).

페이스트리 채우기③: 베이킹 팬 위에 놓인 페이스트리 한가운데에 23cm(9in) 케이크 팬을 뒤집어 눌러 자국을 내서 테두리에 1cm쯤 여유분이 남도록 한다. 초콜릿 헤이즐넛 스프레드를 페이스트리 가운데에 올린 뒤 숟가락이나 소형 오프셋 스패출러로 원 모양 가장자리까지 고르게 펴 바른다. 초콜릿 헤이즐넛 프랑지판을 짤주머니나 지퍼백에 옮겨 담고 주머니 끝을 2cm쯤 자른다. 원 모양 한가운데부터 시작해 프랑지판을 촘촘한 나선형으로 짜서 스프레드 위를 꽉 채운다. (다음 장에 계속)

알아두기

이 갈레트는 잘 덮어서 실온에 두면 3일간 보관이 가능하나 만든 당일이나 다음 날 먹는 것이 가장 맛있다(오래 두면 페이스트리가 눅눅해진다). 초콜릿 헤이즐넛 프랑지판은 밀폐 용기에 담아 냉장고에 넣어두면 2일간 보관할 수 있다. 실온에 내놓았다가 사용한다.

① 이탈리아 브랜드 리고니 디 아시아고(Rigoni di Asiago)의 초콜릿 헤이즐넛 스프레드, 노치올라타(Nocciolata)를 추천한다. 아주 부드러우면서도 너무 달지 않은 맛이다. 물론, 누텔라(Nutella)를 사용해도 좋다.

만약 프랑지판이 부족해 원 모양 끝까지 채워지지 않았다면
오프셋 스패출러로 프랑지판을 살짝 누르며 펼쳐서
가장자리까지 채운다.

페이스트리에 달걀물 바르고 다른 페이스트리 얹기:
페이스트리 위, 프랑지판 주위에 달걀물을 바른다. 냉장고에
넣어두었던 다른 페이스트리를 꺼내 프랑지판 위에 잘
겹치도록 올린다. 기포를 제거하며 가장자리를 꾹꾹 눌러
페이스트리 2장을 잘 붙인다.

페이스트리 다듬고 봉하기: 휠 커터나 잘 드는 칼로
페이스트리 가장자리를 자르되, 프랑지판 테두리에 1cm
쯤 여유를 남긴다(아주 똑바로 자르고 싶다면 25cm
접시나 케이크 팬을 이용한다). 잘라낸 자투리는 버린다.
수직으로 세운 과도의 끝부분(날 쪽이 아닌 뭉툭한 부분)
으로 페이스트리 가장자리를 약 1cm 간격으로 눌러 주름진
것 같은 모양을 낸다. 갈레트 윗면에 달걀물을 바른 뒤 다진
헤이즐넛과 데메라라 설탕을 뿌린다. 과도 끄트머리로 반죽
윗면에 작은 공기 구멍 두어 개를 낸다.

냉장하기: 베이킹 팬을 냉장고에 넣고 페이스트리를 약 15
분간 굳힌다.

굽기: 베이킹 팬을 오븐에 넣은 다음 페이스트리가 부풀어
오르고 겉면이 짙은 황갈색을 띨 때까지 35~40분간 굽되,
굽기 시작한 지 25분 뒤에 팬의 앞뒤를 돌려 넣는다.
갈레트를 오븐에서 꺼내 팬 위에서 완전히 식힌 뒤 접시에
담아 자른다.

② 원하는 프랑지판을 사용한다. 초콜릿 헤이즐넛 스프레드도 기호에
　 따라 생략할 수 있다.

③ 페이스트리를 조합 과정 내내 최대한 차갑게 유지해야 바삭한
　 갈레트가 된다. 페이스트리가 너무 녹아서 다루기 힘들어진다 싶으면
　 다시 냉장고에 넣어 둔다.

레이어 케이크와 고급 디저트

딸기 루바브 파블로바

8개분

준비할 도구:

스탠드 믹서①

머랭②

생레몬즙 1작은술과 볼에 바를 레몬 1조각

달걀흰자 6개분(210g)

코셔 소금 한 꼬집

백설탕 1컵(200g)

슈거파우더 1¾컵(200g)

바닐라 익스트랙트 1작은술

딸기 루바브 토핑 및 조합

백설탕 ¾컵(150g)

드라이 화이트 와인 ¼컵(57g)

코셔 소금 한 꼬집

레몬 ½개

바닐라 빈 ½개, 길게 가른 것

루바브 454g, 굵은 줄기를 길게 반으로

갈라 4cm 길이로 썰어 준비

딸기 454g, 꼭지를 따고 작은 것은 2등분,

큰 것은 세로로 슬라이스해 준비

장미수 1½작은술

헤비크림 2컵(448g)

겉은 바삭하고 속은 마시멜로 같은 머랭으로 차 있으며 휘핑크림과 과일이 토핑된 파블로바보다 더 만족스러운 식감을 지닌 디저트가 또 있을까? 지금은 문을 닫은 파리의 '스프링' 레스토랑에서 일할 당시, 매일 아침 가장 먼저 했던 일은 눈물방울 모양의 미니 머랭을 만드는 것이었다. 그곳에서 사용했던 레시피는 윤기가 자르르 흐르고 밀도가 높으며 안정적인, 또 구웠을 때 아주 가벼우면서도 겉이 바삭한 구름 같은(파블로바에 최적화된) 머랭이었기에 여기에도 그것을 적용했다. 이런 질감을 얻으려면 설탕을 꽤 많이 넣어야 하기 때문에, 새콤한 루바브와 무가당 휘핑크림으로 균형을 맞추었다. 루바브와 딸기에 장미수를 섞을 때는 주의해야 한다. 너무 많은 양을 넣으면 포푸리 같은 맛이 나므로 향긋함이 느껴질 정도로만 첨가하는 것이 요령이다. 물론, 장미의 맛과 향을 싫어한다면 장미수는 생략해도 된다.

오븐 예열 및 팬 준비: 오븐 선반 2개를 각각 위에서 세 번째 칸, 아래에서 세 번째 칸에 끼우고 오븐을 93도(화씨 200도)로 예열한다. 테두리가 있는 베이킹 팬 2개에 유산지를 깐다.

머랭 만들기: 스탠드 믹서의 볼 안쪽에 레몬 조각을 문질러 기름기와 잔여물을 깨끗하게 제거한다(이렇게 하면 달걀흰자를 더 쉽게 휘핑할 수 있다). 볼에 달걀흰자와 소금을 넣고 믹서에 거품기를 끼운 다음 저속으로 휘젓는다. 속도를 중고속으로 올려 거품이 뽀얗게 날 때까지 휘핑한다. 믹서를 그대로 켜 둔 채, 백설탕을 가느다란 줄기처럼 이어지도록 2~3분에 걸쳐 아주 천천히 넣어 섞는다.③

백설탕을 다 섞고 나면 밀도 높고 윤기가 흐르는 머랭이 된다. 속도를 고속으로 올려 거품기로 찍어 올렸을 때 끝이 뾰족하게 설 때까지(stiff peak) 1분쯤 더 휘핑한다. 믹서를 끄고 슈거파우더의 약 1/3을 넣는다. 저속으로 섞은 다음 믹서를 끄고 남은 슈거파우더를 2번에 나누어 넣고 섞기를 반복해 머랭에 완전히 혼합되도록 한다. (다음 장에 계속)

알아두기

머랭은 랩으로 단단히 싸서 실온에 두면 2일간 보관이 가능하다. 루바브는 졸임물에 담긴 채 밀폐 용기에 담아 냉장고에 넣어두면 4일간 보관할 수 있다. 파블로바는 서빙 직전에 조합한다.

① 핸드 믹서는 안정적인 머랭을 만들기에는 힘이 약하고, 설탕을 조금씩 부으려면 손이 비어 있어야 하므로 사용하지 않는다.

② 시간을 아끼려면 시판 머랭 쿠키를 써도 된다. 크게 조각내 크림, 과일 혼합물과 함께 유리잔에 층층이 쌓으면 영국 전통 디저트인 이튼 메스(Eton Mess)의 변형이 된다.

레이어 케이크와 고급 디저트

슈거파우더를 넣으면 머랭의 부피가 약간 줄어들게 되므로, 다 넣고 나면 믹서 속도를 고속으로 올려 윤기가 흐르고 아주 뻣뻣한 상태가 되도록 약 1분간 더 섞는다. 여기에 바닐라 익스트랙트, 레몬즙 1작은술을 넣고 섞은 뒤 볼을 믹서에서 빼낸다.

머랭 떠놓기:④ 머랭을 8등분 한다고 생각하고 큰 숟가락을 이용해 준비해 둔 베이킹 팬 2개에 한 팬당 4덩이씩 고른 간격을 두고 듬뿍 떠 올린다. 작은 숟가락 뒷면으로 각 덩이 한가운데를 눌러 약 8cm 너비로 움푹 팬 모양을 만든다. 머랭의 모양을 잡으려고 너무 애쓰지 말자. 자연스러운 모양이 가장 보기 좋은 데다, 오븐 안에서 살짝 퍼지며 부풀어 오른다.

머랭 굽기: 팬을 각 선반에 올린다. 머랭을 만져보았을 때 마른 상태이고 겉면은 아주 바삭하며 속은 부드러운 마시멜로처럼 될 때까지 약 2시간 동안 굽되, 굽기 시작한 지 1시간 뒤에 두 선반의 위치를 서로 바꾸고 각 팬의 앞뒤를 돌려 넣는다. 유산지가 깔끔하게 벗겨지면 잘 구워진 것이다 (머랭이 유산지에 붙으면 더 굽는다). 오븐을 끄고 오븐 문틈에 나무 스푼을 끼운 상태로 최소 1시간에서 최대 2시간 동안 머랭을 식힌다.⑤

루바브 졸이기: 큰 냄비나 중간 크기의 더치 오븐에 백설탕, 와인, 소금, 물 1컵(227g)을 넣는다. 레몬 ½개의 즙을 짜서 넣은 뒤 껍질도 넣는다. 바닐라 빈의 씨를 긁어서 넣고 꼬투리도 넣는다. 냄비를 중불에 올린 다음 가끔 저으며 약 2분간 설탕을 녹인다. 졸임물이 뭉근히 가열되면 루바브를 넣는다. 팬을 살살 빙빙 돌리며(루바브를 거칠게 다루면 모양이 망가질 수 있다) 냄비 가장자리에 거품이 올라오기 시작할 때까지 계속 가열한다.⑥ 냄비를 불에서 내려 완전히 식힌다. 루바브는 잔열로 서서히 익는다.

딸기 절이기: 큰 볼에 딸기와 장미수를 넣는다. 여기에 따뜻한 루바브 졸임물 3큰술을 넣고 살짝 섞은 다음 루바브가 식을 때까지 한쪽에 둔다.

크림 휘핑하기: 거품기를 끼운 스탠드 믹서의 볼에 헤비크림을 넣고 중저속으로 시작해 점차 고속으로 속도를 높이며 크림이 걸쭉해지고 거품기로 찍어 올렸을 때 끝이 약간 휘어지는 부드러운 상태(soft peak)가 될 때까지 휘핑한다(또는 헤비크림을 큰 볼에 담아 핸드 믹서로 휘핑해도 된다).

파블로바 조합하기: 머랭을 개인 접시에 올린 다음 휘핑한 크림과 딸기 혼합물(즙도 함께)을 고르게 나누어 올린다. 구멍이 뚫린 스푼으로 루바브를 올려 바로 먹는다.

③ 설탕은 아주 천천히 넣어야 완전히 녹는다. 그래야 우는 현상(weeping. 위핑이란 머랭을 구울 때 투명하고 끈적한 시럽이 배어나는 현상으로, 보통 설탕이 안 녹았을 때 발생한다) 없이 더 안정적이고 뻣뻣한 머랭을 만들 수 있다.

④ 낱개가 아닌 하나의 큰 파블로바로 만들 수도 있다. 유산지를 깐 베이킹 팬의 대부분을 머랭으로 덮은 뒤 약 33×23cm 크기의 직사각형으로 펼친 다음, 전체적으로 울퉁불퉁해지도록 여기저기에 움푹 팬 곳을 만들어 크림과 과일이 담기게 한다. 오븐 가운데 칸에서 2시간 30분~3시간 동안 굽는다. 유산지를 제거한 뒤 조각내 담아낸다.

⑤ 미리 만들어 두는 경우(습도가 높을 때는 더더욱) 비닐 랩으로 머랭을 단단히 싸둔다. 머랭 속 설탕이 공기 중의 수분을 빨아들이면 눅눅해지기 때문에 공기와 수분을 차단하는 것이 중요하다.

⑥ 졸임물이 끓으면 루바브가 너무 익어 곤죽이 될 수 있으므로 끓지는 않도록 한다.

타르트 트로페지엔

8인분

준비할 도구:

23cm(9in) 케이크 팬, 스탠드 믹서
(브리오슈 반죽 만들 때)

팬에 바를 버터
브리오슈 반죽(352쪽)의 절반 분량①
중력분, 덧가루용
대란 1개, 잘 푼 것
데메라라 설탕, 위에 뿌릴 것
꿀 아몬드 시럽(320쪽)의 절반 분량
페이스트리 크림(321쪽), 냉장해 둔 것
헤비크림 1컵(232g), 냉장해 둔 것

타르트 트로페지엔(Tarte Trop zienne)은 매력적인 뒷이야기를 가진 프랑스 디저트 중 하나다. 이것은 1950년대에 생트로페(St. Tropez)에서 일하던 한 폴란드 출신 베이커가 처음 만들었는데, 영화 촬영차 그곳에 들렀던 브리지트 바르도(Brigitte Bardot)가 그 맛에 완전히 반해 '타르트 트로페지엔'이라는 이름을 붙였다고 전해진다. 타르트라기보다는 크림을 채운 브리오슈 샌드위치에 더 가까우며, 그리 잘 알려지지는 않았지만 아는 사람들은 열렬한 팬이 되고 만다. 단맛이 덜해 꼭 빵 같은 브리오슈와 달콤한 바닐라 향 크림의 대비가 특히 매혹적이다. 몇 가지 준비할 요소들이 있지만, 미리 만들어 두었다가 먹기 전에 조합하기만 하면 된다.

팬 준비: 케이크 팬의 바닥과 옆면에 버터를 얇게 바른다. 바닥에 원형 유산지를 깐다.

브리오슈 반죽 밀고 자르기: 차가운 브리오슈 반죽을 주먹으로 내리쳐 1차 발효 때 생긴 가스를 제거한다. 덧가루를 약간 뿌린 조리대 위에 반죽을 올려놓고 지름 25cm인 원형으로 민다. 케이크 팬을 반죽 위에 올린 다음 휠 커터로 팬 테두리를 따라 자른다(반죽이 너무 많이 녹지 않도록 빠르게 작업한다). 원형 반죽을 케이크 팬 바닥에 꼭 맞게 넣는다.

브리오슈 발효시키기: 케이크 팬 위를 덮어 실온에 두고 반죽이 부풀어 오르고 손가락으로 살짝 찔러보았을 때 자국이 약간 남을 때까지 45~60분간 발효시킨다.

오븐 예열: 오븐 선반을 가운데 칸에 끼우고 오븐을 177도(화씨 350도)로 예열한다.

브리오슈 굽기: 브리오슈 반죽 표면에 달걀물을 바른 뒤 데메라라 설탕을 넉넉히 뿌린다. 반죽이 노릇하게 부풀어 오르고 만져보았을 때 단단한 느낌이 날 때까지 20~25분간 굽는다. 오븐에서 꺼내 팬 안에서 15분간 식힌 다음 식힘망에 뒤집어 올린다. 유산지를 떼어낸 뒤 다시 뒤집어 완전히 식힌다. (다음 장에 계속)

알아두기
이 타르트는 잘 덮어서 냉장고에 넣어두면 수일간 보관이 가능하나 만든 당일에 먹는 것이 가장 맛있다. 자르지 않은 브리오슈는 잘 싸서 실온에 하루 동안 둘 수 있다.

① 브리오슈 반죽은 레시피 양 그대로 만들어서 남은 절반은 **고수 설탕을 입힌 브리오슈 꽈배기**(229쪽)나 **브리오슈 소시지빵**(303쪽)을 만드는 데 사용하면 좋다.

브리오슈 자르기: 톱니 칼을 수평으로 들고 케이크 가장자리의 부풀어 오른 부분이 시작되는 지점을 따라 빙 둘러 선을 긋는다. 칼을 조리대와 평행하게 들고 그어둔 선을 따라 길고 고르게 칼질해 케이크를 수평으로 2등분 한다. 위의 시트를 들어 자른 단면이 위로 가도록 도마 위에 조심히 올린다. 아래 시트는 접시에 올린다.

브리오슈 적시고 위의 시트만 자르기: 페이스트리 브러시로 아래 시트 겉면에 넉넉한 양의 꿀 아몬드 시럽을 꾹꾹 누르듯이 바른다. 위 시트의 자른 단면에도 똑같이 바른 다음 뒤집어서 도마 위에 올린다. 톱니 칼로 위 시트를 8조각의 파이 모양으로 자른다(이렇게 일부를 미리 잘라두면 마지막에 잘라서 담아내기가 한결 쉬워진다).

크림 휘핑해 페이스트리 크림과 섞기: 냉장해 둔 페이스트리 크림을 중간 크기의 볼에 넣고 잠시 휘저어 덩어리를 풀어준다. 큰 볼에 냉장해 둔 헤비크림을 넣은 뒤 거품기가 지나간 자국이 남고 거품기로 찍어 올렸을 때 끝이 거의 서는 상태(very firm peak)가 될 때까지 세게 휘핑한다. 크림이 아주 뻣뻣해야지, 그렇지 않으면 필링이 묽어져 타르트 밖으로 흘러나올 수 있다. 휘핑크림의 약 1/3을 페이스트리 크림에 넣고 휘저은 다음 남은 휘핑크림을 다 넣고 스패출러로 살살 뒤적여 섞는다.②

타르트 채워 냉장하기: 시럽에 적셔둔 아래 시트 위에 페이스트리 크림을 떠서 올린 뒤 살살 고르게 펼친다. 크림 위에 잘라둔 위 시트 조각들을 다시 원형이 되도록 올린다. 조합한 타르트는 20분 이상 냉장고에 넣어 둔다. 20분 넘게 냉장할 때는 비닐 랩을 느슨하게 씌운다.

담아내기: 톱니 칼로 브리오슈 조각 사이를 잘라 담아낸다 (위 시트를 미리 잘라두지 않으면 이때 짓눌린 크림이 흘러나오게 된다).

---

② 이 크림 혼합물을 너무 많이 섞으면 공기층이 꺼지고 브리오슈 위에 떠 올릴 때 흘러내릴 수 있으므로 주의한다. 최대한 가벼우면서도 걸쭉한 상태가 좋으므로 살살 섞도록 한다.

그래도 이 혼합물이 너무 묽어서 브리오슈 위에 올렸을 때 모양이 유지되지 않는다면 다시 냉장고에 15분간 넣어 다시 단단하게 만든 후 작업한다.

프루트 케이크

지름 23cm 크기 케이크 2개분(각 20인분 이상)

준비할 도구:

높이 5cm인 23cm(9cm) 케이크 팬 2개,
스탠드 믹서, 23cm 원형 케이크 보드
2개, 짤주머니

과일 혼합물①

건크랜베리 227g(약 1⅔컵)

건커런트(dried currants) 227g(약 1⅔컵)

황금색 건포도(golden raisins) 227g(약
1½컵)

건살구 227g, 다진 것(약 1⅓컵)

건체리 340g(약 2⅓컵)

생강 설탕절임 113g, 다진 것(약 ¾컵)

브랜디, 위스키, 또는 그랑 마르니에 ⅓컵
(77g)

생오렌지즙 ¼컵(57g)

생레몬즙 2큰술(28g)

케이크

호두나 마카다미아 113g(약 1컵)

팬에 바를 버터

중력분 3¼컵(423g)

아몬드 가루 1컵과 2큰술(135g)

다이아몬드 크리스털 코셔 소금 1작은술
(3g)

올스파이스 가루 1작은술

(다음 장에 재료 이어짐)

알림: 연말연시에 이 케이크를 만들려고 12월에 이 레시피를 들여다보고
있다면, 미안하지만 너무 늦었다! 이 프루트 케이크는 2개월간 '숙성'해야 먹을
수 있으므로 10월에는 구웠어야 한다. 매주 브랜디를 2큰술씩 '먹여' 케이크를
보존하고 맛을 낸 다음 잼, 마지팬, 그리고 로열 아이싱을 층층이 입혀 밀봉한다
(이렇게 완성된 케이크는 자르지만 않으면 몇 년은 간다). 그 결과, 프루트
케이크는 무겁기만 하고 맛이 형편없다는 고정관념을 영원히 떨쳐버릴 만한
매우 진하고 밀도 높은 복합적인 디저트가 완성된다. 이 레시피는 내 친구,
조애나 코헤인(Joanna Keohane)이 준 전통 영국식 프루트 케이크 레시피를
변형한 것이다. 그것은 영국인인 그녀의 집안에서 대대로 전해 내려온 레시피다.
나는 머스코바도(muscovado) 대신 흑설탕을, 블랙 트리클(black treacle, 강한 단맛을
지닌 검은색 당밀-옮긴이) 대신 당밀을 사용하고 감귤류 과일 껍질을 설탕에 절이는
대신 생으로 넣음으로써 그것을 완전히 '미국화'했다(역시 미국적인 맛인
마카다미아는 이제는 고인이 된, 이 프루트 케이크의 열렬한 팬이자 견과류
중에서 마카다미아를 가장 좋아했던 어느 가족구성원에 대한 오마주이며, 당신이
원하는 견과류로 대체해도 된다). 이 책에서 시간이 가장 오래 걸리는 레시피지만
대단한 기술을 필요로 하지는 않으므로 재미있고 보람 있는 작업이 될 것이다.

과일 혼합물 밤새 절이기: 큰 볼에 크랜베리, 커런트, 건포도, 살구, 체리, 생강을
넣고 섞어 덩어리진 것을 풀어준다. 과일 위에 브랜디, 오렌지즙, 레몬즙을 붓고
섞어서 골고루 입힌다. 볼에 비닐 랩을 잘 씌워 최소 8시간에서 최대 24시간 동안
절인다.

견과류 굽기: 오븐을 177도(화씨 350도)로 예열한다. 테두리가 있는 작은 베이킹
팬에 견과류를 올린 뒤 짙은 황갈색이 나고 아주 고소한 냄새가 날 때까지
8~10분간 굽되, 중간에 팬을 한 번 흔들어준다. 견과류를 오븐에서 꺼내 식힌
다음 굵게 다진다.

오븐 온도 낮추기: 오븐 온도를 135도(화씨 275도)로 낮춘다. 발효 과정이 없는
매우 밀도 높은 케이크이므로 저온에서 아주 오래 구워 겉을 태우지 않으면서
속을 완전히 익혀야 한다. (다음 장에 계속)

알아두기

로열 아이싱을 입힌 케이크는 수년간 보관이
가능하다(진짜로!). 자른 케이크는 잘 싸서
냉장고에 넣어두면 몇 주간 보관할 수 있다.

① 이 레시피에는 케이크만큼이나 많은 양의
건과일이 들어가므로, 최대한 좋은 품질의
건과일을 사용하도록 한다.

② 케이크에 많은 양의 브랜디를 넣을 때
알코올의 타는 듯한 맛은 사라지므로 알코올
맛이 두드러지지는 않는다.

③ 매주 케이크에 '먹이기' 작업을 잊지 않으려면
달력에 기록해두는 것이 좋다.

무염 버터 3스틱(340g), 실온 상태로 준비

흑설탕 1⅓컵(340g)

무황 당밀 ¼컵(80g)

오렌지 1개의 껍질, 곱게 간 것

레몬 2개의 껍질, 곱게 간 것

대란 7개(350g), 실온 상태로 준비

바닐라 익스트랙트 2작은술

브랜디, 위스키, 또는 그랑 마르니에
4큰술과 2컵(2개월간 매주 2큰술씩
먹이기 위한 것)②

조합

라즈베리잼 16큰술(320g)

마지팬 680g

슈거파우더 8컵(907g)과 덧가루용 소량

대란 흰자 5개분(175g)

코셔 소금 한 꼬집

레몬즙 2큰술

팬 준비: 케이크 팬 2개에 버터를 바르고 바닥에 원형 유산지를 깐다. 팬 안쪽 전체에 유산지 2겹을 두르되, 팬 높이보다 2cm 이상 올라오도록 한다(케이크 표면을 열로부터 보호하기 위함).

마른 재료 준비: 중간 크기의 볼에 중력분, 아몬드 가루, 소금, 올스파이스 가루를 넣고 휘저어 섞는다.

케이크 만들기: 패들을 끼운 스탠드 믹서의 볼에 버터, 흑설탕, 당밀, 오렌지 껍질, 레몬 껍질을 넣고 매끈해질 때까지 저속으로 섞는다. 속도를 중고속으로 높이고 볼 옆면을 한두 번 긁어내리며 가볍고 폭신한 상태가 될 때까지 약 3분간 섞는다. 믹서를 저속으로 켜 둔 채 달걀 1개를 넣고 속도를 올려 섞다가 다시 속도를 낮추고 달걀 1개 넣기를 반복해 아주 매끈한 상태로 만든다. 여기에 바닐라 익스트랙트를 넣고 섞은 다음 밀가루 혼합물을 넣고 가루가 보이지 않을 때까지 섞는다.

과일과 견과류 섞기: 믹서에서 빼낸 볼에 건과일 혼합물과(액체는 다 흡수되었을 테지만 만약 남아 있다면 함께 붓는다) 구운 견과류를 전부 넣는다. 큰 스패출러로 과일과 견과류가 반죽에 고루 섞이도록 뒤적인다. 반죽에 비해 과일의 양이 엄청나게 많아 보이겠지만, 그게 맞다.

팬 채우기: 준비해 둔 팬 2개에 반죽을 긁어 고루 나누어 부은 다음 가장자리까지 고르게 펼친다. 반죽 가운데에 얕고 넓게 팬 모양을 만든다. 케이크가 오븐 안에서 살짝 부풀어 오를 것이므로 이렇게 해두면 윗면을 평평하게 유지할 수 있다.

구워서 식히기: 케이크 팬 2개를 나란히 놓은 다음 표면이 짙은 갈색을 띠고 케이크 테스터나 꼬치로 가운데를 찔러보았을 때 아무것도 묻어나지 않을 때까지 2시간 30분~3시간 동안 굽되, 굽기 시작한 지 1시간 30분 뒤에 두 팬의 위치를 서로 바꾼다. 표면에 있는 과일이 타려고 하면 은박지를 느슨하게 씌운다. 케이크를 오븐에서 꺼내 팬 안에서 완전히 식힌다.

케이크에 브랜디 '먹이고' 팬에서 꺼내기: 케이크 표면 전체를 꼬치로 찔러 구멍을 낸다. 각 케이크 위에 브랜디 2큰술씩을 천천히 부어 흡수시킨다. 케이크를 팬에서 뒤집어 꺼내 식힘망에 올리고 유산지는 떼어내지 않고 둔다. 케이크를 다시 뒤집은 다음 또 한 장의 유산지로 싼 뒤 은박지로 싸서 밀폐 용기에 담는다. 서늘하고 어두운 곳에 두고 케이크를 숙성한다.

2개월간 매주 한 번씩 '먹이기':③ 매주 한 번씩, 케이크의 은박지와 유산지를 조심히 벗기고 브랜디 2큰술씩을 표면에 뿌린다. 이것은 케이크를 오래 보존하고, 깊고 풍부한 맛을 내기 위한 작업이다. 같은 유산지와 은박지로 케이크를 다시 싼 다음 다시 밀폐 용기에 담아 숙성 장소에 놓아둔다.

잼과 마지팬 입히기: 2개월 후, 은박지와 유산지를 벗기고 케이크를 식힘망 위에 올린다. 소형 오프셋 스패출러로 첫 번째 케이크의 윗면과 옆면에 잼 5큰술을 아주 얇게 펴 바른다. 마지팬 170g을 유산지 2장 사이에 놓고 지름 약 30cm의 얇은 원형으로 밀되, 가끔 유산지를 벗기고 슈거파우더를 뿌려 달라붙지 않게 한다. 마지팬 위의 유산지를 벗긴 뒤 잼을 바른 케이크 위에 뒤집어 올리고 나머지 유산지도 벗긴다. 마지팬을 매끈하게 펴서 기포를 제거한 다음 옆면도 꾹꾹 눌러 잼에 붙인다. 남은 잼 5큰술, 마지팬 170g을 두 번째 케이크에 똑같이 입힌다.

유산지를 깐 베이킹 팬에 마지팬을 입히지 않은 면이 위로 가도록 케이크를 뒤집어 올린다. 첫 번째 케이크 표면에 잼 3큰술을 얇게 펴 바른다. 마지팬 170g을 위와 마찬가지로 얇은 원형으로 밀어 잼 위에 올린 뒤 매끈하게 펴서, 가장자리가 처음에 입힌 마지팬과 맞닿도록 한다(군데군데 주름이 지거나 접혀도 괜찮으나 케이크 전체에 빠짐없이 입혀져야 한다). 따뜻한 물을 묻힌 손으로 마지팬의 접힌 부분과 이음새를 문질러 봉한다. 남은 잼 3큰술, 마지팬 170g을 두 번째 케이크에 똑같이 입힌다.

케이크를 최소 4시간에서 최대 24시간 동안 실온에 두되, 중간에 한 번 뒤집어 마지팬이 마르도록 한다.

로열 아이싱 입히기: 거품기를 끼운 스탠드 믹서의 볼에 달걀흰자, 소금 한 꼬집을 넣고 거품이 날 때까지 중속으로 섞는다. 믹서를 끄고 슈거파우더 4컵(454g)을 넣은 뒤 순간 작동 버튼을 몇 번 눌러 설탕을 혼합시킨다. 속도를 중속으로 올리고 매끈하고 윤기가 흐르는 상태가 될 때까지 약 30초간 섞는다. 믹서를 끄고 남은 슈거파우더 4컵(454g), 레몬즙을 넣은 뒤 다시 순간 작동시킨다. 속도를 고속으로 올려 아주 걸쭉하고 윤기가 흐르며 불투명하고 거품기로 찍어 올렸을 때 끝이 설 듯 말 듯한 상태(firm peak)가 될 때까지 45초간 더 섞는다.

각 케이크 윗면에 로열 아이싱을 얇게 펴 바른 뒤 그 위에 원형 케이크 보드를 올려 아이싱을 입힌 면이 밑으로 가도록 케이크를 뒤집는다(아이싱이 '풀' 역할을 한다). 남은 로열 아이싱을 케이크 2개에 고루 나누어 올리고 소형 오프셋 스패출러로 펼쳐 윗면과 옆면의 마지팬이 보이지 않도록 덮는다. 그냥 매끈하게 펴 발라도 되고 소용돌이 모양을 내거나 짤주머니로 원하는 모양을 짜도 된다. 케이크는 덮지 않은 상태로 24시간 동안 실온에 두어 로열 아이싱을 완전히 말린다. 휴, 이제 끝! 드디어 완성이다!

담아내기: 케이크를 얇게 조각내 담아낸다.

가토 바스크

8인분

준비할 도구:

23cm(9in) 분리형 타르트 팬, 스탠드
믹서나 핸드 믹서

체리 콩포트

씨를 뺀 달콤한 생체리 또는 냉동 체리
340g(약 2½컵)
키르시(kirsch, 체리 증류주), 브랜디, 또는
럼 2큰술
설탕 3큰술
생레몬즙 2큰술
옥수수 전분 ¼작은술
곱게 간 레몬 껍질 2작은술

페이스트리 크러스트 및 조합

중력분 2컵(260g)과 덧가루용 소량
베이킹파우더 1작은술(4g)
다이아몬드 크리스털 코셔 소금 ¾작은술
무염 버터 10큰술(142g), 실온 상태로 준비
설탕 ⅔컵(130g)
대란 노른자 1개(16g)
대란 2개(100g)
아몬드 익스트랙트 ½작은술
팬에 바를 버터와 밀가루
페이스트리 크림(321쪽)

가토 바스크(G teau Basque)는 내가 가장 좋아하는 종류의 디저트이다. 간단한 콘셉트(레시피의 길이만큼이나 만드는 것은 간단하지 않지만), 너무 달지 않은 맛, 그리고 언제 어느 때나 어울리는 디저트라는 점까지. 본래 프랑스 바스크 지방에서 유래한 단단한 타르트로, 쿠키 같은 더블 크러스트 안에 페이스트리 크림이나 체리잼을 채워 만든다. 이 버전에서는 달콤한 체리 콩포트와 페이스트리 크림을 둘 다 넣어 일거양득의 효과를 냈다. 손님에게 대접하기에도 아주 좋고, 이동도 편리한 디저트다.

체리 콩포트 만들기: ① 작은 냄비에 체리, 키르시, 설탕을 넣고 중약불에 올린 다음 가끔 저어 설탕을 녹이며 체리에서 즙이 나올 때까지 약 5분간 가열한다. 계속 뭉근히 끓도록 필요하면 불을 조절하고 냄비를 가끔 빙빙 돌리며 체리가 부드러워지고 즙이 걸쭉한 시럽처럼 졸아들 때까지 10~15분간 끓인다. 작은 볼에 레몬즙과 옥수수 전분을 넣고 포크로 저어 매끈한 상태로 만든 뒤, 이것을 체리 혼합물에 넣는다. 다시 뭉근히 끓여 옥수수 전분이 활성화되도록 20초간 가열한다. 냄비를 불에서 내린 다음 레몬 껍질을 넣고 2컵들이 내열 유리 계량컵에 옮겨 담는다. 콩포트의 양이 1¼컵은 되어야 하며, 약간 더 적어도 되지만 1~2큰술 이상 더 많다면 다시 냄비에 담아 좀 더 졸인다. 잘 덮어서 최소 1시간에서 최대 1주일간 냉장 보관해 차갑고 걸쭉해지도록 한다.

페이스트리 만들기: 중간 크기의 볼에 밀가루, 베이킹파우더, 소금을 넣고 휘저어 섞는다.
패들을 끼운 스탠드 믹서의 볼(핸드 믹서를 사용할 때는 큰 볼)에 버터와 설탕을 넣고 볼 옆면을 가끔 긁어내리며 가볍고 폭신한 상태가 될 때까지 중고속으로 약 4분간 섞는다. 믹서를 끄고 볼 옆면을 긁어내린 뒤 달걀노른자, 달걀 1개, 아몬드 익스트랙트를 넣는다. 부피가 늘고 약간 뽀얘질 때까지 중고속으로 약 2분간 섞는다. 속도를 저속으로 줄이고 밀가루 혼합물을 2번에 나누어 넣되, 그 사이에 살짝 섞어준다. 가루가 보이지 않을 때까지만 더 섞는다.
(다음 장에 계속)

알아두기
이 타르트는 잘 덮어서 냉장고에 넣어두면 4일간 보관이 가능하나 만든 당일이나 다음 날 먹는 것이 가장 맛있다(오래 두면 페이스트리가 눅눅해진다). 체리 콩포트는 잘 덮어서 냉장고에 넣어두면 1주간 보관할 수 있다. 타르트 반죽은 잘 싸서 냉장하면 2일, 냉동하면 1개월간 보관이 가능하다. 냉동 반죽은 사용 전 하룻밤 동안 냉장고에서 해동시킨다.

① 체리 콩포트 만드는 단계를 생략하고 싶다면 질 좋은 체리잼으로 대체한다.

레이어 케이크와 고급 디저트

반죽 휴지시키기: 반죽을 볼에 넣고 두어 번 치댄 다음 둘로 나누되, 하나가 다른 하나보다 약간 더 크도록 양을 조절한다. 비닐 랩으로 각 반죽을 싸서 약 1cm 두께의 원반 형태로 누른 뒤 냉장고에 넣고 최소 2시간에서 최대 2일간 차갑게 둔다.②

팬 준비: 타르트 팬의 바닥과 옆면에 버터를 얇게 바른 다음 밀가루를 전체적으로 뿌리고 팬을 쳐서 밀가루를 한 번 털어낸다.

바닥 반죽 눌러 붙이기: 냉장해 둔 반죽 중 더 큰 것을 꺼낸다(작은 반죽은 계속 냉장해 둔다). 칼이나 벤치 스크레이퍼로 반죽을 2등분 한 다음 그중 하나를 다시 6등분 한다. 반죽 6조각을 조리대에 놓고 손바닥을 이용해 약 1cm 두께의 끈 모양으로 민 뒤, 준비해 둔 팬 옆면에 빙 둘러 이어 붙인다. 바닥이 평평한 1컵들이 계량컵 바닥에 밀가루를 살짝 바른 다음 반죽을 팬에 대고 눌러 반죽이 팬 위로 약간 올라오게 만든다. 남은 반죽 절반을 팬에 올리고 밀가루를 약간 묻힌 손으로 눌러 고르게 펼친다. 밑면과 옆면이 만나는 지점을 매끈하게 문지르고 눌러 반죽을 봉한다. 더 평평하고 매끈하게 하려면 1컵들이 계량컵 바닥으로 누른다. 반죽이 차가워지도록 팬을 약 20분간 냉장 보관한다.

위에 덮을 반죽 밀기: 바닥 반죽을 냉장하는 동안, 두 번째 반죽을 냉장고에서 꺼내 덧가루를 약간 뿌린 유산지 위에 올린다. 지름 약 25cm의 원형으로 밀되, 자주 뒤집어주고 필요하면 덧가루를 더 뿌린다(이 반죽은 금방 녹아서

다루기가 어려우므로 달라붙기 시작하면 다시 냉장고에 잠시 넣어 둔다). 반죽을 유산지에 붙은 채로 접시에 올려 냉장 보관한다.

오븐 예열: 오븐 선반을 가운데 칸에 끼우고 오븐을 177도 (화씨 350도)로 예열한다. 테두리가 있는 베이킹 팬에 은박지를 깐다.

타르트 조합하기:③ 냉장해 둔 타르트 바닥 반죽 위에 차가운 체리 혼합물을 긁어 부은 뒤 체리와 시럽을 고루 펼친다. 페이스트리 크림을 부드럽게 휘저은 다음 체리 위에 떠 올리고 스푼 뒷면이나 소형 오프셋 스패출러로 팬 가장자리까지 고르게 펼친다(가장자리에 시럽이 좀 고여도 괜찮다). 남은 달걀 1개를 작은 볼에 푼다. 페이스트리 브러시로 타르트 반죽 가장자리 안쪽에 달걀물을 얇게 바른다. 냉장해 둔 원형 반죽을 꺼내 유산지를 벗기고 타르트 위에 올린다. 타르트 가운데에서부터 바깥쪽으로 살살 눌러 반죽과 크림 사이의 기포를 제거한다. 가장자리를 꾹꾹 눌러 반죽을 팬에 붙인 뒤 튀어나온 부분은 떼어낸다. 반죽 위에 달걀물을 바른 다음 포크로 반죽을 살살 긁어 서로 교차하는 선 모양을 낸다. 타르트를 다시 15~20분간 냉장 보관한다(귀찮겠지만 꼭 필요한 과정이다!).

타르트 굽기: 준비해 둔 베이킹 팬에 타르트를 올린 뒤 윗면이 반들반들해지고 짙은 황갈색을 띨 때까지 45~55분간 굽는다. 타르트를 완전히 식힌 다음(가능하면 하루 종일!) 팬에서 꺼내 담아낸다.

---

② 반죽을 최소 하루 전에 만들어 냉장해두면 다음 날 조합해서 굽기만 하면 되므로 일의 부담을 줄일 수 있다. 게다가 냉장이 잘된 페이스트리와 필링이 다루기가 훨씬 쉽다.

③ 자투리 반죽을 모아두면 타르트 조합 시 표면에 갈라지는 부분을 메울 수 있다. 하지만 베이킹파우더 때문에 굽는 동안 반죽이 부풀게 되므로, 타르트 윗면이 완벽하게 깔끔하지 않더라도 그리 걱정할 필요는 없다.

올 코코넛 케이크

10인분

준비할 도구:

스탠드 믹서, 20cm(8in) 케이크 팬 3개,
푸드 프로세서

코코넛 케이크 레이어

팬에 바를 코코넛오일
박력분 3컵(360g)②
베이킹파우더 1큰술(12g)
다이아몬드 크리스털 코셔 소금 1½작은술
(5g)
무염 버터 2스틱(227g), 실온 상태로 준비
버진 코코넛오일 3큰술(40g), 실온 상태로
준비
백설탕 1¾컵(350g)
대란 4개(200g), 실온 상태로 준비
바닐라 익스트랙트 2작은술
무가당 코코넛밀크 1캔(383g), 잘 흔든 것

조합

무가당 코코넛 플레이크 142g(약 2½컵)
페이스트리 크림, 코코넛 버전(322쪽)
생코코넛 과육 142g③
클래식 크림치즈 프로스팅(324쪽)의 절반
분량

몇 년 전, 이제는 고인이 된 셰프 폴 프루돔(Paul Prudhomme)의 레시피를 보고 코코넛 케이크를 만들던 당시 나는 뉴욕의 작은 아파트 주방에서 코코넛 5개를 깨려고 고군분투했다. 완성된 케이크는 어느 파티에서 나누어 먹었는데, 그 맛을 본 사람들은 아직도 그 케이크에 대해 이야기한다. 자세한 레시피는 잘 생각나지 않지만 나의 기억(코코넛 커스터드로 구분된 여러 개의 얇은 층으로 구성되어 있으며 진짜 코코넛이 잔뜩 들어 있다는 것)은 코코넛 케이크란 어떠해야 하는지에 대한 생각을 확고하게 정립해 주었다. 화이트 케이크에 코코넛 익스트랙트로만 맛을 낸 프로스팅을 입힌 것이 전부인 수많은 레시피들과는 다르게, 이제는 쉽게 구할 수 있는 진짜 코코넛의 다양한 형태(오일, 밀크, 생코코넛, 건코코넛 등)를 활용하고자 했다. 그것들을 전부 다 넣은 이 케이크는 파티에 잘 어울리며 사람들의 입에 오랫동안 오르내리게 될 것이라 자부한다 (게다가 코코넛을 깨부술 필요도 없다).

오븐 예열 및 팬 준비: 오븐 선반 2개를 각각 위에서 세 번째 칸, 아래에서 세 번째 칸에 끼우고 오븐을 177도(화씨 350도)로 예열한다. 케이크 팬 3개의 바닥과 옆면에 녹은 코코넛오일을 바르고 원형 유산지를 깐 다음 매끈하게 펴서 기포를 제거한다. 유산지 위에도 코코넛오일을 바른다.

마른 재료 섞기: 큰 볼에 밀가루, 베이킹파우더, 소금을 넣고 휘저어 섞는다.

버터, 오일, 설탕 크림화하기: 패들을 끼운 스탠드 믹서의 볼에 버터, 코코넛오일, 백설탕을 넣고 저속으로 매끈하게 섞는다. 속도를 중고속으로 높이고 볼 옆면을 한두 번 긁어내리며 아주 가볍고 폭신한 상태가 될 때까지 약 5분간 더 섞는다.

달걀과 바닐라 익스트랙트 넣기: 믹서 속도를 중속으로 줄인 뒤 달걀을 하나씩 넣고 섞기를 반복한다. 아주 가볍고 걸쭉한 상태가 될 때까지 중고속으로 약 1분간 더 섞은 다음 바닐라 익스트랙트를 넣는다. 믹서를 끄고 볼 옆면을 긁어내린다.

마른 재료와 젖은 재료 번갈아 섞기: 밀가루 혼합물의 약 1/3을 넣고 가루가 거의 보이지 않을 때까지 저속으로 섞는다. (다음 장에 계속)

알아두기

이 케이크는 잘 싸서 냉장고에 넣어두면 3일간 보관이 가능하다. 프로스팅을 입힌 케이크는 냉장고에서 프로스팅을 굳힌 다음

비닐 랩으로 느슨하게 덮어 보관했다가, 먹기 몇 시간 전에 실온에 내놓는다. 케이크 시트는 단단하게 감싸서 실온에 두면 2일간 보관할 수 있다.

① 이 레시피를 간소화하려면 케이크 시트 사이에 코코넛 페이스트리 크림 필링 대신 크림치즈 프로스팅을 얇게 바른다(나머지는 레시피대로 하면 된다). 이 경우에는 **클래식 크림치즈 프로스팅**을 절반만 만들기보다는 전량 만드는 것이 좋다.

여기에 코코넛밀크 ½컵(120g)을 넣고 살짝 섞은 다음, 남은 밀가루 혼합물을 2번에 나누어 코코넛밀크 ½컵(120g)과 번갈아 넣는다(남은 코코넛밀크는 케이크 시트를 적실 때 사용할 것이다). 가루가 보이지 않는 상태가 되면 믹서를 끄고 볼을 뺀다. 유연한 스패츌러로 볼 옆면을 긁어내리며 반죽을 몇 번 뒤적여 고루 섞였는지 확인한다.

팬에 채워 굽기: 준비해 둔 케이크 팬 3개에 반죽을 똑같이 나누어 담고(팬당 454g씩) 잘 펼쳐 평평하게 만든다. 팬 2개는 오븐 위 선반에, 1개는 아래 선반에 올리되, 위아래 팬의 위치가 일직선상에 있지 않고 서로 어긋나도록 한다. 케이크가 부풀어 오르며 팬 가장자리에서 막 떨어지기 시작하고, 윗면이 약간 노릇해지며, 케이크 테스터나 이쑤시개로 가운데를 찔러보았을 때 아무것도 묻어나지 않을 때까지 30~35분간 굽되, 굽기 시작한 지 25분 뒤에 두 선반의 위치를 서로 바꾸고 각 팬의 앞뒤를 돌려 넣는다.

케이크 식히기: 케이크를 오븐에서 꺼내 팬 안에서 완전히 식힌다(오븐은 계속 켜 둔다).

코코넛 준비: 케이크를 식히는 동안, 테두리가 있는 작은 베이킹 팬에 코코넛 플레이크를 올린 다음 짙은 황갈색이 나되 한쪽은 여전히 뽀얀 색을 유지할 때까지 약 5분간 굽는다. 오븐에서 꺼내 식힌다. 생코코넛은 큰 조각들만 작게 잘라 푸드 프로세서에 넣고 볼 옆면을 긁어내리며 순간 작동시켜 아주 곱게 다진다. 작은 볼에 옮겨 담는다(양이 1¼컵쯤 되어야 한다).

케이크 시트 자르기: 소형 오프셋 스패츌러나 과도로 케이크 가장자리를 따라 잘라 팬에서 떼어낸다. 식힘망 위에 뒤집어 올리고 유산지를 벗긴 다음 원형 케이크 보드 위에 다시 뒤집어 올린다. 케이크는 아주 평평하게 구워졌을 테니 윗면을 잘라낼 필요는 없다. 다만 시트 3장을 수평으로 2등분 해 6장의 얇은 시트로 만들 것이다.
톱니 칼로 케이크 옆면의 가운데 부분을 빙 둘러 수평으로 선을 긋는다. 톱니 칼을 조리대와 평행하게 든 채 그어둔 선을 따라 길고 고르게 칼질해 케이크를 2등분 한다. 위의 시트를 들어 한쪽에 내려놓는다. 남은 케이크들도 같은 방법으로 잘라 총 6장의 시트가 나오도록 한다.

필링 채워 쌓기: 케이크 시트 1장을 원형 케이크 보드나 접시, 또는 케이크 스탠드에 자른 단면이 위로 가도록 올려놓는다. 프로스팅이 흐를 수 있으니 유산지 여러 장을 케이크 밑에 살짝 끼우듯이 빙 둘러 깐다. 페이스트리 브러시로 남은 코코넛밀크 중 일부를 케이크 표면에 누르듯 발라 시트를 적신다. 소형 오프셋 스패츌러로 페이스트리 크림 ½컵을 시트 윗면에 고르게 펴 바르되, 가장자리에 크림을 바르지 않은 약 0.5cm의 경계를 남긴다. 다진 생코코넛 약 ¼컵(28g)을 크림 위에 고루 뿌린 다음 다른 시트 1장을 자른 단면이 위로 가고 아래 시트와 똑바로 겹치도록 올린다. 살짝 눌러 수평을 맞춘 뒤 마찬가지로 코코넛밀크와 페이스트리 크림 ½컵을 차례로 바르고 생코코넛 ¼컵을 올린다. 이런 식으로 모든 시트를 다 쌓아 올리되, 맨 위의 시트는 자른 단면이 밑으로 가도록 한다.

케이크 프로스팅하기: 소형 오프셋 스패츌러로 크림치즈 프로스팅을 케이크 윗면과 옆면 전체에 펴 바르고 윗면을 매끈하게 다듬는다. 구워서 식힌 코코넛 플레이크를 케이크 옆면과 윗면에 눌러 붙인다.

담아내기: 유산지들을 빼내고 잘라서 담아낸다.

---

② 박력분이 없다면 동량의 중력분으로 대체할 수도 있다. 단, 이때에는 밀가루 1컵당 밀가루 1큰술을 빼고 옥수수 전분 1큰술을 넣는다.

③ 건코코넛이든 생코코넛이든 베이킹을 시작하기 전에 먼저 맛을 본다. 코코넛은 산패가 아주 빠르므로 재료들이 신선한지 꼭 확인한다.

검은깨 파리 브레스트

8인분

준비할 도구:

스탠드 믹서(파트 아 슈 만들 때), 짤주머니
3개

파트 아 슈(346쪽), 짤주머니에 담아 준비

대란 1개, 잘 푼 것

데메라라 설탕, 위에 뿌릴 것

검은깨, 위에 뿌릴 것

헤비크림 1⅓컵(312g), 냉장해 둔 것

페이스트리 크림, 검은깨 버전(322쪽)①

파리 브레스트(Paris-Brest)는 링 모양으로 둥글게 구운 '파트 아 슈' 사이에 프랄린 크림을 채운 프랑스 페이스트리다. 이것은 과거에 파리시에서 브레스트시까지 이어졌던 자전거 경주를 기념하는 디저트로, 그 이름뿐 아니라 모양도 자전거 바퀴에서 영감을 받았다. 캐러멜라이징한 아몬드와 헤이즐넛을 갈아 만든 부드러운 페이스트인 프랄린은 완벽한 맛을 보장하지만 비싸고 찾기가 어려워서, 나는 검은깨 타히니를 즐겨 사용한다. 검은깨는 깊은 맛과 쌉싸름한 맛을 더해주기 때문에, 검은깨가 없으면 확실히 단 맛이 좀 더 두드러질 것이다. 게다가 검은깨의 색은 휘핑크림과 극명하게 대비되고 위에 뿌리면 포인트가 되어서, 파리 브레스트와 아주 잘 어울린다. 내가 디저트 레시피에서 가장 중요하게 생각하는 요소, 즉 '익숙하지만 의외의 면을 지닐 것'에 딱 맞는 디저트가 아닐 수 없다.

오븐 예열 및 팬 준비: 오븐 선반을 가운데 칸에 끼우고 오븐을 204도(화씨 400도)로 예열한다. 46×33cm(18×13in) 베이킹 팬에 유산지를 깔고 가운데에 23cm(9in) 케이크 팬을 올린다. 연필로 케이크 팬 테두리를 따라 선을 그린 뒤 유산지를 뒤집는다(그래도 선은 보일 것이다).

파트 아 슈 링 짜기: 파트 아 슈가 담긴 짤주머니 끝을 잘라 지름 2.5cm 구멍을 낸 다음 일정한 힘을 주며 그려둔 선을 따라 슈 반죽을 링 모양으로 짜되, 시작점과 끝점이 만나는 지점에서는 반죽을 살짝 겹친다.② 그 안쪽에 맞닿도록 또 하나의 링 모양 반죽을 짜되, 시작점 및 끝점이 첫 번째 링과는 다른 곳에 오도록 한다. 그 위에 세 번째 링 모양을 첫 번째와 두 번째 링 사이에 올라가도록 짜되, 역시 시작점과 끝점은 다른 곳에 오게 한다(반죽을 전부, 또는 거의 다 사용한다).

링 장식하기: 파트 아 슈 위에 전체적으로 달걀물을 바른다. 링 반죽을 따라 포크로 긁은 자국을 내서 링 3개의 경계를 없앤다. 반죽 위에 데메라라 설탕과 검은깨를 넉넉히 뿌린다.

파트 아 슈 굽기: 베이킹 팬을 오븐에 넣고 10분간 굽는다. 오븐 온도를 177도 (화씨 350도)로 줄인 뒤 페이스트리가 부풀어 오르고 짙은 황갈색을 띨 때까지 45~55분간 더 굽는다. 완전히 구워지지 않으면 오븐에서 꺼냈을 때 주저앉게 되므로, 확실하지 않다면 몇 분 더 굽는다. (다음 장에 계속)

알아두기
페이스트리 크림과 파트 아 슈는 미리 준비해 두어도 되지만(각 레시피의 '알아두기' 참조), 페이스트리 링을 굽고 필링을 채우는 과정은 먹기 직전에 해야 한다.

① 검은깨 타히니는 온라인이나 중동 식료품점에서 구할 수 있으나 찾기가 어렵다면 일반 타히니로 대체해도 된다. 그러면 멋진 어두운 회색이나 검은깨 특유의 풍미는 포기해야겠지만, 완성된 파리 브레스트는 여전히 맛있을 것이다.

② 파트 아 슈 링은 오븐 안에서 아주 많이 부풀어 오르므로 지름 23cm보다 크게 짜면 팬 밖으로 벗어날 수 있다.

팬을 오븐에서 꺼내 과도로 페이스트리 옆면을 여러 군데 찔러 수증기 배출 구멍을 낸 다음 전원을 끈 오븐에 다시 넣고 문을 살짝 열어 둔 채로 10분간 둔다(페이스트리가 모양을 유지하며 마르도록 하는 과정).

페이스트리 링 자르기: 파트 아 슈 링을 실온에서 완전히 식힌 뒤 유산지에서 떼어내 큰 도마 위에 올린다. 톱니 칼을 조리대와 수평으로 들고 링 테두리의 빈 지점 한 곳에 찔러 넣은 다음, 칼끝이 링의 정중앙을 향하게 하며 링을 수평으로 자른다. 페이스트리를 돌려가며 톱질하듯 잘라, 위의 작은 링을 아래의 큰 링으로부터 분리하는 것처럼 자르면 된다. 위의 링을 조심히 들어 아래 링 옆에 내려놓는다. 위의 링을 2등분 한 뒤 각 조각을 다시 2등분 하기를 두 번 반복해 총 8조각으로 만든다. 아래 링 안쪽에 덜 말라서 축축한 부분이 있으면 숟가락으로 퍼낸다.

크림 휘핑하기: 거품기를 끼운 스탠드 믹서의 볼에 헤비크림을 넣고 중저속으로 시작해 점차 고속으로 속도를 높이며 크림이 걸쭉해지고 거품기로 찍어 올렸을 때 끝이 설 듯 말 듯한 상태(firm peak)가 될 때까지 휘핑한다 (또는 헤비크림을 큰 볼에 담아 손 거품기나 핸드 믹서로 휘핑해도 된다). 크림은 냉장 보관한다.

파리 브레스트 조합하기: 페이스트리 크림을 짤주머니에 옮겨 담고 짤주머니 끝을 잘라 지름 약 1cm 크기의 구멍을 낸 뒤, 아래 링 위에 크림을 눈물방울 모양으로 고른 간격을 두고 짠다(크림을 모두 사용한다). 휘핑한 크림을 냉장고에서 꺼내 다른 짤주머니에 담는다. 짤주머니 끝을 잘라 지름 2.5cm 구멍을 낸 다음 페이스트리 크림 위에 고루 짠다(휘핑크림을 모두 사용한다). 8등분 해둔 페이스트리 링 조각을 크림 위에 원 모양으로 올린다.

담아내기: 톱니 칼을 이용해 위의 링 조각들이 잘린 틈을 잘라 먹는다(이렇게 윗부분을 미리 잘라두면 마지막에 자를 때 필링이 밀려 나오지 않는다).

레몬 절임 머랭 케이크

10인분

준비할 도구:

스탠드 믹서, 일반 믹서나 핸드 블렌더,
20cm(8in) 케이크 팬 3개, 당과용
온도계나 조리용 디지털 온도계, 주방용
토치(선택 사항)

레몬 절임 케이크

팬에 바를 버터

소형 통레몬 절임 3개(약 170g)

플레인 그릭 요거트 ¾컵(180g), 실온
상태로 준비

생레몬즙 2큰술(28g)

바닐라 익스트랙트 2작은술

곱게 간 레몬 1개분의 껍질

박력분 3⅓컵(400g)①

베이킹파우더 1큰술(12g)

베이킹소다 ¼작은술

무염 버터 2스틱(227g), 실온 상태로 준비

채종유나 포도씨유와 같은 중성유 ⅓컵(75g)

설탕 2컵(400g)

대란 5개(250g), 실온 상태로 준비

이탈리안 머랭 및 조합②

레몬 커드(330쪽)

대란 흰자 3개분(105g)

생레몬즙 ½작은술

코셔 소금 한 꼬집

설탕 ¾컵(150g)

바닐라 익스트랙트나 오렌지 블로썸 워터
1작은술

북아프리카와 중동 요리의 주재료인 레몬 절임(preserved lemons)은 달지 않은 요리를 만들 때 생레몬의 과한 신맛 없이 톡 쏘는 레몬 맛만 더해주는 역할을 한다. 베이킹을 할 때는 레몬 맛을 더하는 가장 좋은 방법이 레몬 껍질을 바로 갈아서 넣는 것이지만, 매번 그러기는 쉽지 않다. 나는 문득, 생레몬 대신 레몬 절임을 사용하면 아주 세련되고 흥미로운 방식으로 케이크의 맛을 낼 수 있겠다는 생각이 들었다. 시험 삼아 레몬 절임의 두꺼운 껍질(레몬을 통으로 절여도 보통 이 부분만 사용한다) 몇 조각을 플레인 요거트와 함께 갈아서 반죽에 넣었더니 복합적이면서도 향긋한, 예상보다 훨씬 더 좋은 결과가 나왔다. 레몬 절임은 소금에 절인 것이라 매우 짜므로 레시피에 소금을 더할 필요가 없다. 온라인이나 중동 식료품점에서 유리병에 든 것을 구매하도록 한다.

오븐 예열 및 팬 준비: 오븐 선반 2개를 각각 위에서 세 번째 칸, 아래에서 세 번째 칸에 끼우고 오븐을 177도(화씨 350도)로 예열한다. 케이크 팬 3개의 바닥과 옆면에 버터를 얇게 바른 뒤 바닥에 원형 유산지를 깔고 매끈하게 펴서 기포를 제거한다. 유산지 위에도 버터를 바른다.

젖은 재료에 레몬 섞어 갈기: 레몬 절임은 2등분 해 과육과 씨를 제거해 두꺼운 껍질만 남긴다. 껍질을 물에 헹구고 굵게 다진 다음 무게와 양을 잰다(약 85g, ½컵쯤 되어야 함). 블렌더에 다진 레몬 절임 껍질, 요거트, 레몬즙, 바닐라 익스트랙트, 곱게 간 레몬 껍질을 넣고 저속으로 갈다가 속도를 고속으로 높여 레몬 껍질이 보이지 않는 부드러운 상태가 되도록 간다.

마른 재료 섞기: 중간 크기의 볼에 밀가루, 베이킹파우더, 베이킹소다를 넣고 휘저어 섞는다.

버터, 기름, 설탕 크림화하기: 패들을 끼운 스탠드 믹서의 볼에 버터, 중성유, 설탕을 넣고 저속으로 매끈하게 섞는다. 속도를 중고속으로 높이고 볼 옆면을 가끔 긁어내리며 아주 가볍고 폭신한 상태가 될 때까지 약 5분간 더 섞는다.

알아두기

케이크 시트는 잘 싸서 실온에 두면 2일간, 냉동하면 1개월간 보관이 가능하다(수평으로 잘라서 냉동시킨다). 냉동된 시트는 필링을

바르고 쌓은 다음 잘 덮어서 밤새 냉장고에서 녹인 뒤에 머랭을 입힌다. 케이크 시트에 필링을 발라 쌓는 작업은 하루 전에 미리 해두어도 된다. 이때는 케이크를 잘 덮어

냉장해 두었다가 먹기 전에 머랭을 입힌다. 머랭을 입힌 케이크는 실온에 최소 하루는 둘 수 있지만, 시간이 갈수록 머랭이 꺼진다..

달걀 섞기: 믹서의 속도를 중속으로 줄인 뒤 달걀을 하나씩 넣고 잘 섞기를 반복한다. 중고속으로 아주 가볍고 걸쭉한 상태가 될 때까지 약 1분간 더 섞는다.

마른 재료와 젖은 재료 번갈아 섞기: 믹서를 저속으로 켜 둔 채, 밀가루 혼합물의 약 1/3을 넣고 가루가 거의 보이지 않을 때까지 섞는다. 여기에 요거트 혼합물의 절반을 넣고 살짝 섞은 다음, 남은 밀가루 혼합물을 2번에 나누어 남은 요거트 혼합물과 번갈아 넣는다. 가루가 보이지 않는 상태가 되면 믹서를 끄고 볼을 뺀다. 유연한 스패출러로 볼 옆면을 긁어내리며 반죽을 몇 번 뒤적여 고루 섞였는지 확인한다.

팬에 채워 굽기: 준비해 둔 케이크 팬 3개에 반죽을 똑같이 나누어 담고(팬당 539g씩) 잘 펼쳐 평평하게 만든다. 팬 2개는 오븐 위 선반에, 1개는 아래 선반에 올리되, 위아래 팬의 위치가 일직선상에 있지 않고 서로 어긋나도록 한다. 케이크의 가운데를 눌러보았을 때 탄력이 느껴지고 노릇한 색이 나며 케이크 테스터나 이쑤시개로 가운데를 찔러보았을 때 아무것도 묻어나지 않을 때까지 25~30분간 굽되, 굽기 시작한 지 20분 뒤에 두 선반의 위치를 서로 바꾸고 각 팬의 앞뒤를 돌려 넣는다.

케이크 식히기: 케이크를 오븐에서 꺼내 팬 안에서 완전히 식힌다.

케이크 시트 자르기: 소형 오프셋 스패출러나 과도로 케이크 가장자리를 따라 잘라 팬에서 떼어낸다. 식힘망 위에 뒤집어 올리고 유산지를 벗긴 다음 원형 케이크 보드나 도마 위에 다시 뒤집어 올린다. 케이크는 아주 평평하게 구워졌을 테니 윗면을 잘라낼 필요는 없다. 다만 시트 3장을 수평으로 2등분 해 6장의 얇은 시트로 만들 것이다.

톱니 칼로 케이크 옆면의 가운데 부분을 빙 둘러 수평으로 선을 긋는다. 톱니 칼을 조리대와 평행하게 든 채 그어둔 선을 따라 길고 고르게 칼질해 케이크를 2등분 한다. 위의 시트를 들어 한쪽에 내려놓는다. 남은 케이크들도 같은 방법으로 잘라 총 6장의 시트가 나오도록 한다.

필링 채워 쌓고 케이크 냉장하기: 케이크 시트 1장을 원형 케이크 보드나 접시, 또는 케이크 스탠드에 자른 단면이 위로 가도록 올려놓는다. 프로스팅이 흐를 수 있으니 유산지 여러 장을 케이크 밑에 살짝 끼우듯이 빙 둘러 깐다. 소형 오프셋 스패출러로 소복하게 담은 차가운 레몬 커드 ⅓컵을 시트 윗면에 고르게 펴 바르되, 가장자리에 커드를 바르지 않은 약 1cm의 경계를 남긴다. 다른 시트 1장을 자른 단면이 위로 가고 아래 시트와 똑바로 겹치도록 올린다. 살짝 눌러 수평을 맞춘 뒤 마찬가지로 소복하게 담은 커드 ⅓컵을 펴 바른다. 이런 식으로 모든 시트를 다 쌓아 올리되, 맨 위의 시트는 자른 단면이 밑으로 가도록 한다. 이때쯤이면 시트가 미끄러지기 시작할 수 있으므로 케이크에 비닐 랩을 잘 씌워 냉장고에 넣고 약 20분간 커드를 굳힌다. 불안하면 케이크 한가운데에 꼬치를 꽂아 고정해 두어도 된다.

이탈리안 머랭 만들기: 거품기를 끼운 스탠드 믹서의 볼에(믹서의 모든 부분이 기름기 없이 깨끗해야 머랭이 잘 만들어진다) 달걀흰자, 레몬즙, 소금을 넣는다. 작은 냄비에 설탕과 물 ¼컵(57g)을 넣고 중불에 올린 다음 내열 스패출러로 저어 설탕을 녹인다. 시럽이 끓기 시작하면 젓기를 멈추고 젖은 페이스트리 브러시로 팬 옆면에 붙은 설탕 결정을 쓸어내린다. 당과용 온도계를 냄비에 꽂아둔 채(또는 조리용 디지털 온도계를 사용) 냄비를 자주 빙빙 돌리며 118도(화씨 244도)가 될 때까지 끓인다. (다음 장에 계속)

---

① 박력분이 없다면 동량의 중력분으로 대체할 수도 있다. 단, 이때에는 밀가루 1컵당 밀가루 1큰술을 빼고 옥수수 전분 1큰술을 넣는다.

② 이 레시피를 간소화하려면 이탈리안 머랭을 생략하고 단맛이 조금 있는 크림을 뻣뻣하게 휘핑해서 먹기 전에 케이크에 입힌다.

시럽을 끓이는 동안 믹서를 중고속으로 켜서 달걀흰자를 휘핑해, 시럽이 118도가 될 때쯤 흰자는 거품이 많이 올라온 부드러운 상태가 되도록 한다. 믹서를 중고속으로 켜 둔 채, 냄비를 곧바로 불에서 내려 뜨거운 설탕 시럽을 달걀흰자에 아주 천천히 조금씩 붓는다. 이때 움직이는 거품기 쪽으로 부으면 튈 수 있으니 볼 옆면을 따라 흘러내리도록 붓는다.

머랭 쳐서 케이크에 입히기: 설탕 시럽을 다 넣고 나면 믹서 속도를 고속으로 높여 머랭에 윤기가 자르르 흐르고 거품기로 찍어 올렸을 때 끝이 설 듯 말 듯한 상태(firm peak)가 될 때까지 휘핑한다. 너무 오래 치면 머랭이 마르며 덩어리져서 매끈하게 바를 수가 없으므로 주의한다. 여기에 바닐라 익스트랙트를 넣고 섞는다. 케이크를 냉장고에서 꺼내 랩을 벗긴다. 머랭을 전부 긁어 케이크 위에 올린 다음 오프셋 스패츌러로 윗면과 옆면에 펴 바르되, 전체적으로 물결무늬를 낸다.

토치로 머랭 구워(선택 사항) 담아내기: 유산지들을 빼낸 뒤 주방용 토치로 머랭을 굽고 케이크를 잘라 담아낸다.

크로캉부슈

14인분

준비할 도구:

0.6cm 원형 깍지를 끼운 짤주머니, 2.5cm
원형 커터

크라클랭

무염 버터 1스틱(113g), 실온 상태로 준비

눌러 담은 황설탕 ¾컵(150g)

중력분 1컵(130g)

코셔 소금 한 꼬집

조립

파트 아 슈(346쪽), 짤주머니에 담아 준비

페이스트리 크림, 초콜릿 버전(322쪽)①

생크림 1컵(240g)

백설탕 3¼컵(650g)

우리 언니는 내가 크로캉부슈(Croquembouche)를 처음 만들었을 때의 이야기를 자주 한다. 그때는 요리학교도 다니기 전이었고 레스토랑에서 일해 본 경험도 없었기에 그것을 만드는 게 얼마나 힘든 일인지 알지 못했다. 언니네 집 주방에서 크로캉부슈를 쌓다가 캐러멜을 태워 먹은 나는, 언니의 기억에 따르면, 당장 설탕 좀 더 사 오라며 언니 등을 떠밀었다고 한다. 그 이후 크로캉부슈 만드는 솜씨를 기르고 그 과정을 최대한 매끄럽게 진행하는 몇 가지 전략을 세웠지만, 그래도 그것은 여전히 몇 시간을 꼼짝 못 하고 매달려야 할 만큼 작업량이 아주 많은 일이다. 따라서 페이스트리 크림과 파트 아 슈는 미리 만들어 두기를 추천한다. 여기서는 또 각 퍼프 위에 '크라클랭(craquelin)'이라 불리는 간단한 쿠키 반죽 같은 것을 원형으로 잘라 올려, 구웠을 때 약간의 질감이 느껴지는 둥글고 고른 모양이 나도록 했다. 내가 크라클랭을 즐겨 사용하는 이유는 퍼프 모양이 더 균일해져 쌓기가 쉬워지기 때문이다. 크라클랭을 생략하고 싶다면 그냥 퍼프 위에 달걀물을 발라 구우면 된다. 크로캉부슈에 도전하는 모든 베이커들에게 행운이 있기를.

크라클랭 만들기: 중간 크기의 볼에 버터와 황설탕을 넣고 유연한 스패출러로 부드러운 크림처럼 되도록 섞는다. 여기에 밀가루와 소금을 넣고 가루가 보이지 않는 뻣뻣한 반죽이 될 때까지 섞는다. 반죽을 살짝 치대듯이 몇 번 접어 고르게 잘 섞은 뒤 2등분 한다.

크라클랭 반죽 밀어 원형 커터로 찍기: 크라클랭 반죽 1개를 유산지 2장 사이에 놓고 0.3cm 두께로 민다(주름 없이 밀려면 중간중간 유산지를 벗겼다가 다시 붙인다). 반죽을 유산지째로 베이킹 팬에 올려 냉장고에 넣고 10~15분간 굳힌다. 냉장고에서 꺼낸 반죽 위에 붙은 유산지를 벗긴다. 지름 2.5cm 원형 커터로 최대한 많은 반죽을 찍어낸다. 원형 반죽은 접시에 옮겨 담고 잘 덮어 냉장한다. 두 번째 반죽과 자투리 반죽도 같은 방법으로 찍어내 약 70개의 원형 반죽을 만든다. 굽기 전까지 잘 덮어 냉장고에 보관한다(자투리 반죽은 버린다).

퍼프 굽기: 파트 아 슈 레시피(347쪽)에 따라 플레인 크림 퍼프를 짠 뒤 달걀물 대신 원형 크라클랭 반죽을 각 퍼프 위에 하나씩 올린다. 레시피대로 오븐에 넣고 구워서 식힌다. (다음 장에 계속)

알아두기

크로캉부슈는 만든 지 2시간 이내에 먹어야 캐러멜과 슈의 바삭함을 맛볼 수 있다. 서늘하고 건조한 실온에서 아무것도 씌우지 않은 채 보관한다. 하루 정도는 그렇게

두어도 되지만 시간이 지남에 따라 캐러멜이 눅눅하고 끈적거리게 된다. 크라클랭 반죽은 잘 덮어서 냉장고에 넣어 두면 3일간 보관이 가능하다. 구워서 필링을 채우지 않은 퍼프는 밀폐 용기에 담아 실온에 하루 동안 둘 수 있다.

① 초콜릿 대신 플레인 바닐라 페이스트리 크림이나 검은깨 버전 등, 원하는 필링을 사용해도 좋다!

밑판 준비: 지름 23cm(9in)인 원형 케이크 보드 또는 스프링폼 팬이나 분리형 타르트 팬의 밑판, 아니면 뒤집은 23cm 케이크 팬을 은박지로 싼다. 이것을 더 큰 접시나 케이크 스탠드 위에 올린 뒤 조리대 위에 둔다.

페이스트리 크림 만들어 퍼프에 채우기: 큰 볼에 초콜릿 페이스트리 크림과 생크림을 넣고 매끈해지도록 휘저은 뒤 0.6cm 원형 깍지를 끼운 짤주머니에 옮겨 담는다. 짤주머니 끝을 공기가 들어가지 않도록 비틀어 꼭 쥔다. 깍지를 각 퍼프 바닥에 꽂고 짤주머니를 눌러 퍼프에 크림을 채운다. 가득 채우면 좋지만, 퍼프가 터지거나 필링이 구멍으로 다시 삐져나오지 않도록 주의한다. 최대한 많은 퍼프에 크림을 채운다(가장 아래층이 퍼프 11개로 이루어진 크로캉부슈의 경우 총 66개 정도가 필요하다). 크림을 채운 퍼프들을 식힘망 2개에 나누어 올린다. 테두리가 있는 베이킹 팬 2개에 유산지를 깔고 퍼프들이 놓인 식힘망 2개를 올린다.

1차분 캐러멜 만들기: 깨끗이 씻어 건조한 2컵들이 계량컵이나 그와 비슷한 크기의 내열 용기를 스토브 옆에 놓는다. 작은 냄비에 설탕 2컵(400g)과 물 ½컵(113g)을 넣고 중불에 올린 다음 내열 스패출러로 저어 설탕을 녹인다. 끓기 시작하면 젓기를 멈추고 젖은 페이스트리 브러시로 팬 옆면에 붙은 설탕 결정을 쓸어내린다. 냄비를 자주 빙빙 돌리며 혼합물 가장자리가 노릇해질 때까지 가열한다. 중약불로 줄이고 빙빙 돌려가며 가열하다가 중간 톤의 호박색이 나면(불에서 내려도 계속 어두워지므로 이때 너무 짙은 색이 나면 안 된다) 곧바로 불에서 내려 계량컵에 조심히 붓는다. 캐러멜이 살짝 걸쭉해지도록 잠시 식힌다.

퍼프에 캐러멜 묻히기:② 퍼프를 한 번에 한 개씩, 밑 부분을 잡고 뒤집어 크라클랭을 올린 둥근 부분에 캐러멜을 묻힌다. 잠시 여분의 캐러멜이 떨어지게 두었다가 캐러멜을 묻힌 부분이 위로 가도록 식힘망에 올려 굳힌다. 캐러멜이 점차

굳어서 잘 안 묻힐 수 있으므로 빠르게 작업하되, 데지 않게 주의한다!

2차분 캐러멜 만들기: 모든 퍼프에 캐러멜을 묻히고 나면, 냄비와 계량컵에 묻은 캐러멜을 뜨거운 물로 전부 녹이며 씻는다. 냄비와 계량컵을 잘 건조한 뒤 남은 설탕 1¼컵(250g)과 물 ⅓컵(76g)으로 캐러멜 만드는 과정을 반복한다. 마찬가지로 씻어서 말린 계량컵에 붓는다.

첫 번째 층 쌓기: 은박지로 싼 밑판 가장자리에, 크림을 채우고 캐러멜을 묻힌 퍼프 11개를 서로 맞닿도록 빙 둘러 놓는다. 한 번에 한 개씩, 각 퍼프의 한쪽 옆면에 캐러멜을 묻힌 다음 본래 있던 자리로 가져와 둥근 부분이 밖을 향하고 캐러멜을 묻힌 부분이 바닥에 붙도록 누르며 놓는다. 캐러멜이 굳을 때까지 몇 초간 그대로 잡고 있도록 한다. 이렇게 11개를 전부 붙이면 크로캉부슈의 1층이 완성된다.

크로캉부슈 쌓아올리기: 층마다 퍼프의 개수를 1개씩 줄여가며 캐러멜을 묻혀 붙이는 과정을 반복해 속이 빈 높은 원뿔 모양으로 쌓아 올린다. 퍼프를 아래층 퍼프 2개 사이의 작은 틈에 붙이되, 약간씩 안쪽으로 기울여 꼭대기까지 고른 경사를 이루도록 한다.③ 비교적 작은 퍼프들은 따로 빼두었다가 작은 틈새에 붙인다. 퍼프의 크기에 따라 완전한 링 모양을 만드는 데 필요한 퍼프의 개수가 더 많거나 적을 수 있다. 맨 꼭대기에는 퍼프를 1개만 올려 마무리한다.

가는 실 모양 캐러멜로 장식하기(선택 사항): 캐러멜이 아직 완전히 굳지 않았다면 계량컵에 포크를 담갔다가 뺀다. 포크에서 떨어지는 캐러멜의 모양이 가는 실처럼 되었을 때 포크를 크로캉부슈 주위로 빙빙 돌려 위에서부터 아래까지 캐러멜 실을 입힌다. 캐러멜이 굳기 전까지 원하는 만큼 반복한다. 남은 퍼프들을 맨 아래층 주위에 예쁘게 놓은 다음, 사람들이 직접 떼어 먹도록 한다.

---

② 캐러멜을 다룰 때는 데지 않도록 아주 조심해야 한다(나 같은 경우는 크로캉부슈를 만들 때마다 한두 군데씩 데곤 한다). 파우더 프리 라텍스 장갑을 2겹으로 끼거나 고무장갑을 끼면 화상 위험을 최소화할 수 있다.

③ 크로캉부슈는 중간중간 멀리서 모양을 보며 쌓아 올려야 고른 모양이 나온다. 완벽한 원뿔 모양이 아니어도 걱정하지 말자. 결과는 똑같이 감동적일 테니까!

아침 식사와
브런치

나의 아침 식사는 보통 커피인데, 운이 좋으면 간편한 요거트를 곁들이기도 한다.
대부분의 홈 베이커들도 분명 나처럼 친구들이 놀러 왔을 때나 시간을 내서 아침 식사
혹은 브런치를 준비할 것이다. 이처럼 이 장이 특별한 이유는, 손님을 위해 특별히
준비한 식사를 하면서 그들과 함께 시간을 보내는 것에 관한 내용이기 때문이다.
이 장의 많은 레시피는 이스트를 사용하며, 따라서 전날 미리 준비해 하룻밤 동안
냉장했다가 다음 날 아침에 구울 수 있다는 장점을 지닌다. 나는 아침을 많이 먹는 편은
아니지만 아침에 빵 굽기를 아주 좋아해서, **조금씩 다 넣은 베이글**(249쪽)이나 **호두
메이플 번**(245쪽)을 오븐에 넣을 생각만으로도 아침에 침대에서 벌떡 일어나게 된다.
덤으로, **스페큘로스 바브카**(239쪽)와 **세인트루이스 구이 버터 케이크**(243쪽)처럼
달콤한 레시피들은 디저트로 대접하기에 좋다.

호두 메이플 번(245쪽)

씨앗이 가득 든 메이플 브렉퍼스트 머핀

12개분

준비할 도구:

12구 머핀 틀, 머핀 라이너

껍질을 벗긴 호박씨 ⅓컵과 2큰술(65g)

껍질을 벗긴 해바라기씨 ¼컵과 1큰술(45g)

아마 씨 가루 2큰술(13g)①

데메라라 설탕 1큰술

화이트 또는 블랙 치아시드(chia seeds)
1작은술

양귀비씨 1작은술

중력분 1컵(130g)

통밀가루 ½컵(70g)

베이킹파우더 2¼작은술(9g)

계핏가루 1½작은술

다이아몬드 크리스털 코셔 소금 ¾작은술

무가당 애플소스 1컵(243g)

버진 또는 정제 코코넛오일 ½컵(113g),
살짝 데워 액화시킨 것

눌러 담은 황설탕 ⅓컵(65g)

메이플시럽 ¼컵(80g)

바닐라 익스트랙트 2작은술

냉동 블루베리 1컵(140g)②

비록 이 책의 다른 어딘가에는 머핀에 대한 나의 부정적인 감정이 기록되어 있지만, 쉽고 빠르게 만들 수 있고 휴대가 간편하다는 점은 인정하기에 정말 건강한 아침 식사 메뉴로 보이는(그러면서도 건강만 생각하느라 퍽퍽하고 이상한 맛이 나는 머핀이 아닌) 머핀 하나를 개발하게 되었다. 너무 가볍고, 너무 맛있고, 씨앗을 많이 넣어서 너무 기분 좋게 바삭한 데다 비건이기까지 하다니, 나 자신도 놀라울 따름이다. 베이킹에서 달걀을 빼는 것이 얼마나 어려운 일인지 알기에 비건 레시피를 많이 개발하지 않는데, 여기서는 달걀 대신 아마 씨 가루와 물을 넣었는데 아주 멋진 결과가 나왔다. 기쁜 소식은, 나도 직접 만든 이 머핀을 아침으로 먹었을 뿐만 아니라, 테스트 과정에서 두 살배기 조카에게 주었더니 2개를 맛있게 먹었다는 것이다!

오븐 예열 및 씨앗 굽기: 오븐 선반을 가운데 칸에 끼우고 오븐을 177도(화씨 350도)로 예열한다. 테두리가 있는 작은 베이킹 팬에 호박씨 ⅓컵과 해바라기씨 ¼컵을 뿌려 노릇해지고 고소한 냄새가 날 때까지 6~8분간 굽되, 중간에 팬을 한 번 흔들어준다. 팬을 오븐에서 꺼내 식힌다(오븐은 계속 켜 둔다).

머핀 틀 준비: 12구 머핀 틀에 종이 라이너를 끼워둔다.

아마 씨 가루로 '달걀' 만들기: 중간 크기의 볼에 아마 씨 가루와 끓는 물 ¼컵 (57g)을 넣고 휘저은 뒤 따뜻하게 식을 때까지 약 5분간 한쪽에 둔다.

토핑 섞기: 그러는 사이, 작은 볼에 데메라라 설탕, 치아시드, 양귀비씨, 남은 호박씨 2큰술, 남은 해바라기씨 1큰술을 넣고 섞는다.

마른 재료 섞기: 큰 볼에 중력분, 통밀가루, 베이킹파우더, 계핏가루, 소금을 넣고 휘저어 섞는다.

젖은 재료 섞기: 아마 씨 가루 '달걀'이 든 볼에 애플 소스, 코코넛오일, 황설탕, 메이플시럽, 바닐라 익스트랙트를 넣고 매끈하게 섞는다.

알아두기
이 머핀은 밀폐 용기에 담아 실온에 두면 5일간, 냉동하면 1개월간 보관이 가능하나 만든 당일이나 다음 날 먹는 것이 가장 맛있다.

① 향신료 그라인더로 아마 씨를 갈아 직접 아마 씨 가루를 만들 수 있다. 아마 씨와 아마 씨 가루는 지방 함량이 높아 빨리 산패되므로 냉동실에 보관한다.

② 생블루베리가 있다면 사용해도 되지만, 냉동 블루베리가 반죽에 섞였을 때 터지거나 곤죽이 되는 일이 없어서 작업하기에는 더 편하다.

마른 재료에 젖은 재료 섞기: 가루 혼합물의 한가운데를 움푹하게 만든 다음 거기에 애플 소스 혼합물을 붓는다. 가운데부터 시작해 바깥쪽으로 살살 휘저어 고루 섞인 걸쭉한 반죽을 만든다.

반죽 나누고 토핑 올려 굽기: 4oz(약 114g)들이 스쿱이나 ½컵들이 계량컵으로 반죽을 ½컵쯤 떠서 각 머핀 컵에 담는다. 섞어둔 토핑 혼합물을 머핀 위에 뿌린다. 머핀을 오븐에 넣은 다음 윗면이 단단해지고 살짝 눌러보았을 때 탄력이 느껴질 때까지 25~30분간 굽는다. 오븐에서 꺼내 팬 안에서 10분간 식힌 뒤 식힘망에 뒤집어 올린다. 다시 똑바로 세워서 완전히 식힌다.

커피 커피 케이크

15~20인분

준비할 도구:

33×23cm(13×9in) 팬(금속 소재가 좋음)①, 스탠드 믹서

팬에 바를 버터

커피 층

눌러 담은 황설탕 3큰술

계핏가루 2작은술

인스턴트커피 과립 1큰술②

커피 크럼 토핑

중력분 1¼컵(160g)

눌러 담은 황설탕 ½컵(100g)

인스턴트커피 과립 2작은술

카다멈 가루 ¾작은술

다이아몬드 크리스털 코셔 소금 ¼작은술

무염 버터 1스틱(113g), 조각내 실온 상태로 준비

케이크

중력분 3½컵(455g)

베이킹파우더 2½작은술(10g)

다이아몬드 크리스털 코셔 소금 1½작은술 (6g)

베이킹소다 ½작은술

사워크림 ⅔컵(170g)

진한 원두커피 ½컵(113g)

인스턴트커피 과립 1큰술

바닐라 익스트랙트 2작은술

무염 버터 12큰술(170g), 실온 상태로 준비

채종유나 포도씨유와 같은 중성유 ¼컵 (57g)

백설탕 1컵(200g)

눌러 담은 황설탕 ¾컵(150g)

대란 4개(200g), 실온 상태로 준비

달콤 쌉싸름하고 딱 알맞게 진한 이 커피 맛 케이크는, 마치 맛있는 케이크를 우유 탄 커피와 함께 먹는 것 같은 느낌을 준다. 커피를 세상에서 가장 좋아하는 맛 중 하나로 꼽는 나는, 커피를 넣은 디저트가 더 많아지면 좋겠다고 생각한다. 아주 부드럽고 하루 중 어느 때나 잘 어울리는 이 케이크는 커피의 향긋함과 기분 좋은 쌉싸름함이 미묘하게 더해져 한층 더 완벽하고 균형 잡힌 맛을 낸다. 진한 커피가 굳이 필요하지는 않지만, 한잔 곁들여도 물론 좋을 것이다.

오븐 예열 및 팬 준비: 33×23cm 팬의 바닥과 옆면에 버터를 넉넉히 바른다. 오븐 선반을 가운데 칸에 끼우고 오븐을 177도(화씨 350도)로 예열한다.

커피 층 만들기: 작은 볼에 황설탕, 계핏가루, 인스턴트커피를 넣고 섞는다.

커피 크럼 토핑 만들기: 중간 크기의 볼에 밀가루, 황설탕, 커피 과립, 카다멈 가루, 소금을 넣고 섞는다. 여기에 버터를 넣고 다른 재료에 입혀지도록 섞다가 손끝으로 버터를 으깨 버터 덩어리가 보이지 않고 혼합물이 부슬부슬해 보이지만 꼭 쥐면 뭉쳐지는 상태가 되도록 한다.

마른 재료 섞기: 중간 크기의 볼에 밀가루, 베이킹파우더, 소금, 베이킹소다를 넣고 휘저어 섞는다.

젖은 재료 섞기: 또 다른 중간 크기의 볼에 사워크림, 원두커피, 인스턴트커피 과립, 바닐라 익스트랙트를 넣고 매끈해지도록 휘젓는다.

버터, 기름, 설탕 크림화하기: 패들을 끼운 스탠드 믹서의 볼에 버터, 중성유, 백설탕, 황설탕을 넣고 저속으로 매끈하게 섞는다. 속도를 중고속으로 높이고 볼 옆면을 한두 번 긁어내리며 아주 가볍고 폭신한 상태가 될 때까지 약 5분간 더 섞는다.③

달걀 넣기: 믹서 속도를 중속으로 줄인 뒤 달걀을 한 개씩 넣고, 넣을 때마다 잘 섞는다. 믹서를 끄고 볼 옆면을 긁어내린다. (다음 장에 계속)

알아두기

이 케이크는 단단히 덮어서 실온에 두면 3일간 보관이 가능하다. 자른 케이크 역시 잘 싸서 냉동해 둘 수 있으며, 실온에서 완전히 녹여 먹는다.

① 금속 팬이 없으면 유리로 된 것을 사용해도 되지만 이때는 오븐 온도를 163도(화씨 325도)로 낮추어야 케이크가 더 고르게 구워진다(유리 팬에 구우면 가장자리가 너무 익는 경향이 있다). 시간은 똑같이 40~45분이 걸린다.

마른 재료와 젖은 재료 번갈아 섞기: 믹서를 저속으로 켜 둔 채, 밀가루 혼합물의 약 1/3을 넣고 가루가 거의 보이지 않을 때까지 섞는다. 여기에 사워크림 혼합물의 절반을 넣고 살짝 섞은 다음, 남은 밀가루 혼합물을 2번에 나누어 남은 사워크림 혼합물과 번갈아 넣는다. 가루가 보이지 않는 상태가 되면 믹서를 끄고 볼을 뺀다. 유연한 스패출러로 볼 옆면을 긁어내리며 반죽을 몇 번 뒤적여 고루 섞였는지 확인한다.

케이크 조합하기: 준비해 둔 팬에 반죽 절반을 긁어 담고 가장자리까지 펼쳐 고르게 정리한다. 그 위에 커피 층 혼합물을 고루 뿌려 반죽이 다 덮이도록 한다. 남은 반죽을 올린 뒤 윗면을 매끈하게 정리한다. 반죽 위에 크럼 토핑을 뿌려 반죽을 다 덮는다.

굽기: 윗면이 노릇하게 부풀어 오르고 케이크 테스터나 이쑤시개로 가운데를 찔러보았을 때 아무것도 묻어나지 않을 때까지 40~45분간 굽는다(너무 오래 굽지 않도록 주의한다. 테스터에 아무것도 묻어나지 않아도 케이크 가운데 부분은 출렁이는 느낌이 날 수 있다). 케이크를 오븐에서 꺼내 식힘망 위에서 완전히 식힌다. 정사각형으로 잘라 담아낸다.

② 인스턴트 에스프레소 가루를 인스턴트커피 과립 대용으로 쓰면 안 된다. 인스턴트 에스프레소는 더 곱고 맛이 진해서 케이크가 너무 써질 수 있다.

③ 이 단계에서 유입된 공기층이 케이크를 폭신하게 만들므로 버터, 기름, 설탕을 섞어 크림화할 때는 여유를 가지고 천천히 작업하도록 한다. 서두르면 약간 더 뻑뻑하고 폭신함이 덜한 케이크가 될 수 있다.

메밀 블루베리 스킬렛 팬케이크

4인분①

준비할 도구:

25cm(10in) 오븐용 스킬렛(무쇠로 된 것이
좋음), 일반 믹서나 핸드 블렌더

무염 버터 5큰술(71g)

우유 1컵(227g), 실온 상태로 준비

중력분 ½컵(65g)

메밀가루 ¼컵(30g)

대란 3개(150g), 실온 상태로 준비

설탕 3큰술(38g)

다이아몬드 크리스털 코셔 소금 ¼작은술

카다멈 가루 ¼작은술

생블루베리나 냉동 블루베리 170g(약 1¼컵)

메이플시럽, 곁들이용

나는 어렸을 때조차 팬케이크를 즐겨 먹었던 적이 없다(아침 식사 자체를,
단맛 위주의 아침 식사는 더더욱 잘 하지 않았고 주로 전날 저녁에 먹고 남은
음식으로 때우곤 했으니까). 어른이 된 지금도 전통적인 팬케이크는 좋아하지
않는다. 팬케이크 뒤집기에 소질도 없는 데다, 시럽에 흠뻑 젖은 '내장 폭탄'이
될 수 있기 때문이다. 하지만 더치 베이비(Dutch baby, 독일식 팬케이크로 일반 팬케이크와
달리 오븐에서 굽는다~옮긴이)나 크레페처럼 팬케이크와 비슷한 음식들은 좋아하기에,
이 메밀 스킬렛 팬케이크도 그런 가볍고 가장자리가 바삭한 요리들에서 영감을
얻었다. 더치 베이비와 마찬가지로, 이 팬케이크 속의 브라운 버터와 메밀 반죽도
오븐 안에서 크게 부풀어 오르며 먹음직스러운 갈색을 낸다. 식감은 폭신하진
않지만 풍부하고 부드러워서 꼭 클라푸티(clafoutis, 체리 등의 과일을 넣어 굽는 프랑스 디저트로
팬케이크나 브레드 푸딩과 식감이 비슷하다~옮긴이) 같다. 내가 가장 좋아하는 부분은 새콤한
블루베리가 높은 열을 받아 터지며 잼 같은 토핑으로 변하는 것이다. 그리고 이
팬케이크는 단맛이 조금밖에 안 나서 메이플시럽을 뿌리면 오히려 환영받는 아침
식사가 될 것이다.

브라운 버터 만들기: 작은 냄비에 버터 4큰술(57g)을 넣고 중약불에 올린 다음
내열 스패출러로 휘젓고 냄비 바닥과 옆면을 긁어가며 끓인다. 버터가 튀고
거품이 나며 짙은 갈색 조각들이 보일 때까지 5~7분간 계속 끓인다. 이것을 내열
볼에 싹싹 긁어 옮겨 담는다.

반죽 섞어 휴지시키기: 믹서에 우유, 중력분, 메밀가루, 달걀, 설탕, 소금, 카다멈
가루를 넣은 다음 모든 재료가 잘 혼합되어 묽고 매끈한 반죽이 될 때까지
고속으로 섞는다(또는 모든 재료를 중간 크기의 볼에 넣고 핸드 블렌더로
매끈해지도록 간다). 믹서를 켜 둔 채, 식은 브라운 버터를 조금씩 부어 잘 섞는다.
반죽을 덮어 실온에서 1시간 이상, 또는 냉장고에서 24시간 이내로 휴지시킨다.
(다음 장에 계속)

알아두기
이 반죽은 하루 전에 미리 만들어 잘 덮어서
냉장했다가 사용해도 된다.

① 먹을 사람이 많다면 레시피의 반죽양을
2배로 늘려 33×23cm(13×9in) 베이킹 접시
(금속이나 세라믹 소재가 좋음)에 굽는다.
이때는 스킬렛을 스토브에서 예열할 필요는
없지만 다음과 같이 진행하도록 한다: 오븐
선반을 가운데 칸에 끼우고 오븐을 177도
(화씨 350도)로 예열한다. 베이킹 접시의
바닥과 옆면에 버터를 꼼꼼히 바른 뒤 반죽의
1/3을 붓고 가장자리까지 구석구석 퍼지게
한다. 표면이 매트하게 익고 가운데 부분을

눌렀을 때 약간의 탄력이 느껴질 때까지 약
4분간 굽는다. 팬을 오븐에서 꺼내 남은
반죽을 붓고 그 위에 블루베리 340g을
뿌린다. 다시 오븐에 넣은 다음 가장자리가
부풀어 오르고 갈색을 띠며 가운데 부분도
부풀며 익되, 살짝 출렁임이 느껴지는 상태가
될 때까지 45~55분간 더 굽는다. 스킬렛에
구울 때처럼 대단히 부풀어 오르지는
않겠지만 더 클라푸티 같이 될 것이다.
조각내서 메이플시럽과 함께 담아낸다.

오븐 예열 및 반죽 다시 갈기: 오븐 선반을 가운데 칸에 끼우고 오븐을 232도(화씨 450도)로 예열한다. 반죽을 살짝 갈아 가라앉은 재료들을 다시 혼합한다.

스킬렛 예열 및 반죽과 블루베리 담기: 지름 25cm인 오븐용 스킬렛(무쇠로 된 것이 좋음)을 중강불에 올려 예열한다. 남은 버터 1큰술을 넣고 빙빙 돌려 표면에 입힌다. 스킬렛에 반죽의 약 1/3을 붓고 윗면이 익으며 매트해질 때까지 약 2분간 가열한다(블루베리를 넣었을 때 스킬렛 바닥으로 가라앉지 않도록 밑받침을 만들어주는 단계). 그 위에 남은 반죽을 붓고 블루베리를 고루 뿌린다(냉동 블루베리의 경우 녹이지 않고 그대로 사용한다).

굽기: 스킬렛을 곧바로 오븐에 넣은 뒤 가장자리가 아주 많이 부풀어 오르고 갈색을 띠며 바삭해지고, 가운데 부분이 노릇하게 익고 블루베리가 터질 때까지 15~18분간 굽는다.

담아내기: 스킬렛을 오븐에서 꺼내 약 5분간 그대로 둔다. 팬케이크는 오븐에서 꺼내는 순간 푹 꺼지는데, 그게 정상이다! 팬케이크를 4등분 해 메이플시럽을 뿌려 담아낸다.

브라운 버터 옥수수 머핀

12개분

준비할 도구:

12구 머핀 틀

팬에 바를 녹인 버터와 밀가루

옥수수 낟알 2컵(284g), 큰 옥수수 약
2대에서 잘라낸 것 또는 냉동 옥수수 낟알
녹인 것

무염 버터 1스틱(113g)

꿀 3큰술(64g)

중력분 1컵(130g)

입자가 중간 크기이거나 굵은 노란색 콘밀
½컵(75g)

베이킹파우더 2작은술(8g)

다이아몬드 크리스털 코셔 소금 1작은술
(3g)

대란 2개(100g), 실온 상태로 준비

사워크림 ¾컵(180g), 실온 상태로 준비

버터밀크 ⅓컵(80g), 실온 상태로 준비

설탕 ⅓컵(66g)

앞서 말했듯이 나는 머핀을 별로 좋아하지 않는데, 그건 머핀이 우리를 속이고 있기 때문이다. 귀리나 겨(bran)와 같은 재료들을 눈에 띄게 언급하며 건강한 음식처럼 보이려고 하지만, 사실 머핀은 프로스팅 없는 컵케이크일 뿐이다. 그럴 거면 그냥 케이크를 먹고 말지! 이런 이유로 이 책에 머핀이라고는 비교적 몸에 좋고 건강한 비건 머핀인 **씨앗이 가득 든 메이플 브렉퍼스트 머핀**(216쪽)과 이 옥수수 머핀, 두 가지밖에 없다. 이 옥수수 머핀을 포함한 이유는 단맛이 강하지 않고, 진짜 옥수수의 맛과 톡톡 터지는 느낌이 입안을 가득 채우며, 고소한 브라운 버터가 풍부한 맛을 더하기 때문이다. 촉촉한 케이크 같지만 케이크는 아니다. 갓 구운 뜨거운 상태일 때 가염 버터를 바르거나, 다음 날 버터를 발라 구우면 순식간에 먹어 치울 만한 맛이다.

오븐 예열하기: 오븐 선반을 가운데 칸에 끼우고 오븐을 204도(화씨 400도)로 예열한다.

팬 준비: 12구 머핀 틀에 페이스트리 브러시로 녹인 버터를 얇게 바른다. 각 컵에 밀가루를 조금씩 뿌린 다음 팬을 흔들어 고루 입히고 여분의 가루를 한 번 털어낸다.①

브라운 버터 만들기 및 옥수수 익히기: 옥수수 낟알을 옆에 둔 채(녹인 냉동 옥수수의 경우에는 물기를 제거해야 익힐 때 튀지 않는다), 작은 냄비에 버터를 넣고 중약불에 올린 다음 내열 스패출러로 휘젓고 냄비 바닥과 옆면을 긁어내리며 끓인다. 버터가 튀고 거품이 나며 짙은 갈색 조각들이 보일 때까지 5~7분간 계속 끓인다.② 여기에 옥수수를 튀지 않게 조심히 넣고, 꿀을 넣는다. 중불에서 가끔 저으며 옥수수가 부드러워질 때까지 약 5분간 더 끓인다(녹인 냉동 옥수수의 경우에는 2~3분밖에 안 걸린다). 냄비를 불에서 내려 한쪽에 식혀 둔다.

마른 재료 섞기: 큰 볼에 밀가루, 콘밀, 베이킹파우더, 베이킹소다, 소금을 넣고 휘저어 섞는다.

젖은 재료 섞기: 중간 크기의 볼에 달걀을 넣고 잘 푼 다음 사워크림, 버터밀크, 설탕을 넣고 세게 휘저어 매끈한 상태로 만든다.

알아두기
머핀은 밀폐 용기에 담아 실온에 두면 3일간 보관이 가능하나 만든 당일에 먹는 것이 가장 맛있다.

① 머핀에 맛있고 노릇노릇한 크러스트가 생기도록 틀에 버터와 밀가루를 바르는 것이지만, 시간 절약과 설거지의 용이함을 위해서는 머핀 라이너를 사용해도 된다. 다만, 라이너를 쓰면 각 컵에 반죽 ⅓컵이 다 안 들어가므로 반죽이 좀 남게 된다.

② 버터가 갈색으로 변할 때는 심하게 튈 수 있으니 자리를 뜨면 안 된다. 우유 고형분이 팬에 달라붙어 타는 것을 막으려면 계속 저어야 한다.

여기에 식힌 브라운 버터/옥수수 혼합물을 갈색 조각들까지
싹싹 긁어서 천천히 넣으며(뜨겁지만 않으면 따뜻해도
상관없다) 계속 휘저어 섞는다.

마른 재료에 젖은 재료 섞기: 가루 혼합물의 한가운데를
움푹하게 만든 다음 거기에 젖은 재료 혼합물을 붓는다.
유연한 스패출러로 가운데부터 시작해 바깥쪽으로 살살
섞어 가루가 보이지 않는 매끈하고 균일한 반죽을 만든다.

틀에 채워 굽기: ½컵들이 계량컵으로 반죽을 고르게 떠서
준비해 둔 머핀 틀에 붓는다. 머핀 윗면이 봉긋하게 부풀어
오르고 황갈색이 나며 가운데 부분을 눌렀을 때 탄력이
느껴질 때까지 15~20분간 굽는다.③ 머핀을 오븐에서 꺼내
틀 안에서 5분간 식혔다가 식힘망에 뒤집어 올린 다음 다시
뒤집어 세워 완전히 식힌다.

---

③ 이 머핀은 굽는 동안 크게 봉긋해지는
않는다. 높고 탄탄하게 솟아오른 모양을
내려고 밀가루를 더 넣었다가는 퍽퍽하고
맛없는 머핀이 될 수 있다. 그래서 나는
밀가루량을 늘리지 않고 조금이라도 더
봉긋해지도록 204도(화씨 400도)라는
높은 온도에 굽는다(온도가 높으면 머핀

가장자리가 더 빨리 익어서 반죽이 옆으로
퍼지지 않고 위로 솟아오르게 된다). 그래도
성능이 약한 오븐에서는 위가 납작하게
구워질 수 있다. 이런 경우 다음번에 구울
때는 온도를 15도(화씨로는 25도) 높여
굽는다.

아침 식사와 브런치

클래식 잉글리시 머핀

약 8개분

준비할 도구:

조리용 디지털 온도계, 스탠드 믹서,
9cm(3.5in) 원형 커터(선택 사항),
번철이나 큰 스킬렛(무쇠로 된 것이 좋음)

우유 1½컵(360g)

무염 버터 2큰술(28g)

꿀 2큰술(43g)

활성 드라이 이스트 1작은술(3g)

강력분 2¾컵(360g)

통밀가루 ¼컵(35g)

다이아몬드 크리스털 코셔 소금 2작은술
(6g)

볼과 베이킹 팬에 바를 중성유

팬에 뿌릴 콘밀 소량

오븐이 아닌 스토브 위에서 굽는 이 잉글리시 머핀은 파는 것과 모양이 아주 비슷하지만 맛은 백만 배 더 좋다. 그 비법 중 하나는 오래전부터 사용되었던 방법으로, 우유를 '끓기 직전까지 데우는(scalding)' 것이다. 이를 통해 우유 속의 유청 단백질이 변성되어, 반죽에 넣었을 때 글루텐 형성을 촉진하고 수분 유지력을 높인다(둘 다 잉글리시 머핀 특유의 구멍이 숭숭 난 모양을 내는 데 중요한 역할을 한다). 반죽은 하룻밤 동안 냉장고에서 휴지시켜야 다음 날 아침 식사로 갓 구운 머핀을 먹을 수 있으며, 물기가 많고 끈적거리는 반죽을 다루기 쉬워진다. 나는 균일한 모양의 머핀을 만들기 위해 원형 커터를 사용했지만, 커터가 없거나 반죽을 조금도 남김없이 다 사용하고 싶다면 주석 ①을 참고하자. 번철이 있으면 머핀을 한꺼번에 구울 수 있으나 스킬렛에 몇 개씩 나누어서 구워도 좋다.

우유 데우기: 작은 냄비에 우유를 부은 뒤 중불에 올려 김이 오르기 시작하고 표면에 막이 생길 때까지만 가열한다. 가장자리에 작은 거품들이 올라올 수는 있지만 완전히 끓지는 않도록 한다. 이 온도를 유지하며(필요한 경우 불을 약간 줄인다) 약 30초간 데우다가 냄비를 불에서 내린다. 여기에 버터와 꿀을 넣고 휘저은 다음 가끔 저으며 뜨겁지 않을 정도로 식을 때까지 10~15분간 둔다 (이스트를 활성화할 때 사용할 것인데 너무 뜨거우면 이스트가 죽게 되므로 40도(화씨 105도) 정도로 미지근해야 한다).

이스트 활성화하기: 작은 볼에 이스트와 우유 혼합물 2큰술을 넣고 저어 이스트를 녹인다. 거품이 날 때까지 약 5분간 그대로 둔다.

반죽 만들기: 반죽용 갈고리를 끼운 스탠드 믹서의 볼에 강력분, 통밀가루, 소금, 우유 혼합물, 이스트 혼합물을 넣고 저속으로 섞어 가루들이 액체에 혼합되도록 한다. 속도를 중고속으로 높여 섞으며 유연한 스패츌러나 스크레이퍼로 가끔 볼 옆면을 긁어내린다. 반죽이 탄력 있고 매끈하며 갈고리에 딸려 올라가지만 여전히 물기가 많고 끈적거리는 상태가 될 때까지 8~10분간 섞는다. (다음 장에 계속)

알아두기
잉글리시 머핀은 만든 당일에 먹는 것이 가장 맛있지만 밀폐 용기에 담아 실온에 두면 3일간, 냉동하면 2개월간 보관이 가능하다.

① 커터가 없거나 반죽을 조금도 버리고 싶지 않다면 납작하게 만든 반죽을 기름칠한 벤치 스크레이퍼로 약 9cm 크기의 아무 모양으로나 잘라 구우면 된다. 원형은 아니어도 맛은 똑같이 좋을 것이다.

반죽 발효시키기: 다른 큰 볼에 기름을 넉넉히 바르고 반죽을 긁어 담는다. 반죽이 볼에 붙지 않고 자유롭게 움직이도록 볼을 흔들어준다. 비닐 랩으로 볼을 잘 씌워 따뜻한 곳에서 반죽이 기포를 가득 머금어 두 배로 부풀 때까지 1시간~1시간 30분 동안 발효시킨다.

베이킹 팬 준비: 반죽이 발효되는 동안 테두리가 있는 큰 베이킹 팬에 유산지를 깔고 브러시로 기름을 넉넉히 바른다. 그 위에 콘밀을 뿌린다.

반죽 납작하게 만들어 휴지시키기: 발효된 반죽을 스크레이퍼나 스패출러로 살살 떼어내 준비해 둔 베이킹 팬 위에 올린다. 이때 반죽의 공기가 너무 많이 빠지지 않도록 주의한다. 유산지 1장을 준비해 브러시로 기름을 넉넉히 바른 다음, 기름칠한 쪽이 밑으로 가도록 반죽 위에 올리고 손바닥으로 눌러 약 1cm 두께의 얇은 판처럼 만든다. 유산지를 떼지 말고 그대로 둔 채, 팬을 비닐 랩으로 씌워 냉장고에 넣고 최소 8시간에서 최대 12시간 동안 휴지시킨다(반죽이 차가우면 다루기도 쉬울 뿐만 아니라 완성된 머핀의 맛도 더 좋아진다).②

머핀 성형하기: 냉장고에서 베이킹 팬을 꺼내 랩을 벗기고 반죽 위에 붙은 유산지를 벗긴다. 지름 9cm인 원형 커터에 기름을 바른 다음 반죽을 찍되, 간격을 최대한 좁혀 자투리는 최소화하고 가능한 한 많은 머핀을 찍어내도록 한다. 반죽이 끈적이므로 필요하면 손에 기름을 발라 커터를 꼭 누른 뒤, 커터가 유산지에 닿으면 한 번 비틀어준다. 반죽의 크기나 찍는 간격에 따라 7~9개의 머핀이 나온다. 자투리가 많이 남으면 뭉쳐서 한 번 더 찍어낸다. 남은 반죽은 버리고 원형 반죽들 사이에 약간의 간격을 둔다.

머핀 굽기: 예열하지 않은 번철이나 큰 스킬렛에 원형 반죽을 약 1cm 간격을 두고 최대한 여러 개 올린다 (스킬렛의 경우 여러 번 나누어 구워야 한다). 중약불로 머핀이 부풀어 오르고 밑면이 바삭하며 짙은 갈색을 띠고 윗면이 매트해질 때까지 7~10분간 굽는다. 머핀을 살살 뒤집은 뒤 약불로 줄이고 밑면이 짙은 갈색을 띨 때까지 5~7분간 더 굽는다.③ 너무 빨리 노릇해진다면 불을 낮춘다. 천천히 구워야 속에 구멍이 숭숭 나고 가운데 부분이 완전히 익는다. 스킬렛을 사용한다면 남은 반죽을 약불에 올려 같은 시간 동안 굽는다.

식히고 반 가르기: 다 구워진 잉글리시 머핀을 식힘망에 올려 완전히 식힌다. 뽀얀 머핀 테두리의 중간에 포크로 빙 둘러 구멍을 낸 다음 천천히 반으로 가른다. 그대로 또는 구워서 먹는다.

---

② 냉장 휴지는 12시간을 넘기지 않는다. 그 시간을 넘기면 반죽이 너무 축축해져 글루텐이 파괴되고, 그 결과 머핀이 납작하고 뻑뻑해진다.

③ 머핀을 스킬렛이나 번철 안에서 이리저리 움직여 고루 황갈색으로 익도록 한다. 스킬렛의 경우에는 불 위에서 위치를 조금씩 옮겨가며 구워도 된다.

고수 설탕을 입힌 브리오슈 꽈배기

8개분

준비할 도구:

스탠드 믹서(브리오슈 반죽 만들 때)

데메라라 설탕 ½컵

고수씨 가루 1큰술②

코셔 소금 한 꼬집

브리오슈 반죽(352쪽)의 절반 분량,

냉장해 둔 것

중력분, 덧가루용

무염 버터 4큰술(57g), 녹인 것

이 책에는 **브리오슈 반죽**(352쪽)①을 절반만 사용하는 레시피들이 몇 개 있다. 만일 전량을 만들어 두어서 남은 절반을 쓸 곳을 찾고 있다면 이 꽈배기를 만들어 보자. 매력적인 요소가 별로 없는 수수한 레시피 중 하나지만, 고수 설탕(그냥 데메라라 설탕에 고수씨 가루를 섞은 것)은 예상외로 맛이 좋다. 고수는 주로 달지 않은 요리에 사용되나, 설탕과 섞이면 캐모마일이 연상되는 레몬 같은 향긋함을 더해준다. 저녁에 만들어 밤새 냉장했다가 다음 날 아침에 구우면 커피에 적셔 먹기 아주 좋은, 은은한 단맛을 지닌 빵이 된다.

고수 설탕 만들기: 작은 볼에 데메라라 설탕, 고수씨 가루, 소금을 넣고 섞는다. 접시에 뿌려두었다가 꽈배기에 묻힐 때 사용한다.

반죽 분할 및 팬 준비: 브리오슈 반죽을 64g씩 8등분 한다. 저울이 없으면 눈대중으로 해도 된다. 유산지를 깐 베이킹 팬에 반죽을 올린 다음 비닐 랩을 씌워, 녹지 않게 냉장고에 보관한다(녹으면 작업하기가 쉽지 않다).

꽈배기 모양 만들기: 반죽을 1개씩 냉장고에서 꺼내 조리대 위에 올려놓은 뒤 약 25cm 길이의 끈 모양으로 밀되, 가운데로 갈수록 힘을 좀 더 주어 양 끝을 가운데보다 약간 더 두껍게 만든다. 밀가루를 뿌리지 않아야 마찰력 때문에 반죽이 더 잘 늘어나지만, 반죽이 달라붙는다면 밀가루를 최소량만 뿌린다. 반죽 표면에 페이스트리 브러시로 녹인 버터를 바른 다음 고수 설탕 위에 놓고 굴려 전체적으로 입힌다. 반죽 가운데를 잡고 양쪽 반죽을 한두 번 꼬아서 꽈배기 모양을 만든다.③

꽈배기 반죽을 다시 냉장고 안의 팬 위에 놓고 랩을 덮은 뒤, 남은 반죽들을 가지고 같은 작업을 반복한다. 냉장고에서 꺼냈다가 다시 집어넣는 과정을 통해 모든 반죽은 같은 정도로 발효된다. 팬을 잘 씌워두면 이 시점부터 최대 12시간까지 냉장 보관이 가능하다. (다음 장에 계속)

알아두기
구운 꽈배기는 잘 덮어서 실온에 두면 3일간 보관이 가능하나 만든 당일에 먹는 것이 가장 맛있다.

① **브리오슈 소시지빵**(303쪽)과 **살구 크림 브리오슈 타르트**(102쪽) 참조.

② 고수씨 가루 대신 카다멈 가루 ½작은술이나 팔각 가루 ½작은술 또는 계핏가루 2작은술을 사용해도 된다.

아침 식사와 브런치

꽈배기 발효시키기: 냉장고에서 꽈배기 반죽을 꺼낸다. 간격을 고르게 조정한 뒤 랩을 씌운 채 실온에 두고, 꽈배기가 부풀어 오르고 손가락으로 찔렀을 때 반죽이 다시 올라오되 자국이 약간 남을 때까지 55~65분간 발효시킨다.

오븐 예열하기: 반죽이 발효되는 사이, 오븐 선반을 가운데에 끼우고 오븐을 177도(화씨 350도)로 예열한다.

굽기: 발효가 끝난 반죽의 랩을 벗기고 오븐에 넣은 뒤 황갈색이 날 때까지 20~25분간 굽는다. 팬 위에서 식힌다.

③ 끈 모양 반죽으로 단순한 매듭이나 나선 등, 원하는 모양을 만든다. 단, 어떤 모양을 만들든 반죽이 오븐 안에서 부풀 공간이 있어야 하므로 너무 타이트하게 꼬지는 않는다.

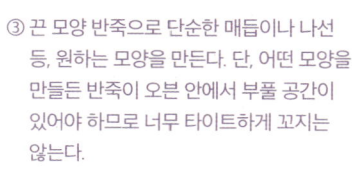

딸기 아몬드 보스톡

8개분

준비할 도구:

아몬드 슬라이스 ¼컵

딸기 454g 꼭지를 따고 세로로 얇게
슬라이스한 것①

설탕 2큰술

구운 브리오슈(352쪽) 1개나 시판
브리오슈 또는 할라 브레드(challah bread, 여러
가닥으로 꼬아서 만드는 유대인의 전통 빵-옮긴이) 1개, 2cm
두께로 8등분 한 것②

꿀 아몬드 시럽(320쪽)의 절반 분량

질 좋은 딸기잼 ¼컵

프랑지판(329쪽) 1컵, 실온 상태로 준비

보스톡(bostock) 또는 두 번 구운 브리오슈는 프렌치토스트의 사촌 격이지만
위에 프랑지판을 올려 굽는다는 차이가 있는 프랑스의 아침 식사용 페이스트리다
(아몬드 크림인 프랑지판은 아몬드 크루아상 안에서 보슬보슬한 식감을 내는
바로 그것이다). 보스톡은 좋은 브런치 레시피의 조건을 다 갖추었다. 하루 지난
빵을 소진하기에 안성맞춤인 데다 미리 조합해 둘 수 있으며(일단 재료들이
준비되고 나면) 세련된 느낌도 좀 나니까. 생딸기만 아니면 어느 계절이든 만들 수
있지만, 개인적으로는 생딸기가 주는 산뜻함이 좋다.

오븐 예열 및 아몬드 굽기: 오븐 선반을 위에서 세 번째 칸에 끼우고 오븐을
177도(화씨 350도)로 예열한다. 테두리가 있는 작은 베이킹 팬에 아몬드를 흩뿌린
뒤 노릇해지고 고소한 냄새가 날 때까지 8~10분간 굽되, 중간에 팬을 한 번
흔들어준다. 팬을 오븐에서 꺼내 식힌다(오븐은 계속 켜 둔다).

딸기 절이기: 큰 볼에 딸기와 설탕을 넣고 섞은 뒤 즙이 나오도록 잠시 절여둔다.

보스톡 조합하기: 그러는 사이, 테두리가 있는 베이킹 팬에 유산지를 깔고 자른
브리오슈를 고른 간격을 두고 올린다. 브리오슈 양면에 꿀 아몬드 시럽을 얇게
바른다(시럽은 다 쓰지 않아도 된다). 버터나이프나 소형 오프셋 스패출러로
브리오슈 한쪽 면에 딸기잼을 아주 얇게 펴 바른다. 브리오슈 1쪽당 프랑지판
2큰술을 잼 위에 살살 펴 바른다. 딸기의 절반을 브리오슈 개수만큼 고르게
나누어 프랑지판을 바른 면 위에 올린다.

보스톡 굽기: 베이킹 팬을 오븐에 넣은 뒤 프랑지판 가장자리가 갈색을 띠고
딸기에서 즙이 나오고 물러지며 브리오슈 밑면이 노릇해질 때까지 25~30분간
굽는다.③

완성 및 담아내기: 보스톡을 오븐에서 꺼내 잠시 식힌다. 남은 딸기를 고르게
나누어 올린 뒤 구운 아몬드를 뿌린다.

알아두기

보스톡은 잘 덮어 실온에 두면 3일간 보관이
가능하나 만든 당일에 먹는 것이 가장 맛있다.
굽기 하루 전에 미리 시럽, 잼과 프랑지판을
바른 뒤 베이킹 팬에 올리고 랩을 씌워 냉장해
두어도 된다.

① 딸기 대신 씨를 뺀 체리, 블루베리,
블랙베리나 슬라이스한 생무화과를 넣고 각
과일로 만든 잼을 사용해도 된다!

② 시판 빵은 크기가 다양하므로 시판 빵을
사용할 때는 꿀 아몬드 시럽, 딸기잼,
프랑지판을 레시피 양보다 넉넉하게

준비하도록 한다.

③ 브리오슈 밑면에도 시럽을 얇게 발라서
노릇해지므로 다 구워갈 때쯤 밑면의 색을
확인한다. 색이 너무 짙다면 베이킹 팬을 하나
덧대어 열을 막는다.

바브칼라

12인분

준비할 도구:

조리용 디지털 온도계

반죽

우유 ½컵(113g)

활성 드라이 이스트 1봉(7g, 약 2¼ 작은술)

백설탕 ⅓컵(66g)

대란 노른자 4개(70g)

바닐라 익스트랙트 1작은술

중력분 3컵(390g)과 덧가루용 소량

다이아몬드 크리스털 코셔 소금 1작은술
(3g)

무염 버터 1스틱(113g), 약 1cm로 조각내
실온 상태로 준비, 그리고 볼에 바를 것
소량

필링 및 조합

세미스위트 초콜릿 170g, 곱게 다진 것
(약 1컵)

눌러 담은 황설탕 ⅓컵(65g)

계핏가루 1½작은술

코셔 소금 한 꼬집

무염 버터 4큰술(57g), 녹여서 식힌 것

대란 1개, 잘 푼 것

데메라라 설탕, 위에 뿌릴 것

이 레시피의 최초 버전은 원래 <본아페티>지의 2015년 연말 특집호에 실렸다. 내가 바브카와 할라 브레드를 짬뽕하려고 하자, 내 친구이자 잡지사 동료인 줄리아 크레이머(Julia Kramer)가 바브칼라(Babkallah)라는 이름을 지어주었다. 레시피가 공개된 이후 몇 가지 사소한 수정 사항이 있었지만, 거의 그대로인 것이나 마찬가지다. 연중 어느 때나 만들어 볼 수 있는 재미있는 레시피며 (스탠드 믹서 필요 없음) 휴대가 간편해 선물용으로도 좋다. 전통 할라 브레드에는 주로 버터가 아닌 기름이 들어가지만, 여기서는 버터를 써서 달콤한 이스트 반죽에 가깝게 만들었다. 나는 바브카에 가장 흔히 쓰이는 초콜릿과 계피 필링을 선택했지만 잼, 초콜릿 헤이즐넛 스프레드나 239쪽의 **스페큘로스 바브카**에 사용된 쿠키 버터 필링을 써도 좋다.

이스트 활성화하기: 작은 냄비에 우유를 담고 약불에 올린 다음 냄비를 빙빙 돌리며 약 40도(화씨 105도)로 미지근해질 때까지 데운다(전자레인지로 데워도 되지만 너무 뜨거워지지 않도록 주의한다). 우유를 큰 볼에 옮겨 부은 뒤 이스트를 넣고 휘저어 녹인다. 거품이 날 때까지 5~10분간 그대로 둔다.

반죽 만들기: 이스트 혼합물이 든 볼에 백설탕, 달걀노른자, 바닐라 익스트랙트를 넣고 휘저어 섞는다. 여기에 밀가루, 소금, 버터를 넣고 나무 스푼으로 대강 섞어 거칠고 울퉁불퉁한 형태로 만든다. 이 반죽을 밀가루를 약간 뿌린 조리대 위에 올리고 필요한 경우 가루를 더 뿌려가며 반죽이 매끈하고 유연하며 매트해질 때까지 8~10분간 치댄다(반죽용 갈고리를 끼운 스탠드 믹서를 이용할 때는 중속으로 5~8분간 섞는다).

반죽 발효시키기: 버터를 바른 크고 깨끗한 볼에 공 모양으로 뭉친 반죽을 담는다. 볼에 비닐 랩을 씌워 따뜻한 곳에 두고 반죽이 두 배로 부풀 때까지 1시간 30분~ 2시간 30분(주변 온도에 따라) 동안 발효시킨다.

필링 만들기: 작은 볼에 초콜릿, 황설탕, 계핏가루, 소금을 넣고 섞는다.

반죽에 필링 채우기: 반죽을 깨끗한 조리대 위에 올리고 3등분 한다. 각 반죽을 30cm 길이의 끈 모양으로 만든다. (다음 장에 계속)

알아두기
구운 바브칼라는 잘 싸서 실온에 두면 4일간 보관이 가능하나 만든 당일이나 다음 날 먹는 것이 가장 맛있다.

아침 식사와 브런치

손바닥 아랫부분으로 각 반죽을 납작하게 누른 다음 밀대를
이용해 30×15cm(12×6in) 크기의 직사각형으로 민다
(덧가루는 뿌리지 않아도 된다). 각 직사각형 반죽 표면에
녹인 버터를 바른 뒤 초콜릿 혼합물을 고르게 나누어
뿌리되, 반죽의 양쪽 긴 변 중 한쪽에 혼합물을 뿌리지 않은
1cm 두께의 경계를 남긴다. 그 반대쪽부터 반죽을 돌돌 만
다음 이음매 부분을 손으로 꼬집듯이 눌러 봉한다.①

땋아서 한 덩어리로 합치기: 유산지를 간 베이킹 팬 위에
반죽 3개를 이음매 부분이 밑으로 가도록 나란히 놓는다.
반죽의 한쪽 끝을 하나로 합쳐 눌러 붙인 뒤 반죽을 땋는다.②

반대쪽 끝도 하나로 합쳐 붙이고 양 끝을 밑으로 접어
넣는다. 비닐 랩을 느슨하게 씌워 따뜻한 곳에 놓고 반죽이
1.5배로 부풀 때까지 1~2시간 동안 둔다.

오븐 예열하기: 오븐 선반을 가운데 칸에 끼우고 오븐을
177도(화씨 350도)로 예열한다.

굽기: 반죽에 달걀물을 바른 뒤 데메라라 설탕을 넉넉히
뿌린다. 표면이 짙은 갈색을 띨 때까지 35~45분간 굽는다.
식힘망 위에 올려 완전히 식힌다.

---

① 반죽을 땋는 동안 풀리지 않도록 잘
봉해야지, 그렇지 않으면 완성된 바브칼라의
나선형 필링 모양이 망가질 수 있다.

② 반죽은 약간 느슨하게 땋도록 한다. 너무
타이트하게 땋으면 반죽이 오븐 안에서
중앙선을 따라 갈라질 수 있다. 하지만 설령
그런 일이 벌어지더라도 맛과 식감에 안 좋은
영향을 주지는 않을 것이다.

스페큘로스 바브카

2개분①

준비할 도구:

스탠드 믹서('달콤한 이스트 반죽' 만들
때), 11×22cm(4.5×8.5in) 로프 팬 2개
(윗부분을 쟀을 때), 조리용 디지털 온도계

팬에 바를 버터
스페큘로스 쿠키 버터 1컵(280g)
무염 버터 2큰술과 1½스틱(200g), 녹여서
식힌 것
계핏가루 1큰술과 2작은술
다이아몬드 크리스털 코셔 소금 1작은술
(3g)
중력분 1⅓컵(173g)과 덧가루용 소량
눌러 담은 황설탕 ½컵(100g)
달콤한 이스트 반죽(344쪽)
대란 1개, 잘 푼 것

나는 시나몬 바브카(일명 하찮은(lesser) 바브카)에 전혀 관심이 없었고 항상
초콜릿 바브카를 선호했다. 그러나 약간의 실험 끝에, 스페큘로스(델타 항공에서
나눠주는 가볍고 바삭한 벨기에산 향신료 쿠키)로 만든 스프레드인 쿠키 버터가
최고의 필링이 될 수 있다는 것을 알아냈다. 쿠키 버터는 계피 맛을 내주는
이상적인 재료일 뿐만 아니라, 반죽에 아주 잘 발리고 구운 뒤에도 부드러움과
크리미함을 유지하며 초콜릿은 하지 못하는 방식으로 촉촉함과 풍부함을
더해준다. 나는 쿠키 버터가 미국에 퍼지기 전, 프랑스 요리학교에 다닐 때 처음
그것을 맛보았는데, 지금은 훨씬 구하기가 쉬워졌다. 고전적인 로투스(Lotus)
브랜드 제품을 구할 수 없다면 트레이더조(Trader Joe's)의 자체 브랜드 제품을
사용해도 좋다.

팬 준비하기: 로프 팬 2개의 바닥과 옆면에 녹인 버터를 얇게 바른다. 각 팬의
바닥과 양쪽의 긴 옆면에 유산지를 깔되, 양 끝은 팬 높이보다 2.5~5cm쯤 길게
여유분을 남긴다. 유산지에도 버터를 얇게 바른다.

필링 만들기: 작은 볼에 스페큘로스 쿠키 버터, 녹인 버터 2큰술, 계핏가루 1큰술,
소금 ½작은술을 넣고 매끈해지도록 섞는다. 잘 덮어서 한쪽에 둔다.

황설탕 크럼블 만들기: 중간 크기의 볼에 밀가루, 황설탕, 남은 버터 1½스틱
(170g), 계핏가루 2작은술, 소금 ½작은술을 넣는다. 포크로 버터가 다른 재료들과
잘 섞이도록 뒤적여, 전체적으로 부슬부슬하고 손으로 쥐었을 때 잘 뭉치는
상태가 되도록 한다.

반죽 밀기: 밀가루를 약간 뿌린 조리대 위에 반죽을 올린다. 반죽을 2등분 한 뒤
(각 680g) 한 개는 잘 덮어서 다시 냉장고에 넣는다. 손바닥 아랫부분으로 반죽
전체를 눌러 1차 발효 때 생긴 가스를 빼낸다. 가장자리를 잡아당겨 네 귀퉁이를
만든 다음, 반죽을 직사각형 모양으로 늘인다. 반죽의 위와 아래에 밀가루를
뿌려가며 약 46×25cm 크기의 직사각형으로 민다.② (다음 장에 계속)

알아두기
바브카는 잘 싸서 실온에 두면 5일간 보관이
가능하다.

① 1개만 만들려면 모든 재료를 절반으로 줄이면
된다. 달콤한 이스트 반죽을 절반만 만드는
것에 관해서는 344쪽의 주석을 참고한다.
바브카를 1개만 구울 때는 2개를 같이 구울
때보다 시간이 덜 걸리므로, 굽기 시작한 지
45분이 지나고서 확인하기 시작한다.

② 반죽이 너무 많이 녹지 않도록 신속하게
작업하되, 완벽한 직사각형이 아니어도
걱정하지 말자. 어차피 바브카는 로프
팬에서 굽기 때문에 모양이 완벽하지 않아도
나선형이 잘 나올 것이다.

이때 반죽의 긴 쪽이 자신을 향하게, 짧은 쪽은 왼쪽과 오른쪽을 향하도록 놓는다.

반죽에 필링 채우고 꼬기: 쿠키 버터 혼합물의 절반을 반죽 위에 올린 다음 소형 오프셋 스패출러로 고르게 펴 바르되, 멀리 있는 긴 쪽에 혼합물을 바르지 않은 1cm 두께의 경계를 남긴다. 가까이 있는 긴 쪽부터 시작해 반죽을 타이트하게 돌돌 만 뒤, 이음매를 손으로 꼬집듯이 눌러 봉하고 그 부분이 밑으로 가도록 놓는다. 반죽 가운데의 좀 더 두꺼운 부분을 누르며 바깥쪽으로 늘여 두께를 고르게 만든다. 반죽의 양 끝을 모으며 중간 지점을 구부려 길쭉한 U자 형태가 되도록 한다. 반죽을 두 번 꼬아 꽈배기 모양으로 만든 뒤, 준비해 둔 로프 팬 하나에 넣는다. 살짝 눌러 평평하게 한 다음 비닐 랩을 씌워 둔다. 남은 반죽 1개와 쿠키 버터로 같은 과정을 반복한다.

바브카 발효시키기: 실온에서 반죽이 부풀어 올라 50%쯤 더 커질 때까지 40~60분간 발효시킨다.③

오븐 예열하기: 반죽이 발효되는 동안, 오븐 선반을 가운데 칸에 끼우고 오븐을 177도(화씨 350도)로 예열한다.

크럼블 올려 굽기: 팬에 씌운 랩을 벗기고 반죽 위에 달걀물을 바른다. 크럼블을 반죽 위에 쌓아 올리되, 큰 덩어리들은 잘게 부수며 고르게 펼친다. 반죽이 완전히 덮이도록 하고 가장자리로 떨어지는 크럼블은 그대로 둔다. 바브카 윗면이 부풀어 오르고, 먹음직스럽게 노릇해지며, 만졌을 때 단단하고, 디지털 온도계를 가운데에 꽂았을 때 85도(화씨 185도)가 될 때까지 55~65분간 굽는다.④

식혀서 담아내기: 바브카를 오븐에서 꺼내 팬 안에서 20~25분간 식힌다. 소형 오프셋 스패출러나 과도로 바브카와 팬의 짧은 면 사이를 잘라 팬에서 떼어낸 다음, 유산지를 들어 바브카를 식힘망 위로 옮긴다. 완전히 식힌 뒤 잘라서 담아낸다.

---

③ '두 배로 부풀었을 때'라는 일반적인 지침에 의존하지 말자. 그때쯤이면 바브카는 과발효 되어, 구웠을 때 가벼우면서도 빵 같은 식감이 느껴지지 않을 것이다. 반죽이 50% 쯤 더 커질 때까지 발효시키면 오븐 안에서 크게 부풀게 된다.

④ 바브카의 경우, 외관상으로는 다 익었는지 알기가 힘들고 가운데 부분이 안 익었어도 테스터에 아무것도 묻어나지 않으므로 조리용 디지털 온도계로 확인하는 것이 좋다. 심혈을 기울여 만들었는데 속이 안 익은 바브카가 되면 안 되니까.

세인트루이스 구이 버터 케이크

12인분

준비할 도구:

조리용 디지털 온도계, 스탠드 믹서,
33×23cm(13×9in) 팬(유리로 된 것이
좋음)①, 짤주머니

케이크

활성 드라이 이스트 1작은술(3g)

우유 ½컵(113g)

백설탕 ⅓컵(66g)

대란 노른자 3개(50g)

대란 1개(50g)

다이아몬드 크리스털 코셔 소금 1작은술
(3g)

중력분 2½컵(325g)

무염 버터 1스틱(113g), 1큰술씩 잘라 실온
상태로 준비, 그리고 팬에 바를 것 소량

토핑

헤비크림 ¼컵(57g), 실온 상태로 준비

라이트 콘시럽 2큰술(40g)

바닐라 익스트랙트 1큰술

무염 버터 10큰술(142g), 실온 상태로 준비

백설탕 1컵(200g)

눌러 담은 황설탕 ¼컵(50g)

다이아몬드 크리스털 코셔 소금 1작은술
(3g)

대란 1개(50g), 실온 상태로 준비

중력분 1컵(130g)

슈거파우더, 위에 뿌릴 것

내가 태어나고 자란 미주리주 세인트루이스에는 독특한 음식들이 꽤 있다. 세인트루이스식 피자, 구운 라비올리, 그리고 내가 가장 좋아하는 구이 버터 케이크(gooey butter cake)까지. 구이 버터 케이크는 본래 커피 케이크 베이스 위에 달콤한 반죽을 얹어 구운 것으로, 이 반죽은 구워도 완전히 굳지 않고 군데군데 쫀득거린다(gooey). 잘 알려진 여러 지역 음식들이 그렇듯이 이 케이크의 기원에 대해서는 논란이 많지만, 내가 들은 한 이야기에 따르면 1930년대에 어느 독일계 미국인 제빵사가 레시피의 비율과는 다르게 버터를 너무 많이 넣고 케이크를 만들다가 실수로 개발된 것이라고 한다. 많은 구이 버터 케이크 레시피가 케이크 믹스를 베이스로 하고 크림치즈 토핑을 올리지만, 그런 방식은 결코 좋지 않다. 단맛을 줄이기 위해(또 그 독일계 제빵사를 이 케이크의 기원으로 인정한다는 뜻에서), 나는 이스트를 넣은 커피 케이크 베이스와 버터가 듬뿍 들어간 토핑의 조합을 택했다. 이 토핑과 베이스가 오븐 안에서 함께 요동치며 '쫀득한 골짜기'를 만들고, 가장자리는 캐러멜라이징되어 달콤하고 쫄깃한 크러스트로 변한다. 밤새 냉장고에서 발효시켰다가 다음 날 아침에 구우면 된다.

이스트 녹이기: 작은 냄비에 물 ¼컵(57g)을 담고 약불에 올린 다음 냄비를 빙빙 돌리며 약 40도(화씨 105도)로 미지근해질 때까지 데운다(전자레인지로 데워도 되지만 너무 뜨거워지지 않도록 주의한다). 이 물을 패들을 끼운 스탠드 믹서의 볼에 부은 뒤 이스트를 넣고 녹인다. 혼합물이 뿌옇고 약간 부푼 상태가 될 때까지 약 5분간 그대로 둔다.

이스트 케이크 반죽 만들기: 이스트가 든 볼에 우유, 백설탕, 달걀노른자, 달걀, 소금, 밀가루 2컵(260g)을 넣고 저속으로 섞어 혼합한다. 속도를 중속으로 올리고 볼 옆면을 한두 번 긁어내리며 매끈하고 걸쭉한 반죽이 되도록 약 1분간 더 섞는다. 믹서를 계속 중속으로 켜 둔 채, 버터를 한 조각씩 넣고 잘 섞기를 반복한다. 패들을 반죽용 갈고리로 바꾸고 믹서를 중속으로 켜 둔 채 남은 밀가루 ½컵(65g)을 1큰술씩 넣으며, 반죽이 매끈하고 아주 부드러우며 볼 옆면에서 간신히 떨어질 정도로 약간 끈적거리는 상태가 될 때까지 섞는다(밀가루를 다 쓰지 않아도 된다). (다음 장에 계속)

알아두기

이 케이크는 잘 덮어서 실온에 두면 4일간 보관이 가능하나 만든 당일이나 다음 날 먹는 것이 가장 맛있다.

① 보통은 유리에 굽는 것을 안 좋아하지만, 여기서는 유리 팬을 사용한다. 유리 팬에 구우면 케이크가 얼마나 빨리 부푸는지 확인하고 다 구워졌는지 판단하기가 쉬우며,

가장자리가 더 잘 노릇해지는데, 그것이 이 케이크에는 장점으로 작용한다. 금속 팬밖에 없다면 써도 괜찮지만, 굽는 데 시간이 좀 더 걸릴 수 있다.

반죽 발효 및 팬 준비: 볼에 비닐 랩을 씌워 따뜻한 곳에 두고 반죽이 거의 두 배로 부풀 때까지 1시간~1시간 30분 동안 발효시킨다. 팬 바닥과 옆면에 버터를 넉넉히 바른다.

반죽 팬에 담아 밤새 냉장하기: 준비해 둔 팬에 발효된 반죽을 긁어 담은 뒤 가장자리까지 평평하게 누른다. 반죽이 손에 붙는다면 손에 버터를 바르고 작업한다. 유리 팬인 경우, 바깥쪽에 테이프를 붙여 처음 반죽의 높이를 표시해 둔다(다음 날 얼마나 부풀었는지 쉽게 알 수 있도록). 비닐 랩으로 팬을 잘 씌워서 최소 8시간에서 최대 12시간 동안 냉장한다.

오븐 예열하기: 오븐 선반을 가운데 칸에 끼우고 오븐을 177도(화씨 350도)로 예열한다.

토핑 만들기: 작은 볼에 헤비크림, 콘시럽, 바닐라 익스트랙트를 넣고 휘저어 섞는다.
패들을 끼운 스탠드 믹서의 볼에 버터, 백설탕, 황설탕, 소금을 넣고 볼 옆면을 한두 번 긁어내리며 가볍고 폭신한 상태가 되도록 중고속으로 약 5분간 섞는다. 여기에 달걀을 넣고 혼합될 때까지만 섞는다. 속도를 저속으로 줄이고 밀가루의 절반, 크림 혼합물, 남은 밀가루 절반을 순서대로 넣되, 사이사이에 볼 옆면을 긁어내리고 잘 섞어 혼합한다.

반죽이 매끈해지면 큰 짤주머니나 3.8리터(1gal)들이 지퍼백에 옮겨 담는다. 짤주머니의 공기를 빼내며 끝을 비틀어 잡은 뒤 끝부분을 잘라 지름 약 4cm의 구멍을 낸다.

케이크 토핑하기: 팬에 담아 냉장해 둔 반죽을 꺼내 랩을 벗긴다. 반죽 위에 토핑 전량을 큰 뱀처럼 짜서 올린다(스푼으로 떠서 올릴 수도 있지만 짜서 올리면 더 고른 모양을 낼 수 있다). 스푼 뒷면이나 소형 오프셋 스패츌러로 토핑을 가장자리까지 고르게 펼친다.② 반죽은 밤새 냉장고에서 1.5배쯤 부풀지만(붙여둔 테이프를 기준으로 확인한다), 만약 그렇지 않다면 다시 랩을 씌워서 부풀 때까지 실온에 둔다.

구워서 식히기: 케이크를 오븐에 넣은 뒤(테이프는 뗀다) 케이크 가장자리가 짙은 황갈색을 띠고, 만지면 단단하지만 가운데 부분은 여전히 윤기가 흐르고 흔들었을 때 살짝 출렁일 때까지 30~40분간 굽는다.③ 케이크 팬을 식힘망 위에 올려 완전히 식힌다(식는 동안 필링이 군데군데 주저앉으며 케이크에 '쫀득한 골짜기'가 생긴다).

담아내기: 슈거파우더를 살짝 뿌리고 정사각형으로 잘라 담아낸다.

---

② 토핑이 팬 가장자리에 닿도록 잘 펼친다. 이 가장자리가 오븐 안에서 캐러멜라이징되어 쫀득해지며 최고로 맛있는 부분이 된다!

③ 케이크의 아랫부분이 다 익었어도 윗면 가운데는 노릇해지지 않을 수 있다. 윗면에 짙은 황갈색이 나지 않는다고 너무 오래 구우면 아랫부분이 메마를 수 있으므로, 색이 나기를 기다리지 말고 오븐에서 꺼낸다.

호두 메이플 번

15개분

준비할 도구:

33×23cm(13×9in) 팬(금속 소재가 좋음),
스탠드 믹서('달콤한 이스트 반죽' 만들 때)

호두 반태나 분태 2컵(200g)①
메이플시럽 ½컵(160g)
바닐라 빈 1개에서 긁어낸 씨 또는 바닐라
익스트랙트 2작은술
눌러 담은 황설탕 ½컵과 ⅓컵(165g)
무염 버터 8큰술(113g)
다이아몬드 크리스털 코셔 소금 1작은술
(3g)
카다멈 가루 1¾작은술
곱게 간 오렌지 껍질 1작은술
달콤한 이스트 반죽(344쪽), 냉장해 둔 것
중력분, 덧가루용

사실 나는 스티키 번(sticky bun)이나 시나몬 번을 싫어하지도, 좋아하지도 않는다. '견과류와 온기를 주는 향신료를 가득 넣고 겉을 달콤끈적하게 코팅한, 풍부한 맛의 이스트 반죽'이라는 아이디어 자체는 좋다. 하지만 실제로는 너무 달고, 너무 배가 부르고, 너무 퍽퍽한 경우가 대부분이다. 내가 원하는 결과를 얻기 위해 상당한 수정을 거친 이 레시피는 굽는 시간을 잘 맞추어 번의 부드러움을 유지하고, 끈적한 토핑의 양을 적절히 조절해 번이 흠뻑 젖지 않고 잘 코팅되도록 하며, 특정한 맛이 혼자 튀지 않고 서로 보완되도록 이상적인 맛의 조합을 찾았다. 하지만 진정한 해결책은 잘 구운 호두를 '아주 많이' 넣어, 그 고소함이 모든 맛의 균형을 잡아주도록 한 것이다. 마침내, 내가 좋다고 말할 수 있는 스티키 번이 탄생했다.

오븐 예열 및 견과류 굽기: 오븐 선반을 가운데 칸에 끼우고 오븐을 177도 (화씨 350도)로 예열한다. 테두리가 있는 작은 베이킹 팬에 호두를 고루 뿌려 노릇해지고 고소한 냄새가 날 때까지 8~10분간 굽되, 중간에 팬을 한 번 흔들어준다. 팬을 오븐에서 꺼내 식힌다. 호두를 지퍼백에 담아 공기를 빼내고 잠근 다음, 밀대로 쳐서 잘게 부순다(오븐은 꺼 둔다).

끈적한 토핑 만들기: 작은 냄비에 메이플시럽, 바닐라 익스트랙트, 황설탕 ½컵, 버터 4큰술, 소금 ½작은술을 넣는다. 중불에 올려 자주 저으며 끓인다. 약 30초간 끓인 뒤 불에서 내려 팬 바닥에 붓는다(냄비는 버터를 녹일 때 또 쓸 것이므로 한쪽에 둔다). 그 위에 잘게 부순 호두를 고루 뿌린다.

필링 준비: 작은 볼에 카다멈 가루, 오렌지 껍질, 남은 황설탕 ⅓컵, 소금 ½작은술을 넣고 손끝으로 비벼 껍질의 향을 설탕에 고루 입힌다. 한쪽에 둔 냄비에 남은 버터 4큰술을 넣고 약불에서 녹인 뒤 식힌다.

반죽 밀기: 덧가루를 살짝 뿌린 조리대 위에 반죽을 올려놓고 손바닥 아랫부분으로 반죽 전체를 눌러 1차 발효 때 생긴 가스를 빼낸다. 가장자리를 잡아당겨 네 귀퉁이를 만든 다음, 반죽을 직사각형 모양으로 늘인다. 반죽의 위와 아래에 밀가루를 뿌려가며 크기 약 50×23cm, 두께 0.5cm인 직사각형으로 민다.② (다음 장에 계속)

알아두기
이 번은 밀폐 용기에 담아 실온에 두면 4일간 보관이 가능하나 만든 당일에 먹는 것이 가장 맛있다.

① 호두 대신 피칸이나 땅콩을 사용해도 된다. 어느 것을 쓰든지 잘 굽도록 한다. 또 카다멈 대신 계피나 다른 향신료를 필링에 넣어도 좋다.

② 번을 만드는 동안 반죽이 끈적거리면 안 되므로 빠르게 작업한다. 반죽이 너무 많이 녹아서 다루기가 힘들어지면 냉장고에 넣고 15분간 굳힌다.

번 만들기: 녹여서 식힌 버터를 반죽 위에 고르게 펴 바른다. 그 위에 카다멈 필링을 고루 뿌린 다음 손으로 살살 문질러 반죽 표면 전체를 덮는다. 긴 쪽에서부터 시작해 반죽을 타이트하게 돌돌 만 뒤, 이음매를 손으로 꼬집듯이 눌러 봉하고 그 부분이 밑으로 가도록 놓는다. 반죽 가운데의 좀 더 두꺼운 부분을 누르며 바깥쪽으로 늘여 두께를 고르게 만든다.

잘라서 팬에 올리기: 톱니 칼로 반죽 양 끝을 1cm쯤 잘라내 나선형 필링이 보이도록 한다. 반죽이 차가워서 자르기 쉬울 때 빠르게 작업한다. 반죽을 반으로 자른 뒤 다시 반으로 잘라 4등분 한 다음, 각 조각을 다시 3등분 해 12조각으로 만든다. 호두를 뿌린 팬에 반죽들을 자른 단면이 밑으로 가도록 해 가로 3줄, 세로 4줄로 고르게 띄워 올린다.

2차 발효: 팬에 비닐 랩을 느슨하게 씌운 뒤 실온에서 반죽이 50%쯤 더 커질 때까지 40~60분간 발효시킨다.③

오븐 예열: 반죽이 발효되는 사이, 오븐 선반을 가운데 칸에 끼우고 오븐을 177도(화씨 350도)로 예열한다.

구워서 꺼내기: 팬에 씌운 랩을 벗기고 오븐에 넣어 번이 부풀어 오르고 전체적으로 황갈색을 띨 때까지 30~35분간 굽는다. 팬을 오븐에서 꺼내 번을 5분간 휴지시킨다. 소형 오프셋 스패출러나 버터나이프로 팬과 번 사이를 잘라 분리한 다음, 번 위에 식힘망을 대고 팬을 뒤집는다(뜨거운 캐러멜이 흘러내릴 수 있으니 주의하고, 가능하면 싱크대 위에서 작업한다). 팬을 천천히 들어 올린 뒤 팬에 붙은 호두를 긁어 번 위에 바른다. 번을 식힘망 위에서 식혀 따뜻하게, 또는 실온 상태로 담아낸다.

③ 반죽이 과발효되면 부드러운 빵 같지 않고 더 단단한 식감이 나게 되므로 주의한다. '두 배로 부풀었을 때'라는 일반적인 지침에 의존하면 과발효될 수 있다. '50% 더 크게'를 지침으로 삼고, 오븐에서 더 크게 부풀 테니 걱정하지 말자.

조금씩 다 넣은 베이글

9개분

준비할 도구:

조리용 디지털 온도계, 스탠드 믹서(선택 사항), 크고 넓은 더치 오븐

참깨 ¼컵

양귀비씨 3큰술

캐러웨이씨 1½작은술, 묵직한 냄비
바닥으로 부순 것

건조 다진 양파 2큰술

건조 다진 마늘 1큰술

활성 드라이 이스트 1작은술(3g)

맥아 시럽 2큰술(43g)과 베이글 데칠 물에
넣을 여유분①

강력분 3¾컵(488g)과 덧가루용 소량

호밀 가루 ½컵(65g)

다이아몬드 크리스털 코셔 소금 1큰술(9g)

굵은 콘밀, 팬에 뿌릴 것

플레이크 소금, 위에 뿌릴 것

웬만한 도시에는 베이글 가게 몇 개쯤은 다 있는데 굳이 왜 집에서 베이글을 만드냐고? 일반적인 베이글은 너무 크고, 반죽이 너무 많고, 쫄깃하지도 바삭하지도 않기 때문이다. 집에서 만들면 그런 요소들을 제어할 수 있을 뿐만 아니라 여러 가지 맛을 내볼 수도 있다. 나는 에브리싱 베이글(everything bagel, 각종 씨앗과 마늘 플레이크, 양파 플레이크 등 여러 가지 토핑을 올려 구운 베이글-옮긴이)을 좋아하지만 가끔 호밀로 만든 흑빵도 즐겨 먹기에, 베이글 반죽에 호밀 가루를 섞어 구수한 맛을 더해보았다. 오븐 안에서 씨앗과 향신료가 떨어지거나 타는 일을 방지하고, 베이글을 데친 후에(그렇다, 제대로 된 베이글은 먼저 데친 다음에 굽는다) 씨앗과 향신료를 두드려 붙이는 단계를 건너뛰고자, 그것들을 반죽에 바로 섞어버렸다. 이 모든 것이 합쳐져 누구나 만족할 만한 베이글이 된다. 밤새 냉장고에서 발효시키는 과정이 필요하므로, 미리 계획을 세워서 만들도록 한다. 같은 반죽으로 비알리 버전(Bialy, 베이글과 비슷하나 구멍 없이 약간 팬 부분에 다진 양파 등을 올린 빵-옮긴이)을 만드는 방법은 251쪽을 참조하자(전혀 전통적이지 않은 레시피여도 맛은 아주 좋다).

'에브리싱' 혼합물 만들기: 작은 볼에 참깨, 양귀비씨, 부순 캐러웨이씨, 양파, 마늘을 넣고 섞는다.

이스트 활성화하기: 작은 냄비에 물 1¼컵(283g)을 담고 약불에 올린 다음 냄비를 빙빙 돌리며 약 40도(화씨 105도)로 미지근해질 때까지 데운다 (전자레인지로 데워도 되지만 너무 뜨거워지지 않도록 주의한다). 물을 중간 크기의 볼에 옮겨 부은 뒤 이스트와 맥아 시럽 2큰술(43g)을 넣고 휘저어 녹인다. 거품이 날 때까지 약 5분간 그대로 둔다.

반죽 만들기: 반죽용 갈고리를 끼운 스탠드 믹서의 볼(손으로 반죽할 때는 큰 볼)에 강력분, 호밀 가루, 코셔 소금을 넣는다. 가운데를 움푹하게 만든 뒤 거기에 이스트 혼합물을 붓는다. 저속으로 거칠고 울퉁불퉁한 반죽이 될 때까지 섞는다. 속도를 중속으로 높인 뒤, 필요하면 볼 옆면을 긁어내리며 아주 매끈하고 뻣뻣한 상태가 될 때까지 8~10분간 더 섞는다(또는 나무 스푼으로 저어 반죽을 뭉친 뒤 깨끗한 조리대 위에 놓고 손으로 치대도 된다). 이때 반죽은 불편하지 않은 정도로 끈적한 느낌이어야 하므로, 달라붙을 만큼 끈적임이 심하다면 밀가루를 1큰술씩 넣으며 점도를 조절한다. (다음 장에 계속)

알아두기

이 베이글은 만든 당일에 먹는 것이 가장 맛있지만 밀폐 용기에 담아 실온에 두면 3일간 보관이 가능하다(토스터에 구워 먹어야 맛이 살아난다). 지퍼백에 담아 냉동해 두면 1개월간 보관할 수 있다.

① 맥아 시럽은 베이글 특유의 은은한 단맛과 맥아 향을 내준다. 보통 천연식품을 판매하는 식료품점에서 구할 수 있으나, 없으면 당밀을 대신 사용해도 된다.

씨앗 섞기 및 반죽 발효: 믹서를 저속으로 켜 둔 채, 볼에 '에브리싱' 혼합물을 넣고 씨앗과 향신료가 고루 혼합되도록 섞는다(손으로 반죽할 때는 반죽 위에 혼합물을 뿌린 뒤 손으로 잘 치대 혼합한다). 반죽이 뻣뻣해서 잘 섞이지 않는다면 물 1작은술을 넣는다. 반죽을 공 모양으로 뭉치고 그 위에 강력분을 약간 더 뿌린다. 깨끗한 큰 볼에 반죽을 담고 비닐 랩을 씌운다. 외풍이 없는 따뜻한 곳에서 반죽이 두 배 가까이 부풀 때까지 1시간~1시간 30분 동안 발효시킨다.

팬 준비: 테두리가 있는 큰 베이킹 팬 2개에 콘밀을 넉넉히 뿌린다.

반죽 분할하고 성형해 밤새 냉장하기: 반죽을 주먹으로 내리쳐 1차 발효 때 생긴 가스를 빼낸다. 덧가루를 뿌리지 않은 깨끗한 조리대 위에 반죽을 올려놓고 벤치 스크레이퍼로 약 113g씩 9등분 한다(**비알리 버전**을 만들 때는 여기서 251쪽으로 넘어가 이어서 진행한다). 반죽들을 덮어 두고 하나씩 꺼내 공 모양으로 굴린 뒤 살짝 눌러 납작하게 만든 다음, 엄지로 가운데에 구멍을 뚫는다. 반죽 두께를 고르게 유지하며 바깥쪽으로 늘이며 구멍을 넓혀 지름 약 10cm인 링 모양을 만든다. 링 반죽을 조리대에 올려놓고 손바닥 아랫부분으로 살짝 눌러 평평하게 만든 뒤, 준비해 둔 팬 하나에 올리고 비닐 랩을 덮는다. 남은 반죽들도 같은 방법으로 성형해서 팬 위에 고른 간격을 두고 올린다. 팬을 랩으로 씌워 최소 8시간에서 최대 12시간 동안 냉장한다.

다음 날 아침, 플로트 테스트(float test): 크고 넓은 더치 오븐에 실온의 물을 절반쯤 채운다. 냉장고에서 베이킹 팬 하나를 꺼낸다(베이글들은 살짝 부풀었을 것이다). 랩을 벗긴 뒤 베이글 1개를 더치 오븐에 넣는다. 베이글이 물에 뜨면 다음 단계를 진행할 준비가 된 것이다. 물에 넣었던 베이글을 살살 두드려 말린 뒤 다시 팬에 올리고, 팬에 랩을 씌워서 냉장고에 도로 집어넣는다. 만약 베이글이 물에 뜨지 않으면 팬 2개를 다 실온에 내놓고 15분마다 다시 테스트를 진행한다. 베이글이 물에 뜨면 팬을 냉장고에 넣는다. 물이 담긴 더치 오븐은 베이글을 데칠 때 사용한다.

오븐 예열 및 데칠 물 준비: 오븐 선반 2개를 각각 위에서 세 번째 칸, 아래에서 세 번째 칸에 끼우고 오븐을 246도(화씨 475도)로 예열한다.② 물이 담긴 더치 오븐을 강불에 올려 끓인다. 여기에 맥아 시럽을 1큰술씩 넣고 휘저어 녹기를 홍차색이 날 때까지 반복한다. 더치 오븐 근처에 얼음물을 채운 큰 볼과 식힘망을 준비해 둔다.

베이글 데치기: 냉장고에서 팬 하나를 꺼내 적당한 개수의 베이글을 끓는 물에 집어넣는다. 중간에 한 번 뒤집어 한 면당 30초씩 데친다. 구멍 뚫린 스푼이나 체로 베이글을 건져서 얼음물에 담근다. 두어 번 뒤집어 식힌 뒤 식힘망으로 옮긴다. 팬에 있는 모든 베이글을 같은 방법으로 데친다.

베이글 굽기: 같은 베이킹 팬 2개에 콘밀을 좀 더 뿌린다.③ 데친 베이글들을 팬 위에 고른 간격을 두고 올린다. 베이글 위에 플레이크 소금을 뿌리고 오븐에 넣는다. 짙은 황갈색이 나고 윤기가 흐를 때까지 15~20분간 굽되, 굽기 시작한 지 10분 뒤에 두 팬의 위치를 서로 바꾸고 각 팬의 앞뒤를 돌려 넣는다. 오븐에서 꺼내 식힘망 위에서 완전히 식힌다.

---

② 베이킹 스톤(baking stone)이 있다면 그것을 사용한다. 오븐에 넣고 예열한 뒤 그 위에 베이글을 바로 올린다. 데친 베이글을 옮길 때는 반죽 옮김판(peel)이나 베이킹 팬 밑면에 콘밀을 뿌려 사용하면 편리하다.

③ 팬에 유산지는 깔지 않는다. 데친 베이글 반죽은 콘밀 가루를 아무리 넉넉하게 뿌려도 유산지에 잘 달라붙기 때문이다.

비알리

9개분

양파 필링

올리브오일 2큰술

큰 양파 1개(340g), 굵게 다진 것

코셔 소금과 방금 간 후추

양귀비씨 2작은술

대란 흰자 1개분, 잘 푼 것

플레이크 소금, 위에 뿌릴 것

비알리 만들어 밤새 냉장하기: 9등분 한 반죽을 공 모양으로 굴린 다음 누르고 늘여가며 가운데가 넓고 평평하게 패인 납작한 원반 모양(지름 약 10cm, 파인 부분 너비 약 5cm). 콘밀을 뿌린 베이킹 팬 2개 위에 비알리 반죽들을 고른 간격을 두고 올린 뒤, 랩을 씌워 밤새 냉장한다.

다음 날 아침, 양파 필링 만들기: 중간 크기의 냄비에 올리브오일을 넣고 중불에 올린다. 여기에 양파를 넣고 소금, 후추를 뿌려 간한다. 자주 뒤적이며 양파가 아주 부드럽고 투명해지고 가장자리가 노릇해질 때까지 8~10분간 볶는다. 냄비를 불에서 내린 뒤 양귀비씨를 넣고 섞는다. 완전히 식힌다.

반죽에 필링 채워 발효시키기: 냉장고에서 팬 2개를 꺼내 랩을 벗긴 다음 각 반죽의 패인 부분에 양파 필링을 크게 1큰술씩 떠 넣는다. 다시 랩을 씌워 실온에 두고 반죽 가장자리가 부풀고 손가락으로 옆면을 찔렀을 때 자국이 아주 살짝 남을 때까지 45분~1시간 15분 동안 더 발효시킨다.

오븐 예열하기: 반죽이 발효되는 동안, 오븐 선반 2개를 각각 위에서 세 번째 칸, 아래에서 세 번째 칸에 끼우고 오븐을 246도(화씨 475도)로 예열한다.

달걀흰자 발라 굽기: 팬에 씌워 둔 랩을 벗기고 반죽 표면에 잘 풀어둔 달걀흰자를 바른다. 플레이크 소금과 후추를 뿌린 뒤 오븐에 넣는다. 짙은 황갈색이 나고 윤기가 흐르며 양파 색이 전체적으로 어두워질 때까지 15~20분간 굽되, 굽기 시작한 지 10분 뒤에 두 팬의 위치를 서로 바꾸고 각 팬의 앞뒤를 돌려 넣는다. 오븐에서 꺼내 식힘망 위에서 완전히 식힌다.

알아두기

비알리는 만든 당일에 먹는 것이 가장 맛있지만 밀폐 용기에 담아 실온에 두면 3일간 보관이 가능하다. 또 지퍼백에 담아 냉동해 두면 1개월간 보관할 수 있다.

스펠트 크루아상

8개분

준비할 도구:

조리용 디지털 온도계, 물을 채운 분무기

활성 드라이 이스트 1작은술(3g)

강력분 3컵(390g)과 덧가루용 소량

스펠트밀가루 ½컵(65g)

무염 버터 3큰술(43g), 녹여서 식힌 것

설탕 2큰술(25g)

다이아몬드 크리스털 코셔 소금 2½
작은술(6g)

가염 유럽식 버터 340g, 1큰술씩 잘라
냉장해 둔 것

헤비크림 2큰술

대란 노른자 1개(16g)

크루아상은 '공포의 기운이 느껴지는' 반죽 중 하나로, 만들기가 아주 까다롭다. 나 역시 테스트를 하는 동안 평균 이하의 크루아상을 수도 없이 만들었다. 과발효되거나 너무 타이트하게 만 것도 있었고 발효가 덜 된 것도 많았다. 이런 시행착오 끝에 윤기가 흐르고, 바사삭 부서지며, 깃털처럼 가벼운 크루아상 만드는 법을 터득하게 되었다. 이건 분명 대대적인 프로젝트지만, 한편으로는 마법 같고 흥미진진한 일이기도 하다. 문제를 해결하는 데 도움을 준 내 친구이자 재능 있는 푸드 스타일리스트, 로리 엘렌 펠리카노(Laurie Ellen Pellicano, 이 책의 여러 레시피의 스타일링에 도움을 준)에게 크나큰 감사를 전한다. 로리 엘렌은 샌프란시스코의 그 유명한 타르틴 베이커리(Tartine Bakery)에서 일할 당시 크루아상을 수천 개는 만들었던 터라, 나는 그녀로부터 얻은 지혜의 일부를 여기에 담았다. 스펠트밀가루를 섞었더니 더욱 맛 좋고, 조금은 향긋하기까지 한 크루아상이 되었다. 주의할 점은, 반죽을 밤새 냉장 휴지시키고 다음 날 아침에도 몇 시간 동안 발효시켜야 한다는 것이다.

이스트 녹이기: 작은 냄비에 물 ¼컵(57g)을 담고 약불에 올린 다음 냄비를 빙빙 돌리며 약 40도(화씨 105도)로 미지근해질 때까지 데운다(전자레인지로 데워도 되지만 너무 뜨거워지지 않도록 주의한다). 이 물을 큰 볼에 부은 뒤 이스트를 넣고 녹인다. 혼합물이 뿌옇고 약간 부푼 상태가 될 때까지 약 5분간 그대로 둔다.

반죽 만들기: 이스트가 담긴 볼에 실온의 물 ¾컵(170g)을 부은 다음 강력분, 스펠트밀가루, 녹인 무염 버터, 설탕, 소금을 넣는다. 나무 스푼이나 스패출러로 볼 옆면을 긁으며 섞어 거칠고 울퉁불퉁한 반죽을 만든 뒤, 손으로 반죽이 뭉칠 때까지 치댄다. 깨끗한 조리대 위에 반죽을 올려놓고 아주 매끈하고 유연하면서도 탄탄해질 때까지 8~10분간 더 치댄다. 반죽은 전혀 끈적이지 않아야 하며 갈라질 정도로 건조해서도 안 된다. 필요한 경우 밀가루나 물 몇 방울을 더해 점도를 조절한다.

반죽 발효시키기: 반죽을 공 모양으로 만들고 전체적으로 밀가루를 살짝 뿌린다. 중간 크기의 볼에 반죽을 담고 랩을 씌워 실온에서 두 배쯤 부풀 때까지 1시간~1시간 30분 동안 발효시킨다.

버터 블록 만들기: 반죽을 발효시키는 동안, 차가운 가염 버터 조각들을 유산지 위에 쌓은 다음 다른 유산지로 덮는다. (다음 장에 계속)

알아두기
이 크루아상은 밀폐 용기에 담아 실온에 두면 2일간 보관이 가능하나 만든 당일에 먹는 것이 가장 맛있다.

① 버터가 따뜻해지고 반죽이 무르고 끈적이는 느낌이 들거나, 밀어도 다시 올라온다면 반죽을 다시 냉장고에 넣는다. 반죽을 다룰 때는 항상 신속하게 작업하되, 과정을 서두르지는 않는다.

밀대로 버터를 확실하지만 부드럽게 두드려, 약 1cm 두께의 납작한 판처럼 만든다(차가운 버터를 두드리면 부드럽거나 끈적거리지는 않으면서 유연하게 만들 수 있다). 위에 덮은 유산지를 벗긴 뒤 소형 오프셋 스패출러나 일반 스패출러로 버터를 펼쳐 약 18cm 크기의 반듯한 정사각형으로 만든다. 아래에 깔린 유산지를 선물 포장하듯 접어 버터를 완전히 감싸되, 기포가 들어가지 않도록 한다. 버터를 뒤집어 유산지의 이음매 부분이 밑으로 가게 한 다음, 밀대로 고르게 밀어 약 0.5cm 두께의 납작한 버터 블록을 만든다. 반죽이 발효되는 동안 버터를 냉장한다.

반죽 쳐서 냉동하기: 반죽이 거의 두 배로 부풀면 주먹으로 살살 내리쳐 1차 발효 때 생긴 가스를 어느 정도 빼낸다. 테두리가 있는 작은 베이킹 팬에 비닐 랩을 깐다. 그 위에 반죽을 올리고 납작한 정사각형으로 만든다(크기는 중요하지 않다). 반죽에 비닐 랩을 씌워 약 10분간 냉동시켜 아주 단단하되 얼지는 않도록 한다.

반죽으로 버터 블록 감싸기: 냉동실에서 반죽을, 냉장고에서 버터 블록을 꺼낸다.
팬에 씌운 랩을 벗긴 뒤, 덧가루를 살짝 뿌린 조리대 위에 반죽을 올린다. 필요하면 손으로 반죽을 늘이며 약 20cm 크기의 정사각형으로 민다. 이때 크기는 그리 중요하지 않으며, 반죽의 두께가 고르고 버터 블록보다 약간 크기만 하면 된다.
아래 번호가 붙은 단계들(1~9)은 260쪽의 사진을 참고한다.

[1] 버터의 윗면만 드러나도록 유산지를 일부만 벗긴 뒤 유산지를 잡고 버터 블록을 뒤집어 반죽 위에 올리되, 버터 블록의 귀퉁이들이 반죽 네 변의 중간 지점과 일치하도록 다이아몬드 모양으로 배치한다. 유산지를 완전히 벗겨낸다.
[2,3,4] 반죽 네 귀퉁이를 각각 버터 블록 중심 쪽으로 접는다. 접은 네 귀퉁이의 끝부분과 각 변이 살짝 겹치며 서로 만나게 된다. 반죽 이음새를 꾹꾹 눌러 봉한다.

1차 접기: [5] 밀대로 반죽을 가볍게 두드려 납작하고 살짝 길어지게 만든 다음, 반죽을 가까이 밀었다가 멀리 밀기를 반복해 세로 길이가 가로 길이의 3배쯤 되고 두께가 0.5~1cm가 되도록 한다(세로 50cm, 가로 17cm 정도가 좋으나 정확한 치수는 중요하지 않다). 가능한 한 반듯하게 밀고 필요하면 밀가루를 더 뿌린다.①
[6,7] 짧은 쪽이 앞에 오도록 놓은 상태에서, 반죽을 편지처럼 3등분 해 접는다. 먼저 아래쪽 1/3을 위로 접고 누른 다음 위쪽 1/3을 아래로 접는다. 이렇게 밀고 접는 과정을 '턴(turn)'이라 하며, 이를 통해 버터와 반죽이 층층이 쌓여 얇게 부서지는 페이스트리가 되는 것이다. 반죽을 랩으로 감싸 45분간 냉장해 글루텐을 이완시킨다.

두 번 더 접기: [8,9] 냉장해 둔 반죽의 랩을 벗기고 밀가루를 살짝 뿌린 조리대 위에 올리되, 마지막에 덮은 부분의 끝이 오른쪽을 향하도록 놓는다(반죽을 펼치면 책을 펼치듯 왼쪽으로 펼쳐지도록). 필요하면 밀가루를 뿌려가며, 반죽을 전에 했던 것처럼 긴 직사각형으로 밀어 다시 3등분해 접는다. 가능한 한 반듯한 네모 모양을 유지해 가지런한 층이 형성되도록 한다.
반죽을 랩으로 감싸 다시 45분간 냉장했다가 밀고 접는 과정을 한 번 더 반복한다.

판 모양으로 밀어 냉장하기: 세 번째 접기가 끝나면, 반죽을 밀어도 다시 올라올 때까지 더 얇은 판 모양으로 민다 (이번에도 크기는 중요하지 않다). 비닐 랩을 감싸 테두리가 있는 베이킹 팬에 올린 뒤 최소 8시간에서 최대 12시간 동안 냉장한다.②

다음 날, 팬 준비: 베이킹 팬 2개에 유산지를 깐다.
아래 번호가 붙은 단계들(10~15)은 위 사진들을 참고한다.

반죽 밀고 자르기: 반죽을 냉장고에서 꺼내 덧가루를 아주 살짝만 뿌린 조리대 위에 올려놓고 45×30cm보다 약간 더 큰 직사각형이 되도록 민다. 꽤 힘이 들지만, 버터가 녹아 반죽이 끈적거리는 것을 막으려면 가능한 한 빨리 작업해야 한다. 반죽을 밀고 나면 밀가루를 털어낸다. 휠 커터나 잘 드는 칼로 반죽의 네 변을 반듯하게 잘라내 45×30cm의 직사각형으로 만든다.
[10] 자와 과도를 이용해 한쪽 긴 변에 10cm 간격으로 작은 표시를 남긴다. 반대쪽 긴 변에도 똑같이 10cm 간격으로 표시하되, 이번에는 5cm 지점에서부터 시작해 처음 변의 표시와 평행하지 않도록 한다. [11,12] 한쪽 변의 표시와 다른 쪽 변의 표시를 자로 이은 뒤, 휠 커터나 칼로 지그재그 모양으로 잘라 긴 삼각형 8개를 만든다(그 절반 크기의 삼각형 반죽 2개가 남는다).③

크루아상 성형 및 발효: [13,14,15] 한 번에 한 개씩, 삼각형 반죽의 짧은 변을 살살 잡아당겨 약간 넓힌 다음 거기서부터 시작해 초승달 모양으로 돌돌 만다(느슨해도 안 되지만 너무 타이트해도 좋지 않다). (다음 장에 계속)

---

② 전날 밤에 크루아상을 미리 성형해 초승달 반죽을 밤새 냉장하는 것은 추천하지 않는다. 그러면 발효가 더뎌지고 고르지 않게 되는 경향이 있기 때문이다.

③ 이 반죽 자투리도 다른 반죽들처럼 성형해 미니 크루아상으로 만들어 보자. 똑같이 발효시키고 구우면 된다.

준비해 둔 베이킹 팬 위에 크루아상을 올린다. 반죽을 다
성형할 때까지 먼저 성형한 반죽이 마르지 않도록 팬에
비닐 랩을 계속 씌워 둔다. 모든 반죽을 성형해 팬 2개에
고르게 올리고 나면, 랩을 벗기고 크루아상을 피해 팬 위에
물을 약간 뿌린다. 다시 랩을 씌우고 실온에서 발효시킨다.
중간에 물을 또 한 번 뿌려주고, 크루아상이 두 배로 부풀고
공기가 가득 채워져 팬을 흔들면 흔들거리는 상태가 될
때까지 3~4시간 동안 둔다.

오븐 예열하기: 발효가 끝나갈 때쯤 오븐 선반 2개를 각각
위에서 세 번째 칸, 아래에서 세 번째 칸에 끼우고 오븐을
204도(화씨 400도)로 예열한다.

크루아상에 달걀물 바르기: 작은 볼에 헤비크림과
달걀노른자를 넣고 포크로 휘저어 섞는다. 크루아상 위에
달걀물을 살살 발라 전체적으로 입히되, 반죽 층이 드러나
보이는 자른 단면에는 바르지 않는다.

구워서 식히기: 팬 2개를 각 선반에 올린 다음 크루아상이
아주 많이 부풀어 오르고 짙은 황갈색을 띠며 윤기가 날
때까지 20~25분간 굽되, 굽기 시작한 지 15분이 지난 뒤에
두 팬의 위치를 서로 바꾸고 각 팬의 앞뒤를 돌려 넣는다.
크루아상을 오븐에서 꺼내 팬 위에서 완전히 식힌다.

퀸아망

미니 퀸아망(퀴네트) 24개분

준비할 도구:

조리용 디지털 온도계, 12구 머핀 틀 2개①

활성 드라이 이스트 1작은술(3g)

중력분 3¼컵(423g)과 덧가루용 소량

무염 버터 3큰술(43g), 녹여서 식힌 것

다이아몬드 크리스털 코셔 소금 1½작은술(5g)

설탕 1¼컵(250g)

가염 유럽식 버터 340g, 1큰술씩 잘라 냉장해 둔 것

머핀 틀에 바를 버터와 설탕

캐러멜라이징된, 약간 밀도 높은 크루아상 같은 퀸아망(kouign-amann)은 프랑스 브르타뉴 지방의 페이스트리로 그 발음만큼이나 만들기도 어렵지만, 개인적으로는 최고의 페이스트리라고 생각한다. 퀸아망은 라미네이션(lamination)이라는 기술로 만드는데, 반죽에 버터를 넣고 감싼 뒤 여러 번 밀고 접어서, 굽는 동안 겹겹의 버터 층이 부풀어 오르게 하는 것이다. 특히 이 레시피처럼 설탕과 이스트가 들어가면 더 까다로워지므로, 반죽을 다루기 쉬운 차가운 상태로 유지하려면 냉장고와 냉동실을 잘 이용해야 할 것이다. 퀸아망과 소형 버전인 퀴네트(kouignette)는 모두 버터 맛이 핵심인 페이스트리이므로 케리골드(Kerrygold)처럼 유지방 함량이 높은 유럽식 가염 버터를 사용하도록 한다(대형 식료품점에서 흔히 찾을 수 있다).

이스트 녹이기: 작은 냄비에 물 ¼컵(57g)을 담고 약불에 올린 다음 냄비를 빙빙 돌리며 약 40도(화씨 105도)로 미지근해질 때까지 데운다(전자레인지로 데워도 되지만 너무 뜨거워지지 않도록 주의한다). 이 물을 큰 볼에 부은 뒤 이스트를 넣고 녹인다. 혼합물이 뿌옇고 약간 부푼 상태가 될 때까지 약 5분간 그대로 둔다.

반죽 만들기: 이스트가 담긴 볼에 실온의 물 ¾컵(170g)을 부은 다음 밀가루, 녹인 무염 버터, 소금, 설탕 ¼컵(50g)을 넣는다. 나무 스푼으로 섞다가 거친 조각들이 생기면 손으로 반죽을 몇 번 치대 하나로 뭉친다. 반죽을 깨끗한 조리대 위에 올려놓고, 반죽이 손이나 조리대에 붙는 때만 밀가루를 뿌리며, 아주 매끈하고 유연하며 부드러워질 때까지 10~12분간 더 치댄다.

반죽 발효시키기: 반죽을 매끈한 공 모양으로 뭉치고 전체적으로 밀가루를 살짝 뿌린다. 중간 크기의 볼에 반죽을 담고 반죽이 부푸는 정도를 확인하기 위해 사진을 찍어 둔다. 젖은 행주를 덮어 실온에서 두 배쯤 부풀 때까지 1시간~1시간 15분 동안 발효시킨다.

버터 블록 만들기: 반죽을 발효시키는 동안, 차가운 가염 버터 조각들을 유산지 위에 쌓은 다음 다른 유산지로 덮는다. 밀대로 버터를 확실하지만 부드럽게 두드려, 약 1cm 두께의 납작한 판처럼 만든다(차가운 버터를 두드리면 부드럽거나 끈적거리지는 않으면서 유연하게 만들 수 있다). (다음 장에 계속)

알아두기

퀴네트는 만든 당일에 먹는 것이 가장 맛있지만 3일이나 4일 뒤에도 정말 맛있다. 잘 싸서 실온에 보관한다.

① 머핀 틀의 색이 어두우면 퀴네트 겉면의 설탕이 빠르게 캐러멜라이징되어 탈 수 있다. 고르게 구우려면 밝은색 팬을 사용하는 것이 좋다.

위에 덮은 유산지를 벗긴 뒤 소형 오프셋 스패출러나 일반 스패출러로 버터를 펼쳐 약 18cm 크기의 반듯한 정사각형으로 만든다. 아래에 깔린 유산지를 선물 포장하듯 접어 버터를 완전히 감싸되, 기포가 들어가지 않도록 한다. 버터를 뒤집어 유산지의 이음매 부분이 밑으로 가게 한 다음, 밀대로 고르게 밀어 약 0.5cm 두께의 납작한 버터 블록을 만든다. 반죽이 발효되는 동안 버터를 냉장한다.

반죽 쳐서 냉동하기: 반죽이 거의 두 배로 부풀면 주먹으로 살살 내리쳐 1차 발효 때 생긴 가스를 어느 정도 빼낸다. 테두리가 있는 작은 베이킹 팬에 비닐 랩을 깐다. 그 위에 반죽을 올리고 납작한 정사각형으로 만든다(크기는 중요하지 않다). 반죽에 비닐 랩을 씌워 약 10분간 냉동시켜 아주 단단하되 얼지는 않도록 한다.

반죽으로 버터 블록 감싸기: 냉동실에서 반죽을, 냉장고에서 버터 블록을 꺼낸다.
팬에 씌운 랩을 벗긴 뒤, 덧가루를 살짝 뿌린 조리대 위에 반죽을 올린다. 필요하면 손으로 반죽을 늘리며 약 20cm 크기의 정사각형으로 민다. 이때 크기는 그리 중요하지 않으며, 반죽의 두께가 고르고 버터 블록보다 약간 크기만 하면 된다.
[1] 버터의 윗면만 드러나도록 유산지를 일부만 벗긴 뒤 유산지를 잡고 버터 블록을 뒤집어 반죽 위에 올리되, 버터 블록의 귀퉁이들이 반죽 네 변의 중간 지점과 일치하도록 다이아몬드 모양으로 배치한다. 유산지를 완전히 벗겨낸다.
[2,3,4] 반죽 네 귀퉁이를 각각 버터 블록 중심 쪽으로 접는다. 접은 네 귀퉁이의 끝부분과 각 변이 살짝 겹치며 서로 만나게 된다. 반죽 이음새를 꾹꾹 눌러 봉한다.

1차로 두 번 접기: 반죽의 위와 아래에 밀가루를 더 뿌린다.
[5] 밀대로 반죽을 가볍게 두드려 납작하고 살짝 길어지게 만든 다음, 반죽을 가까이 밀었다가 멀리 밀기를 반복해 세로 길이가 가로 길이의 3배쯤 되고 두께가 0.5~1cm가 되도록 한다(세로 50cm, 가로 17cm 정도가 좋으나 정확한 치수는 중요하지 않다). 가능한 한 반듯하게 밀고 필요하면 밀가루를 더 뿌린다.
[6,7] 짧은 쪽이 앞에 오도록 놓은 상태에서, 반죽을 편지처럼 3등분해 접는다. 먼저 아래쪽 1/3을 위로 접고 누른 다음 위쪽 1/3을 아래로 접는다. 이렇게 밀고 접는 과정을 '턴(turn)'이라 하며, 이를 통해 버터와 반죽이 층층이 쌓여 얇게 부서지는 페이스트리가 되는 것이다.
[8,9] 반죽을 시계 반대 방향으로 90도 회전시키고 필요하면 밀가루를 좀 더 뿌린 뒤, 밀고 접는 과정을 한 번 더 반복한다. 이것이 두 번째 '턴'이다.②

반죽 휴지시키기: 반죽을 비닐 랩으로 감싸 냉동실에서 10분간 빠르게 차게 만든 다음 냉장고로 옮겨 1시간 동안 휴지시킨다.

반죽에 설탕 뿌려 두 번 더 접기: 밀가루를 살짝 뿌린 조리대 위에 냉장해 둔 반죽을 올리되, 마지막에 덮은 부분의 끝이 오른쪽을 향하도록 놓는다(반죽을 펼치면 책을 펼치듯 왼쪽으로 펼쳐지도록).
[10,11,12] 필요하면 밀가루를 더 뿌리고, 반죽을 전에 밀었던 것과 같은 직사각형 모양으로 민다. 반죽 위에 설탕을 몇 큰술 떠서 뿌린다. 다시 3등분으로 접은 뒤 90도 회전시킨다. (다음 장에 계속)

---

② 반죽을 밀 때는 최대한 빠르게 작업하고, 반죽이 너무 물렁물렁하고 끈적거리면 다시 냉장고나 냉동실에 넣어 둔다. 3번째와 4번째 접기는 설탕이 들어가서 작업하기가 더 힘든데, 설탕 결정이 점차 얇아지는 반죽을 찢어놓기 때문이다. 만약 버터가 튀어나와 반죽이 조리대나 밀대에 달라붙는다면 그 부분에 소량의 밀가루를 묻혀 누른다. 요점은, 빠르게 작업하는 것이다!

조리대 위에 뿌려진 설탕을 치운 뒤, 반죽 아래에 밀가루를 더 뿌리고 반죽을 다시 민다. 반죽 위에 설탕을 더 뿌리고 마지막으로 한 번 더 3등분 해 접는다.

반죽 휴지시키기: 반죽을 랩으로 감싸 냉동실에서 10분간 빠르게 차게 만든 다음 냉장고로 옮겨 1시간 동안 휴지시킨다.

팬 준비:③ [13] 머핀 틀 2개의 컵 24개에 녹여서 식힌 무염 버터를 넉넉히 바른다. 길이 약 13cm, 너비 약 0.5cm의 띠 모양으로 자른 유산지 24장을 각 머핀 컵의 바닥과 옆면에 붙도록 놓는다. 유산지 위에도 버터를 바른 뒤, 각 머핀 컵마다 설탕을 크게 한 꼬집씩 뿌린다.

반죽 밀어 자르기: [14,15] 반죽을 냉장고에서 꺼내 덧가루를 아주 살짝만 뿌린 조리대 위에 올려놓고 45×30cm보다 약간 더 큰 직사각형이 되도록 민다. 꽤 힘이 들지만, 버터가 녹아 반죽이 끈적거리는 것을 막으려면 가능한 한 빨리 작업해야 한다. 반죽을 밀고 나면 페이스트리 브러시로 밀가루를 털어낸다. 휠 커터나 큰 식도로 반죽의 네 변을 반듯하게 잘라내 45×30cm의 직사각형으로 만든다. 남은 설탕을 반죽의 위와 아래에 뿌리고 살짝 눌러 붙인다. [16,17] 7.5cm 크기의 정사각형 24개로 자른다(세로 6줄, 가로 4줄).

팬에 넣어 발효시키기: [18] 한 번에 한 개씩, 반죽의 네 귀퉁이를 가운데로 모은 뒤 살짝 눌러 붙인다. 이것을 머핀 컵에 담고 나머지 반죽도 똑같이 작업해 머핀 틀 2개를 다 채운다. 틀에 비닐 랩을 느슨하게 씌워 실온에 두고 퀴네트가 부풀고 반죽과 버터 층이 분리되는 것이 보일 때까지 35~45분간 발효시킨다(또는 랩을 씌운 틀을 최대 12시간 동안 냉장시킨다. 냉장고에서도 발효가 서서히 진행되므로 꺼내고 난 뒤에는 실온에 두지 말고 바로 예열된 오븐에 넣어 굽는다).

오븐 예열하기: 오븐 선반 2개를 각각 위에서 세 번째 칸, 아래에서 세 번째 칸에 끼우고 오븐을 204도(화씨 400도)로 예열한다.

구워서 식히기: 틀에 씌운 랩을 벗기고 오븐에 넣는다. 곧바로 오븐 온도를 177도(화씨 350도)로 줄인 다음 퀴네트가 짙은 황갈색을 띠며 부풀어 오를 때까지 25~30분간 굽되, 굽기 시작한 지 18분이 지난 뒤에 두 팬의 위치를 서로 바꾸고 각 팬의 앞뒤를 돌려 넣는다. 틀을 오븐에서 꺼내 5분간 그대로 둔다. 유산지 양 끝을 들어 퀴네트를 틀에서 빼낸다(캐러멜라이징된 설탕 때문에 달라붙을 수 있으니 틀에 담긴 채 더 오래 두면 안 된다). 식힘망으로 옮겨 완전히 식힌다.

③ 머핀 틀 1개로 두 번 구워도 된다. 레시피대로 반죽을 밀고 24조각으로 자른 뒤, 그중 12조각은 도마나 테두리가 있는 베이킹 팬에 올려 랩을 씌워서 냉장한다. 반죽 12조각을 성형해 틀에 담고 발효시켜 굽는다. 퀴네트를 빼낸 틀을 세척해 준비한 다음, 냉장해 둔 반죽으로 발효와 굽는 과정을 반복하면 된다. 아니면 남은 반죽으로 **체리 크림치즈 대니시**(263쪽)의 절반 분량을 만들 수도 있다.

체리 크림치즈 대니시

작은 대니시 24개분①

체리 콩포트

생레몬즙 1큰술

옥수수 전분 2작은술

씨를 뺀 달콤한 생체리 또는 냉동 체리
454g

설탕 ¼컵(50g)

곱게 간 레몬 껍질 1개분

조합

크림치즈 170g, 가능하면 필라델피아 사
제품 사용, 실온 상태로 준비

대란 노른자 1개(16g)

퀸아망 반죽(257쪽), 레시피대로
24조각으로 자른 것

어린 시절 나의 특별한 즐거움 중 하나는 집에서부터 세인트루이스 브레드 컴퍼니(St. Louis Bread Company, 가족이 운영하던 캐주얼한 베이커리 겸 카페였는데 나중에는 파네라(Panera) 체인으로 바뀌었다)까지 걸어가, 페이스트리 진열장에서 간식을 사 먹는 것이었다. 가끔은 바나나와 견과류, 아니면 호박이 든 '머핀'를 사 먹곤 했는데, 그건 머핀의 윗부분만 있는 것이었다 (천재적인 발상!). 하지만 그보다 더 자주 먹었던 것은 체리와 크림치즈가 들어간 대니시였다. 그때는 그것이 정말 고급스러운 간식이었고 지금도 대니시는 내게 그런 느낌을 준다. 진정한 대시니 페이스트리 반죽은 이스트 발효 및 라미네이션이 필요한 복잡한 과정이라, 나도 한동안은 집에서 시도할 엄두를 못 내고 있었다. 그러나 퀸아망(257쪽) 레시피를 성공적으로 개발하고 만들기에 익숙해지고부터는 그와 비슷한 스타일의 반죽을 사용하는 대니시도 그리 어렵지 않게 느껴졌다. 소심한 베이커를 위한 레시피는 아니지만, 아주 맛있고 특별한 간식을 만들어준다.

체리 콩포트 만들기: 작은 볼에 레몬즙, 옥수수 전분을 넣고 포크로 저어 섞는다. 작은 냄비에 체리, 설탕, 레몬 껍질, 물 ¼컵(57g)을 넣고 중불에 올린 다음 나무 스푼이나 내열 스패출러로 가끔 저으며 체리에서 즙이 나올 때까지 끓인다. 체리가 부드러워지고 즙이 걸쭉해지기 시작할 때까지 약 5분간 더 저으며 끓인다. 옥수수 전분 혼합물을 한 번 휘저은 뒤 체리가 든 냄비에 넣는다. 끓기 시작하고부터 약 30초간 끓이며 옥수수 전분을 활성화해 혼합물이 걸쭉해지도록 한다. 냄비를 불에서 내린 다음 완전히 식힌다. 콩포트를 볼에 옮겨 담고 비닐 랩을 씌운 뒤 대니시를 조합하기 전까지 냉장 보관한다.

크림치즈 혼합물 만들기: 작은 볼에 크림치즈와 달걀노른자를 넣고 매끈해지도록 으깨며 섞는다.

체리 콩포트 체에 거르기: 다른 볼 위에 체를 올린다. 냉장해 둔 콩포트를 체에 내려 즙과 체리를 따로 둔다. (다음 장에 계속)

알아두기
이 대니시는 밀폐 용기에 담아 실온에 두면 3일간 보관이 가능하나 만든 당일에 먹는 것이 가장 맛있다(오래 두면 페이스트리가 눅눅해진다). 체리 콩포트는 잘 덮어서 냉장고에 넣어두면 1주간 보관할 수 있다.

① 24개를 다 만들고 싶지 않다면 크림치즈와 체리 콩포트의 양을 절반으로 줄인다. 머핀 틀만 있으면 나머지 반죽 절반으로 퀸아망 (257쪽) 12개를 만들 수 있다. 반죽 냉동 보관은 추천하지 않는데, 반죽을 얼렸다 녹이면 설탕 때문에 반죽이 너무 끈적거릴 수 있기 때문이다.

조합 및 발효: 베이킹 팬 2개에 유산지를 깐다. 퀸아망 반죽 24개를 팬 1개에 12개씩 고른 간격을 두고 올린다. 각 반죽 가운데에 포크를 3번 찍어 구멍을 낸다. 각 반죽 가운데에 크림치즈 혼합물을 1큰술이 조금 못 되게 떠서 올린 다음 (짤주머니나 한쪽 귀퉁이를 발라낸 지퍼백으로 짜서 올려도 된다), 크림치즈를 살짝 누르며 그 위에 체에 거른 체리를 약 3개씩 올린다. 팬 2개를 랩으로 씌운 뒤 대니시를 실온에 두고, 반죽이 부풀고 반죽 가장자리의 반죽과 버터 층이 분리되는 것이 보일 때까지 30~40분간 발효시킨다.

오븐 예열하기: 반죽이 발효되는 사이, 오븐 선반 2개를 각각 위에서 세 번째 칸, 아래에서 세 번째 칸에 끼우고 오븐을 204도(화씨 400도)로 예열한다.

대니시 굽고 체리즙 뿌리기:② 팬에 씌운 랩을 벗기고 오븐에 넣는다. 곧바로 오븐 온도를 177도(화씨 350도)로 줄인 다음 페이스트리가 짙은 황갈색을 띨 때까지 20~25분간 굽되, 굽기 시작한 지 15분이 지난 뒤에 두 팬의 위치를 서로 바꾸고 각 팬의 앞뒤를 돌려 넣는다. 팬을 오븐에서 꺼내 대니시를 팬 위에서 완전히 식힌다. 남겨 둔 체리즙을 따뜻한 대니시 위에 뿌려 따뜻하게 또는 실온 상태로 담아낸다.

② 굽기 시작한 뒤 15분 동안은 오븐을 열지 않는다. 반죽이 부풀고 익을 만한 시간이 충분해야 가볍고 바삭한 대니시가 된다.

달지 않은
식사 대용 빵

책 이름이 <Dessert Person>인데 달지 않은 빵이라니 어울리지 않는 것처럼 보일 수 있지만, 사람이 디저트만 먹고 살 수는 없지 않은가. 여기 실린 레시피들은 베이킹의 변화무쌍한 특성을 가장 잘 보여주는 것들이라 특히 마음에 든다. 가령, 부드럽고 **바삭한 포카치아(289쪽)**는 굉장히 질척하고 끈적거리던 반죽이, 오븐에 들어갔다 나오면 노릇하고 가볍고 폭신폭신한 빵으로 바뀐다. 정말 기적이나 다름없다. 이 장은 베이킹의 극적인 면은 물론이고 유연성, 다양성, 그리고 융통성까지 보여줄 것이다. 파이 반죽으로 달콤한 갈레트를 만들 수 있다는 건 알아도, **캐러멜라이징한 엔다이브 갈레트(278쪽)**의 베이스로 만들어 드레싱을 뿌린 신선한 채소를 얹어 먹을 수 있다는 건 알고 있나? 아마 몰랐을 것이다. 그럼 지금부터, 이 장의 레시피들에 도전해 베이킹 실력을 길러보자.

토마토 마늘 타임 포카치아(293쪽)

로디드 콘브레드

12인분

준비할 도구:

25cm(10in) 오븐용 스킬렛(무쇠로 된 것이 좋음)

무염 버터 1큰술(100g)과 곁들이용 소량

베이컨 슬라이스 85g(3~4장), 굵게 다진 것

옥수수 낱알 2컵(284g), 큰 옥수수 약 2대에서 잘라낸 것 또는 냉동 옥수수 낱알 녹인 것

파(scallion) 4대, 다진 것

중간 크기의 프레즈노(fresno)나 할라페뇨 고추 1개, 반 갈라 씨를 빼고 곱게 다진 것

중력분 1컵(130g)

노란색 콘밀 ½컵(85g), 가능하면 굵은 것으로 준비

베이킹파우더 1½작은술(6g)

다이아몬드 크리스털 코셔 소금 1½작은술(5g)

베이킹소다 ¼작은술

방금 간 후추 ½작은술

카옌 페퍼(cayenne pepper) ¼작은술①

대란 2개(100g), 실온 상태로 준비

사워크림 1컵(232g), 실온 상태로 준비

버터밀크 ½컵(120g), 실온 상태로 준비

설탕 2큰술

곱게 다진 고수 ¼컵

진짜 미국 남부식 콘브레드는 콘밀만을 사용해(밀가루 없이) 일부러 퍽퍽하게 만들어 주로 소스가 많은 음식과 함께 먹는다. 그래도 나는 우리 엄마가 <더 뉴 베이식스 쿡북(The New Basics Cookbook)>을 보고 만들곤 했던 변형된 레시피(촉촉하고 가벼우며, 고추를 비롯해 다양한 향신채소로 가득 찬)를 더 선호한다. 내 콘브레드는 베이컨과 파, 그리고 신선한 옥수수가 듬뿍 들어 있어서 사이드 메뉴로도 손색이 없다. 미국 남부 사람들에게는 이단 취급을 받을지 모르지만, 이번에도 맛은 보장한다.

오븐 예열하기: 오븐 선반을 가운데 칸에 끼우고 오븐을 218도(화씨 425도)로 예열한다.

베이컨 볶기: 오븐용 스킬렛에 버터 5큰술을 넣고 중불에 올려 거품이 날 때까지 가열한다. 베이컨을 넣고 자주 뒤적이며 지방이 빠져나오고 바삭해질 때까지 5~7분간 볶는다.

옥수수와 향신채소 볶기: 베이컨이 든 스킬렛에 옥수수(녹인 냉동 옥수수는 물기를 먼저 제거한다), 파, 고추를 넣고 자주 뒤적이며 부드러워질 때까지 5~7분간 볶는다(냉동 옥수수는 얼렸다 녹이는 동안 이미 부드러워졌을 것이므로 향신채소가 부드러워질 때까지만 볶는다). 스킬렛을 불에서 내려 식힌다.

마른 재료 섞기: 큰 볼에 밀가루, 콘밀, 베이킹파우더, 소금, 베이킹소다, 후추, 카옌 페퍼를 넣고 휘저어 섞는다.

젖은 재료 섞기: 중간 크기의 볼에 달걀을 넣고 휘저어 잘 푼다. 여기에 사워크림, 버터밀크, 설탕, 고수를 넣고 매끈해지도록 휘젓는다.

마른 재료에 젖은 재료 섞기: 마른 재료 한가운데를 움푹하게 만든 뒤 거기에 젖은 재료를 붓는다. 유연한 스패츌러로 스킬렛에 든 옥수수 혼합물을 긁어 넣는다(온기가 살짝 남아 있어도 괜찮다). 스킬렛은 콘브레드를 구울 때 사용할 것이므로 한쪽에 둔다. 스패츌러로 혼합물을 가운데서부터 시작해 바깥쪽으로 살살 섞어 고루 혼합된 반죽을 만든다.

알아두기

콘브레드는 잘 싸서 실온에 두면 3일간 보관이 가능하나 만든 당일에 먹는 것이 가장 맛있다.

① 콘브레드에 은근히 올라오는 매운맛이 싫다면 카옌 페퍼는 생략한다. 반대로 매운맛을 좋아한다면 칠리의 씨를 제거하지 않거나 카옌 페퍼를 더 넣어도 좋다.

스킬렛 예열하고 반죽 채우기: 스킬렛을 중강불에 1분간 예열한 뒤 남은 버터 2큰술을 넣고 빙빙 돌려 코팅한다. 스킬렛에 반죽을 긁어 담고 윗면을 매끈하게 정리한다. 스킬렛을 오븐에 넣은 다음 반죽 윗면이 부풀어 오르고 갈라지며 황갈색이 날 때까지 20~25분간 굽는다.

콘브레드를 스킬렛 안에서 10분 이상 식힌 뒤 오프셋 스패출러나 버터나이프로 가장자리를 따라 잘라 스킬렛과 분리하고 식힘망 위에 뒤집어 올린다. 따뜻하게, 또는 실온 상태로 버터를 곁들여 담아낸다.

미소 버터밀크 비스킷

16개분

단맛이 나는 흰 미소 된장 ½컵(136g)②

버터밀크 1¼컵(300g), 냉장해 둔 것

중력분 3¼컵(423g)과 덧가루용 소량

베이킹파우더 1큰술(12g)

설탕 1큰술(13g)

베이킹소다 ¼작은술

무염 버터 2스틱(227g)과 2큰술(28g),
2스틱은 약 1cm 크기로 조각내 냉장해
두고 2큰술은 반죽에 바를 것이므로
녹여두기

방금 간 후추

사람들은 대부분 일본식 미소 된장국은 알면서도, 그 짭짤하고 독특한 감칠맛을 자랑하는 페이스트(발효 콩으로 만든)를 요리와 베이킹에 얼마나 다양하게 사용할 수 있는지는 잘 모르는 것 같다. 내가 달콤한 레시피들에 미소를 넣어 보고도 별 성과를 거두지 못하고 있을 때, <본아페티> 테스트 키친의 크리스 모로코(Chris Morocco)는 그것이 분명 가능하다는 설득력 있는 사례를 만들어냈다(bonappetit.com에서 그의 미소 아몬드 버터 쿠키 레시피를 찾아보도록). 겉은 바삭하고 속은 폭신한 이 짭짤한 비스킷을 만들기 위해, 나는 비교적 맛이 순한 흰 미소 된장을 무려 ½컵이나 차가운 버터밀크에 으깨서 반죽에 섞었다. 미소는 반죽의 간을 맞추는 것은 물론 치즈 같은 맛도 내준다. 스크램블드에그와 함께 먹거나 카츠 샌드위치에 빵 대신 사용하면 환상적이다. 아니면 레시피에 추천한 대로 따뜻하게 데워 미소 버터를 발라 먹어도 좋다.①

오븐 예열 및 팬 준비: 오븐 선반을 가운데 칸에 끼우고 오븐을 218도(화씨 425도)로 예열한다. 테두리가 있는 큰 베이킹 팬에 유산지를 깐다.

미소와 버터밀크 섞기: 중간 크기의 볼에 미소와 버터밀크 2큰술을 넣는다. 포크로 미소를 부드럽게 으깨다가 버터밀크 몇 큰술을 더 넣고 계속 으깨서 덩어리가 없는 매끈한 페이스트 상태로 만든다. 이 과정을 버터밀크를 절반쯤 사용할 때까지 반복해 부을 수 있을 정도의 농도로 만든다(버터밀크를 한꺼번에 넣지 않고 조금씩 넣어야 덩어리가 생기지 않는다). 남은 버터밀크를 다 넣고 휘저어 매끈한 상태가 되도록 한다. 남은 재료를 섞는 동안 냉장 보관한다.

마른 재료 섞기: 큰 볼에 밀가루, 베이킹파우더, 설탕, 베이킹소다를 넣고 휘저어 섞는다.

버터 넣기: 밀가루 혼합물이 든 볼에 버터 조각들을 넣고 섞어 버터에 밀가루를 입힌다. 그런 다음 손끝으로 재빨리 버터를 납작하게 으깨 부스러기처럼 만든다.

미소 버터밀크 섞기: 버터밀크 혼합물을 포크로 계속 저으며 밀가루 혼합물이 든 볼에 조금씩 뿌린다. (다음 장에 계속)

알아두기
이 비스킷은 만든 당일에 먹는 것이 가장 맛있지만 밀폐 용기에 담아 실온에 두면 3일간 보관이 가능하다. 먹기 전에 다시 데운다. 굽지 않은 비스킷은 베이킹 팬에 올려 비닐 랩을 씌워두면 냉장고에서 24시간, 냉동실에서 1개월까지 보관할 수 있다. 냉동한 경우 해동 없이 바로 굽는다(냉동 비스킷은 굽는 시간이 좀 더 오래 걸릴 수 있다).

① 비스킷에 곁들일 미소 버터를 만들려면, 작은 볼에 실온 상태의 무염 버터와 미소를 넣고 포크로 매끈하게 섞는다. 미소의 양은 기호에 따라 조절하면 되는데, 나 같은 경우는 미소 대 버터의 비율을 1 대 2로 하는 것이 좋다.

달지 않은 식사 대용 빵

유연한 스패출러나 벤치 스크레이퍼로 반죽을 여러 번 접어 고루 혼합되고 하나로 뭉치도록 한다. 반죽이 좀 질척하고 끈적거릴 것이다.

비스킷 성형하기: 밀가루를 약간 뿌린 조리대 위에 반죽을 올린다. 밀가루를 묻힌 손으로 반죽을 두드려 약 1cm 두께의 직사각형 모양을 만든다. 벤치 스크레이퍼나 칼로 반죽을 길게 2등분 한 뒤 다시 가로로 2등분 해 4장으로 만든다. 반죽 4장을 층층이 쌓아 올리고 위와 아래에 밀가루를 좀 더 뿌린 다음 밀대를 이용해 약 22cm 크기의 정사각형으로 민다(이렇게 층을 쌓고 미는 과정을 통해 바삭함을 낼 수 있다).

비스킷 잘라 냉동하기: 잘 드는 칼로 반죽의 네 변을 직선으로 잘라 20cm 크기의 반듯한 정사각형이 되도록 한다. 이것을 5cm 크기의 정사각형 16개로 자른다(가로 4 × 세로 4). 각 조각을 준비해 둔 팬에 고른 간격을 두고 올린다. 버터가 굳도록 약 15분간 냉동한다.

버터 바르고 굽기: 냉동해 둔 비스킷 윗면에 녹인 버터 2큰술을 나누어 바르고 후추를 뿌린다. 팬을 오븐에 넣고 오븐 온도를 190도(화씨 375도)로 줄인다. 비스킷 윗면이 갈색을 띠고 아랫부분이 황갈색을 띨 때까지 20~25분간 굽는다. 오븐에서 꺼내 팬 위에서 식힌다.

---

② 원하는 종류의 미소를 사용하되, 색이 어두운 것은 보통 더 오래 숙성되어 짠맛과 톡 쏘는 맛이 더 강하다는 점을 유념한다. 미소는 그 자체로 충분히 짜서 반죽에 소금 간을 추가로 할 필요는 없다.

허브 페타 치즈를 올린 향긋한 토마토 타르트

8인분

준비할 도구:

푸드 프로세서(선택 사항)

에어룸 토마토나 비프스테이크 토마토
(heirloom or beefsteak, 에어룸은 교배나 유전자 조작을 거치지 않은 순종 토마토이고 비프스테이크는 지름 20cm가 넘는 대형 토마토이다-옮긴이)

1.13kg

중간 크기 샬롯 1개, 쐐기 모양으로 얇게 자른 것

마늘 5쪽, 껍질째 준비

생타임 잔가지 큰 것 2개와 생타임 잎 1작은술

엑스트라 버진 올리브오일 ¼컵(57g)과 위에 뿌릴 것 소량

고수씨 ½작은술, 칼의 평평한 면으로 부순 것

고추 플레이크 ¼작은술

커민(cumin)씨 ¼작은술

펜넬씨 ¼작은술

코셔 소금과 방금 간 후추

결이 살아 있는 올버터 파이 반죽(333쪽)①

중력분, 덧가루용

페타 치즈 227g②

마요네즈 ¼컵(60g)

곱게 다진 생오레가노 잎 2큰술과 토핑용 잎 몇 장

이 타르트는 내가 가장 좋아하는 익은 토마토 사용법 중 하나로부터 영감을 받아 만든 것이다. '얇게 썰어 구운 에브리싱 베이글 위에 크림치즈와 함께 올려 먹는 것.' 바로 이 맛의 조합을 염두에 두고 만든 이 토마토 타르트는 '생토마토와 구운 토마토 슬라이스를 다량의 올리브오일과 살짝 볶은 향신료와 혼합해, 마요네즈 섞인 허브 페타 치즈를 바른 자유로운 형태의 납작한 페이스트리 위에 잔뜩 얹은 것'이다. 토마토는 구운 것과 생토마토를 함께 사용해, 깊고 진한 맛뿐만 아니라 풍부한 과즙과 신선한 맛까지 모두 느낄 수 있다. 나는 일 년 내내 토마토 철을 기다린다. 덜 익어 주황빛이 도는 토마토들은 샐러드나 샌드위치를 만들 때 사용하다가, 마침내 과즙을 잔뜩 머금은 진홍빛 토마토를 맛볼 수 있기를 고대하는 것이다. 미국 북동부에서는 8월까지 버텨야 그 시기가 찾아오며, 그때부터 토마토가 사라지는 10월까지는 정말 매 끼니 토마토가 안 들어가는 요리가 없다.

오븐 예열하기: 오븐 선반을 가운데 칸에 끼우고 오븐을 204도(화씨 400도)로 예열한다.

토마토 굽기: 토마토의 절반은 심을 제거하고 톱니 칼을 이용해 0.5cm 두께로 슬라이스한다. 테두리가 있는 베이킹 팬에 토마토 슬라이스, 샬롯, 마늘, 타임 잔가지를 고루 올린다. 그 위에 올리브오일 ¼컵, 고수씨, 고추 플레이크, 커민씨, 펜넬씨를 뿌린다. 팬을 오븐에 넣고 토마토 가장자리가 어두워지고 지글거리며 아주 향긋한 냄새가 날 때까지 35~40분간 굽되, 중간에 팬의 앞뒤를 돌려준다. 팬을 오븐에서 꺼낸다(오븐은 켜 둔다). 금속 스패출러로 토마토를 살살 떼어낸다. 타임 잔가지를 빼서 바삭한 잎들만 바스러뜨려 토마토 위에 뿌린 뒤 가지는 버린다. 토마토, 마늘, 샬롯, 팬에 있는 오일과 향신료들을 전부 접시에 옮겨 담아 식힌다. 팬을 세척한 뒤 유산지를 깔아 둔다.

반죽 밀어 굽기: 파이 반죽은 약 5분간 실온에 내놓아 살짝 녹인다. 덧가루를 뿌린 조리대 위에 반죽을 올린 다음 밀대로 두드려 더 유연하게 만든다. 반죽의 위와 아래에 밀가루를 뿌려가며 0.3cm 남짓한 두께의 길쭉한 판 모양으로 민다 (모양이 불규칙해도 걱정하지 말자, 오히려 좋다!). (다음 장에 계속)

알아두기

이 타르트는 느슨하게 덮어 실온에서 1일간, 냉장고에서 3일간 보관이 가능하다 (크러스트는 시간이 갈수록 눅눅해지고 생토마토 슬라이스는 냉장하면 식감이 파슬파슬해진다). 구운 크러스트와 구운 토마토 혼합물은 하루 전에 만들어 따로 잘 덮어서 실온에 두어도 된다. 페타 치즈 혼합물도 하루 전에 만들어 둘 수 있으며, 이때는 잘 덮어서 냉장 보관한다. 미리 만들어 둔 재료는 먹기 직전에 조합한다.

유산지를 깔아 둔 팬 위에 반죽을 올린 뒤 포크로 윗면 전체에 구멍을 낸다. 반죽이 좀 끈적거린다면 10분쯤 냉장 보관해 굳힌다. 팬을 오븐에 넣고 반죽 전체에 짙은 황갈색이 날 때까지 20~25분간 굽는다. 오븐에서 꺼내 식힌다.

허브 페타 만들기: 푸드 프로세서에 페타 치즈, 마요네즈, 다진 오레가노, 타임 잎 1작은술을 넣는다. 구워둔 마늘을 손으로 짜듯이 눌러 과육만 넣는다. 소금과 후추를 조금씩 뿌린 뒤 혼합물이 가볍고 매끈한 상태가 될 때까지 간다 (아니면 모든 재료를 중간 크기의 볼에 넣고 포크로 으깨 잘 섞어도 되는데, 이 경우에는 질감이 아주 매끈하지는 않을 것이다).

타르트 조합하기: 남은 토마토를 슬라이스하고 소금과 후추를 뿌린다. 식힌 페이스트리 위에 페타 치즈 혼합물을 올린 다음 소형 오프셋 스패츌러나 스푼 뒷면으로 고루 펴 바르되, 가장자리에 얇은 경계를 남긴다. 페타 위에 생토마토와 구운 토마토 슬라이스를 올린다. 생오레가노 잎을 올린 뒤 올리브오일을 더 뿌려 담아낸다.

---

① 홈메이드 파이 반죽 대신 시판 냉동 퍼프 페이스트리를 사용해도 된다. 밤새 냉장고에서 해동시켰다가 밀가루를 살짝 뿌려 주름 없이 민 다음, 포크로 구멍을 여러 개 내서 굽는다. 굽는 동안 부풀어 오르면 스푼 뒷면으로 납작하게 누른다. 듀포 사의 제품을 추천하지만, '올 버터'라고 적혀 있기만 하다면 브랜드는 상관없다.

② 페타 치즈는 항상 미리 부숴놓은 것 말고 소금물에 담긴 블록 형태로 판매하는 것을 구매한다. 그래야 훨씬 더 가볍고 매끈하게 만들 수 있다. 종류가 아주 다양하지만, 나는 신맛이 특히 강한 양젖 페타를 선호한다.

구제르

70개분

준비할 도구:

스탠드 믹서(선택 사항), 짤주머니(선택 사항)

파트 아 슈(346쪽)

너트메그 가루 ½작은술(바로 갈아 쓰면 더 좋음)

스위트 파프리카 가루 ½작은술

코셔 소금 크게 한 꼬집

카옌 페퍼 한 꼬집

그뤼에르 또는 다른 반연성(semi-soft) 치즈 283g, 굵게 간 것(약 1½컵)

대란 1개, 잘 푼 것

친구들이 놀러 왔을 때 노릇노릇하게 익은 뜨거운 구제르(goug res)를 오븐에서 짠하고 꺼내는 것은 파티 분위기를 한껏 끌어올리는 나만의 비법이다. 치즈 퍼프는 누구나 좋아하고, 만들기도 재미있을 뿐 아니라 대량으로 준비하기 쉬우며, 모든 작업을 미리 해둘 수 있다. 파트 아 슈 베이스에 약간의 향신료와 많은 양의 치즈를 갈아 넣은 뒤 짜서 구우면, 고소하고 짭짤하며 부드러우면서도 바삭한 치즈 퍼프가 완성된다. 그뤼에르가 클래식한 맛을 내기는 하지만 샤프체다나 훈제 고다 등, 반연성 치즈라면 어느 것이든 사용해도 좋다.

오븐 예열하기: 오븐 선반 2개를 각각 위에서 세 번째 칸, 아래에서 세 번째 칸에 끼우고 오븐을 218도(화씨 425도)로 예열한다.

구제르 반죽 만들기: 파트 아 슈 반죽을 '달걀 넣기' 단계까지 만든다. 믹서를 저속으로 켜 둔 채, 너트메그 가루, 파프리카 가루, 소금, 카옌 페퍼를 넣고 섞는다. 갈아 둔 치즈 170g을 조금씩 천천히 넣고 섞기를 반복한다. 남은 치즈 113g은 토핑용으로 사용할 것이다.

짤주머니에 옮겨 담기: 반죽을 큰 짤주머니나 지퍼백에 옮겨 담는다. 최대한 기포가 들어가지 않게 하며 짤주머니를 비틀어 봉한다. 끝부분을 잘라 지름 1cm 크기의 구멍을 낸다.

퍼프 굽기: 347쪽의 크림 퍼프 레시피와 같이 베이킹 팬을 준비하고 퍼프를 짠다. 퍼프 위에 달걀물을 바른 뒤 남은 치즈 113g을 고루 나누어 뿌린다. 크림 퍼프와 같은 방식으로 구워서 식힌다.①

알아두기

이 구제르는 밀폐 용기에 담아 실온에 두면 2일간, 냉동하면 1개월간 보관이 가능하다. 미리 만들어 두면 눅눅해지므로, 먹기 전에 팬에 올려 204도(화씨 400도)에서 5~8분간 다시 구워 바삭하게 만든다. 구제르 반죽은 하루 전에 미리 만들어 짤주머니에 담아 냉장해 두어도 된다. 짜기 전에 실온에

내놓는다. 또 유산지를 깐 팬 위에 반죽을 짜서 냉동시키면 1개월간 보관할 수 있다. 이때는 일단 아무것도 씌우지 않은 상태로 냉동실에 넣어두었다가 완전히 얼고 나면 랩을 잘 씌운다. 구울 때는 냉동 상태의 반죽 위에 바로 달걀물을 바르고 치즈를 뿌려 굽는다(냉동 반죽은 굽는 시간이 몇 분 더 걸릴 수 있다).

① 주저앉은 구제르(충분히 구워지지 않으면 생길 수 있는)는 막 주저앉기 시작할 때 곧바로 다시 204도(화씨 400도) 오븐에서 5~8분간 구우면 되살아날 가능성이 있다. 뜨거운 열기가 덜 구워진 납작한 퍼프를 다시 부풀어 오르게 하기 때문이다.

캐러멜라이징한 엔다이브 갈레트

6인분(간식) 또는 4인분(메인 요리)

벨지언 엔다이브(Belgian endive) 큰 것 6개(822g)

파르메산 치즈 56g

엑스트라 버진 올리브오일 2큰술과 ¼컵(85g)

중간 크기 양파 2개(453g), 반 잘라 얇게 슬라이스한 것

생타임 잎 1작은술과 위에 뿌릴 것 소량

화이트 와인 식초 2작은술과 1큰술

코셔 소금과 방금 간 후추

결이 살아 있는 올버터 파이 반죽(333쪽)

중력분, 덧가루용

대란 1개, 잘 푼 것

샬롯 작은 것 ½개, 아주 곱게 다진 것

디종 머스터드 1큰술

꿀 1작은술

라디치오 작은 것 1개, 잎을 떼어내 찢어서 준비①

이탈리안 파슬리 잎 ¼컵

이 갈레트는 내가 좋아하는 '짬뽕' 요리 중 하나인 샐러드 피자의 좀 더 세련된 해석이다! 캐러멜라이징된 얇고 부드러운 베이스에 생기 넘치고 쌉싸름하며 바삭한 샐러드까지, 한 끼 식사에서 내가 원하는 모든 것을 다 갖추었다. 오븐에서 굽는 레시피에는 신선한 제철 재료를 생으로 사용하기 힘들다는 생각을 한 방에 날려줄 것이다.

재료 준비: 엔다이브 5개를 잎 끝부분부터 시작해 가로로 1cm 두께로 썰고, 심은 아주 쓴 맛이 나므로 버린다. 남은 엔다이브는 잎을 따서 젖은 키친타월을 덮어 냉장해 둔다. 파르메산 치즈 절반은 곱게 갈고, 남은 절반은 채소 필러로 얇게 깎는다.

캐러멜라이징한 엔다이브 필링 만들기: 중간 크기의 스킬렛에 올리브오일 2큰술을 넣고 중강불에 올려 달군다. 양파와 자른 엔다이브를 조금씩 넣고 뒤적여 숨이 죽으면 조금 더 넣기를 반복한다. 가끔 저으며 양파가 투명해질 때까지 약 5분간 볶는다. 중약불로 줄이고 양파가 스킬렛에 달라붙기 시작하면 물을 조금씩 뿌리며 엔다이브와 양파가 황갈색이 될 때까지 35~40분간 계속 볶는다(오븐에 넣으면 색이 더 진해진다). 캐러멜라이징 되는 데 시간이 너무 오래 걸린다면 불을 좀 더 세게 올린다. 여기에 타임을 넣고 향긋한 냄새가 날 때까지 약 1분간 볶다가 화이트 와인 식초 2작은술을 넣고 젓는다. 소금과 후추로 간한 뒤 스킬렛을 불에서 내려 완전히 식힌다.

오븐 예열 및 팬 준비: 오븐 선반을 가운데 칸에 끼우고 오븐을 177도(화씨 350도)로 예열한다. 테두리가 있는 베이킹 팬에 유산지를 깐다.

페이스트리 밀기: 파이 반죽은 약 5분간 실온에 내놓아 살짝 녹인다. 덧가루를 뿌린 조리대 위에 반죽을 올린 다음 밀대로 두드려 더 유연하게 만든다. 반죽의 위와 아래에 밀가루를 뿌려가며 약 23×33cm 크기의 직사각형으로 민다.

알아두기
이 갈레트는 잘 덮어서 실온에 두면 3일간 보관이 가능하나 만든 당일에 먹어야 페이스트리가 바삭해서 더욱 맛있다. 미리

만들어 둘 경우, 생채소는 먹기 직전에 올린다. 캐러멜라이징한 엔다이브 필링은 3일 전부터 만들어놓을 수 있으며, 밀폐 용기에 담아 냉장 보관한다.

① 라디치오 대신 트레비소(Treviso)나, 분홍빛 줄무늬 덕분에 사진발을 잘 받는 카스텔프랑코(Castelfranco) 등, 쓴맛이 나는 다른 샐러드 채소를 사용해도 된다.

갈레트 조합하기: 페이스트리를 준비해 둔 베이킹 팬으로 옮긴다. 갈아 둔 파르메산의 절반을 반죽 위에 고루 뿌리되, 가장자리에 4cm의 경계를 남긴다. 식힌 엔다이브 필링을 떠서 올린 다음 고르게 펼친다.

페이스트리 접기: 치즈를 뿌리지 않은 반죽 테두리 부분에 달걀물을 바른 뒤 유산지를 들어 반죽을 필링 위로 접는다. 접은 부분을 꾹 누른 다음 그 위에도 달걀물을 바른다. 남은 파르메산 가루를 접은 반죽 위에 뿌린 뒤 갈레트 전체에 후추를 뿌린다.

갈레트 굽기: 갈레트의 페이스트리 부분이 짙은 황갈색을 띨 때까지 45~55분간 굽는다. 오븐에서 꺼내 30분 이상 식힌다.

비네그레트 만들기:② 갈레트를 굽는 동안, 작은 볼에 샬롯, 머스터드, 꿀, 남은 식초 1큰술을 넣고 휘저어 섞는다. 남은 올리브오일 ¼컵을 천천히 조금씩 부으며 계속 휘저어 걸쭉하고 윤기가 흐르는 소스를 만든다. 소금과 후추로 간한다.

샐러드 섞어 갈레트 위에 올리기: 큰 볼에 라디치오, 파슬리, 자르지 않은 엔다이브 잎, 얇게 깎은 파르메산을 넣는다. 비네그레트를 뿌리고 소금, 후추를 조금씩 뿌린 다음 깨끗한 손으로 살살 섞는다. 정사각형으로 자른 갈레트 위에 샐러드를 올리고 타임 잎을 뿌려 담아낸다.

② 이 비네그레트는 2~3배로 만들어 냉장 보관했다가 샐러드를 만들 때 사용하면 좋다. 어디에나 잘 어울리는 꽤 클래식한 소스지만 꿀의 양이 조금 많으므로(엔다이브와 라디치오의 쓴맛과 균형을 맞추기 위해) 그 부분은 기호에 따라 조절한다.

바삭한 버섯 갈레트

6인분(간식) 또는 4인분(메인 요리)

엑스트라 버진 올리브오일 7큰술(100g)과
조합할 때 쓸 소량

리크(leek) 큰 것 2대(680g), 짙은 초록색
부분은 잘라내고 흰색과 밝은 초록색
줄기를 길게 갈라 씻어서 다진 것

홀그레인 디종 머스터드 1큰술(18g)

코셔 소금과 방금 간 후추

버섯(표고버섯, 크레미니(cremini) 버섯,
느타리버섯, 잎새버섯 등) 454g, 2.5cm
두께로 슬라이스하거나 찢어서 준비

마늘 5쪽, 4쪽은 으깨서 껍질을 벗기고
1쪽은 곱게 갈아 준비

생로즈메리 잔가지 2개와 굵게 다진
생로즈메리 잎 1큰술

바삭한 올리브오일 반죽(341쪽)

중력분, 덧가루용

판코(panko) 사의 빵가루 2큰술

뉴트리셔널 이스트 2작은술

이 버섯 갈레트는 부드럽게 녹아든 리크 베이스, 로즈메리 향을 머금은 버섯, 마늘 맛이 나는 빵가루와 바삭바삭한 페이스트리까지, 모든 것을 다 갖추었다. 레시피를 일부러 조절할 필요도 없이 비건이라서 인상적인 메인 메뉴로도 손색이 없다. 버터가 들어간 크러스트를 더 좋아하고 유제품 섭취에 문제가 없다면 결이 살아 있는 올버터 파이 반죽(333쪽)을 대신 사용하면 된다.

오븐 예열 및 팬 준비: 오븐 선반을 가운데 칸에 끼우고 오븐을 177도(화씨 350도)로 예열한다. 테두리가 있는 베이킹 팬에 유산지를 깐다.

리크 베이스 만들기: 중간 크기의 스킬렛(무쇠로 된 것이 좋음)에 올리브오일 2큰술을 넣고 중불에 올려 달군다. 리크를 넣고 자주 저으며 투명하고 부드러워질 때까지 5~8분간 볶는다. 약불로 줄이고 리크가 갈색을 띠기 시작하면 물을 조금씩 넣으며 15~20분간 더 볶는다. 스킬렛을 불에서 내린 뒤 머스터드를 넣고 젓는다. 소금과 후추로 간한다. 볶은 리크를 중간 크기의 볼에 옮겨 담아 식힌다. 스킬렛을 키친타월로 닦아내고 버섯을 볶을 준비를 한다.

버섯 볶기: 스킬렛에 올리브오일 2큰술을 넣고 강불에 올려 달군다. 버섯 절반, 으깬 마늘 2쪽, 로즈메리 잔가지 1개를 넣는다. 버섯을 한 번만 뒤적여 오일을 입힌 다음, 그대로 둔 채 군데군데 갈색을 띨 때까지 약 3분간 익힌다. 그 이후로는 가끔 뒤적이며 전체적으로 갈색을 띠고 물이 나오며 부드러워질 때까지 5~8분간 더 볶는다.① 소금과 후추로 간한다. 다른 중간 크기의 볼에 버섯을 긁어 담아 식힌다. 올리브오일 2큰술, 남은 버섯, 으깬 마늘 2쪽, 로즈메리 잔가지 1개, 소금과 후추를 가지고 같은 스킬렛에 이 과정을 한 번 더 반복한다. 스킬렛은 빵가루를 구울 때 쓸 것이므로 한쪽에 둔다.

반죽 밀기: 반죽의 랩을 벗기고 덧가루를 살짝 뿌린 조리대 위에 올린 다음, 윗면에 덧가루를 좀 더 뿌린다. 반죽이 달라붙지 않도록 필요할 때마다 가루를 더 뿌려가며, 반죽을 지름 약 30cm의 원형으로 민다.

알아두기
이 갈레트는 잘 덮어서 실온에 두면 3일간 보관이 가능하나 만든 당일에 먹는 것이 가장 맛있다(시간이 지날수록 페이스트리가 눅눅해진다). 리크 혼합물은 잘 덮어서 냉장하면 4일간 보관할 수 있다.

① 소금을 일찍 뿌리면 수분이 빠져나와 노릇노릇하게 익는 데 방해가 되므로 버섯이 팬에서 잘 구워질 때까지는 소금을 뿌리지 않는다. 처음에는 간이 안 된 상태기 때문에 나중에 충분히 간을 해주어야 하니 소금을 넉넉히 뿌린다!

반죽을 밀려고 하는데 자꾸만 다시 수축한다면 반죽을 덮어 10분간 그대로 두었다가 다시 작업한다.

갈레트 조합하기: 준비해 둔 팬 위로 반죽을 옮긴다. 식힌 리크 혼합물을 반죽 위에 고루 올리되, 가장자리에 4cm 정도 경계를 남긴다. 그 위에 볶은 버섯과 마늘(로즈메리는 뺀다)을 고루 올린다.

크러스트 접기: 필링을 올리지 않은 반죽 가장자리 부분을 유산지째 들어 필링 위로 접되, 고른 간격으로 주름을 잡는다. 주름 부분을 꾹 눌러 붙인 다음 페이스트리 겉면에 올리브오일을 바른다. 갈레트 전체에 소금과 후추를 뿌린다.

갈레트 굽기: 페이스트리 부분이 황갈색을 띠고 버섯 윗면이 바삭해질 때까지 45~55분간 굽는다.

마늘 맛 빵가루 만들기: 갈레트를 굽는 동안, 스킬렛에 남은 올리브오일 1큰술을 넣고 달군다. 판코 빵가루, 뉴트리셔널 이스트, 간 마늘, 로즈메리잎을 넣고 계속 저으며 노릇노릇하고 아주 향긋한 냄새가 날 때까지 약 4분간 볶는다. 스킬렛을 불에서 내리고 빵가루에 소금과 후추로 간한 뒤 키친타월을 깐 접시에 담아 식힌다.

갈레트 완성 및 담아내기: 갈레트를 오븐에서 꺼내 식힌 다음 빵가루를 뿌려 자른다. 따뜻하게, 또는 실온 상태로 담아낸다.

달지 않은 식사 대용 빵

달걀을 넣어 구운 부드러운 채소 파이

6인분

준비할 도구:

25cm(10in) 오븐용 스킬렛(무쇠로 된
것이 좋음), 파이 누름돌 또는 말린 콩이나
쌀 4컵(파베이킹용)

결이 살아 있는 올버터 파이 반죽(333쪽)

중력분, 덧가루용

다이아몬드 크리스털 코셔 소금

손으로 찢은 투스칸 케일 8컵(약 454g)

손으로 찢은 근대 8컵(약 454g)

무염 버터 3큰술(42g)

샬롯 큰 것 1개(113g), 곱게 다진 것

중력분 1큰술(8g)

냉동 시금치 1팩(283g), 녹인 뒤 꼭 짜서
물기 제거해 준비

방금 간 후추

대란 7개(350g), 실온 상태로 준비

헤비크림 ⅔컵(160g), 실온 상태로 준비

곱게 간 파르메산 치즈 57g(약 ½컵)

곱게 다진 생딜(dill) 1큰술

너트메그 가루 ¼작은술(바로 갈아 쓰면
더 좋음)

핫소스, 곁들이용

이 책의 다른 여러 레시피와 마찬가지로, 이 레시피도 내가 정말 만족스럽게
먹었던 요리에 몇 가지 아이디어를 더한 것이다. 얇은 더블 크러스트 안에 녹색
채소와 달걀을 채워 만드는 이탈리아의 '토르타 파스쿠알리나(torta pasqualina,
이탈리아에서 부활절에 먹는 짭짤한 파이-옮긴이)'와 나의 최애 스테이크 사이드 메뉴인 크림
시금치에서 영감을 얻어, 위가 오픈된 형태로 변형해 보았다. 버터 향이 가득한
파이 껍질 안에는 내한성이 강한 녹색 채소, 파르메산 치즈와 너트메그 가루를
섞은 필링을 채우고, 그 사이사이에 달걀을 박아 흰자만 익고 노른자는 걸쭉한
반숙이 되도록 구웠다. 굳이 다른 음식을 곁들이지 않아도, 브런치는 물론
점심이나 저녁 식사 메뉴로 충분할 것이다.

오븐 예열하기: 오븐 선반을 가운데 칸에 끼우고 오븐을 204도(화씨 400도)로
예열한다.

페이스트리 밀어 스킬렛에 깔기: 파이 반죽을 약 5분간 실온에 내놓아 살짝
녹인다. 덧가루를 뿌린 조리대 위에 반죽을 올린 다음 밀대로 두드려 더 유연하게
만든다. 반죽의 위와 아래에 밀가루를 뿌려가며 지름 약 30cm의 원형으로 민다.
반죽을 오븐용 스킬렛(무쇠로 된 것이 좋음)으로 옮긴 뒤 바닥과 옆면에 잘 눌러
깐다. 스킬렛 높이에 맞게 반죽을 잘라낸다. 반죽 바닥 전체에 포크로 구멍을
낸다.

페이스트리 굽기: 페이스트리 위에 은박지 2겹을 깐 다음 파이 누름돌, 말린 콩
또는 쌀을 채운다. 가장자리가 노릇해질 때까지 20~25분간 굽는다. 스킬렛을
오븐에서 조심히 꺼낸 뒤 은박지를 들어 누름돌을 빼낸다. 오븐 온도를 177도
(화씨 350도)로 낮춘다(낮은 온도에서 다시 구우면 갈라짐을 방지하고 수축을
최소화할 수 있다). 스킬렛을 다시 오븐에 넣고 페이스트리 표면이 노릇해질
때까지 15~20분간 더 굽는다. 스킬렛을 오븐에서 꺼낸다.① 오븐은 온도를 204도
(화씨 400도)로 높여 계속 켜 둔다.

채소 데쳐서 다지기: 물을 채운 큰 냄비를 중강불에 올린다. 물이 끓으면 소금을
넉넉히 넣고 케일을 집어넣어 선명한 녹색이 나고 부드러워질 때까지 약 2분간
데친다. (다음 장에 계속)

알아두기

달걀은 한 번 구워지면 오래 제맛을 유지하지
못하기 때문에, 이 파이는 만든 당일에 먹는
것이 가장 좋다. 파이 크러스트는 하루 전에

구워 잘 덮어서 실온에 두어도 된다. 볶은
채소 필링도 하루 전에 만들어 둘 수 있다. 잘
덮어서 냉장 보관했다가 크러스트에 올리기
전에 실온에 잠시 내놓는다.

① 이 파이는 필링이 걸쭉해서 샐 염려가
없으므로, 크러스트를 구운 뒤나 필링을
채우기 전에 갈라진 부분을 발견해도 너무
걱정하지 말자.

구멍 뚫린 스푼이나 체로 케일을 건져 체에 밭치고 찬물에
헹구어 온기를 없앤다. 손으로 꼭 짜서 물기를 최대한
제거한다. 케일을 도마 위에 올려 둔다. 근대도 똑같이
데치고, 헹구고, 짠다. 채소를 전부 곱게 다진다.

채소 볶기: 다른 중간 크기의 스킬렛을 중불에 올려 버터를
넣고 거품이 날 때까지 30초쯤 가열한다. 샬롯을 넣고 자주
저으며 투명하고 부드러워질 때까지 약 3분간 볶는다.
밀가루를 넣고 1분쯤 뒤적이며 샬롯에 입힌 다음, 다져둔
채소와 시금치를 넣고 볶는다. 소금 ¾작은술과 넉넉한 양의
후추를 뿌려 간한 뒤 자주 저으며 스킬렛에 물기가 증발하고
채소 혼합물의 부피가 줄어들 때까지 약 5분간 더 볶는다.
스킬렛을 불에서 내려 몇 분간 식힌다.

필링 섞기: 중간 크기의 볼에 달걀 1개를 넣고 잘 푼 다음
헤비크림, 파르메산, 딜, 너트메그 가루를 넣고 섞는다. 잠시
식힌 채소 혼합물을 볼에 넣고 고루 혼합되도록 섞는다.②

파이에 필링과 달걀 채워 굽기: 구워둔 파이 크러스트에
필링을 긁어 담은 뒤 고루 펼친다. 스푼 뒷면을 이용해 필링
사이사이에 균일한 간격으로 움푹 팬 홈을 6개 만든다. 남은
달걀 6개를 한 홈에 하나씩 깨서 넣고 파이 윗면에 소금과
후추를 뿌린다. 파이를 조심히 오븐에 넣은 다음 달걀흰자가
익고 노른자는 반숙인 상태가 될 때까지
25~30분간 굽는다.③

담아내기: 파이를 오븐에서 꺼내 15분간 식힌 뒤 쐐기
모양으로 자른다(1조각당 달걀 1개). 핫소스를 곁들여
담아낸다.

---

② 볶은 채소는 몇 분간 식혀서 섞어야 달걀이
익는 일을 막을 수 있다. 파이 크러스트에
필링을 담을 때는 온기가 좀 남아 있어도
된다.

③ 파이를 구울 때는 달걀의 상태를 계속
잘 지켜본다. 특히 굽기 시작한 지 20분
뒤부터는 흰자가 익지 않고 출렁거리는
상태에서 불투명하게 익은 상태로 빠르게
바뀔 수 있다. 너무 오래 구우면 노른자가
퍽퍽하게 익어버리므로 주의한다.

그레몰라타를 뿌린 조개 펜넬 피자

4인분

조개 펜넬 피자

부드럽고 폭신한 플랫브레드 반죽(349쪽)
의 절반 분량 또는 시판 피자 도우 454g
드라이 화이트 와인 ½컵
새끼 대합조개(littleneck clam) 1.8kg,
문질러 씻은 것
엑스트라 버진 올리브오일 ¼컵과 반죽 및
완성 단계에서 뿌릴 것 소량
마늘 12쪽, 으깨서 껍질 벗긴 것
줄기와 잎이 달린 펜넬 구근 큰 것 1개
(357g), 구근은 반 갈라 심을 제거해
얇게 슬라이스하고 두꺼운 줄기도 얇게
슬라이스해 준비, 잎은 그레몰라타에 사용
(아래 참조)
고추 플레이크 ½작은술과 위에 뿌릴 것
소량

펜넬 그레몰라타

아주 곱게 다진 생 이탈리안 파슬리 3큰술
아주 곱게 다진 펜넬잎 3큰술
마늘 1쪽, 곱게 간 것
곱게 간 레몬 껍질 2작은술
다이아몬드 크리스털 코셔 소금

얇게 저민 마늘을 올리브오일에 볶는 냄새는 음식에 관한 나의 가장 오래된 기억 중 하나이다. 어렸을 때 집에서 자주 맡았던 이 냄새는 보통 아빠가 조개를 넣은 링귀니를 만들고 있다는 신호였다. 그것은 우리 가족이 수년간 만들고 나누어 먹었던 요리이자, 나로서는 주기적으로 먹어줘야 하는 음식이다. 그 음식에 관한 모든 맛의 기억을 피자 형태로 바꾼(게다가 쌍각류와 더할 나위 없이 잘 어울리는 펜넬을 더해 더욱 반가운) 것이 바로 이 피자이다. 원조인 파스타와 마찬가지로, 이 피자 역시 조개가 주인공이라 무려 1.8kg이나 들어간다. 조금이라도 덜 넣으면 인색하게 느껴지기도 했고, 이 정도는 넣어야 한입 베어 물 때마다 틀림없이 조개를 맛보게 된다. 파스타 버전만큼이나 자꾸만 먹고 싶은 맛이며, 시판 도우를 사용하면 주말 저녁에도 충분히 만들 수 있다.①

반죽 준비: 플랫브레드 반죽을 1차 발효시킨다(플랫브레드 레시피 전량을 만든다면 나머지 절반은 플랫브레드를 만드는 데 사용한다). 반죽이 발효되는 동안, 조개와 펜넬을 준비한다.

조개 찌기: 중간 크기의 더치 오븐이나 큰 냄비에 와인을 넣고 중강불에 올린 뒤, 끓으면 조개를 넣고 뚜껑을 덮는다. 약 7분 뒤 뚜껑을 열고, 집게를 이용해 입을 벌린 조개들을 꺼내 큰 볼에 담는다. 입을 다문 조개들은 한 번 뒤적인 뒤 다시 뚜껑을 덮고 계속 익히다가, 2분마다 확인해 입을 연 것들을 볼에 옮겨 담는다. 모든 조개가 입을 열 때까지 익히되, 15분이 지나도 입을 열지 않는 것들은 버린다. 조개는 잠시 식히고, 내열 계량컵에 조개 익힌 물 ¾컵을 천천히 따라 한쪽에 둔다.② 남은 물은 버리고 더치 오븐은 씻어서 말린다.

펜넬 볶기: 같은 더치 오븐에 올리브오일을 넣고 중강불에 올려 달군다. 으깬 마늘을 넣고 자주 저으며 노릇해질 때까지 3분쯤 볶는다. 슬라이스한 펜넬 구근과 줄기, 고추 플레이크를 넣고 자주 저으며 펜넬이 부드러워지고 군데군데 갈색을 띨 때까지 8~10분간 볶는다. 여기에 조개 익힌 물을 넣은 뒤 바닥을 긁어 눌어붙은 조각들을 떼어낸다. 가끔 저으며 더치 오븐 바닥에 물기가 거의 없어질 때까지 5분쯤 더 볶다가 불에서 내려 식힌다. (다음 장에 계속)

---

① 시판 피자 도우를 사용할 때는 베이킹 팬 위에서 반죽을 늘이는 단계에서부터 시작하고, 반죽을 덮어 실온에 두는 동안 펜넬과 조개 토핑을 만든다. 시판 도우는

홈메이드 이스트 반죽에 비해 활동성이 낮으므로 발효를 시켜도 덜 부푼다. 그래도 맛은 여전히 좋을 것이다!

② 조개를 익힌 물은 탁한 회색빛을 띠는 것이 정상이다. 계량컵에 따를 때는 조개에서 나온 모래가 딸려 나오지 않도록 천천히 따른다.

달지 않은 식사 대용 빵

펜넬 혼합물의 맛을 보고 소금으로 간을 맞춘다(조개 익힌 물이 아주 짜기 때문에 소금이 필요 없을 수도 있다).

조갯살 섞기: 조개껍데기에서 살을 분리해 펜넬 혼합물이 든 더치 오븐에 넣고 섞는다(껍데기는 버린다).

오븐 예열: 오븐 선반을 가운데 칸에 끼우고 오븐을 260도(화씨 500도)로 예열한다.

반죽 늘여 발효시키기: 발효가 끝난 반죽을 주먹으로 가볍게 내리쳐 가스를 어느 정도 빼낸다. 테두리가 있는 큰 베이킹 팬에 올리브오일을 넉넉히 뿌리고 반죽을 올린다. 반죽을 뒤집어 반대쪽에도 오일을 입힌 뒤 길이 약 38cm, 너비 약 25cm인 얇은 타원형이 되도록 살살 늘인다(반죽이 자꾸만 다시 수축한다면 팬에 오일을 바른 랩을 씌워 5분간 그대로 두었다가 다시 민다). 늘인 반죽이 담긴 팬에 오일을 바른 랩을 씌워 실온에 두고 부풀어 오를 때까지 20~25분간 발효시킨다.

그레몰라타 만들기: 반죽이 발효되는 동안, 작은 볼에 다진 파슬리, 다진 펜넬잎, 간 마늘, 간 레몬 껍질을 넣고 섞는다. 소금과 후추로 간한다.

피자 파베이크 하기: 반죽의 랩을 벗기고 오븐에 넣은 뒤 표면이 부풀어 오르고 가장자리가 군데군데 갈색을 띨 때까지 5~7분간 굽는다. 오븐에서 꺼낸다(오븐은 계속 켜 둔다).

토핑 올려 한 번 더 굽기: 반죽 위에 펜넬과 조개 혼합물을 고루 올리되, 가장자리에 2.5cm 정도 경계를 남긴다. 반죽 밑부분이 갈색을 띠고 바삭해질 때까지 5~7분간 더 굽는다. 피자를 오븐에서 꺼내 잠시 식힌다. 그레몰라타와 올리브오일을 뿌리고, 기호에 따라 고추 플레이크를 추가로 뿌린다. 원하는 모양으로 잘라 바로 먹는다.③

③ 펜넬 조개 토핑과 그레몰라타는 **부드럽고 바삭한 포카치아**(289쪽)의 토핑으로 사용하거나, 그릴에 구운 빵에 올려 조개 토스트를 만들어 먹어도 맛있다.

부드럽고 바삭한 포카치아

46×33cm 팬 1개분

준비할 도구:

조리용 디지털 온도계, 스탠드 믹서,
46×33cm(18×13in) 베이킹 팬

활성 드라이 이스트 1봉(7g, 2¼작은술)
강력분 6컵(780g)①
다이아몬드 크리스털 코셔 소금 2큰술
(17g)
엑스트라 버진 올리브오일 ½컵(110g)과
플레인 포카치아 토핑용 ¼컵 및 손에 바를
것 소량
원하는 토핑(이어지는 레시피 참조)
플레이크 소금, 위에 뿌릴 것

가끔은 내가 개발하는 레시피가 의외로 잘 나와서 엄격한 비평가인 나조차 일을 멈추고 자축할 때가 있다. 이 포카치아와 이어지는 변형들을 만들었을 때는 내가 만든 것 중 이보다 더 맛있는 게 있었나 싶을 정도였다. 밀가루, 물, 이스트 그리고 소금이 빵으로 변하는 것은 언제나 놀라운 일이지만, 포카치아의 경우에는 특히 더 그렇다. 질척거리고 끈적거리던 반죽이 오븐에 들어갔다 나오는 순간 겉은 기분 좋게 바삭하고 속은 가볍고 폭신폭신한 빵이 되어 있다(전 과정에 걸쳐 올리브오일을 아주 많이 넣은 덕분이다). 이 반죽은 가지고 놀기에 좋고 다루기가 전혀 까다롭지 않아서, 이스트로 작업하는 것에 좀 더 익숙해지고자 하는 베이커들에게 좋은 시작점이 된다. 굽기 전 최대 하루 동안 반죽을 냉장할 수도 있어서, 맛을 향상하고 시간을 유연하게 조절할 수 있다.

이스트 녹이기: 작은 냄비에 물 ½컵(113g)을 넣고 약불에 올린 다음 냄비를 빙빙 돌리며 약 40도(화씨 105도)로 미지근해질 때까지 데운다(전자레인지로 데워도 되지만 너무 뜨거워지지 않도록 주의한다). 이 물을 스탠드 믹서의 볼에 부은 뒤 이스트를 넣고 녹인다. 혼합물이 뿌옇고 약간 부푼 상태가 될 때까지 약 5분간 그대로 둔다.

반죽 섞기: 볼을 믹서에 부착하고 반죽용 갈고리를 끼운다. 실온 상태의 물 2½컵(567g)을 이스트 혼합물에 붓고 밀가루, 코셔 소금을 넣는다. 최저속으로 아주 묽은 반죽이 될 때까지 1분쯤 섞다가, 속도를 중고속으로 높여 매끈하고 갈고리에 감기는 상태가 될 때까지 약 5분간 섞는다. 믹서를 끄고 볼을 젖은 행주로 덮은 뒤 반죽을 10분간 휴지시킨다. 믹서를 중고속으로 켜고 반죽이 아주 매끈하고 탄력 있으며 볼 옆면에서 떼어질 때까지 10~15분간 더 섞는다. 여전히 아주 끈적거리겠지만 밀가루는 더 넣지 않는다.②

반죽 1차 발효: 다른 큰 볼에 올리브오일 ¼컵을 넣고 빙빙 돌려 볼 안쪽에 입힌다. 유연한 스패출러나 스크레이퍼로 반죽을 긁어 볼에 담는다. (다음 장에 계속)

알아두기
이 포카치아는 잘 싸서 실온에 두면 4일간 보관이 가능하다. 만든 당일이나 다음 날 먹는 것이 가장 맛있지만, 더 오래 두었을 때는 살짝 구워서 먹으면 맛이 되살아난다.

① 포카치아에는 재료가 몇 가지 안 들어가므로 가능하면 최상급 재료를 사용해 보자. 올리브오일은 엑스트라 버진 급을 사용하고, 밀가루도 인근 지역에서 생산된 밀을 빻아서 판매하는 것을 쓰면 가장 좋다. 시판 제품 중에는 킹 아서 사의 밀가루가 품질이 좋다.

② 반죽이 너무 질척하고 끈적거려서 흘러내릴 것처럼 보이겠지만 그것이 정상이다. 포카치아 반죽은 아무리 질척거려도 괜찮으며, 그 수분 덕분에 폭신하고 부드러운 식감이 나게 된다.

손끝으로 반죽 주변에 고인 오일을 반죽 표면에 묻힌다. 반죽이 부푸는 정도를 확인할 수 있도록 사진을 찍은 뒤 젖은 행주로 반죽을 덮어 실온에 두고 두 배로 부풀 때까지 1시간~1시간 30분간 발효시킨다.

토핑 준비: 반죽이 발효되는 동안, 이어지는 각 토핑 레시피에 따라 원하는 토핑을 만든다.③

반죽 접기: 46×33cm 베이킹 팬에 올리브오일 ¼컵을 뿌리고 손으로 문질러 바닥과 옆면에 고루 입힌다.④ 오일을 묻힌 손으로 발효된 반죽을 볼 옆면에서 살살 떼어낸다. 양손을 반죽 양 끝으로 밀어 넣고 반죽을 위로 들어 올려, 반죽이 제 무게에 못 이겨 다시 흘러내리도록 한다. 이렇게 반죽을 늘이면 반죽에 조직이 형성되어 더 높이 부풀게 된다. 들어 올렸던 반죽을 접듯이 다시 내려놓고 볼을 90도 회전시킨 다음 똑같이 늘이고 접는 과정을 반복한다. 볼 회전과 반죽 늘이기를 두 번 더 반복한 뒤, 마지막에는 반죽을 볼에 다시 넣지 않고 오일을 바른 팬 위에 올린다. 반죽을 팬 가장자리까지 최대한 늘이다가 더 이상 늘어나지 않고 수축하는 느낌이 들면 오일을 바른 랩으로 씌워 15분간 그대로 둔다.

반죽 2차 발효: 반죽의 랩을 벗기고 손가락으로 늘여 팬 가장자리와 귀퉁이까지 꽉 채운다. 벗겼던 랩을 다시 씌운다. 이때부터 반죽을 최대 24시간 냉장 보관할 수 있다. 반죽은 냉장고에서 높이가 거의 두 배가 될 때까지 서서히 부풀지만, 굽기 전에도 그만큼 부풀지 않았다면 실온에서 마저 부풀린다.
냉장고에 넣지 않고 바로 구우려면, 반죽을 실온에 두고 높이가 거의 두 배가 될 때까지(거의 팬 꼭대기에 다다를 때까지) 40~55분간 2차 발효시킨다.

오븐 예열하기: 반죽이 발효되는 동안, 오븐 선반 2개를 맨 위 칸과 맨 아래 칸에 끼우고 오븐을 232도(화씨 450도)로 예열한다.

반죽 손으로 콕콕 누르기: 반죽의 랩을 벗긴다. 오일을 묻힌 손을 넓게 펴고, 손끝으로 반죽을 바닥까지 콕콕 눌러 움푹 파인 곳(dimple)을 여러 개 만든다(큰 기포들이 보이면 잘되고 있는 것이다!).

원하는 토핑 올리기: 플레인 포카치아를 만들려면 남은 올리브오일 ¼컵을 고루 뿌린 뒤 플레이크 소금을 넉넉히 뿌린다. 토핑은 각 레시피에 적힌 방법대로 올린다.

포카치아 굽기: 팬을 아래 선반에 올리고 반죽이 팬에서 떨어질 때까지 20~25분간 굽는다. 팬을 위 선반으로 옮긴 뒤 윗면이 고른 갈색을 띨 때까지(일부 기포들은 타기 시작할 수도 있다) 약 5분간 더 굽는다. 굽는 시간은 토핑에 따라 다를 수 있으므로, 표면의 색을 보고 판단한다.

식히기: 포카치아를 팬 안에서 10분간 식힌 뒤 얇은 스패츌러로 팬 바닥과 옆면에서 떼어낸다(달라붙은 부분이 있을 수 있으므로 힘주어 긁는다). 식힘망으로 옮겨 완전히 식힌다.⑤

---

③ 두 가지 토핑을 반씩 올려 하프앤하프 (half-and-half) 포카치아를 만들 수도 있다. 이때는 각 토핑을 절반씩 만들어 사용하면 된다.

④ 46×33cm(18×13in) 팬이 없으면 팬 여러 개(가령, 33×23cm(13×9in) 팬 2개)에 오일과 반죽을 나누어 담아 똑같이 늘이고 발효시킨다. 단, 이 경우 두 팬의 표면적이 46×33cm 팬의 표면적과 비슷해야 한다.

⑤ 참고로, 이 포카치아는 수평으로 잘라 샌드위치 빵으로 쓸 수 있을 정도로 두껍다.

마늘 로즈메리 포카치아 토핑

엑스트라 버진 올리브오일 ¼컵

마늘 4쪽, 아주 얇게 슬라이스한 것

생로즈메리잎 2큰술

플레이크 소금, 위에 뿌릴 것

마늘 로즈메리 혼합물 준비: 작은 볼에 올리브오일, 마늘, 로즈메리를 넣고 섞는다.

포카치아에 올리기: 2차 발효가 끝난 포카치아 반죽 위에 마늘 로즈메리 혼합물을 스푼으로 떠서 올린 다음 볼에 남아 있는 오일을 뿌린다. 플레이크 소금을 넉넉히 뿌려 레시피대로 굽는다.

불맛을 낸 콜리플라워 포카치아 토핑

엑스트라 버진 올리브오일 ⅓컵과 3큰술

콜리플라워 907g(중간 크기 약 1개),
꽃봉오리 부분은 박스형 강판의 큰 구멍에
갈고 줄기와 심은 굵게 다져서 준비

다이아몬드 크리스털 코셔 소금 ½작은술

핫 파프리카 가루 ½작은술

고추 플레이크 ½작은술

곱게 다진 생 이탈리안 파슬리 ½컵

케이퍼 3큰술

마늘 4쪽, 아주 얇게 슬라이스한 것

플레이크 소금, 위에 뿌릴 것

레몬 1개, 위에 곱게 갈아 올릴 것

그을린 콜리플라워 혼합물 준비: 큰 스킬렛(무쇠로 된 것이 좋음)을 강불에 올린다. 올리브오일 ⅓컵을 넣고 빙빙 돌려 입힌다. 콜리플라워를 3번에 나누어 넣되, 한 번 넣고 부드러워질 때까지 볶고 나서 또 한 번 넣는 식으로 반복한다. 코셔 소금을 뿌린 뒤 자주 뒤적이지 말고 전체적으로 갈색을 띠도록 강불로 계속 익힌다. 핫 파프리카 가루, 고추 플레이크를 넣어 뒤적인 다음 스킬렛을 불에서 내린다. 콜리플라워를 중간 크기의 볼에 옮겨 담고 중간에 한두 번 뒤적이며 10분쯤 식힌다. 여기에 파슬리, 케이퍼, 마늘, 남은 올리브오일 3큰술을 넣고 섞는다.

포카치아에 올리기: 2차 발효가 끝난 포카치아 반죽 위에 콜리플라워 혼합물을 고루 올린 다음 플레이크 소금을 뿌리고 레시피대로 굽는다. 오븐에서 꺼낸 포카치아 위에 레몬 껍질을 곱게 갈아 올린다.

토마토 마늘 타임 포카치아 토핑

중간 크기의 비프스테이크 토마토 2개(약 454g), 가로로 2등분 한 것

엑스트라 버진 올리브오일 ¼컵(57g)

마늘 3쪽, 아주 얇게 슬라이스한 것

고추 플레이크 ½작은술

다이아몬드 크리스털 코셔 소금 ½작은술

방울토마토나 선골드(Sun Gold) 토마토와 같은 작은 토마토 227g, 2등분 한 것(약 2컵)

생타임 잔가지 3개에서 떼어낸 잎

플레이크 소금, 위에 뿌릴 것

토마토 혼합물 준비: 반으로 자른 토마토 4쪽을 하나씩 꽉 눌러 씨와 젤리 같은 과육을 짜내 버린다. 토마토 단면을 박스형 강판의 굵은 구멍에 갈아 중간 크기의 볼에 담고, 남은 껍질은 버린다(손을 다치지 않도록 주의한다). 토마토 과육이 ¾컵쯤 되어야 한다. 여기에 올리브오일, 마늘, 고추 플레이크, 소금을 넣고 섞는다.

포카치아에 올리기: 2차 발효가 끝난 포카치아 반죽 위에 토마토 혼합물을 스푼으로 떠서 올린다. 2등분 한 방울토마토를 누르듯이 고루 올린다. 타임 잎을 뿌리고 소량의 플레이크 소금을 고루 뿌린다. 레시피대로 굽는다.

자색 감자 포카치아 토핑

준비할 도구:

채칼

작은 유콘 골드(Yukon Gold) 또는 자색 감자 340g, 문질러 씻은 것

다이아몬드 크리스털 코셔 소금 1½작은술

샬롯 큰 것 1개(57g), 가로로 얇게 슬라이스한 것

엑스트라 버진 올리브오일 ¼컵

곱게 다진 차이브 ¼컵

방금 간 후추

플레이크 소금, 위에 뿌릴 것

감자 혼합물 준비: 실온 상태의 물을 채운 큰 볼 위에서, 감자를 껍질째 채칼로 아주 얇게 슬라이스해 물에 담근다(감자 조각이 부서지지 않으면서 유연하게 구부러지는 상태). 감자를 체에 거른 뒤 흐르는 물에 헹구어 표면의 전분기를 제거한다. 감자를 같은 볼에 다시 넣고 따뜻한 수돗물을 붓는다. 코셔 소금 1작은술을 넣고 10~15분간 그대로 둔다. 감자를 체에 거르고 물기를 제거한다. 물기를 닦아낸 볼에 다시 감자를 넣고 샬롯, 올리브오일, 차이브, 남은 코셔 소금 ½작은술을 넣은 다음 고루 섞는다.

포카치아에 올리기: 2차 발효가 끝난 포카치아 반죽 위에 감자 혼합물을 고루 올린다. 후추를 넉넉히 뿌리고 플레이크 소금을 뿌린 뒤 레시피대로 굽는다. 반죽의 대부분이 감자에 덮여 갈색이 나지 않을 수 있지만, 감자 가장자리가 갈색으로 변하고 둥그렇게 말리는 것도 다 구워졌다는 신호로 볼 수 있다.

허니 타히니 할라

2개분

활성 드라이 이스트 1½작은술(5g)

꿀 ½컵(170g)

타히니 ½컵(128g)

대란 노른자 3개(50g), 실온 상태로 준비

엑스트라 버진 올리브오일 ⅓컵(73g)과
볼에 바를 것 소량

대란 3개(150g), 실온 상태로 준비

강력분 4⅓컵①(563g)과 덧가루용 소량

다이아몬드 크리스털 코셔 소금 2작은술
(6g)

참깨, 위에 뿌릴 것

할라 굽는 것을 좋아하지만 똑같은 할라를 두 번 만든 거의 없다. 엑스트라
버진 올리브오일과 꿀은 풍미를 위해 항상 넣지만 다른 재료는 끊임없이
바꿔가며, 속은 부드러우면서도 가볍고 겉은 윤기가 자르르 흐르는 맛있는
할라를 만드는 공식을 찾으려고 노력했다. 이 목표를 달성하고자, 어느 날
즉흥적으로 반죽에 타히니를 넣게 되었다. 타히니는 은은한 참깨 맛(나는 참깨를
위에 올리는 것을 좋아하므로 안성맞춤이었다)은 물론 부드럽고 풍부한 느낌까지
더해주어, 앞으로 할라를 만들 때는 꼭 넣을 생각이다. 이스트를 이용한 베이킹에
더 익숙해지고 싶다면 이 레시피부터 시작하면 좋을 것이다. 믹서도 필요 없으며,
반죽 3가닥을 땋을 줄만 알면 된다(방법을 모르면 유튜브를 찾아보자!).

이스트 녹이기: 작은 냄비에 물 ¼컵(57g)을 넣고 약불에 올린 다음 냄비를 빙빙
돌리며 약 40도(화씨 105도)로 미지근해질 때까지 데운다(전자레인지로 데워도
되지만 너무 뜨거워지지 않도록 주의한다). 이 물을 중간 크기의 볼에 부은 뒤
이스트를 넣고 녹인다. 혼합물이 뿌옇고 약간 부푼 상태가 될 때까지 약 5분간
그대로 둔다.

반죽 만들기: 이스트 혼합물이 든 볼에 꿀, 타히니, 달걀노른자, 올리브오일, 달걀
2개, 실온 상태의 물 ½컵(113g)을 넣고 휘저어 섞는다. 큰 볼에 밀가루 4⅓컵
(563g)과 소금을 넣고 섞는다. 밀가루 한가운데를 옴푹하게 만든 다음 거기에
달걀 혼합물을 붓는다. 나무 스푼으로 가운데에서부터 바깥으로 섞어 거칠고
울퉁불퉁한 반죽이 되도록 한다. 반죽을 볼 안에서 여러 번 치대 고르게 섞되,
가루가 좀 남아 있어도 괜찮다. 덧가루를 넉넉히 뿌린 조리대 위에 반죽을 올리고
필요하면 가루를 더 뿌려가며 반죽이 아주 부드럽고 매끈하고 유연하며 약간의
끈적임만 느껴질 정도로 5~10분간 치댄다(반죽을 공 모양으로 뭉쳐 손가락으로
찔렀을 때 살짝 붙었다가 떨어질 정도).②

반죽 1차 발효: 반죽을 공 모양으로 단단하게 뭉친다. 큰 볼 안쪽에 올리브오일을
바른 뒤 반죽을 담는다. 볼을 젖은 행주로 덮어 따뜻한 곳에 두고 두 배쯤 부풀
때까지 1시간 30분~3시간 동안 발효시킨다. (다음 장에 계속)

알아두기
이 할라는 잘 싸서 실온에 두면 3일간,
냉동하면 2개월간 보관이 가능하다.

① 할라에 쫄깃한 식감을 더하기 위해 강력분을
사용했지만 중력분을 써도 된다.

② 이 과정을 더 빠르게 진행하려면, 반죽용
갈고리를 끼운 스탠드 믹서의 볼에 반죽을
넣고 중속으로 5~8분간 섞으면 된다. 하지만
많이 끈적거리지 않는 반죽이라 손으로 해도
어렵지 않다.

손가락으로 찔렀을 때 아주 폭신하고 탄력이 느껴지며
자국이 약간 남는 정도여야 한다(이때부터 반죽을 비닐
랩으로 싸서 12시간까지 냉장 보관할 수 있다).

반죽 분할하기: 반죽을 주먹으로 가볍게 내리쳐 1차 발효
때 생긴 가스를 어느 정도 빼낸다. 덧가루를 뿌리지 않은
깨끗한 조리대 위에 반죽을 올린다. 반죽을 2등분 한 뒤
각 반죽을 다시 3등분 해 총 6개로 만든다.③ 각 반죽을
약 40cm 길이로 길게 밀되, 양 끝을 밀 때 더 힘을 주어
가운데가 더 굵고 양 끝으로 갈수록 얇아지는 형태로 만든다
(덧가루를 뿌리지 않아야 마찰력이 작용해 반죽이 더 잘
늘어난다). 반죽 가닥들에 덧가루를 살짝 뿌려 입힌다.
유산지를 깐 베이킹 팬 2개를 준비해 각 팬 위에 반죽
3가닥씩 나란히 올린다(덧가루를 뿌리면 할라를 구웠을
때 각 가닥의 형태가 더 분명하게 드러난다).

반죽 땋기: 팬 하나에 있는 반죽을 중간부터 땋아 나가기
시작한다. 왼쪽 가닥부터, 바깥쪽 가닥을 들어 가운데
가닥 위로 올리고 살짝 잡아당기는 동작을 번갈아 진행해
입체적으로 길게 땋은 모양을 만든다. 끝부분을 손으로

눌러 붙인 뒤 밑으로 접어 넣고, 나머지 절반은 반대로
땋아 끝부분을 눌러 붙이고 접어 넣는다. 다른 한 팬에 있는
반죽도 똑같이 작업한다.

반죽 2차 발효: 할라가 담긴 팬 2개에 랩을 느슨하게
씌워 따뜻한 곳에 두고 1.5배쯤 부풀 때까지 1~2시간 동안
발효시킨다(반죽을 밤새 냉장 보관한 경우, 이 단계가 30분
~1시간쯤 더 걸릴 수 있다).

오븐 예열 및 달걀물 만들기: 오븐 선반 2개를 각각 위에서
세 번째 칸, 아래에서 세 번째 칸에 끼우고 오븐을 177도
(화씨 350도)로 예열한다. 작은 볼에 남은 달걀을 넣고
포크로 매끈한 상태가 되도록 섞는다.

할라 마무리 및 굽기: 할라 위에 달걀물을 바른다. 참깨를
넉넉히 뿌려 오븐에 넣은 뒤 표면에 윤기가 흐르고 짙은
황갈색이 날 때까지 25~35분간 굽되, 굽기 시작한 지
20분 뒤에 두 팬의 위치를 서로 바꾸고 각 팬의 앞뒤를 돌려
넣는다. 팬 위에서 완전히 식힌다.

③ 반죽을 3등분 해 대형 할라 1개로 만들
수도 있다. 이때는 2차 발효와 굽기에 더
오랜 시간이 걸린다. 발효 시 반죽이 부푸는
정도나 구워진 정도를 판단하는 기준은
2개를 만들 때와 같다.

달지 않은 식사 대용 빵

불맛 가지 딥을 곁들인 페타 자타르 플랫브레드

지름 23cm 플랫브레드 8장과 딥 3½컵 분량

준비할 도구:
푸드 프로세서, 번철이나 큰 스킬렛
(무쇠로 된 것이 좋음)

불맛 가지 딥
가지 큰 것 2개(개당 약 454g)
라브네(labneh, 요거트로 만든 중동식 크림치즈의 일종-옮긴이)
나 플레인 그릭 요거트 1컵(240g)
곱게 다진 생 이탈리안 파슬리 ½컵
생레몬즙 2큰술
중간 크기 마늘 1쪽, 곱게 간 것①
다이아몬드 크리스털 코셔 소금 2작은술
(6g)
커민 가루 ½작은술
엑스트라 버진 올리브오일 ¼컵(57g)과
위에 뿌릴 것 소량
핫 훈제 파프리카 가루 ½작은술과 위에
뿌릴 것 소량

플랫브레드
부드럽고 폭신한 플랫브레드 반죽(349쪽)
8개②, 2차 발효까지 끝낸 것
자타르(za'atar, 중동에서 사용되는 향신료 혼합물-옮긴이)
¼컵
엑스트라 버진 올리브오일 ¼컵(57g)과
반죽 밀 때 사용할 것 소량
페타 치즈 227g, 잘게 부순 것(약 1½컵)③

나의 손님 초대 비법 중 하나는, 식사 메뉴에 빵 요리 한 가지는 꼭 포함한다는 것이다. 내 전문 분야라 멋진 결과가 나오리라는 자신감이 있어서이기도 하지만 사람들은 탄수화물을 정말, 정말 좋아하기 때문이다. 갓 구운 빵을 손으로 찢어 먹을 때의 그 만족감은 이루 말할 수가 없다. 이 페타 치즈 플랫브레드와 불맛 가지 딥을 차려내는 순간, 비록 소 넣는 기술이 완벽하지 않더라도 당신은 프로처럼 보일 것이다(물론 당신을 도와 줄 사진들이 준비되어 있다).

번철 예열: 가스 그릴을 중강불로 켜거나 숯 그릴을 중강불 정도로 준비한다 (아니면 오븐 선반을 브로일러 바로 아래에 끼우고 브로일러 기능으로 예열한다).

가지 그을리기: 가지에 구멍을 몇 개 내서 그릴 위에 올린다. 중간에 한 번 뒤집어주고, 껍질이 까맣게 그을며 부서지고 과육이 흐물거리며 물기가 나올 때까지 20~25분간 굽는다(아니면 은박지를 깐 베이킹 팬에 가지를 올려 브로일러 기능으로 굽되, 중간에 한 번 뒤집어준다).④ 가지를 잠시 식혀 둔다.

가지 과육 퍼내 물기 제거하기: 가지가 충분히 식으면 숟가락으로 부드러운 과육과 씨를 퍼내 체에 밭치고 껍질과 꼭지는 버린다. 양은 1컵쯤 되어야 한다. 물기가 날아가도록 10분간 둔다.

가지 딥 만들기: 푸드 프로세서에 물기 뺀 가지, 라브네, 파슬리, 레몬즙, 마늘, 소금, 커민 가루, 올리브오일, 핫 훈제 파프리카 가루를 넣고 볼 옆면을 긁어내리며 아주 매끈하고 휘핑한 듯한 상태가 될 때까지 1분쯤 간다(아니면 모든 재료를 볼에 넣고 손으로 으깨, 덩어리가 약간 남아 있는 딥을 만들 수도 있다). 잘 덮어서 한쪽에 둔다.

반죽 준비: 2차 발효를 마친 플랫브레드 반죽(공 모양으로 빚은 반죽을 팬에 올리고 젖은 행주를 덮어 발효시킨 것)을 냉장고에 넣어 둔다.

자타르 오일 만들기: 작은 볼에 자타르와 올리브오일을 넣고 섞는다. (다음 장에 계속)

알아두기
이 플랫브레드는 바로 먹는 것이 가장 맛있지만 아직 따뜻할 때 은박지에 잘 싸서 93도(화씨 200도) 오븐에 넣어두면 1시간 동안 보관할 수 있다. 가지 딥은 밀폐 용기에 담아 4일간 보관이 가능하다. 소를 채워 달팽이 모양으로 말아둔 반죽은 팬에 올린 뒤 랩을 잘 씌워두면 12시간 동안 냉장 보관이 가능하며, 레시피대로 밀어 구우면 된다.

① 딥을 미리 만들어 두게 되면 날마늘 향이 시간이 지남에 따라 더 강해질 수 있으므로, 중간 크기 마늘 대신 작은 마늘 1쪽이나 마늘 가루를 사용한다.

플랫브레드에 소 채우기: [1, 2] 팬에서 반죽 1개를 꺼내
(나머지는 그대로 잘 덮어서 냉장고에 넣어 둔다) 덧가루를
뿌리지 않은 조리대 위에 올린다. 너비 약 23cm로 네모나게
민다. 반죽은 아주 유연해 힘을 살짝만 줘도 잘 밀릴 것이다.
밀가루를 뿌리면 반죽이 늘어나게 되니 뿌리지 않는다.
[3] 페타 치즈 3큰술을 반죽 표면에 고루 뿌린다.
[4] 반죽을 한쪽 끝부터 돌돌 말아 얇은 원통형으로 만든다.
[5, 6] 반죽을 한쪽 끝부터 나선형으로 말아 달팽이
껍데기처럼 만든다.
이 반죽을 냉장고에 있는 팬 위에 올리고 남은 반죽도
똑같이 소를 채워 총 8개의 달팽이 모양 반죽을 만든다.

스킬렛 달구기: 번철이나 큰 스킬렛(무쇠로 된 것이 좋음)을
오일 없이 중불에 올려 몇 분간 달군다.

반죽 밀어 굽기: [7, 8] 25cm 크기의 유산지 2장에 오일을
조금 바른다. 냉장해 둔 반죽 1개를 꺼내 유산지의 기름을
바른 면 사이에 올린다. 지름 약 23cm인 얇은 원형으로 민다
(모양은 중요하지 않으므로 아주 둥글지 않아도 된다!).
[9] 위의 유산지를 벗긴 뒤, 반죽을 유산지째 들어 달궈둔
번철이나 스킬렛 위에 뒤집어 올린다(유산지 2장은 계속
사용한다). 반죽 밑면이 전체적으로 살짝 그을고 윗면이
부풀며 매트하게 마를 때까지 2분쯤 굽는다. 반죽이 너무 안
그을거나 반대로 너무 빨리 타는 것 같으면 불을 조절한다.

반죽 뒤집어 자타르 오일 올리기: 집게로 반죽을 뒤집은
다음 자타르 오일 1큰술을 떠 올리고 숟가락 뒷면으로 잘
펴 바른다. 밑면이 전체적으로 살짝 그을고 반죽이 다 익을
때까지 1분쯤 더 구운 뒤 식힘망으로 옮긴다.

남은 반죽 밀어 굽기: 남은 반죽과 자타르 오일로 같은
과정을 반복한다(스킬렛을 사용할 때는 한 번에 한 장씩
굽는다).

담아내기: 가지 딥을 담아낼 볼에 옮겨 담은 뒤 숟가락으로
소용돌이 모양을 낸다. 그 위에 올리브오일과 파프리카
가루를 더 뿌린다. 플랫브레드와 함께 담아낸다.

VARIATION

허브 갈릭 플랫브레드: 각 반죽에 페타 치즈 대신 딜,
파슬리, 차이브, 고수 그리고/또는 민트와 같은 여린
생허브를 다져서 3큰술씩 넣는다(플랫브레드 8개를
만들려면 허브는 총 1½컵이 필요하다). 또 올리브오일
¼컵(57g)에 곱게 간 마늘 2쪽을 섞어 자타르 오일 대신
사용한다.

---

② 이 플랫브레드의 고구마 버전(351쪽)을
사용해도 된다.

③ 페타 치즈는 미리 부숴놓은 것 말고 소금물에
담긴 블록 형태로 판매하는 것을 구매한다.
종류가 아주 다양하지만, 나는 신맛이 특히
강한 양젖 페타를 선호한다.

④ 여기서 중요한 것은 가지가 아주 푹 익도록
굽는 것이다. 이런 상황에서 너무 오래
익히는 일이란 있을 수 없으므로, 사용하는
그릴이나 브로일러의 온도에 따라
20~25분보다 더 오래 두어도 된다.

1   2   3

4   5   6

7   8   9

브리오슈 소시지빵

한입 크기 빵 48개분

준비할 도구:

스탠드 믹서(브리오슈 반죽 만들 때)

브리오슈 소시지빵

브리오슈 반죽(352쪽)의 절반 분량,
냉장해 둔 것①

중력분, 덧가루용

소고기로 만든 핫도그용 소시지 8개
(개당 약 57g), 물기 제거하고 과도 끝으로
군데군데 찔러서 준비②

대란 1개, 잘 푼 것

참깨 1큰술

부드러운 머스터드 딥

매콤한 브라운 머스터드 ¼컵(80g)

사워크림 ⅓컵(86g)

꿀 1작은술

코셔 소금 한 꼬집

카옌 페퍼 한 꼬집, 기호에 따라 좀 더 준비

<본아페티> 테스트 키친에서 일하던 수년간 편집자들이 여러 가지 일들로 논쟁을 벌이는 것을 들었지만, 한 가지 신념에 대해서만큼은 대다수의 의견이 일치했다. 바로 최고의 오르되브르는 소시지빵이라는 것. 이 클래식한 핑거 푸드를 나만의 버전으로 탈바꿈하기 위해, 퍼프 페이스트리 대신 브리오슈를 사용했다(또 다른 내 최애 음식 중 하나인 소시옹 앙 브리오슈(saucisson en brioche, 브리오슈 안에 소시지를 넣어 구운 프랑스식 소시지빵-옮긴이)로부터 영감을 받아). 클래식 소시지빵에서 소시지를 감싸고 있는 퍼프 페이스트리는 구워도 군데군데가 무른 상태로 남아 있을 때가 있는 반면, 이 발효된 브리오슈는 클래식 버전의 부드러움과 풍부함을 그대로 유지하는 동시에 완전히 잘 구워진 맛을 낸다. 간식으로 더없이 좋은 메뉴일 뿐만 아니라, 정말 번에 끼워 구운 핫도그 같아서 더욱 좋다. 여러 조각으로 잘라 부드러운 머스터드 딥과 함께 담아내면 최고의 파티 푸드가 될 것이다.

반죽 분할하기: 브리오슈 반죽을 주먹으로 살살 내리쳐 1차 발효 때 생긴 가스를 어느 정도 빼낸다. 반죽을 깨끗한 조리대 위에 올린다. 벤치 스크레이퍼로 반죽을 8등분(각 64g) 한다. 테두리가 있는 베이킹 팬에 반죽을 고르게 올린 뒤 비닐 랩을 씌워 냉장 보관한다(반죽이 차가워야 소시지에 더 잘 감긴다).

오븐 예열 및 팬 준비: 오븐 선반을 가운데 칸에 끼우고 오븐을 177도(화씨 350도)로 예열한다. 테두리가 있는 베이킹 팬에 유산지를 깐다.

반죽 밀기: 냉장해 둔 반죽 1개를 꺼내 덧가루를 바르지 않은 조리대 위에 올리고 약 55cm 길이의 얇은 끈 모양으로 민다(덧가루를 뿌리지 않으면 마찰력 때문에 반죽이 더 잘 늘어나지만, 반죽이 달라붙는다면 밀가루를 한 꼬집만 뿌린다). 이 반죽을 다시 냉장고에 있는 팬 위에 올리고 랩을 씌운 다음, 남은 반죽들도 하나씩 똑같이 민다. 브리오슈 반죽을 차갑게 유지하는 것이 중요하며, 그래야 작업하기도 쉽고 발효 정도도 같아진다. (다음 장에 계속)

알아두기

이 소시지빵은 만든 당일에 먹는 것이 가장 맛있지만 잘 덮어서 냉장고에 넣어두면 3일간 보관할 수 있다. 소시지에 반죽을 감아 팬 위에 올려서 냉장하면 몇 시간은 둘 수 있으며, 그 뒤에 발효 및 굽기 과정을 진행하면 된다.

① 먹을 사람이 많다면 브리오슈 레시피를 전량 사용하고 기타 재료도 두 배로 늘려 16개를 만들자!

소시지에 반죽 감기: 냉장해 둔 팬을 꺼낸다. 한 번에 하나씩, 소시지에 밀가루를 약간 뿌려 입힌 다음 브리오슈 반죽 1개를 들고 소시지와 반죽의 중간부터 시작해 반죽을 소시지에 나선형으로 감는다. 반죽을 살짝 잡아당기며 반죽끼리 조금씩 겹치게 해 소시지 끝까지 감는다. 양쪽을 다 감았으면 양 끝의 반죽을 눌러 붙인다. 준비해 둔 팬 위에 올리고 비닐 랩을 씌운 뒤 남은 소시지와 반죽을 가지고 같은 작업을 반복한다.

소시지빵 발효하기: 모든 소시지빵을 팬에 올렸으면, 팬을 실온에 두고 반죽이 부풀고 탄력이 느껴지되 손가락으로 찌르면 자국이 살짝 남을 때까지 25~35분간 발효시킨다.

달걀물 바르고 참깨 뿌려 굽기: 반죽 표면에 달걀물을 살살 바르고 참깨를 고루 뿌린다. 전체적으로 짙은 황갈색을 띨 때까지 25~30분간 굽는다. 오븐에서 꺼내 팬 위에서 식힌다.

잘라서 담아내기: 식힌 소시지빵을 가로로 6등분 해 총 48개로 만든 뒤 머스터드 딥과 함께 담아낸다.

② 히브리 내셔널(Hebrew National)과 같은 오래된 브랜드부터 고급 수제 소시지까지, 소시지는 무게만 비슷하면 어느 것을 사용해도 된다. 좀 더 길고 얇은 소시지를 쓸 때는 반죽을 더 타이트하게 감아야 소시지를 완전히 덮을 수 있다(만약 더 작은 소시지를 쓰면 반죽이 남을 수도 있는데, 이때는 남은 반죽을 떼어내면 된다). 어떤 소시지를 쓰든지 칼끝으로 찔러 구멍을 내놓아야 오븐 안에서 터지는 일을 막을 수 있다.

리코타 브로콜리 라베 파이

10인분

준비할 도구:

23cm(9in) 스프링폼 팬

다이아몬드 크리스털 코셔 소금 1½작은술
(5g)과 브로콜리 라베 데칠 때 넣을 것 소량

브로콜리 라베 1묶음(368g), 줄기 끝을
다듬어 준비

리코타 치즈 454g

수분이 적은 모차렐라 치즈 113g, 굵게 간
것(약 1컵)

곱게 간 파르메산 치즈 57g(약 ½컵)

앤초비 필레 4조각, 칼 옆면으로 으깨 준비

마늘 3쪽, 곱게 간 것

곱게 간 레몬 껍질 1작은술

고추 플레이크 크게 한 꼬집

대란 4개(200g)

씨를 뺀 카스텔베트라노 올리브 1컵
(142g)①

바삭한 올리브오일 반죽(341쪽) 두 배 분량

중력분, 덧가루용

독특한 쓴맛과 다양한 식감을 지닌 브로콜리 라베는 내가 좋아하는 채소 목록의
상위에 자리한다. 그것을 베이킹에 사용할 방법을 찾고 있었는데 이 맛 좋은
리코타 파이가 그 답이었다. 이 파이에는 마늘, 앤초비, 레몬, 파르메산, 그리고
짭짤하고 부드러운 카스텔베트라노 올리브까지, 내가 브로콜리 라베와 흔히 같이
요리하는 재료들이 다 들어갔다. 바삭한 올리브오일 반죽은 맛을 보강해 줄 뿐
아니라, 다른 파이 반죽보다 튼튼해 무거운 리코타 필링을 견딜 수 있다. 점심이나
저녁 식사, 소풍용 도시락이나 간식으로 훌륭하며 며칠간 두고 먹을 수 있다.

브로콜리 라베 데치기: 중간 크기의 볼에 얼음물을 반쯤 채워 둔다. 큰 냄비에
물을 붓고 소금을 뿌려 강불에 올린다. 물이 끓으면 브로콜리 라베를 넣고 푹
담근다. 포크로 줄기를 찔렀을 때 푹 들어갈 정도로 부드러워질 때까지 2분쯤
데친다. 브로콜리 라베를 집게로 집어 얼음물이 담긴 볼에 넣은 뒤 휘저어 빠르게
식힌다.

브로콜리 라베 물기 빼고 다지기: 브로콜리 라베를 건진 다음 꼭 짜서 물기를
최대한 제거한다. 키친타월이나 깨끗한 행주로 두드린 뒤(물기를 완전히
제거해야 필링이 질척해지지 않는다) 도마 위에 올린다. 1cm 길이로 잘게 썬다.

필링 만들기: 중간 크기의 볼에 리코타, 모차렐라, 파르메산, 앤초비, 마늘, 레몬
껍질, 고추 플레이크, 소금 1½작은술, 달걀 3개를 넣고 유연한 스패츌러로
앤초비와 마늘이 고루 섞이고 매끈한 상태가 되도록 휘젓는다. 여기에 올리브와
다진 브로콜리 라베를 넣고 섞는다.

오븐 예열 및 남은 달걀 풀기: 오븐 선반을 가운데 칸에 끼우고 오븐을 218도(화씨
425도)로 예열한다. 작은 볼에 남은 달걀을 넣고 포크로 잘 푼다.

페이스트리 밀기: 올리브오일 반죽 2개를 냉장고에서 꺼내 랩을 벗긴다. 칼이나
벤치 스크레이퍼로 반죽 1개에서 1/3을 잘라내 다른 반죽에 더한다(적은 쪽이
파이 윗면, 많은 쪽이 파이 밑면이 된다). (다음 장에 계속)

알아두기
이 리코타 파이는 만든 당일이나 다음 날 먹는
것이 가장 맛있지만 잘 덮어서 실온에 두면
3일간 보관할 수 있다.

① 나는 버터처럼 부드럽고 은은한 맛이
카스텔베트라노 올리브를 선호하지만, 각자
원하는 올리브를 사용해도 된다.

달지 않은 식사 대용 빵

양이 더 적은 반죽을 유산지 2장 사이에 놓고 지름 25cm의 원형으로 밀되, 중간에 반죽을 유산지에서 들었다 놓고 돌려주어 주름이 생기지 않도록 한다. 마지막으로 반죽을 한 번 더 유산지에서 들었다 놓은 뒤, 반죽 위에 스프링폼 팬의 밑판을 올린다. 휠 커터나 과도로 밑판 테두리를 따라 반죽을 자른다(자투리는 버린다). 반죽을 접시에 담아 냉장한다. 두 번째 반죽도 같은 방식으로 지름 33cm의 원형으로 민다.

반죽이 밀어도 자꾸만 수축한다면 유산지째로 조리대 위에 10분간 그대로 두었다가 다시 작업한다.②

파이 조합하기: 파이 바닥 반죽 위에 붙어 있는 유산지를 벗긴다. 스프링폼 팬의 밑판을 조리대 위에 올린 다음 반죽을 유산지째 들어 뒤집어 밑판에 올린다. 유산지를 벗긴 뒤 반죽과 밑판의 중심을 맞춘다. 반죽 가장자리를 갈레트처럼 큼직한 주름을 잡으며 안쪽으로 접어, 반죽이 전부 밑판 안에 들어오게 만든다. 팬에 링을 끼운 다음 반죽을 다시 펼쳐 바닥과 옆면에 주름 없이 눌러 붙인다(310~311쪽 사진 참조). 필링을 팬 안에 붓고 고르게 펼친다. 냉장해 둔 원형 반죽을 꺼내 필링 위에 놓고 기포가 없도록 눌러준 뒤 윗면에 달걀물을 바른다. 바닥 반죽의 가장자리 부분을 뚜껑 반죽 위로 접어내려 꾹꾹 눌러 봉한다. 가장자리에 달걀물을 더 바른 다음, 과도 끝부분으로 반죽 위에 칼집을 몇 개 낸다.

온도 줄여 굽기: 팬을 오븐에 넣고 온도를 177도(화씨 350도)로 줄인다. 반죽이 부풀어 오르고 표면이 짙은 황갈색을 띠며 가장자리가 틀에서 떨어질 때까지 1시간 10분~1시간 20분 동안 굽는다. 파이를 팬 안에서 여러 시간 동안 완전히 식힌다. 팬의 링을 분리하고 파이를 조각내 담아낸다.

---

② 이 반죽은 수축이 잘 되므로 잘 밀리지 않는 느낌이 들면 잠시 중단한다. 반죽이 유연해야 얇게 잘 밀리고 구울 때도 수축이 덜하다. 다행히, 올리브오일 반죽은 버터를 넣은 파이 반죽과는 다르게 실온에 오래 두어도 식감이 변하지 않는다.

파 가득 딥디시 키슈

8인분

준비할 도구:

23cm(9in) 스프링폼 팬, 파이 누름돌 또는
말린 콩이나 쌀 4컵(파베이킹용), 일반
믹서나 핸드 블렌더(선택 사항)

결이 살아 있는 올버터 파이 반죽(333쪽)

중력분, 덧가루용 및 반죽에 덧댈
페이스트 만들 것
대란 4개(200g), 실온 상태로 준비
중간 크기 양파 1개(227g), 껍질 벗겨
세로로 반 가른 것
채종유나 포도씨유와 같은 중성유, 양파에
바를 것
무염 버터 2큰술(28g)
판체타나 베이컨 113g, 다진 것
마늘 4쪽, 으깨서 껍질 벗긴 것
파(scallion) 5대, 다진 것
샬롯 큰 것 1개(57g), 굵게 다진 것
중간 크기 리크 1대(283g), 짙은 초록색
부분은 잘라내고 흰색과 밝은 초록색
줄기를 길게 갈라 씻어서 다진 것
다이아몬드 크리스털 코셔 소금 1½작은술
(5g)과 여분 소량
방금 간 후추
화이트 와인 식초 2작은술
하프앤하프(half-and-half, 우유와 헤비크림을 반반씩 섞은
것-옮긴이) 2컵(482g), 실온 상태로 준비

키슈는 개념적으로는 간단하지만, 이 레시피는 사실 꽤 기술을 요하는 과정이라 난도 4에 해당한다. 필링을 넣기 전에 페이스트리를 잘 눌러서 구워야 축축하지 않고 높이를 잘 유지하는 키슈를 만들 수 있다(다들 바닥이 바삭하기는커녕 덜 구워져 눅눅한 키슈를 먹어본 적이 있지 않나?). 하지만 그러다가는 파이가 갈라지기 쉬워서 필링이 크러스트 밖으로 새기도 한다. 이를 방지하기 위해 여기서는 필링을 넣기 전에 크러스트의 갈라진 부분을 열심히 덧대고 달걀물을 바르지만, 혹시 새더라도 여전히 맛있고 보기에 인상적인 키슈일 것이다. 내가 좋아하는 필링은 각종 파와 양파를 잔뜩 넣고 졸여서 약간의 판체타를 더한 것이다.

오븐 예열하기: 오븐 선반을 가운데 칸에 끼우고 오븐을 218도(화씨 425도)로 예열한다.

페이스트리 밀어 팬에 깔기: 파이 반죽을 약 5분간 실온에 내놓아 살짝 녹인다. 덧가루를 뿌린 조리대 위에 반죽을 올린 다음 밀대로 두들겨 더 유연하게 만든다. 반죽의 위와 아래에 밀가루를 뿌려가며 지름 33cm의 원형으로 민다. 스프링폼 팬의 밑판을 반죽 아래로 밀어 넣어 중심을 맞춘다. 반죽 가장자리를 주름을 잡으며 안쪽으로 접어, 반죽이 전부 밑판 안에 들어오게 만든다. 팬에 링을 끼운 다음 반죽을 다시 펼쳐 옆면에 눌러 붙인다(310~311쪽 사진 참조). 반죽이 겹친 부분들을 꾹꾹 눌러 전체적으로 고른 두께가 되도록 한다. 팬을 냉동실에 넣고 10분쯤 반죽을 아주 단단하게 굳힌다.

크러스트 굽기: 팬을 냉동실에서 꺼낸다. 반죽 바닥과 옆면이 다 덮이도록 위에 은박지 2겹을 깔고 파이 누름돌, 말린 콩이나 쌀을 채운다.① 은박지를 깐 베이킹 팬 위에 팬을 올리고 반죽 가장자리가 노릇해질 때까지 20~25분간 굽는다. (다음 장에 계속)

알아두기
이 키슈는 잘 덮어서 냉장고에 넣어두면 3일간 보관이 가능하나 만든 당일에 먹는 것이 가장 맛있다(페이스트리는 시간이 갈수록 눅눅해진다). 먹기 전에는 베이킹 팬에 올려 오븐에 넣고 149도(화씨 300도)에서 데운다.

① 누름돌 밑에 까는 은박지는 나중에 뜨거운 크러스트에서 누름돌을 들어낼 때 사용할 것이므로 매우 튼튼해야 한다. 누름돌이 은박지를 뚫고 나가면 정리하기가 매우 힘들므로, 불안하다면 은박지를 1장 더 깐다.

달지 않은 식사 대용 빵

팬을 오븐에서 꺼낸 뒤 은박지를 조심히 들어 누름돌을
들어낸다. 오븐 온도를 163도(화씨 325도)로 낮추고(낮은
온도에서 더 구우면 수축과 갈라짐을 최소화할 수 있다)
팬을 다시 오븐에 넣은 다음 반죽이 전체적으로 노릇해질
때까지 30~35분간 더 굽는다. 팬을 오븐에서 꺼낸다(오븐은
계속 켜 둔다).

크러스트 덧대고 달걀물 발라 굽기: 작은 볼에 밀가루 약
2큰술과 소량의 물을 넣고 걸쭉하고 매끈한 페이스트
형태가 되도록 섞는다. 이것을 반죽이 갈라진 부분에
바르되, 특히 바닥과 옆면이 만나는 부분을 더 집중해서
바른다(필링이 새는 것을 막기 위함).② 작은 볼에 달걀
1개를 넣고 포크로 잘 푼 다음 크러스트의 바닥과 옆면에
바른다(남은 것은 필링에 넣는다). 팬을 다시 오븐에 넣고
달걀이 익을 때까지 약 5분간 굽는다. 팬을 오븐에서 꺼내
식힌다(오븐은 계속 켜 둔다).

장식용 양파 꽃잎 만들기(선택 사항): 이 단계를 생략하려면,
양파를 굵게 다지고 다음 단계로 넘어간다. 중간 크기의
스킬렛(무쇠로 된 것이 좋음)을 중강불에 달군다. 양파의
자른 단면에 기름을 조금 바른 뒤, 그 면이 밑으로 가도록
스킬렛에 올린다. 양파 안쪽 층들이 검게 그을 때까지 약
5분간 모양을 흩트리지 않고 그대로 굽는다. 스패출러로
양파를 조심히 들어(그을은 부분이 스킬렛에 붙을 수 있다)
도마 위로 옮겨 식히고, 스킬렛은 필링을 만들 때 사용할
것이므로 불에서 내려 한쪽에 둔다. 양파가 어느 정도
식으면, '꽃잎' 장식으로 사용할 안쪽 층 7~8장을 빼내 따로
두고 나머지는 다진다.

파 혼합물 만들기: 스킬렛을 중불에 올리고 버터를 넣은 뒤
거품이 날 때까지 30초쯤 달군다. 판체타를 넣은 다음 자주
뒤적이며, 기름이 나오고 갈색을 띠고 바삭해질 때까지 약
4분간 볶는다.

② 크러스트를 덧대는 과정을 반드시 거치자.
그래도 필링이 샐 수 있지만, 큰 문제는
아니다. 크러스트 사이로 달걀이 스며
나오더라도 팬이 뜨거워서 금세 익으며
알아서 봉합되므로, 필링이 계속 새지는 않을
것이다.

구멍 뚫린 스푼으로 판체타를 건져 작은 볼에 담고 기름은
남겨 둔다. 스킬렛에 마늘, 파, 샬롯, 리크, 다진 양파를
넣고 자주 뒤적이며 양파가 투명하고 아주 부드러워지고
대부분이 갈색을 띨 때까지 12~15분간 볶는다. 소금을 약간
뿌리고 후추를 넉넉히 뿌려 간한 뒤 식초를 넣고 섞는다.
스킬렛을 불에서 내려 식힌다.

커스터드 만들기: 믹서에(핸드 블렌더나 거품기를 사용할
때는 볼에) 하프앤하프, 남은 달걀 3개, 달걀물 남은 것, 소금
1½작은술(5g)을 넣고 아주 매끈해질 때까지 간다.

키슈 조합하기: 크러스트 위에 파 혼합물과 판체타를 고루
올린 다음 커스터드를 천천히 부어 채운다(크러스트 높이에
따라 커스터드를 조금 남겨야 할 수도 있다). 양파 꽃잎을
커스터드 위에 고루 배열하되, 마치 컵처럼 움푹 들어간
부분에 커스터드가 채워지도록 한다.

키슈 굽기: 키슈를 오븐에 조심히 넣은 뒤, 팬을 흔들었을
때 가운데가 살짝 출렁이지만 표면은 다 익은 것처럼 보일
때까지 50~60분간 굽는다. 오븐에서 꺼내 팬 안에서 완전히
식힌다.

잘라서 담아내기: 키슈가 식으면 링을 분리한다(커스터드가
좀 샜으면 과도로 크러스트와 팬 사이를 잘라 키슈를
팬에서 떼어낸 다음에 링을 분리한다). 여러 조각으로 잘라
담아낸다.

하나씩 떼어 먹는 사워크림 차이브 롤

24개분

준비할 도구:

스탠드 믹서, 조리용 디지털 온도계,
33×23cm(13×9in) 팬(금속으로 된 것이
좋음)

우유 ½컵과 2큰술(142g)

강력분 5⅓컵(693g)과 덧가루용 소량

활성 드라이 이스트 1½작은술(5g)

사워크림 1컵(232g), 실온 상태로 준비

설탕 ¼컵(50g)

다이아몬드 크리스털 코셔 소금 4작은술
(12g)①

대란 3개(150g)

무염 버터 8큰술(113g), 조각내 실온
상태로 준비

아주 곱게 다진 차이브 ½컵(20g)

플레이크 소금과 곱게 간 후추

나는 디너 롤에는 별 관심이 없다. 하지만 버터의 진한 풍미와 부드러움을 느낄 수 있는 하나씩 떼어 먹는 스타일의 파커 하우스 롤(Parker House roll, 1800년대에 보스턴의 파커 하우스 호텔에서 처음 만든 빵으로 디너 롤의 시초가 됨-옮긴이)이라면 아주 관심이 많다! 이 레시피는 파커 하우스 롤에서 영감을 받았지만 '탕종'을 이용하는 일본의 우유빵 만들기 기술 덕분에 더욱 폭신한 빵으로 완성되었다. 탕종은 밀가루, 우유, 물로 만든 익반죽으로, 이것을 섞은 반죽은 수분을 더 잘 머금게 되어 굉장히 부드럽고 연한 식감이 난다. 여기에 사워크림의 산미와 차이브의 은은한 양파 향까지 더하면, 한입 먹는 순간 도저히 멈출 수 없는 디너 롤이 된다.

탕종 만들기: 작은 냄비에 우유 ½컵(113g), 강력분 ⅓컵(43g), 물 ½컵(113g)을 넣고 휘저어 매끈해지도록 섞는다. 냄비를 중불에 올리고 계속 저으며 매시드 포테이토처럼 되직해질 때까지 약 2분간 익힌다. 냄비를 불에서 내린 뒤, 반죽용 갈고리를 끼운 스탠드 믹서의 볼에 탕종을 옮겨 담는다.

이스트 활성화하기: 같은 냄비에 남은 우유 2큰술을 넣고 약불에 올린 다음 약 40도(화씨 105도)로 미지근해질 때까지 데운다. 냄비를 불에서 내린 뒤 이스트를 넣고 휘저어 녹인다. 거품이 날 때까지 약 5분간 그대로 둔다.

반죽하기: 탕종이 든 볼에 사워크림, 설탕, 코셔 소금, 대란 2개, 버터 4큰술(57g), 남은 강력분 5컵(650g)을 넣는다. 여기에 이스트 혼합물을 긁어 넣은 뒤 거칠고 울퉁불퉁한 반죽이 되도록 저속으로 섞는다. 속도를 중속으로 올리고 유연한 스패출러나 반죽용 스크레이퍼로 볼 옆면을 가끔 긁어내리며 아주 매끈하고 유연한 반죽이 될 때까지 8~10분간 섞는다(반죽이 너무 끈적거리면 밀가루를 1큰술씩 더 넣는다).

반죽 1차 발효: 반죽을 긁어 깨끗한 조리대 위에 올린다. 매끈한 공 모양으로 만든 뒤 밀가루를 살짝 뿌린다. 다른 큰 볼에 반죽을 담고 비닐 랩을 단단히 씌운다. 따뜻한 곳에 두고 두 배쯤 부풀 때까지 1시간~1시간 30분 동안 발효시킨다. (다음 장에 계속)

알아두기
이 롤은 만든 당일에 먹는 것이 가장 맛있지만 밀폐 용기에 담아 실온에 두면 3일간 보관이 가능하다. 반죽은 하루 전에 미리 만들어 성형한 다음 팬에 올려 랩을 씌워서 냉장

보관해도 된다(발효는 미리 시키지 않는다). 냉장고에서 꺼내 실온에서 발효시킨 뒤(찬 상태에서 시작하기 때문에 3시간까지도 걸릴 수 있다) 굽는다.

① 코셔 소금의 양은 4작은술이 맞다. 많아 보여도 다 넣지 않으면 싱거운 빵이 된다 (단, 몰튼 사의 것을 쓴다면 양을 절반으로 줄인다).

[3, 4] 반죽을 한쪽 끝부터 몇 번 접어 차이브가 들어 있는 롤처럼 만든다. 손바닥 아랫부분으로 반죽을 납작하게 눌러 긴 직사각형이 되도록 한다.

[5] 필요하면 덧가루를 더 뿌리고 반죽을 40×15cm 크기의 직사각형으로 민다.

[6] 휠 커터나 벤치 스크레이퍼를 이용해 반죽을 5cm 크기의 정사각형 24개로 자른다(8×3).

반죽 성형하기: [7] 한 번에 한 개씩, 반죽의 네 귀퉁이를 모아 붙여 눈물방울 형태로 만든다. 모아 붙인 쪽이 밑으로 가도록 조리대 위에 올려 둔다.

[8, 9] 피아노를 칠 때처럼 손가락을 둥그렇게 구부려 반죽 위에 올린 다음, 반죽을 조리대에 대고 빠르게 굴려 동그랗게 만든다. 마찰력이 필요한 과정이므로 덧가루는 뿌리지 않는다. 준비해 둔 팬에 공 모양 반죽을 올리고, 남은 반죽들도 똑같이 작업해 4×6 형태로 팬에 올린다.

2차 발효 및 오븐 예열: 팬에 랩을 씌워 실온에 두고 반죽이 거의 두 배로 부풀 때까지 45~60분간 발효시킨다. 발효되는 동안, 오븐 선반을 가운데 칸에 끼우고 오븐을 190도(화씨 375도)로 예열한다.

달걀물 발라 굽기: 작은 볼에 남은 달걀을 넣고 포크로 잘 푼다. 반죽 위에 달걀물을 살살 바른 뒤 플레이크 소금과 후추를 뿌린다. 윗면이 짙은 황갈색을 띨 때까지 25~30분간 굽는다.

버터 바르고 식히기: 롤을 오븐에서 꺼내자마자 윗면에 남은 버터 2큰술을 바른다. 팬 안에서 15분간 식힌다. 팬 가장자리를 따라 잘라 롤을 분리한 뒤, 금속 스패출러를 롤 밑으로 밀어 넣어 팬에 붙은 부분을 떼어낸다. 롤을 식힘망 위에 올려 식힌다. 따뜻하게, 또는 실온 상태로 담아낸다.

팬 준비: 반죽이 발효되는 동안, 33×23cm 팬의 바닥과 옆면에 버터 2큰술을 바른다.

반죽에 차이브 넣고 분할하기:② [1] 반죽을 주먹으로 가볍게 내리쳐 1차 발효 때 생긴 가스를 어느 정도 빼낸다. 덧가루를 살짝 뿌린 조리대 위에 반죽을 올리고 정사각형 모양으로 늘인다.

[2] 필요하면 반죽 아래에 덧가루를 더 뿌리며, 반죽을 약 30cm 크기의 정사각형으로 밀고 그 위에 차이브를 고루 뿌린다.

---

② 반죽을 분할할 때는 신속하게 작업한다. 반죽을 조리대 위에 오래 두면 발효되기 시작해 롤마다 부푸는 정도가 다를 수 있다. 24개는 많은 양이므로 친구의 도움을 받아도 좋다!

1   2   3

4   5   6

7   8   9

달지 않은 식사 대용 빵

기본 레시피

이 장의 레시피들은 이 책의 다른 레시피의 구성 요소로 사용된다는 점에서 한편으로는 독립적이지 않다. 그러나 다른 한편으로는 독립적인데, 페이스트리 크림(321쪽)이나 달콤한 이스트 반죽(344쪽)과 같은 레시피들은 이 책 외의 일반적인 베이킹 분야에서도 활용할 수 있기 때문이다. 이 장에서 반죽, 필링, 프로스팅 등을 숙지해 자기만의 스타일로 자유롭게 섞고 매치할 수 있게 되기를 바란다. 그러면 비로소 무궁무진한 가능성이 펼쳐지며, 그게 바로 베이킹의 묘미다.

부드러운 상태(soft peak)로
휘핑한 크림(23쪽)

만능 크럼블 토핑

약 3컵 분량

중력분 1컵(130g)

납작귀리(퀵 오트가 아닌 롤드 오트) 1컵
(90g)

눌러 담은 황설탕 ⅓컵(65g)

계핏가루 1작은술

다이아몬드 크리스털 코셔 소금 ½작은술

무염 버터 10큰술(142g), 약 1cm 크기로
조각내 냉장해 둔 것

다양한 파이, 타르트, 케이크의 토핑으로 쓸 수 있는 아주 다재다능한 기본 크럼블
레시피다.

크럼블 만들기: 중간 크기의 볼에 밀가루, 귀리, 황설탕, 계핏가루, 소금을 넣고
섞는다. 버터를 넣고 고루 입힌 다음 손끝으로 섞어 버터 조각이나 가루가
보이지 않는 상태로 만든다. 자연스럽게 서로 뭉쳐지고 손으로 쥐었을 때 모양이
유지되어야 한다. 랩을 씌워 사용 전까지 냉장 보관한다.

VARIATION

- **아몬드 크럼블:** 귀리 대신 아몬드 슬라이스 1컵을 넣는다.
- **메밀 크럼블:** 중력분 ¼컵(33g)을 메밀가루 ¼컵(33g)으로 대체한다.

알아두기
이 크럼블은 잘 덮어서 냉장고에 넣어두면
4일간 보관이 가능하다.

꿀 아몬드 시럽

약 1컵 분량

꿀 ½컵(170g)

아몬드 익스트랙트 ½작은술

코셔 소금 한 꼬집

이 책에서 가장 쉬운 레시피를 찾은 것을 축하한다! 설탕 대신 꿀로 만든 이 간단한 시럽은 페이스트리나 케이크를 적셔 수분을 더하는 데 사용된다. 나는 개인적으로 다른 레시피에 넣으면 더 신비로워지는 은은한 아몬드 향을 좋아하지만 기호에 따라 바닐라 익스트랙트나 럼, 위스키, 브랜디 1큰술로 대체해도 된다. 남은 시럽은 칵테일에 넣어도 좋다.

시럽 만들기: 0.5리터들이 유리병이나 플라스틱 용기에 꿀, 아몬드 익스트랙트, 소금을 넣는다. 여기에 뜨거운 수돗물 ½컵(113g)을 넣고 뚜껑을 닫는다. 꿀이 녹을 때까지 세게 흔든 뒤 사용 전까지 냉장 보관한다.

알아두기

이 시럽은 잘 덮어서 냉장고에 넣어두면 3주간 보관이 가능하다.

페이스트리 크림

약 2½컵 분량

페이스트리 크림

약 2½컵 분량

우유 2컵(456g)

바닐라 빈 ½개에서 긁어낸 씨 또는 바닐라
익스트랙트나 페이스트 1½작은술

다이아몬드 크리스털 코셔 소금 ½작은술

설탕 ½컵(100g)

옥수수 전분 ¼컵(30g)

대란 노른자 5개(80g)

무염 버터 6큰술(85g), 약 1cm로 조각내
냉장해 둔 것

페이스트리 크림은 우유, 달걀, 설탕을 함께 끓여 옥수수 전분으로 걸쭉하게 만든 일종의 커스터드다. 그다지 매력적으로 들리지 않겠지만, 여기에 바닐라의 향과 버터의 진한 풍미가 더해지면 내가 아는 아주 맛있는 레시피 중 하나가 된다. 페이스트리 크림은 타르트, 에클레어, 크림 퍼프, 케이크, 파이 등을 비롯한 온갖 디저트의 필링으로 사용되므로, 파이 반죽과 함께 꼭 마스터해야 할 레시피로 꼽을 수 있다.

체 준비: 큰 내열 볼 위에 고운 체를 올린다.

우유에 바닐라 우리기: 밑이 두꺼운 중간 크기의 냄비에 우유, 바닐라 빈 씨와 꼬투리, 소금을 넣는다.① 냄비를 중약불에 올리고 거품기로 가끔 휘저으며 뭉근히 데워 바닐라를 우린다.

설탕, 옥수수 전분, 달걀노른자 섞기: 우유를 데우는 동안, 큰 볼에 설탕, 옥수수 전분, 달걀노른자를 넣는다. 아주 뽀얗고 가벼우며 걸쭉해질 때까지 약 2분간 세게 휘젓는다(처음에는 잘 휘저어지지 않을 정도로 걸쭉하지만 점차 묽어진다). 계속 휘저으며, 뜨거운 우유의 약 절반을 국자로 떠서 천천히 조금씩 붓는다 (이렇게 해야 온도가 서서히 올라가 노른자가 덩어리지지 않는다). 계속 저으며, 달걀 혼합물을 우유가 든 냄비에 빠르게 붓는다.

페이스트리 크림 만들기: 중불로 올리고 계속 저으며 거품이 가라앉고 크림이 푸딩처럼 걸쭉해지며 거품기를 들었을 때 모양을 유지할 때까지 3분쯤 끓인다 (스토브의 화력이나 냄비의 강도에 따라 몇 분 더 걸릴 수도 있다). 옥수수 전분이 활성화되도록 혼합물을 끓이는 것이 중요하나 너무 오래 끓여서도 안 된다. 휘젓기를 5초쯤 멈추었을 때 두꺼운 거품 몇 개가 생겼다 터지는 상태여야 하며, 만약 그렇지 않거나 크림이 걸쭉해지지 않는다면 불을 살짝 올리고 계속 휘저으며 30초마다 거품이 올라오는지 확인한다.

체에 거르고 버터 섞기: 페이스트리 크림을 체에 붓고 거품기로 휘저으며 걸러 볼에 담는다(체에 남은 찌꺼기는 버린다). 차가운 버터를 뜨거운 크림에 하나씩 넣으며 매끈하게 섞는다. 비닐 랩을 크림 표면에 닿게 붙인 뒤 4시간 이상 냉장한다.

알아두기
이 페이스트리 크림은 잘 덮어 냉장고에 넣어두면 5일간 보관이 가능하다.

① 가지고 있는 냄비 중 가장 무거운 것을 사용한다. 밑면이나 옆면이 너무 얇으면 크림이 타게 된다.

- **초콜릿 페이스트리 크림**: 버터를 섞은 뒤, 곱게 다진 세미스위트 초콜릿 113g을 뜨거운 페이스트리 크림에 넣고 녹여 매끈해지도록 휘젓는다.

- **검은깨 페이스트리 크림**: 버터를 섞은 뒤, 검은깨 타히니 ⅔컵(140g)을 뜨거운 페이스트리 크림에 넣고 매끈해지도록 휘젓는다. 타히니는 고형분과 기름이 분리되지 않고 덩어리가 없도록 잘 섞어서 넣는다(덩어리가 잘 풀어지지 않는다면 데워서 사용한다). 검은깨의 쓴맛을 좋아하지 않거나 확신이 없다면 ½컵만 먼저 넣고 기호에 따라 양을 늘린다.

- **코코넛 페이스트리 크림**: 작은 냄비에 무가당 코코넛밀크 1캔(383g)을 잘 섞어서 붓고 중불에 올린 다음 가끔 휘저으며 양이 1컵으로 졸아들 때까지 15~20분간 뭉근히 끓인다. 페이스트리 크림 레시피 중 우유 1컵을 졸인 코코넛밀크로, 버터 6큰술을 버진 코코넛오일 4큰술(55g)로 대체한 뒤 나머지는 레시피대로 만든다.

클래식 크림치즈 프로스팅

약 4½컵 분량

준비할 도구:

스탠드 믹서

무염 버터 2스틱(227g), 실온 상태로 준비

크림치즈 454g, 가능하면 필라델피아 사
제품 사용, 실온 상태로 준비①

코셔 소금 크게 한 꼬집

슈거파우더 454g(약 3½컵), 덩어리가
많으면 체에 쳐서 준비

바닐라 빈 1개에서 긁어낸 씨 또는 바닐라
익스트랙트 2작은술

나름 오랫동안 케이크를 만들어왔지만, 플레인 또는 바닐라 맛 유럽식 버터크림
중에서 전형적인 미국식 크림치즈 프로스팅의 맛을 능가하는 것은 아직 없었다.
당근 케이크, 레드 벨벳, 코코넛 케이크에 크림치즈 프로스팅이 빠진다는 건 말이
안 된다. 이 레시피는 달콤하되 너무 달지는 않으며, 크림치즈의 산미로 균형 잡힌
맛을 낸다. 클래식 버전과 그 아래에 이어지는 변형들, 그리고 **실크보다 부드러운
초콜릿 버터크림**(359쪽)만 있으면 다른 프로스팅은 전혀 필요가 없다.

프로스팅 만들기: 패들을 끼운 스탠드 믹서의 볼에 버터와 크림치즈를 넣고 가끔
볼 옆면을 긁어내리며 아주 매끈한 상태가 될 때까지 중고속으로 섞는다. 믹서를
끄고 소금, 슈거파우더를 넣는다. 슈거파우더 가루가 날릴 수 있으니 깨끗한
행주로 볼 가장자리를 가리고 믹서를 저속으로 순간 작동시켜 슈거파우더를
혼합한다. 행주를 치운 뒤 볼 옆면을 한두 번 긁어내리며 가볍고 걸쭉하며,
프로스팅이 가볍고 걸쭉하며 아주 매끈하게 될 때까지 중고속으로 약 1분간
섞는다. 여기에 바닐라 빈 씨를 넣고 섞으면 프로스팅이 완성된다.

VARIATION

- **초콜릿 크림치즈 프로스팅:** 바닐라 빈을 넣은 뒤, 녹여서 식힌 무가당 초콜릿
170g을 믹서 볼에 넣는다. 볼 옆면을 한두 번 긁어내리며 초콜릿 자국 없이
매끈한 프로스팅이 되도록 섞는다.

- **브라운 버터 크림치즈 프로스팅:** 중간 크기의 냄비에 무염 버터 2스틱을 넣고
중불에 올린 다음 내열 스패출러로 휘젓고 냄비 바닥과 옆면을 긁어가며 끓인다.
튀는 것이 잦아들고 거품이 나며 짙은 갈색 조각들이 보일 때까지 6~8분간 계속
끓인다. 이것을 스탠드 믹서의 볼에 싹싹 긁어 담은 뒤 버터를 완전히 식혀 살짝
굳힌다(볼을 얼음물에 담고 버터를 휘저으면 빨리 식힐 수 있다. 다만 버터가
너무 단단해지지는 않도록 한다). 그다음에는 레시피대로 진행한다. 프로스팅의
농도가 너무 묽으면 볼을 냉장고에 넣고 유연한 스패출러로 10분마다 휘저어
걸쭉하게 발리는 상태가 되도록 한다.

알아두기
이 프로스팅은 밀폐 용기에 담아 냉장고에
넣어두면 1주일간 보관이 가능하다. 사용
전에는 완전히 실온 상태로 만든 뒤 다시
패들을 끼운 스탠드 믹서로 매끈하게 섞는다.

① 버터와 크림치즈는 완전히 실온 상태로
만들어(둘을 같은 온도로) 사용해야지, 안
그러면 둘 중 더 차가운 것이 덩어리질 수
있다. 이런 일이 발생하면 덩어리진 혼합물
약 ¼컵을 전자레인지에 살짝 데워 액화시킨

뒤 다시 믹서 볼에 넣고 섞어 프로스팅을
매끈하게 만든다. 데운 혼합물이 프로스팅의
온도를 전체적으로 약간 높여 덩어리를
풀어준다.

그레이엄 크래커 크러스트

지름 23cm 크기 타르트나 파이 1개분

준비할 도구:

푸드 프로세서, 23cm(9in) 파이 접시,

23cm 분리형 타르트 팬이나 스프링폼 팬

플레인 그레이엄 크래커 170g(9~10장),
부수어 조각낸 것

데메라라 설탕 2큰술

다이아몬드 크리스털 코셔 소금 ½작은술

무염 버터 6큰술(85g), 조각내 실온
상태로 준비

대란 노른자 1개(16g)

이 레시피에는 좋아하는 쿠키나 크래커를 사용해도 되지만, 얇은 웨이퍼처럼 아주 가볍고 바삭한 식감이 나는 것이라야 한다(라스 오운 사의 스웨디시 진저 스냅스(Lars Own Swedish Ginger Snaps)를 추천한다). 수분 함량이 더 높은 두꺼운 쿠키로 만들면 입안에서 바삭하게 녹아내리는 것이 아니라 단단하고 뻑뻑한 크러스트가 된다. 달걀노른자는 좀 이례적인 재료지만 크러스트를 결합해 더 견고한 베이스로 만들어준다.

오븐 예열하기: 오븐 선반을 가운데 칸에 끼우고 오븐을 177도(화씨 350도)로 예열한다.

크림 혼합물 만들기: 푸드 프로세서에 그레이엄 크래커, 데메라라 설탕, 소금, 버터, 달걀노른자를 넣고 순간 작동 버튼을 길게 눌러 크래커가 곱게 부서지고 혼합물이 젖은 모래처럼 보일 때까지 간다.① 손으로 쥐었을 때 잘 뭉쳐질 정도여야 한다.

팬에 눌러 넣기: 혼합물의 절반이 조금 안 되는 양을 23cm 파이 접시나 23cm 분리형 타르트 팬, 또는 23cm 스프링폼 팬으로 옮겨 담는다. 바닥이 평평한 1컵들이 계량컵을 이용해 혼합물을 접시(팬) 가장자리로 밀어 옆면에 대고 꾹꾹 누른다. 남은 혼합물을 접시(팬) 바닥에 고루 뿌린 뒤 계량컵 밑면으로 눌러 빈틈없이 평평한 상태로 만든다. 접시(팬)를 은박지를 깐 베이킹 팬 위에 올린다.

크러스트 굽기: 고소한 냄새가 나고 만졌을 때 단단하며 가장자리 바깥쪽이 어두운색을 띨 때까지 13~15분간 굽는다.

알아두기

구운 크러스트는 잘 밀폐시켜 실온에 두면 1일간 보관이 가능하다. 크림 혼합물은 굽기 하루 전에 팬에 눌러 붙인 뒤 잘 덮어서 냉장해 두어도 된다.

① 촉촉하되 기름지지 않을 때까지만 갈아야지, 안 그러면 크러스트가 오븐 안에서 주저앉을 수 있다. 푸드 프로세서 대신 4리터들이 지퍼백에 크래커를 담고 공기를 뺀 뒤 아주 곱게 부수어 사용해도 된다. 밀대로 곱게 민 다음 체로 쳐서 중간 크기의 볼에 담고, 큰 덩어리들은 다시 백에 넣고 밀기를 반복한다. 다른 재료들을 볼에 넣고 손끝으로 섞어, 버터가 보이지 않고 젖은 모래처럼 보이는 상태로 만든다.

VARIATION

스페큘로스 크러스트: 비스코프 쿠키 170g을 손끝으로
잘게 부수어 푸드 프로세서에 넣은 다음 순간 작동 버튼을
길게 눌러 고운 부스러기 상태가 되도록 간다(오래 갈면
너무 축축해지므로 주의한다). 이것을 볼에 옮겨 담은 뒤
데메라라 설탕, 소금, 달걀노른자, 무염 버터 4큰술(57g)
을 넣는다. 버터가 보이지 않고 젖은 모래와 같은 상태가
될 때까지 손끝으로 섞는다(푸드 프로세서를 쓰면 너무
축축해진다). 레시피대로 팬에 눌러 넣고 굽는다.

프랑지판

약 1½컵 분량

준비할 도구:

푸드 프로세서

아몬드 슬라이스 1컵, 데치지 않은 것이 더
좋음(113g)②
설탕 ⅓컵(66g)
다이아몬드 크리스털 코셔 소금 ½작은술
무염 버터 6큰술(85g), 약 1cm 크기로
조각내 냉장해 둔 것
대란 1개(50g), 실온 상태로 준비
대란 노른자 1개(16g), 실온 상태로 준비
아몬드 익스트랙트 ½작은술
중력분 2큰술(16g)

아몬드 크림이라고도 불리는 프랑지판은 보통 필링으로 쓰이는 다용도 페이스트리 재료다. 준비는 간단하지만, 해석은 수도 없이 많다. 어떤 레시피는 아몬드 가루를, 어떤 것은 아몬드 페이스트를 사용한다. 내가 아몬드 슬라이스를 선호하는 이유는 빨리 구워지고(구우면 프랑지판에 엄청난 풍미가 더해진다) 곱게 갈리기 때문이다. 아몬드 슬라이스(길쭉하게 쪼갠 것이 아니라 납작한 것)는 구하기 쉬우며, 푸드 프로세서로 재료들을 가는 데 2분도 채 안 걸린다. 아몬드가 클래식이긴 하지만, 프랑지판은 거의 모든 종류의 견과류로 만들 수 있다. 또 아몬드 슬라이스 대신 아몬드 가루를 써서 손으로 섞어도 된다.①

오븐 예열 및 아몬드 굽기: 오븐 선반을 가운데 칸에 끼우고 오븐을 177도 (화씨 350도)로 예열한다. 테두리가 있는 작은 베이킹 팬에 아몬드를 고루 뿌려 노릇하고 고소한 냄새가 날 때까지 8~10분간 굽되, 중간에 팬을 한 번 흔들어준다. 아몬드를 오븐에서 꺼내 접시나 도마에 올려 완전히 식힌다.

아몬드 갈기: 푸드 프로세서에 설탕, 소금, 식힌 아몬드를 넣고 순간 작동 버튼을 길게 눌러가며 곱게 간다.

프랑지판 만들기: 여기에 버터를 넣고 순간 작동시켜 매끈하게 섞는다. 달걀, 달걀노른자, 아몬드 익스트랙트를 넣은 뒤 완전히 섞어 매끈한 상태가 되도록 순간 작동시킨다. 볼의 옆면을 긁어내린 다음 밀가루를 넣고 가루가 보이지 않을 때까지만 순간 작동시킨다. 뚜껑이 있는 용기에 옮겨 담고 뚜껑을 덮어 냉장 보관한다.

VARIATION

초콜릿 헤이즐넛 프랑지판: 아몬드 슬라이스를 동량의 데친 헤이즐넛으로 대체해 위와 같은 방법으로 굽는다. 레시피대로 진행하되, 설탕, 소금, 헤이즐넛을 넣을 때 다진 세미스위트 초콜릿 113g도 함께 넣고 곱게 간다. 아몬드 익스트랙트 대신 바닐라 익스트랙트를 사용한다.

알아두기
이 프랑지판은 밀폐 용기에 담아 냉장고에 넣어두면 4일간 보관이 가능하다. 사용 전에 실온 상태로 만든다.

① 손으로 만들려면 아몬드 슬라이스를 아몬드 가루 1컵(113g)으로 대체하고(굽는 과정 생략) 실온 상태의 버터를 사용한다. 중간 크기의 볼에 버터와 설탕을 넣고 유연한 스패출러로 섞어 가볍고 부드럽게 만든 다음, 달걀, 달걀노른자, 아몬드 익스트랙트를 넣고 잘 섞는다. 여기에 아몬드 가루, 중력분, 소금을 넣고 매끈해질 때까지 섞는다.

② 아몬드 대신 동량의 껍질 벗긴 피스타치오, 피칸, 호두, 데친 헤이즐넛을 넣어도 된다. 모두 잘 구워서 사용한다. 원하는 경우, 아몬드 익스트랙트는 바닐라 익스트랙트로 대체한다.

레몬 커드

약 2½컵 분량

설탕 ¾컵(150g)

곱게 간 레몬 껍질 2개분①

대란 노른자 4개(70g)

대란 1개(50g)

생레몬즙 ¾컵(170g), 큰 레몬 5~6개분

다이아몬드 크리스털 코셔 소금 ½작은술

무염 버터 1스틱(113g), 약 1cm 크기로
조각내 냉장해 둔 것

바닐라 익스트랙트 1작은술

레몬 커드는 달걀, 설탕, 레몬즙을 섞어 불 위에서 걸쭉해질 때까지 익혀서 만들기 때문에 '저어 만든 커스터드(stirred custard)'라 불린다. 이것은 내가 처음으로 만들어 본 레시피 중 하나로, 그때는 레시피에 적힌 대로 달걀의 응고를 막기 위해 중탕 냄비를 쓰는 등 심혈을 기울였다. 레몬 커드를 만들 때 달걀이 매끈하게 익도록 유의해야 하는 건 맞지만, 지금은 과정을 간소화해 일반 냄비를 사용한다 (그래도 결과가 전혀 나쁘지 않다). 이 레시피는 기술을 익힐 수 있을 뿐만 아니라 레몬 바, 레몬 머랭 파이, 레몬 타르트 등 아주 다양한 용도로 사용할 수 있어서 더욱 좋다.

냄비에 달걀과 설탕 넣고 섞기: 밑이 두꺼운 작은 냄비②에 설탕과 레몬 껍질을 넣고 손끝으로 문질러 향긋하면서 젖은 모래처럼 보이는 상태로 만든다. 달걀노른자와 달걀을 넣고 냄비 옆면에 붙은 설탕을 긁어내리며 아주 뽀얗고 가볍고 걸쭉한 상태가 될 때까지 약 2분간 세게 휘젓는다.

레몬즙 넣고 가열하기: 계속 휘젓고 냄비 옆면을 긁어내리며, 레몬즙을 천천히 조금씩 넣어 매끈해지도록 섞는다. 소금을 넣고 휘저어 섞는다. 냄비를 중약불에 올리고 계속 휘저으며, 커드가 불투명한 노란색이 되고 스푼 뒷면에 입혀질 정도로 걸쭉하되 휘저은 자국은 거의 남지 않을 때까지(온도계로 재면 77도(화씨 170도)) 7~10분간 가열한다. 냄비를 곧바로 불에서 내린다.

버터와 바닐라 섞기: 버터 한 조각씩 넣고 휘저어가며 녹이는 과정을 반복해 매끈한 커드를 만든다. 바닐라 익스트랙트를 넣고 휘젓는다.③

커드 냉장하기: 중간 크기의 유리나 플라스틱 볼 또는 용기에 긁어 담고 비닐 랩을 커드 표면에 닿도록 씌운다(막이 생기는 것을 막기 위함).④ 커드가 차가워질 때까지 3시간 이상 냉장한다.

VARIATION

메이어 레몬 커드: 설탕의 양을 ⅔컵(130g)으로 줄이고 일반 레몬 껍질과 즙을 메이어 레몬 껍질과 즙으로 대체한다.

알아두기
이 커드는 잘 덮어서 냉장고에 넣어두면 5일간 보관이 가능하다.

① 레몬 껍질은 즙을 짜기 전에 곱게 간다. 이것이 즙을 짜고 나서 반쪽짜리 레몬을 가는 것보다 훨씬 쉽다.

② 밑면과 옆면이 두껍고 무거운 냄비를 사용해야 커드가 고르게 가열된다. 얇은 냄비밖에 없다면, 큰 냄비에 뭉근히 끓는 물을 2.5cm 높이로 채우고 그 위에 내열 볼을 올린 다음 커드를 만들면 된다(이때 볼 바닥은 물에 닿지 않게 한다). 이때는 열이 약하기 때문에 커드가 걸쭉해지는 데 시간이 좀 더 오래 걸린다.

③ 레몬 커드를 거르면 맛을 내는 껍질이 다
걸러지므로 거르지 않는다. 단, 왠지 모르게
덩어리가 많이 보인다면(달걀이 응고되는 등)
체에 한 번 거르는 것이 좋다.

④ 금속 볼은 사용하지 않는다. 아무리
스테인리스 스틸과 같은 비반응성
금속이라도, 커드에 금속 맛이 밸 수 있기
때문이다.

기본 레시피

결이 살아 있는 올버터 파이 반죽

지름 23cm 크기 파이나 타르트 1개분①

준비할 도구:
파이 누름돌 또는 말린 콩이나 쌀 4컵
(파베이킹용)

무염 버터 1스틱과 2큰술(142g), 냉장해
둔 것
중력분 1½컵(200g)과 덧가루용 소량
설탕 1큰술(13g)
다이아몬드 크리스털 코셔 소금 ¾작은술

재료가 몇 가지 안 들어가는 레시피지만, 파이 반죽은 사람마다 만드는 방법이 다다른 페이스트리의 필수 준비물 중 하나다. 나는 물을 최대한 적게 넣고 반죽을 비교적 건조하게 만드는데, 이렇게 처음부터 건조하게 만들면 모양이 잘 유지되고 더 빨리 갈색이 나는, 더 얇게 부서지면서도 부드러운 크러스트가 되기 때문이다 (필링에 물기가 많은 경우 특히 더 좋음). 반죽이 약간 푸석푸석하게 느껴지고 가루가 좀 보여도 괜찮다. 냉장 휴지시키는 동안 수분이 더 생길 것이며, 밀고 접는 기술(내가 뛰어난 베이커이자 인간적으로도 훌륭한 타라 젠슨(Tara Jensen)에게서 배운 것)도 반죽을 뭉치는 데 도움이 될 것이다. 이 레시피는 지름 23cm 크기의 파이 접시를 채우고도 넉넉히 남는 양의 반죽이라, 반죽 밀기 전문가가 아니어도 여유 있게 작업할 수 있다.

얼음물 준비 및 버터 일부 자르기: 1컵들이 액체 계량컵에 얼음물을 담아 반죽을 만드는 동안 냉장 보관한다. 버터 5큰술(71g)을 가로로 약 0.3cm 두께로 슬라이스해(얇은 정사각형 조각이 되도록) 냉장한다.

마른 재료 섞기: 큰 볼에 밀가루, 설탕, 소금을 넣고 휘저어 섞는다.

마른 재료에 버터 섞기: 남은 버터 5큰술(71g)을 약 1cm 크기의 주사위 모양으로 자른 뒤 밀가루 혼합물에 넣고 가루를 입힌다. [1] 손끝으로 버터를 빠르게 으깨며 가루와 섞어 버터를 완두콩만 하게 만든다.② [2, 3] 냉장해 둔 버터 슬라이스를 넣고 가루를 입힌 다음 손끝으로 납작하게 누르며 섞는다. 크고 작은 버터 조각과 알갱이들이 뒤섞인 아주 거칠고 노르스름한 상태가 되어야 한다.

반죽 뭉치기: [4] 얼음물 5큰술(얼음은 빼고)을 밀가루 혼합물 위에 천천히 뿌리며 포크로 계속 섞어 혼합시킨다. (다음 장에 계속)

알아두기
이 반죽은 비닐 랩으로 단단히 싸서 냉장하면 3일간, 냉동하면 2개월간 보관이 가능하다 (얼릴 때는 지퍼백에 넣는다). 냉동 반죽은 하룻밤 동안 냉장고에서 녹여 사용한다. 파베이크하거나 완전히 구운 크러스트는 잘 덮어서 실온에 1일간 두어도 된다.

① 당장은 1개분만 필요하더라도 레시피 양을 두 배로 해 한 번에 두 개를 구워두자(337쪽의 **더블 크러스트** 버전 참조). 비상시나 비 오는 날을 대비해 냉동 크러스트 하나쯤 가지고 있으면 좋다.

기본 레시피

[5] 손으로 몇 번 섞어 아주 거칠고 울퉁불퉁한 반죽 상태로 만든 뒤, 하나로 뭉치도록 치댄다(아주 거칠고 건조해 뭉치지 않는 조각들도 있을 것이다). 조리대 위에 비닐 랩을 깐 다음 큰 덩어리들을 랩 위로 옮긴다. [6] 다시 포크로 섞으며 얼음물을 1작은술씩 뿌려, 남은 밀가루 혼합물을 가루가 거의 안 보이는 상태로 만든 다음 손으로 치대 뭉친다. 볼 안의 반죽을 전부 랩 위로 옮길 때까지 반복한다.

반죽 싸서 냉장하기: [7] 반죽을 2cm 두께의 정사각형이나 직사각형으로 빚는다. [8, 9] 기포를 빼내며 랩으로 단단히 싼 다음 손바닥 아랫부분으로 더 납작하게 눌러 랩 안에 꽉 채운다. 2시간 동안 냉장한다. 이 상태로도 파이 반죽으로 쓸 수 있지만, 다음 단계까지 거쳐야 더 바삭한 식감이 난다.

반죽 밀고 접기: 반죽을 약 5분간 실온에 내놓아 살짝 녹인다. 반죽의 랩을 벗기고 덧가루를 약간 뿌린 조리대 위에 올린 다음 밀대로 두드려 더 유연하게 만든다. [10] 반죽의 위와 아래에 밀가루를 뿌려가며 세로가 가로보다 3배쯤 길고 두께가 0.5~1cm인 직사각형으로 민다.③
[11, 12] 반죽을 편지처럼 3등분 해 접은 뒤(이렇게 하면 더 많은 버터 층이 생겨 바삭한 식감을 갖게 된다), 랩으로 단단히 감싼다. 반죽이 유연해지도록 최소 30분에서 최대 3일간 냉장 보관한다. 이제 반죽 단계는 끝났다. 레시피에서 필요로 하는 형태(파이 접시에 깔 반죽, 파베이크한 크러스트 또는 완전히 구운 크러스트)에 따라 다음과 같이 진행한다.

굽는 경우, 오븐 예열 및 팬 준비: 오븐 선반을 가운데 칸에 끼우고 오븐을 218도(화씨 425도)로 예열한다.

23cm 파이 접시에 반죽 깔기: 반죽을 약 5분간 실온에 내놓아 살짝 녹인 다음 다시 조리대 위에서 밀대로 두드려 유연하게 만든다. [13] 반죽의 위와 아래에 밀가루를 더 뿌려가며 두께 약 0.3cm, 지름 33cm의 원형으로 민다. 반죽을 밀대에 감는다.
[14, 15] 감았던 반죽을 풀어 파이 접시(유리로 된 것이 좋음)에 올린 다음 바닥과 옆면에 눌러 붙이되, 반죽을 늘이지 않도록 주의한다.④
[16] 반죽 가장자리를 약 1cm의 여분만 남기고 가위로 빙 둘러 잘라낸다(자투리는 버린다).
[17] 가장자리 여유분을 아래로 접어 넣어 두 배 두께의 테두리를 만든다.
[18] 테두리 부분을 꾹꾹 눌러 붙인 다음 한 손 엄지, 다른 손 엄지와 검지로 주름을 잡는다(필요하면 손에 밀가루를 묻힌다). 아니면 포크로 줄무늬를 찍어도 된다.

반죽에 누름돌 올려 굽기: 반죽을 깐 파이 접시를 약 10분간 냉장한 뒤, 반죽이 부풀지 않도록 포크로 바닥에 구멍을 몇 개 낸다. 파이 접시 안쪽에 은박지 2장을 서로 수직으로 깔아, 반죽 가장자리까지 완전히 덮이도록 한다. 접시 위에 파이 누름돌, 말린 콩이나 쌀을 채운 뒤 준비해 둔 팬 위에 올린다. 반죽 가장자리가 익고 은박지를 들어 보았을 때 노릇해지기 시작할 때까지 25~30분간 굽는다. 접시를 오븐에서 꺼낸 다음 은박지를 조심히 들어 누름돌을 빼낸다. 오븐 온도를 177도(화씨 350도)로 줄인다.⑤ (다음에 계속)

---

② 버터는 아직 차가운 상태일 때 빠르게 으깨며 섞는다. 녹기 시작하면 볼째로 냉동실에 몇 분간 두어 차갑게 만든다.

③ 냉장고에서 꺼낸 반죽을 바로 밀려고 하면 갈라질 수 있다. 하지만 실온에 어느 정도 둔 반죽이 밀 때 갈라진다면, 수분이 부족하기 때문일 것이다. 찬물 2작은술을 반죽 위에 뿌리거나 분무기로 물을 두어 번 뿌린 다음, 반죽을 반으로 접고 랩으로 단단히 감싸서 30분간 냉장한다. 이러면 밀기가 쉬워질 것이다.

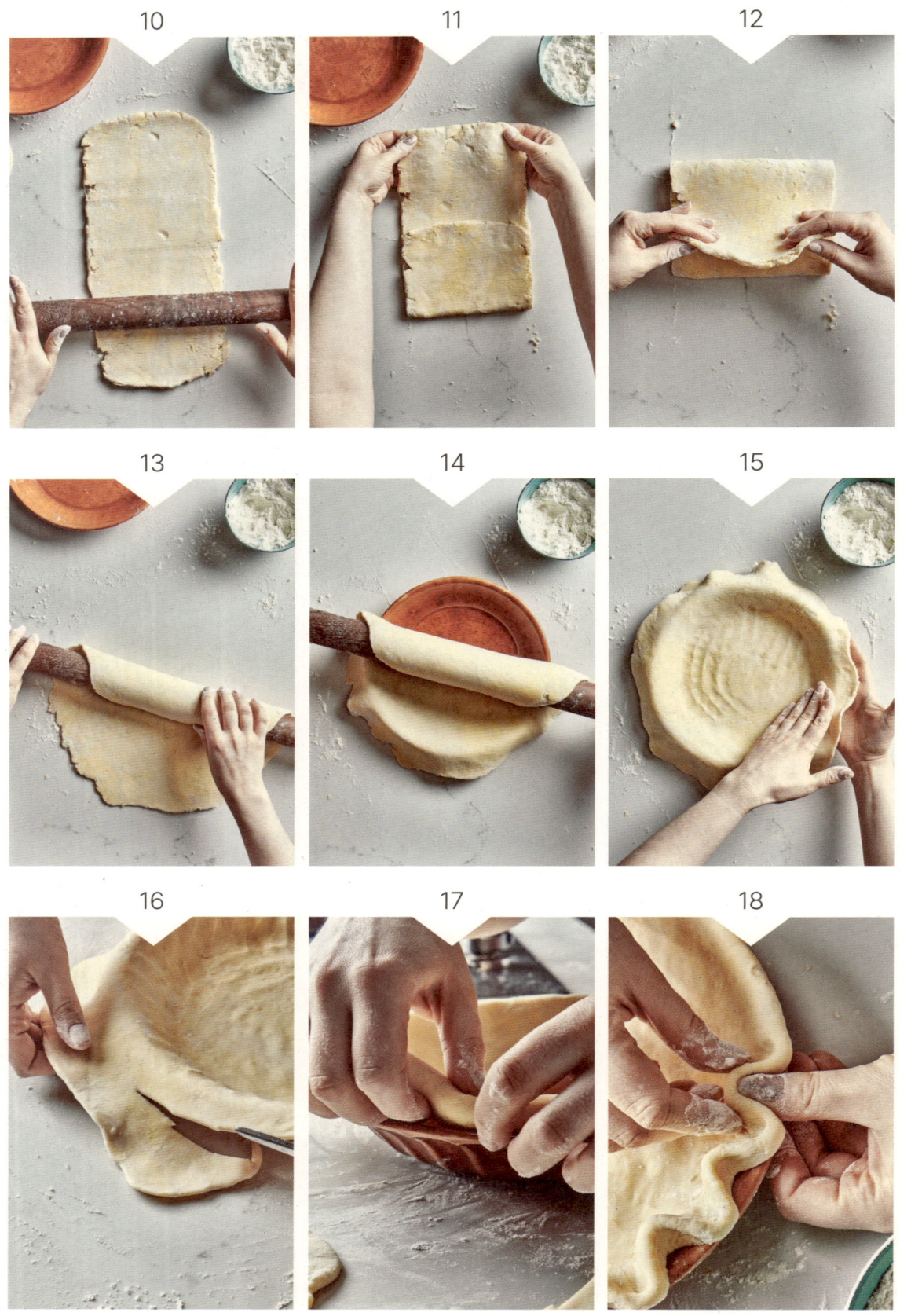

10   11   12

13   14   15

16   17   18

파베이크 또는 완전히 굽기: 팬을 다시 오븐에 넣은 다음 크러스트가 전체적으로 황갈색을 띨 때까지 20~25분간 (파베이크), 또는 짙은 황갈색을 띨 때까지 10~15분 더 (완전히 굽기) 굽는다.⑥ 크러스트를 식힌다.

VARIATION

- **아몬드 파이 반죽:** 중력분 ⅓컵(45g) 대신 아몬드 가루 ⅓컵(40g)을 넣는다. 아몬드 가루는 중력분에 비해 흡수력이 훨씬 덜해서 반죽에 얼음물을 덜 넣어도 된다.

- **통곡물 파이 반죽:** 중력분 ⅓컵(45g) 대신 밀, 스펠트, 호밀이나 메밀 등의 통곡물 가루 ⅓컵(45g)을 넣고 레시피대로 진행한다. 통곡물 가루는 중력분에 비해 수분을 더 많이 흡수하므로, 반죽할 때 얼음물이 조금 더 필요하다. 이 버전은 원래 버전보다 약간 더 뻑뻑하고 잘 부서질 수 있다.

- **더블 크러스트:** 더블 크러스트 파이를 만들려면 모든 재료를 두 배로 사용한다. 버터의 절반(10큰술/142g)을 가로로 0.3cm 두께로 슬라이스하고 나머지 절반은 약 1cm 크기의 주사위 모양으로 자른다. 볼에 처음 얼음물을 넣을 때 ½컵(113g)을 넣고, 그다음은 레시피대로 진행해 반죽을 뭉친다. 반죽을 한꺼번에 랩으로 감싼 뒤 정사각형으로 만들어 냉장한다. 정사각형 반죽을 2등분 한 다음 각 반죽을 밀고 접는다.

④ 반죽을 손바닥과 손끝으로 꾹꾹 눌러 파이 접시나 팬에 잘 붙이고, 테두리 부분도 잘 눌러 고정한다. 그래야 오븐 안에서 반죽이 수축하는 것을 막을 수 있으며 노릇노릇한 색깔도 더 잘 난다.

⑤ 파이 누름돌을 빼고 크러스트를 다시 구울 때 오븐 온도를 218도(화씨 425도)에서 177도(화씨 350도)로 줄이는 것을 잊지 말자. 낮은 온도에서 다시 굽는 것은 갈라짐과 수축을 방지해 나중에 문제가 생기지 않도록 하려는 것이다(특히 물기가 많은 필링을 사용할 때).

⑥ **캐러멜라이징한 꿀 호박 파이**(93쪽)와 같은 커스터드 파이용 크러스트를 준비할 때는 완전히 굽거나, 적어도 바닥 전체가 짙은 황갈색을 띨 때까지 구워야 한다. 수분이 많은 커스터드를 구우면 수증기가 생겨, 그 밑의 크러스트는 더 이상 노릇해지지 않는다. 파이가 완성되었을 때쯤에는 크러스트 가장자리에 갈색 점들이 몇 개 생기겠지만, 그래도 바닥이 축축한 것보다는 나을 것이다.

기본 레시피

달콤한 타르트 반죽

지름 23cm나 25cm 크기 타르트 1개분

준비할 도구:

푸드 프로세서, 23cm(9in)나 25cm(10in)
분리형 타르트 팬 또는 스프링폼 팬

아몬드 가루 ⅓컵(40g)①
중력분 1컵(130g)과 손에 묻힐 것 소량
슈거파우더 ¼컵(30g)
다이아몬드 크리스털 코셔 소금 ½작은술
무염 버터 1스틱(113g), 약 1cm 크기로
조각내 냉장해 둔 것②
대란 노른자 1개(16g)
바닐라 익스트랙트 ½작은술

이 달콤한 타르트 반죽, 일명 '파트 슈크레(p te sucr e)'는, 파이 반죽의 사촌 격이지만 얇게 부서지는 느낌이 덜하며 더 균일하고 쇼트브레드 같은 식감이다 (버터를 밀가루에 더 철저하게 혼합시킨 결과). 얇게 부서지는 파이 반죽이 나쁘다는 게 아니라, 물기가 많은 필링에는 이런 스타일의 타르트 반죽이 더 잘 어울린다. 구운 아몬드 가루 덕분에 일반적인 타르트 반죽과는 차별화되며, 반죽을 눌러 넣는 방식을 사용해 반죽 밀기나 무게 측정에 신경 쓸 필요가 없다. 지름 23cm나 25cm 크기의 타르트를 구울 수 있으며, 후자의 경우 크러스트가 약간 얇아질 뿐이다.

오븐 예열 및 아몬드 가루 굽기: 오븐 선반을 가운데 칸에 끼우고 오븐을 177도 (화씨 350도)로 예열한다. 테두리가 있는 작은 베이킹 팬에 아몬드 가루를 고르게 펼친 뒤 내열 스패츌러로 한두 번 뒤적이며 고소한 냄새가 나고 황갈색을 띨 때까지 6~9분간 굽는다. 아몬드 가루를 푸드 프로세서에 옮겨 담아 식힌다 (오븐은 꺼 둔다).

반죽 만들기: 푸드 프로세서에 중력분, 슈거파우더, 소금을 넣고 순간 작동 버튼을 몇 번 눌러 섞는다. 버터를 넣고 순간 작동 버튼을 길게 10회쯤 눌러 버터 조각들을 완두콩만 하게 만든다. 작은 볼에 달걀노른자, 바닐라 익스트랙트, 찬물 4작은술을 넣고 포크로 매끈해질 때까지 섞는다. 푸드 프로세서의 뚜껑을 열고 노른자 혼합물을 고루 뿌린다(유연한 스패츌러로 남김없이 긁어 넣는다). 다시 뚜껑을 덮고 순간 작동 버튼을 길게 10회쯤 눌러 반죽이 날 주변에 공 모양으로 뭉치고 가루가 보이지 않는 상태로 만든다. 반죽을 긁어내 비닐 랩 위에 올린다. 반죽을 약 1cm 두께의 원반 모양으로 두드린 다음 랩으로 싸서 최소 30분에서 최대 3일간 냉장한다.

팬에 반죽 눌러 넣기:③ [1] 냉장해 둔 반죽의 랩을 벗기고 칼이나 벤치 스크레이퍼로 2등분 한 뒤, 그중 하나를 6개의 가느다란 조각들로 자른다. [2] 가늘게 자른 조각들을 조리대에 대고 손바닥으로 밀어 약 1cm 두께로 만든 다음, 타르트 팬이나 스프링폼 팬 테두리 안쪽에 눌러 넣되, 약간씩 겹쳐서 틈이 생기지 않도록 한다.

알아두기
이 타르트 반죽은 랩으로 잘 싸서 냉장하면 3일간, 냉동하면 2개월간 보관이 가능하다 (얼릴 때는 지퍼백에 넣는다). 냉동 반죽은 하룻밤 동안 냉장고에서 녹여 사용한다. 파베이크하거나 완전히 구운 크러스트는 잘 덮어서 실온에 1일간 두어도 된다.

① 아몬드 가루는 동량의 구운 통아몬드로 대체해도 된다. 통아몬드를 밀가루, 설탕, 소금과 함께 푸드 프로세서에 넣고 순간 작동 기능으로 아주 곱게 간 다음, 레시피대로 진행한다.

[3] 옆면이 밑면과 수직인 1컵들이 계량컵에 밀가루를 살짝 묻힌 뒤, 반죽을 팬에 대고 눌러 전체적으로 고른 두께로 만든다. 타르트 팬을 사용할 때는 반죽이 틀 가장자리 위로 살짝 올라가도록 누른다. [4] 손에 밀가루를 살짝 묻힌 뒤, 남은 반죽을 팬 바닥에 놓고 눌러 고르게 펼친다. 밑면과 가장자리가 만나는 부분을 누르며 문질러 반죽을 봉한다.
[5] 표면이 고르지 못하거나 더 매끈하게 하고 싶다면 밀가루를 묻힌 계량컵으로 평평하게 만든다. (다음 장에 계속)

② 버터는 냉장고에서 바로 꺼낸 것을 사용해야지, 안 그러면 반죽이 푸드 프로세서의 날에 잘 뭉치지 않는다. 찬 버터는 또한 반죽이 냉장고에서 더 빠르게 차가워지도록 해준다.

③ 이 반죽은 밀대로 밀지 않는다. 워낙 잘 부서지는 반죽이라(글루텐이 형성되지 않아서) 팬에 눌러 넣는 것이 최선이다.

반죽 냉동하기: 반죽을 깐 팬을 냉동실에 넣고 15~20분간 완전히 굳힌다.

오븐 예열하기: 반죽을 굳히는 동안, 오븐을 177도(화씨 350도)로 예열한다.

가장자리 정리 및 은박지 깔기: 팬을 냉동실에서 꺼낸다. [6] 타르트 팬을 사용하는 경우, 과도를 조리대와 평행하게 들고 팬 가장자리에 튀어나온 반죽을 팬 높이에 맞게 수평으로 잘라서 매끈하게 만든다. 자투리는 크러스트를 구운 뒤 갈라진 부분에 덧댈 것이므로 한쪽에 둔다. 스프링폼 팬을 사용할 때는 가장자리를 그대로 두거나, 과도로 반죽을 팬 높이에 맞게 잘라 매끈하게 만들어도 된다. 테두리가 있는 베이킹 팬에 반죽이 든 팬을 올리고 포크로 반죽 여기저기를 찔러 구멍을 낸다. 은박지 1장을 반죽 바닥과 옆면에 맞닿도록 눌러 깔되, 바닥과 옆면이 만나는 부분은 더 신경 써서 누른다(페이스트리 분야의 전설인 린지 셰어(Lindsey Shere)에게서 얻은 팁인데, 이렇게 하면 누름돌이나 말린 콩 없이도 반죽이 내려앉는 것을 막을 수 있다).

크러스트 굽기: 크러스트 가장자리가 황갈색을 띨 때까지 (은박지를 살짝 들어 확인한다) 15~20분간 굽는다. 팬을 오븐에서 꺼낸 뒤 은박지를 조심히 벗긴다.

파베이크 또는 완전히 굽기: 팬을 다시 오븐에 넣고 크러스트가 전체적으로 노릇해질 때까지 15~20분간 더 굽거나(파베이크), 가장자리가 짙은 황갈색을 띨 때까지 10~15분간 더(완전히 굽기) 굽는다. 크러스트를 식힌다.

갈라진 부분 덧대어 식히기: 남겨 둔 자투리 반죽을 갈라진 부분에 덧대고 완전히 식힌다.

VARIATION

견과류 없는(Nut-free) 타르트 반죽: 아몬드 가루 대신 중력분 ¼컵(30g)을 넣고 아몬드 가루 굽는 과정을 뺀다.

바삭한 올리브오일 반죽

지름 23cm 크기 파이 또는 타르트 크러스트 1개분

중력분 1¾컵(227g)

설탕 1큰술(13g)

다이아몬드 크리스털 코셔 소금 1작은술 (3g)

베이킹파우더 ¼작은술

엑스트라 버진 올리브오일 7큰술(96g)

빵을 만드는 사람으로서 나는 버터가 우리에게 주는 모든 것, 즉 특유의 얇게 부서지는 층과 진한 풍미를 높이 산다. 그런 덕에 올리브오일로도 클래식 파이 반죽의 대안이 될 만큼 부드럽고 바삭한, 게다가 비건인 반죽을 만들 수 있다는 사실을 알게 되었을 때 정말 놀랐다. 버터 없이 얇게 부서지는 식감을 내기 위해 (버터에 함유된 물이 오븐 안에서 증기로 변하며 부푸는 효과를 낸다), 이 레시피는 두 가지에 의존한다. 첫 번째는 발효용 베이킹파우더다. 두 번째는 중국식 파 전병을 만들 때와 비슷한 기술을 이용하는 것인데, 반죽을 얇게 밀어 오일을 발라 접은 뒤 다시 미는 방식이다. 이렇게 하면 버터를 넣은 페이스트리처럼 겹겹이 쌓인 조직을 가진 크러스트가 된다. 크러스트에서 올리브오일 향이 나기 때문에 짠맛이 있는 레시피와 가장 잘 어울린다. 단맛과 어울리는 버전을 찾는다면 343쪽의 코코넛 오일 버전을 참조하자.

마른 재료 섞기: 중간 크기의 볼에 밀가루, 설탕, 소금, 베이킹파우더를 넣고 휘저어 섞는다. 가운데를 움푹하게 만든다.

오일 섞기: [1] 움푹 팬 곳에 올리브오일 6큰술(83g)을 부은 다음 포크로 주변의 밀가루를 끌어다 섞어 거친 조각들이 생기도록 한다. [2] 손끝으로 조각들을 으깨 완두콩만 한 크기로 만든다.

반죽 뭉치기: [3, 4] 포크로 계속 저으며 볼에 수돗물 ¼컵(57g)을 뿌린 다음, 손으로 반죽을 치대 뭉친다. 뭉친 반죽은 조리대 위로 옮긴다. 볼에 남은 조각들에 물을 1작은술씩 넣으며 뭉쳐서 조리대 위의 반죽과 합친다.

치대고 냉장하기: 반죽이 매끈해질 때까지만 치댄다(오일 덕분에 글루텐이 형성되지는 않지만 너무 오래 치대면 억세질 수 있다). [5] 반죽을 약 1cm 두께의 정사각형으로 빚어 비닐 랩으로 단단히 감싼 뒤 1시간 동안 냉장한다.

오일 발라 층 내기:① 반죽을 유산지 2장 사이에 끼우고 두께 0.3cm의 정사각형으로 밀되, 중간중간에 유산지를 한 번에 한 장씩 벗겼다가 다시 붙여서 반죽에 주름이 생기지 않도록 한다.② (다음에 계속)

알아두기
이 반죽은 잘 싸서 냉장하면 3일간, 냉동하면 1개월간 보관이 가능하다(얼릴 때는 지퍼백에 넣는다). 냉동 반죽은 하룻밤 동안 냉장고에서 녹여 사용한다.

① 시간이 없다면 반죽에 오일을 바르고 다시 미는 과정을 생략해도 바삭하게 구워질 것이다(생략하지 않을 때만큼은 아니어도).

② 이 반죽은 파이 반죽처럼 연약하지도 않고 버터가 안 들어가서 끈적거리지도 않으니 손에 힘을 주어 민다. 반죽이 잘 밀리지 않고 자꾸 수축한다면, 랩을 씌워서 10분간 조리대 위에 두었다가 밀대로 다시 민다.

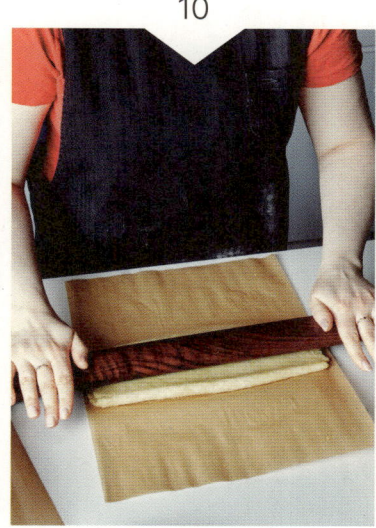

[6] 반죽 위에 붙은 유산지를 벗기고 남은 오일 1큰술을 반죽에 바른다.

[7, 8] 가까운 쪽에서부터 시작해 반죽을 납작하고 느슨하게 만다.

[9, 10, 11, 12] 손바닥 아랫부분으로 반죽을 납작하게 만든다. 약 0.5cm 두께의 직사각형으로 대강 민 뒤, 반죽을 3등분 해 왼쪽과 오른쪽을 안으로 접는다(얇게 부서지는 겹겹의 층을 만들기 위한 단계).

반죽을 기포가 들어가지 않게 비닐 랩으로 감싼 다음, 손바닥 아랫부분으로 납작하게 눌러 1cm 두께의 원반 모양으로 만든다. 반죽이 유연해질 때까지 최소 30분~최대 3일간 냉장한다.

VARIATION

달콤한 코코넛오일 크러스트: 작은 볼에 버진 또는 정제 코코넛오일 ⅔컵(150g)을 넣고 20~30분간 냉장고에서 굳힌다(코코넛 향을 좋아한다면 버진 코코넛오일을, 좀 더 중성적인 것이 좋다면 정제 오일을 사용한다). 올리브오일 7큰술 대신 냉장해 둔 코코넛오일을 반죽에 넣은 뒤, 페이스트리 블렌더나 칼 2개를 이용해(손끝으로 하면 오일이 녹으므로) 코코넛오일을 완두콩 크기로 잘라 밀가루 혼합물과 섞는다. 그다음은 레시피대로 진행하되, 반죽을 뭉치려면 찬물이 2큰술쯤 더 필요하다. 냉장이 끝난 반죽은 실온에서 15분간 녹였다가 민다(올리브오일 버전보다 더 잘 부서질 것이다). 올리브오일 대신 녹인 코코넛오일 1큰술을 반죽 위에 바른 뒤 레시피대로 진행한다.

달콤한 이스트 반죽

큼직한 번 12개나 바브카 2개를 넉넉히 만들 분량

준비할 도구:

스탠드 믹서

우유 1컵(227g)

활성 드라이 이스트 1½작은술(5g)

중력분 4½컵(585g)과 조리대 및 볼에
뿌릴 것 소량

설탕 ⅓컵(66g)

다이아몬드 크리스털 코셔 소금 1½작은술
(5g)

무염 버터 10큰술(142g), 약 2.5cm 크기로
조각내 냉장해 둔 것

대란 3개(150g)

호두 메이플 번(245쪽)과 **스페큘로스 바브카**(239쪽)를 만들 때 사용한, 달콤한 번이나 빵에 잘 어울리는 다재다능한 반죽이다.① 식감은 가볍고 부드럽지만 브리오슈만큼 진한 맛은 아니다. 거의 모든 작업을 믹서가 해주어서, 다행히 브리오슈보다 더 빠르고 덜 까다롭게 만들 수 있다.

우유 데우기 및 이스트 활성화하기: 작은 냄비에 우유를 부은 뒤 약불에 올리고 냄비를 빙빙 돌리며, 만져보았을 때 뜨겁지 않고 미지근할 때까지만(40도(화씨 105도) 정도) 데운다. 데운 우유 약 ¼컵(57g)을 작은 볼에 붓고 이스트를 넣어 녹인다. 거품이 날 때까지 약 5분간 그대로 둔다.

반죽 만들기: 스탠드 믹서의 볼에 밀가루, 설탕, 소금, 버터를 넣고 섞어 버터 조각에 가루를 입힌다. 혼합물 한가운데를 움푹 팬 다음 거기에 달걀, 이스트 혼합물, 데운 우유 남은 것을 붓는다. 믹서에 볼을 장착하고 반죽용 갈고리를 끼운다. 저속으로 가루가 촉촉해질 때까지 섞다가, 속도를 중속으로 높여 버터가 혼합되며(데운 우유가 버터를 녹인다) 부드럽고 끈적거리는 반죽이 되도록 5분쯤 섞는다. 믹서를 끄고 볼 옆면을 긁어내린 뒤, 중고속으로 5분쯤 더 돌려 반죽이 볼 옆면에서 잘 떨어지고 갈고리 주변에 거의 한 덩어리로 뭉칠 만큼 아주 매끈하고 유연해질 때까지 섞는다. 아직 반죽이 매우 부드러워서 믹서가 저속일 때는 볼에 달라붙을 수 있지만, 만약 중고속에서도 달라붙는다면 밀가루를 1큰술씩 추가해, 끈적임이 없지는 않으나 볼에서 떨어질 정도로 만든다.

반죽 발효 및 냉장: 덧가루를 살짝 뿌린 조리대 위에 반죽을 올려 공 모양으로 뭉친다. 반죽에 전체적으로 밀가루를 좀 더 뿌린 뒤, 중간 크기의 볼에 담는다. 볼에 비닐 랩을 단단히 씌워 실온에 두고 반죽이 50%쯤 부풀 때까지 1시간~ 1시간 30분간 발효시킨다.② 볼을 냉장고로 옮긴 다음 최소 4시간(8~12시간이 더 좋음) 동안 계속 발효시켜서 반죽을 처음의 두 배가량 부풀린다(반죽을 냉장하면 단단해져서 다루기 쉬울 뿐만 아니라 맛도 더 좋아진다).

알아두기
이 달콤한 이스트 반죽은 잘 덮어서 냉장고에 넣어두면 16시간까지 보관이 가능하다(그 이상 냉장하면 과발효되므로 주의한다).

① 이 반죽은 상황에 따라(예를 들어, **스페큘로스 바브카**(239쪽)를 한 개만 만들고 싶다는 등) 절반만 만들어 사용해도 된다. 모든 재료를 절반으로 줄이되, 설탕과 달걀은 예외다(설탕 3큰술, 대란 1개, 대란 노른자 1개를 넣는다). 절반 분량의 반죽은 더 빨리 뭉쳐지므로 중속으로 5~8분만 섞는다.

② 이 반죽은 온도에 민감하므로 레시피에 주어진 시간보다 더 빠르거나 느리게 부푼다고 염려하지 말자. 계속 지켜보다가 반죽이 부푸는 속도가 느리면 더 따뜻한 곳(불을 켠 오븐 안 등)으로 옮긴다.

파트 아 슈

한입 크기 퍼프 60~70개분

준비할 도구:

스탠드 믹서(선택 사항), 짤주머니(선택
사항)

우유 ½컵(125g)

설탕 1큰술(13g)

다이아몬드 크리스털 코셔 소금 ½작은술

무염 버터 7큰술(100g), 조각낸 것

중력분 1컵(130g)

대란 6개(300g)

초콜릿 칩 쿠키에서부터 브라우니까지, 세상의 모든 맛있는 반죽 중에서도 내
입에는 파트 아 슈(Pte Choux) 반죽이 제일 맛있다. 이상하다는 건 나도 알지만
그 약간 달고, 약간 짜고, 아주 부드러운 반죽을 그렇게 맛있다고 느끼는 데에는
분명 뭔가가 있다. 기본적인 크림 퍼프 반죽인 파트 아 슈의 특징은 반죽에 먼저
열을 가하고, 오븐 안에서 반죽이 부풀도록 도와주는 아주 높은 비율의 달걀이
진한 맛을 더한다는 것이다. 이것은 아주 클래식하고 프랑스적인 페이스트리 재료
중 하나로, 이름이 주는 느낌과는 다르게 만들기는 그리 어렵지 않다.

액체 재료 가열하기: 작은 냄비에 우유, 설탕, 소금, 버터, 물 ½컵(113g)을 넣는다.
중약불에 올리고 나무 스푼으로 버터를 녹이며 끓인다.

밀가루 섞어 반죽 만들기: 거품이 보글거리면 밀가루를 한꺼번에 넣고 천천히
저어 액체와 혼합한다. 가루가 보이지 않게 되면 세게 저어 반죽이 부드럽게
뭉치고 냄비 옆면과 바닥에 얇은 막이 생길 때까지 섞는다. [1] 중불에서 계속
가열하며, 스푼을 이용해 반죽을 냄비 옆면에 치듯이 3분쯤 휘저어 반죽이
매끈하고 단단하게 뭉치며 냄비 바닥의 막을 다시 흡수하게 만든다. 이 단계에서
중요한 것은 반죽의 물기를 날리고 안 익은 밀가루 맛을 없애는 것이므로
서두르지 않는다.

달걀 섞기: 패들을 끼운 스탠드 믹서의 볼(손으로 섞을 때는 큰 볼)에 반죽을 긁어
담는다.① [2] 1분쯤 그대로 식힌 뒤, 믹서를 중속으로 켜고 달걀 5개를 한 번에
한 개씩 넣고 잘 섞기를 반복한다. 처음에는 분리된 것처럼 보이지만 섞다 보면
매끈해진다(손으로 반죽할 때는 나무 스푼으로 세게 젓는다). 달걀 한 개를 넣을
때마다 반죽은 그 전보다 더 윤기가 흐르고 묽어져야 한다. 반죽이 아주 윤기 있고
매끈하며 걸쭉하되, 패들이나 스푼을 들어 올렸을 때 끝에 V자 모양으로 맺힐
정도의 농도가 되면 완성된 것이므로, 이 시점에 남은 달걀은 넣지 않아도 된다
(**구제르**(277쪽)를 만드는 경우, 이때 향신료와 치즈를 넣는다).

알아두기

이 파트 아 슈는 하루 전에 미리 만들어
짤주머니에 담아 냉장해 두어도 된다. 사용
전에는 실온 상태로 만든 뒤에 짠다. 베이킹
팬에 반죽을 짜서 랩을 씌우지 않고 얼린 뒤,

완전히 얼면 랩을 씌워서 1개월간 보관할 수
있다. 냉동 반죽은 해동 없이 바로 굽는다
(굽는 시간이 몇 분 더 걸릴 수 있다). 구운
퍼프는 밀폐 용기에 담아 실온에 두면
2일간, 냉동하면 1개월간 보관이 가능하다.

시간이 지나 눅눅해진 퍼프는 베이킹 팬에
올려 204도(화씨 400도) 오븐에서 5~8분간
(퍼프 개수에 따라 다름) 구운 뒤 식히면 다시
바삭해진다.

1 **2** **3**

짤주머니에 옮겨 담기: 반죽을 큰 짤주머니나 지퍼백에 옮겨 담는다.② 기포를 최대한 빼내며 짤주머니를 비틀어 봉한다. 이제 반죽이 완성되었다.

굽는 경우, 오븐 예열하기: 오븐 선반 2개를 각각 위에서 세 번째 칸, 아래에서 세 번째 칸에 끼우고 오븐을 218도(화씨 425도)로 예열한다.

베이킹 팬 준비: 테두리가 있는 큰 베이킹 팬 2개에 유산지를 깐다. 지름 2.5cm 크기의 원형 커터(또는 병뚜껑)를 유산지에 대고 약 4cm 간격으로 원을 그린다. 5×7 형태로 35개쯤 그리면 된다. 그린 선이 밑으로 가도록 유산지를 뒤집는다(그래도 자국은 보일 것이다).

퍼프 짜기: 짤주머니 끝을 잘라 지름 1cm 크기의 구멍을 낸다. [3] 준비해 둔 팬 위에서, 짤주머니의 구멍을 원 모양 한가운데에 놓고 반죽을 살짝 짜서 원을 채운다. 같은 방법으로 팬 2개의 원들을 다 채운다.

달걀물 바르기: 작은 볼에 남은 달걀을 넣고 포크로 잘 푼 다음, 페이스트리 브러시로 반죽 위에 살살 바른다 (크로캉부슈(211쪽)를 만드는 경우, 이 단계를 생략하고 크라클랭을 올린다).

퍼프 굽기: 오븐에 팬 2개를 넣은 뒤 곧바로 온도를 90도 (화씨 375도)로 낮춘다. 퍼프가 부풀고 짙은 황갈색을 띨 때까지 30~35분간 굽되, 굽기 시작한 지 20분 뒤에 두 팬의 위치를 서로 바꾸고 각 팬의 앞뒤를 돌려 넣는다.

퍼프 식히고 구멍 내기: 오븐을 끄고 문을 살짝 열어 둔 채, 퍼프를 오븐 안에서 15분간 식힌다. 퍼프를 오븐에서 꺼낸 다음, 과도 끝을 이용해 각 퍼프 바닥에 수증기가 빠져나갈 작은 구멍을 낸다(수증기가 빠져나가지 못하면 퍼프가 식으면서 주저앉을 수 있다). 퍼프를 팬 위에서 완전히 식힌다.

① 냄비에서 옮긴 반죽을 우선 믹서로 몇 번 휘저은 뒤에 달걀을 섞는다. 반죽이 뜨거우면 달걀이 익으며 반죽에 덩어리가 생길 수 있다.

② 짤주머니도, 지퍼백도 없다면? 숟가락 2개를 이용해 반죽을 1큰술 듬뿍 떠서 팬에 올리면 된다. 반죽이 부푸는 것은 똑같지만 퍼프 모양이 균일하지는 않을 것이다.

기본 레시피

부드럽고 폭신한 플랫브레드

지름 18~20cm 크기 플랫브레드 8장 분량①

준비할 도구:
조리용 디지털 온도계, 번철이나 큰 스킬렛(무쇠로 된 것이 좋음)

러셋감자 1개(약 227g), 껍질 벗겨 2.5cm 크기로 조각낸 것

활성 드라이 이스트 1작은술(3g)

중력분 3¼컵(423g)과 덧가루용 소량

엑스트라 버진 올리브오일 2큰술(28g)과 볼에 바를 것 소량

다이아몬드 크리스털 코셔 소금 2작은술 (6g)

플레이크 소금, 위에 뿌릴 것

이스트 반죽 중에서 플랫브레드(그렇다, 여기도 이스트가 들어간다)는 전혀 예민하지 않아서 빵 굽기에 자신이 없는 사람들에게 좋은 레시피다. 이 반죽에는 플랫브레드를 부드럽고 유연하게 유지해 주는 비밀 재료, 바로 으깬 감자가 들어간다. 이 비법은 <본아페티>의 부편집장이었던 줄리아 크레이머의 증조모, 한나 로즈 스트라우스(Hanna Rose Strauss, 일명 나노(Nano))가 그녀의 유명한 슈네켄, 즉 시나몬 롤을 만들 때 삶은 감자를 넣는 것을 보고 배운 것이다. 감자 빵 반죽도 아닌데 감자를 넣은 적은 나노의 슈네켄을 만들 때가 처음이었는데, 반죽도 최종 결과물도 너무 부드러워서 정말 신기했다. 고마워요, 나노!

감자 삶아 으깨기: 작은 냄비에 감자와 감자가 잠길 만큼의 찬물을 넣는다. 냄비를 중강불에 올린 뒤 감자를 포크로 찔렀을 때 푹 들어갈 정도로 아주 부드러워질 때까지 12~16분간 삶는다. 냄비를 불에서 내린 다음 구멍 뚫린 스푼으로 감자를 건져 중간 크기의 볼에 담고, 감자 삶은 물 1컵을 남겨 둔다. 큰 포크나 포테이토 매셔로 감자를 으깨 덩어리가 없는 상태로 만든다.②

이스트 활성화하기: 감자 삶은 물을 미지근해질 때까지 둔다(약 40도(화씨 105도)가 되어야 하며 빨리 식히려면 냉장한다). 큰 볼에 미지근해진 감자 삶은 물 ¼컵(57g)과 이스트를 넣고 휘저어 녹인다. 거품이 날 때까지 약 5분간 그대로 둔다.

반죽 만들기: 남은 감자 삶은 물 ¾컵(170g)을 이스트가 든 볼에 넣은 뒤 밀가루, 올리브오일, 코셔 소금, 으깬 감자를 넣는다. 나무 스푼으로 거친 반죽이 되도록 섞다가 전부 긁어 조리대 위에 올린다. 너무 끈적거리면 덧가루를 조금씩 더 뿌리면서, 반죽이 아주 부드럽고 유연하며 끈적임이 조금 남아 있을 때까지(손에 약간 붙긴 하지만 조리대에서 잘 떨어지는 정도) 10~12분간 치댄다. (다음 장에 계속)

알아두기
이 플랫브레드는 구워서 바로 먹는 것이 가장 맛있지만, 아직 따뜻할 때 은박지에 잘 싸서 93도(화씨 200도) 오븐에 넣어두면 1시간 동안 보관할 수 있다. 이 반죽은 1차 발효 후 분할해 팬에 올린 다음 랩으로 잘 씌워두면 16시간까지 냉장 보관이 가능하다.

① 4장만 만들려면 레시피 양을 반으로 줄이면 된다. 아니면 전량을 다 만들어서 절반은 플랫브레드를 만드는 데 사용하고, 남은 절반은 2차 발효 전에 잘 씌워서 냉장해 두었다가 다음날 **그레몰라타를 뿌린 조개 펜넬 피자**(285쪽)를 만들면 좋다.

② 삶아서 으깬 감자 대신 구운 감자 남은 것을 사용해도 된다. 감자 속 227g을 퍼서 으깨고, 감자 삶은 물 대신 수돗물을 사용한다.

기본 레시피

아니면 반죽용 갈고리를 끼운 스탠드 믹서의 볼에 반죽을 넣고, 필요하면 밀가루를 조금 더 넣으며, 반죽이 볼 옆면에서 간신히 떨어질 때까지 중속으로 8~10분간 섞어도 된다.

반죽 1차 발효: 반죽할 때 사용한 볼을 씻어서 말린 다음 안에 오일을 얇게 바른다. 반죽을 공 모양으로 뭉쳐서 볼 안에 넣고 굴려 오일을 입힌다. 볼을 젖은 행주로 덮어 실온에 두고 반죽이 두 배로 부풀 때까지 1시간~1시간 30분간 발효시킨다. **그레몰라타를 뿌린 조개 펜넬 피자**(285쪽)를 만드는 경우, 반죽을 이 단계까지 준비하면 된다.

베이킹 팬 준비: 테두리가 있는 큰 베이킹 팬에 유산지를 깔고 유산지 위에 오일을 얇게 바른다.

반죽 분할 및 성형: 반죽을 가볍게 내리쳐 1차 발효 때 생긴 가스를 어느 정도 빼낸다.
[1, 2] 깨끗한 조리대 위에 반죽을 올린 다음 벤치 스크레이퍼나 칼로 8등분 한다.

[3, 4] 한 번에 한 개씩, 반죽의 가장자리를 모아 붙여 눈물방울 형태로 만든다. 모아 붙인 쪽이 밑으로 가도록 조리대 위에 올려 둔다.
[5] 피아노를 칠 때처럼 손가락을 둥그렇게 구부려 반죽 위에 올린 다음, 반죽을 조리대에 대고 빠르게 굴려 동그랗게 만든다. 마찰력이 필요한 과정이므로 덧가루는 뿌리지 않는다.
[6] 준비해 둔 팬에 공 모양 반죽을 올리고 비닐 랩을 씌운다. 남은 반죽들도 똑같이 작업해 총 8개의 반죽을 팬에 올리고 랩을 씌운다(이 단계에서 반죽을 랩으로 단단히 씌워두면 16시간까지 냉장 보관이 가능하다).

반죽 2차 발효: 반죽을 실온에 두고 두 배쯤 부풀 때까지 40~50분간 발효시킨다(반죽을 냉장하면 냉장고 안에서 서서히 발효가 진행되지만, 두 배로 부풀지 않은 반죽이 있으면 실온에 내놓고 더 부풀린 뒤에 다음 단계로 넘어간다). 발효된 반죽이 든 팬을 냉장고에 넣는다. **불맛 가지 딥을 곁들인 페타 자타르 플랫브레드**(299쪽)을 만드는 경우, 반죽을 이 단계까지 준비하면 된다.

4   5   6

반죽 밀기: 냉장해 둔 팬에서 반죽을 한 개만 꺼내 덧가루를 뿌리지 않은 조리대 위에 올린다. 반죽을 지름 약 18~20cm 의 얇은 원형으로 민다(모양은 중요하지 않으므로 아주 둥글지 않아도 된다!). 반죽은 아주 유연해 밀대로 살짝만 힘을 줘도 잘 밀리지만, 마찰력이 있어야 반죽이 잘 늘어나므로 덧가루는 뿌리지 않는다.

스킬렛 달구기: 기름을 두르지 않은 큰 스킬렛이나 번철을 중불에 올려 몇 분간 달군다.

플랫브레드 굽기: 플랫브레드 반죽을 조리대에서 조심히 들어 달군 스킬렛에 올린다. 반죽 밑면이 전체적으로 노릇해지고 윗면이 부풀며 매트하게 마를 때까지 1~2분쯤 굽는다. 반죽이 너무 노릇해지지 않거나 빨리 타는 것 같다면 불을 조절한다. 반죽을 뒤집은 다음 다 익을 때까지 30초쯤 더 굽는다. 식힘망으로 옮긴 뒤 곧바로 플레이크 소금을 뿌린다.

남은 플랫브레드 밀어 굽기: 냉장고에서 반죽을 한 번에 한 개씩 꺼내 밀고 굽는 작업을 반복해 8장을 다 완성한다. 따뜻하게, 또는 실온 상태로 먹는다.

VARIATION

고구마 플랫브레드: 러셋감자 대신 동량의 고구마를 레시피대로 삶는다. 고구마는 러셋감자에 비해 더 촉촉하고 전분기가 덜하기 때문에, 고구마 반죽이 더 부드러우며 반죽할 때 밀가루를 덜 뿌려도 된다.

브리오슈 반죽

로프 2개분①

준비할 도구:

조리용 디지털 온도계, 스탠드 믹서(선택
사항이나 있으면 좋음), 11×22cm
(4.5×8.5in) 로프 팬 2개(반죽을 구울 때)

반죽

우유 ¼컵(57g)

활성 드라이 이스트 1작은술(3g)

중력분 4컵(520g)과 덧가루용 소량

설탕 ¼컵(50g)

다이아몬드 크리스털 코셔 소금 2작은술
(6g)

대란 6개(300g), 실온 상태로 준비

무염 버터 2스틱(227g), 8조각으로 잘라
실온 상태로 준비②

굽기

팬에 바를 버터

대란 1개, 잘 푼 것

브리오슈는 정말 맛있고, 달걀과 버터의 풍미가 진하게 느껴지는 빵이다. 은은한
단맛 덕분에 디저트나 일반 요리 모두에 꼭 필요한 페이스트리이다. 만드는
방법은 지방을 제외한 모든 재료를 매끈하고 부드럽게 섞은 뒤, 실온 상태의
버터를 한 조각씩 천천히 넣어 유화시켜서 아주 부드럽고 진한 반죽이 되도록
하는 것이다. 나는 손으로 반죽할 때의 촉감을 좋아하지만, 브리오슈를 만들 때는
반죽이 매우 끈적거려서 엉망이 될 수 있기 때문에 스탠드 믹서를 주로 사용한다.
그래도 손반죽을 택한다면 354쪽의 변형을 참조하되 충분한 작업 공간, 볼
스크레이퍼, 그리고 인내심은 필수다.

이스트 활성화하기: 작은 냄비에 우유를 부은 뒤 약불에 올리고 냄비를 빙빙
돌리며, 만져보았을 때 뜨겁지 않고 미지근하며 40도(화씨 105도)쯤 될 때까지
데운다(전자레인지를 이용해도 되지만 너무 뜨거워질 수 있으니 주의한다).
우유를 작은 볼에 붓고 이스트를 넣어 녹인다. 거품이 날 때까지 약 5분간 그대로
둔다.

재료 섞기: 스탠드 믹서의 볼에 밀가루, 설탕, 소금을 넣는다. 밀가루 혼합물
한가운데를 움푹하게 만든 뒤 거기에 이스트 혼합물, 달걀을 차례로 붓는다.

스탠드 믹서로 반죽하기: 믹서에 볼을 장착하고 반죽용 갈고리를 끼운다.
저속으로 1분쯤 섞어 아주 거친 상태로 만든다. 속도를 중속으로 높여 반죽이
갈고리 주위로 뭉칠 때까지 섞는다. 갈고리에 붙은 반죽을 가끔 긁어내고 반죽이
볼 옆면에 계속 붙으면 밀가루 1~2큰술을 더 넣으며, 아주 유연하고 부드러우며
볼 옆면에서 잘 떨어지는 상태가 될 때까지 8~10분간 섞는다.

버터 섞기: 믹서를 중속으로 켜 둔 채, 버터를 한 번에 한 조각씩 넣고 완전히 섞은
뒤에 다음 조각 넣기를 반복한다. 버터를 다 넣을 때까지 15분 이상 걸리므로
인내심을 가지고 작업한다. (다음에 계속)

알아두기

1차 발효가 끝난 브리오슈 반죽은 24시간까지
냉장 보관할 수 있다(그 이상 냉장하면
과발효될 수 있으므로 주의한다). 구운
브리오슈는 잘 덮어서 실온에 두면 4일간
보관할 수 있지만 만든 당일이나 다음 날 먹는
것이 가장 맛있다.

① 레시피 양의 절반으로 반죽을 반만 만들면
브리오슈 소시지빵(303쪽)이나 **고수 설탕을
입힌 브리오슈 꽈배기(229쪽)**를 비롯한 이
책의 여러 레시피에 사용할 수 있다. 하지만
노력을 요하는 반죽이므로, 이왕 만들 때
전량을 만들어 남은 절반은 로프로 굽거나
다른 곳에 쓰면 좋을 것이다.

1차 발효 및 냉장: 반죽을 모아 공 모양으로 만든 뒤 전체적으로 밀가루를 살짝 뿌린다. 큰 볼에 반죽을 담고 발효 후와 비교할 사진을 찍어 둔다. 볼을 비닐 랩으로 씌워 실온에 두고 두 배쯤 부풀 때까지 1시간~1시간 30분간 발효시킨다.③ 볼을 냉장고에 넣고 최소 8시간에서 최대 24시간 동안 휴지시킨다(반죽을 냉장하면 단단해져서 다루기 쉬울 뿐만 아니라 맛도 더 좋아진다). 이제 반죽을 다른 레시피에 사용하거나 로프 팬에 구우면 된다.

로프 굽는 경우, 팬 준비: 11×22cm(4.5×8.5in) 로프 팬 2개의 바닥과 옆면에 버터를 얇게 바른다. 각 팬의 바닥과 양쪽의 긴 옆면에 유산지를 깔되, 양 끝에 옆면 높이보다 길게 여유분을 남긴다. 유산지에도 버터를 얇게 바른다.

반죽 성형: 냉장해 둔 반죽을 덧가루를 살짝 뿌린 조리대 위에 올리고 주먹으로 가볍게 내리쳐 1차 발효 때 생긴 가스를 어느 정도 빼낸다.④ 벤치 스크레이퍼나 칼로 반죽을 2등분 한다. 손바닥 아랫부분으로 각 반죽을 두드려 약 22×15cm 크기의 직사각형으로 만든다. 한쪽 긴 면에서부터 시작해 반죽을 돌돌 말아 22cm 길이의 원통으로 만들어 이음매 부분이 밑으로 가도록 팬에 집어넣는다. 남은 반죽도 똑같이 성형해 팬에 집어넣는다.

반죽 2차 발효: 팬 2개를 젖은 행주로 덮어 실온에 두고 반죽이 팬 바닥에 꽉 찰 때까지 1시간~1시간 15분간 발효시킨다.

오븐 예열: 오븐 선반을 가운데 칸에 끼우고 오븐을 177도 (화씨 350도)로 예열한다.

로프 굽기: 반죽 표면에 잘 푼 달걀물을 바른다. 팬 2개를 나란히 오븐에 넣고 반죽 윗면이 짙은 황갈색을 띨 때까지 30~35분간 굽되, 굽기 시작한 지 20분 뒤에 팬들의 자리를 서로 바꾸고 앞뒤를 돌려 넣는다.

로프 식히기: 로프를 오븐에서 꺼내 팬 안에서 15분간 식힌 뒤 유산지를 들어 식힘망으로 옮긴다. 유산지를 벗기고 완전히 식힌다.

VARIATION

손으로 반죽하기: 큰 볼에 설탕, 소금, 밀가루를 넣는다. 가운데를 움푹하게 만든 뒤 거기에 이스트 혼합물과 달걀을 붓는다. 나무 스푼으로 섞어 아주 거친 반죽으로 만든다. 덧가루를 살짝 뿌린 조리대 위에 반죽을 올리고 손으로 치대 한 덩어리로 뭉친다. 아주 끈적거릴 때까지 계속 치댄 다음, 벤치 스크레이퍼와 다른 쪽 손을 이용해 반죽을 들었다가 다시 조리대 위에 찰싹 내던진다. 반죽이 너무 달라붙으면 밀가루 1~2큰술을 더 뿌리며, 아주 부드럽고 유연하며 점성은 있지만 끈적이지는 않는 상태가 될 때까지 10~15분간 들었다 내던지기를 반복한다. 반죽을 조리대 위에 올리고 버터 1조각을 손으로 집어 반죽에 마구 문지른다. 다시 들었다 내던지는 동작을 반복해 버터가 반죽에 완전히 혼합되도록 한 뒤, 남은 버터도 한 번에 하나씩 혼합해 부드럽고 매끈하며 유연한 반죽을 만든다(시간이 15분 이상 걸릴 것이다).

---

② 버터는 완벽한 실온 상태여야 반죽에 잘 혼합된다. 부드럽고 아주 잘 발리되 기름져 보이지는 않는 상태여야 한다(너무 따뜻한 버터도 좋지 않다). 버터를 몇 시간 동안, 가능하면 하룻밤 동안 실온에 두면 가장 좋지만, 더 빨리 녹이려면 출력을 30%로 조절한 전자레인지에 넣고 20초씩 돌린다.

③ 반죽을 너무 따뜻한 곳에 두면 버터가 녹아 반죽에서 흘러나올 수 있으니 주의한다.

④ 반죽을 성형할 때 너무 오래 실온에 두면 버터가 녹아서 반죽이 끈적거릴 수 있다. 그런 일이 발생한다면 빠른 속도로 작업하고 밀가루를 좀 더 뿌린다. 필요할 때마다 반죽을 다시 냉장고에 넣어서 굳혀도 된다.

러프 퍼프 페이스트리

지름 25cm 크러스트 2개를 넉넉히 만들 분량

무염 버터 3스틱(340g), 냉장해 둔 것

중력분 3½컵(455g)과 덧가루용 소량

설탕 2큰술(25g)

다이아몬드 크리스털 코셔 소금 1½작은술
(5g)

파이 반죽과 전통적인 퍼프 페이스트리를 혼합한 이 레시피는, 여러 번 빠르게 접는 방식으로 반죽 속에 버터를 켜켜이 얇게 집어넣는다. 그러면 굽는 동안 수증기가 방출되면서 층층이 결이 살아나게 된다. '라미네이션'이라는 공식적인 페이스트리 기술(**퀸아망**(257쪽)과 **스펠트 크루아상**(253쪽)을 만들 때 사용되는)과 비슷하지만 훨씬 덜 번거롭다. 겹겹이 부서지는 페이스트리를 만드는 열쇠는 반죽을 차게 유지하는 것이므로, 작업 중에 필요하면 몇 번이든 반죽을 냉장고에 넣어도 좋다.

버터 일부와 마른 재료 냉동하기: 버터 1½스틱(170g)을 아주 단단하되 딱딱하게 얼지는 않을 때까지 10~15분간 냉동한다(이러면 갈기가 쉬워진다). 큰 볼에 밀가루, 설탕, 소금을 넣고 휘저은 다음 버터를 굳히는 동안 함께 냉동 보관한다.

남은 버터 슬라이스 및 얼음물 준비: 남은 버터 1½스틱(170g)을 가로로 0.3cm 두께로 슬라이스한 뒤 접시에 담아 냉장한다. 얼음물 약 1컵을 준비해 냉장한다.

얼려둔 버터 갈아 밀가루 혼합물에 섞기: 버터와 밀가루 혼합물이 든 볼을 냉동실에서 꺼낸 다음, 버터를 통째로 볼에 넣고 밀가루를 입힌다. [1] 버터가 녹지 않도록 빠른 속도로, 밀가루를 입힌 버터를 박스형 강판의 큰 구멍에 갈아 바로 볼에 넣는다.① 포크로 휘저어 버터 조각들에 밀가루 혼합물을 고루 입힌다.

버터 슬라이스 넣고 반죽 뭉치기: [2] 버터 슬라이스를 냉장고에서 꺼내 볼에 넣고 고루 퍼뜨린다. [3] 얼음물 ½컵(113g)을 볼에 조금씩 부으며 포크로 계속 섞어, 아주 거칠고 울퉁불퉁한 반죽 조각들이 생기도록 한다. [4] 손으로 반죽을 두어 번 치대 큰 조각들로 뭉친다. 큰 비닐 랩 1장을 조리대에 깔고 그 위에 큰 반죽 조각들을 올린다(뭉치지 않는 작은 조각들은 볼에 남겨 둔다). 볼에 얼음물을 1작은술씩 더 넣으며 포크로 섞어, 남은 반죽을 손으로 꾹 누르면 뭉치는 상태로 만든다(여전히 아주 건조해 보이겠지만, 그게 정상이다). [5] 마지막 남은 반죽까지 전부 다 비닐 랩 위의 반죽과 합친다. 건조한 부분은 꾹꾹 눌러 다지며, 반죽을 손으로 두드려 1cm 두께의 정사각형으로 만든다. (다음에 계속)

알아두기
이 러프 퍼프 페이스트리는 잘 싸서 냉장하면 2일간, 냉동하면 2개월간 보관이 가능하다 (냉동 반죽은 밀기 전에 밤새 냉장고에서 해동시킨다).

① 박스형 강판 대신 강판 디스크를 끼운 푸드 프로세서를 사용하면 언 버터를 아주 빠르게 갈 수 있다. 볼에 밀가루 2큰술을 먼저 넣고 버터에 입혀 서로 붙지 않도록 한다.

[6, 7] 기포를 제거하며, 반죽을 랩으로 타이트하게 감싼 뒤 밀대나 손바닥 아랫부분을 이용해 납작하게 눌러 랩 가장자리까지 꽉 차도록 만든다. 2시간 동안 냉장한다.

반죽 밀어 두 번 접기: 반죽을 약 5분간 실온에 내놓아 살짝 녹인다. 덧가루를 뿌린 조리대 위에 랩을 벗긴 반죽을 올린 다음 밀대로 두드려 더 유연하게 만든다. [8] 반죽의 위와 아래에 밀가루를 뿌려가며, 세로 길이가 가로 길이의 3배쯤 되고 두께가 0.5cm인 긴 직사각형으로 민다. [9, 10] 반죽을 편지처럼 3등분 해 접는다. 먼저 아래쪽 1/3을 위로 접고 누른 다음 위쪽 1/3을 아래로 접는다. [11, 12] 반죽을 90도 회전시킨다. 필요하면 밀가루를 좀 더 뿌린 뒤, 긴 직사각형으로 밀어 3등분 해 접는 과정을 한 번 더 반복한다. 반죽을 가로로 2등분 해 자른 뒤, 각 반죽을 랩으로 단단히 싸서 1시간 이상 냉장한다. 이제 페이스트리를 사용해도 된다.②

② 접기가 끝난 반죽은 아무리 차갑고 바로 써도 될 것처럼 보여도 곧장 사용하면 안 된다. 연달아 밀고 접는 동안 글루텐이 형성되어, 반죽이 잘 밀리지 않고 다시 올라올 수 있다 (이러면 구울 때 수축이 발생할 수 있다). 최소 1시간 이상 냉장 휴지시켜 글루텐을 이완시키도록 한다.

실크보다 부드러운 초콜릿 버터크림

약 4컵 분량

준비할 도구:

조리용 디지털 온도계, 스탠드 믹서

대란 2개(100g), 실온 상태로 준비

대란 노른자 2개(32g), 실온 상태로 준비

설탕 ¾컵(150g)

무염 버터 2½스틱(283g), 1큰술씩 잘라 실온 상태로 준비

세미스위트 초콜릿 227g(카카오 함량이 68~70%인 것이 좋음), 녹여서 식힌 것①

다이아몬드 크리스털 코셔 소금 1작은술 (3g)

바닐라 익스트랙트 2작은술

이것은 엄밀히 말하면 다양한 유럽식 달걀 베이스 버터크림 중 하나인 프랑스식 버터크림으로, 약간의 체계와 정확성이 필요하다. 만드는 방법에는 정확한 온도로 끓인 뜨거운 설탕 시럽을 휘핑한 달걀에 조금씩 흘려 넣고, 버터와 녹인 초콜릿을 섞어 매끈하고 안정적으로 유화시키는 과정이 포함된다. 당신이 망설인다고 해도 충분히 이해하지만, 이제껏 맛본 초콜릿 프로스팅 중에서 최고의 맛일 수도 있다는 것은 알아두기를 바란다. 유럽식 버터크림을 만들 때는 세미스위트 초콜릿을, 그것도 아주 많이 넣어야, 그 쌉싸름한 맛으로 기름기와 단맛을 단번에 상쇄할 수 있다. 좀 덜 번거로운 프로스팅을 찾는다면, 언제나 **클래식 크림치즈 프로스팅**(324쪽) 초콜릿 버전이 준비되어 있다.

모든 재료 준비: 버터크림 만들기의 첫 부분은 동시에 진행되므로, 모든 재료를 다 계량해두어야 한다. 달걀과 달걀노른자는 거품기를 끼운 스탠드 믹서의 볼에 넣는다. 작은 냄비에 설탕과 물 3큰술(43g)을 넣고 한쪽에 둔다. 버터는 완전히 실온 상태가 되었는지 확인하고, 초콜릿은 녹여서 식혀 둔다.

달걀 거품 내기: 믹서를 중저속으로 켜고 달걀을 휘젓다가 소금을 넣고 속도를 중속으로 올린다. 아주 가볍고 뽀얀 색이 나며, 거품기를 들었을 때 떨어진 달걀이 볼 안의 달걀 위에 리본 자국을 냈다가 천천히 스며드는 상태가 될 때까지 5분쯤 더 휘젓는다. 이 과정이 진행되는 동안 설탕 시럽을 끓이기 시작한다.

설탕 시럽 끓이기: 설탕이 든 냄비를 중강불에 올린 다음 내열 스패출러로 저어 설탕을 녹인다. 끓기 시작하면 젓기를 멈추고, 젖은 페이스트리 브러시로 냄비 옆면에 붙은 설탕 결정을 쓸어내린다. 조리용 디지털 온도계나 냄비 옆면에 끼워 쓰는 당과용 온도계로 110도(화씨 230도)가 될 때까지 냄비를 가끔 빙빙 돌리며 끓인다. 중약불로 줄인 뒤 냄비를 돌리며 114도(화씨 238도)가 될 때까지 계속 끓인다. 시럽을 만드는 중에도 달걀의 상태를 잘 지켜보다가 리본 자국이 나는 상태가 되면 믹서를 끈다. 시럽과 달걀이 동시에 준비되어야 하니 정신을 똑바로 차리자! (다음에 계속)

알아두기

이 버터크림은 밀폐 용기에 담아 비닐 랩을 표면에 밀착시켜서 냉장하면 1주일간, 냉동하면 1개월간 보관이 가능하다 (해동하려면 냉장고에서 24시간 동안 녹인다). 사용하기 전에는 실온에 몇 시간 두어 잘 발리는 상태로 만든 다음, 다시 패들을 끼운 스탠드 믹서에 넣고 중속으로 매끈하게 섞는다.

① 가능하면 블록이나 디스크 형태로 된 질 좋은 초콜릿을 사용한다. 나는 개인적으로 기타드, 칼리바우트, 발로나 제품을 좋아한다. 초콜릿 칩은 안정제를 함유할 확률이 높으므로 사용하지 않는다.

달걀에 설탕 시럽 흘려 넣기: [1] 시럽이 114도(화씨 238도)에 도달하면 냄비를 곧바로 불에서 내린다. 믹서를 껐다면 중고속으로 다시 켜고, 볼 옆면을 따라 시럽을 천천히 조심스럽게 달걀 혼합물에 흘려 넣는다. 거품기 위로 부으면 시럽이 튈 수 있으니 달걀과 볼 옆면이 만나는 지점을 목표로 한다. 시럽 전량을 끊이지 않게 조금씩 흘려 넣는다. 달걀은 더 걸쭉하고 뽀얗고 조밀해진다.

식을 때까지 휘젓기: 믹서 속도를 고속으로 높이고, 달걀 혼합물이 아주 가볍고 조밀하며 볼 옆면이 완전히 식을 때까지 5~8분간 휘젓는다.

버터 섞고 휘젓기: [2] 달걀 혼합물이 완전히 실온 상태가 되면 버터를 한 번에 한 조각씩 넣고 매끈하게 혼합한 뒤에

다음 조각을 넣기를 반복한다. 완전히 식지 않은 상태에서 버터를 넣으면 잔열 때문에 버터가 녹아서 버터크림이 수프처럼 보일 수 있다. 이런 일이 발생한다면 그냥 계속 휘젓는다. 만약 버터가 너무 차가우면 달걀에 매끈하게 유화되지 못해 버터크림이 덩어리진 것처럼 보일 수 있다. [3] 둘 중 어느 쪽이든, 계속 휘저어 온도를 맞추다 보면 결국에는 온전한 버터크림으로 돌아올 것이다. 볼 옆면을 자주 긁어내리며 버터를 한 조각씩 전부 섞어, 매끈하고 윤기가 흐르며 가벼운 버터크림을 만든다.

초콜릿 섞기:② [4] 믹서를 끄고 볼 옆면을 긁어내린 뒤 초콜릿과 바닐라 익스트랙트를 넣는다. 중속으로 자국이 보이지 않을 때까지 휘젓되, 필요하면 볼 바닥과 옆면을 긁어준다. 이제 버터크림을 사용해도 된다.③

---

② 초콜릿을 완전히 식혀서 넣지 않으면 버터가 녹으며 힘들게 휘저은 버터크림이 다 꺼질 수 있다. 동시에, 초콜릿은 완전히 액체 상태여야 한다(체계적이어야 한다고 하지 않았나!). 굳기 시작한 초콜릿이 식은 버터크림을

만나면 작고 단단한 알갱이들이 생겨 매끈한 프로스팅으로 완성되지 못할 수 있다. 하지만 초콜릿이 그 정도로 까다로운 재료는 아니라 녹여서 실온에 두면 한동안 굳지 않으니까, 너무 일찍 녹이지만 않으면 된다.

③ 버터크림을 너무 오래 휘저으면 기포로 가득 찬 상태가 되어 케이크에 매끈하게 바르기가 힘들어진다. 이런 경우에는 패들을 끼운 믹서에 넣고 중속으로 몇 분쯤 저어 공기를 어느 정도 빼낸다.

감사의 말

내 사랑 해리스(Harris)가 없었다면 이 책을 쓸 수 없었을 것입니다. 해리스, 이 모든 과정을 진행하는 내내, 특히 레시피 테스트 때문에 지치고 설탕만 먹느라 짜증이 나던 날 끼니를 챙겨줘서 고마워요. 내 모든 레시피를 맛보고 솔직한 피드백을 해주고(심지어 내가 그것 때문에 화를 냈을 때도) 수많은 정신적 붕괴, 희열, 마감을 거치는 동안 나를 응원해 줘서 고마워요. 당신 덕분에 나는 계속 나아갈 수 있었고, 항상 감사하게 생각할 거예요.

내 가족에게: 엄마 소시(Sauci), 아빠 제프(Jeff), 언니 에밀리(Emily)와 제인(Jane). 여러분은 제가 어떻게 요리를 진로로 삼아야 할지 몰라 갈팡질팡하던 시절에도 항상 내 열정을 진지하게 존중해 주었어요. 여러분의 흥분 섞인 관심과 지지로 이 책을 끝까지 완성해 낼 수 있었답니다. 그중에서도 셀 수 없이 많은 그릇을 닦아주고, 글쓰기에 집중할 수 있도록 대신 장을 봐주고, 레시피를 테스트하는 동안 주방에서 부지런히 보조 역할을 해준 우리 엄마에게 특별한 감사를 표합니다.

내 친구 수 리(Sue Li)에게도 마음속 깊이 감사한다. 이 책의 레시피들을 멋지게 스타일링 해주었을 뿐 아니라, 내 인생 코치이자 크리에이티브 디렉터이기도 합니다(농담! 하지만 사실 맞는 말입니다). 그녀는 엄청난 영향력을 지닌 사람이며 절대 틀리는 법이 없습니다. 또한 내 친구이자 사진가인 알렉스 라우(Alex Lau)에게도, 그의 놀라운 재능과 매력을 발휘해 준 데 대해 똑같은 감사를 전합니다. 또한 <Dessert Person>의 시각적인 세계를 창조했으며 그녀 자체로 영감의 원천이 되어준 아스트리드 차스트카(Astrid Chastka)에게도 감사한 마음을 전합니다.

한없는 시간과 지혜를 할애해 준 출판 저작권 에이전트, 데이비드 블랙(David Black)이 없었다면 이 책도 없었을 것이다. 또 각별한 보살핌과 관심을 보여준 데이비드 블랙 에이전시의 매트 벨포드(Matt Belford), 엠마 피터스(Emma Peters), 아일라 주로-프릴랜드(Ayla Zuraw-Friedland)에게도 고마움을 전한다.

나는 클락슨포터 출판사(Clarkson Potter)의 라켈 펠젤(Raquel Pelzel)과 일하는 큰 행운을 누렸다. 친절하고 인정 많고 완전 프로인 그녀는 초보 작가에게 꼭 필요한 편집자다. 또한 소중한 기여를 해준 도리스 쿠퍼(Doris Cooper)와, 이 책의 디자인 및 시각적 정체성을 개발해준 클락슨포터의 스테파니 헌트워크(Stephanie Huntwork)와 미아 존슨(Mia Johnson)에게도 감사한다.

애니 크레이머(Annie Kramer)에게는 <Dessert Person>의 집필과 제작에 걸쳐 남다른 지원과 조직력을 발휘해 준 데 대해 깊은 감사를 전합니다. 그리고 레시피 테스터겸 스타일리스트로서 보이지 않는 곳에서 애쓰며 뛰어난 기술을 보여준 로리 엘렌 펠리카노, 에밀리 틸먼(Emily Tylman), 수잔 킴(Susan Kim), 베로니카 스페라(Veronica Spera)와 캐서린 유(Catherine Yoo)에게 진심으로 감사합니다. 또 많은 사진 촬영을 계획하는 데 있어 전문 지식을 제공하고 지도해 준 낸시 조 야코이(Nancy Jo Iacoi)와, 스튜디오 공간을 꾸미는 데 도움을 준 로다 분(Rhoda Boone),

재니스 길먼(Janice Gilman), 제시카 밀러(Jessica Miller), 앨리슨 오칠트리(Allison Ochiltree)에게도 고마움을 전합니다.

특별히 감사한 분들은 아래와 같습니다:

이 프로젝트에 대한 열정적인 확신을 보여준 줄리아 크레이머, 에밀리 그라프(Emily Graff), 데이비드 타마킨(David Tamarkin)과 케이트 헤딩스(Kate Heddings). 여러분은 나의 최애 '디저트 피플'입니다.

크리스 모로코, 앤디 바라가니(Andy Baraghani), 가비 멜리안(Gaby Melian), 브래드 리온(Brad Leone), 릭 마르티네즈(Rick Martinez), 칼라 뮤직(Carla Music), 몰리 바즈(Molly Baz), 아미엘 스타넥(Amiel Stanek), 크리스티나 채이(Christina Chaey), 알렉스 벡스(Alex Beggs), 솔라 엘-와일리(Sohla El-Waylly), 사라 잼펠(Sarah Jampel)을 비롯한 <본아페티>의 모든 친구들. 이들보다 더 음식과 요리를 사랑하는 사람은 본 적이 없습니다.

친절과 이해심을 보여준(특히 내가 책을 핑계로 지각했을 때) <본아페티> 영상 팀의 댄 시겔(Dan Siegel), 케빈 디니아(Kevin Dynia), 타이레 노블스(Tyr Nobles), 마이크 구지노(Mike Guggino)와 존 웨이겔(Jon Weigell).

영상 촬영 및 편집 노하우를 발휘해 <Dessert Person> 제작에 빛나는 기여를 한 빈센트 크로스(Vincent Cross).

레시피 테스트에 참여한 친구들, 가족들. 너무 많아서 이름을 다 밝힐 수는 없지만, 여러분이 관대하게 내어준 시간과 에너지가 정말 큰 도움이 되었답니다.

내게 완벽한 앞치마를 디자인할 기회를 주고, 촬영하는 동안 나를 멋지게 꾸며준(그리고 기분까지 좋게 해준) 알렉스 밀(Alex Mill)의 섬색 시크호운멍(Somsack Sikhounmuong)과 로리 브라운(Lori Brown).

영감을 주고 뛰어난 미적 감각을 보여준 에밀리 에이슨(Emily Eisen).

세심한 시각과 엄청난 편집 기술을 제공해준 소피 노이하우스(Sophie Neuhaus), 그리고 따뜻한 응원을 보내준 노이하우스 가족들.

최상의 제품을 공급해 준 로니브룩 데어리(Ronnybrook Dairy)의 릭 오소프스키(Rick Osofsky)와 존 르소바주(John LeSauvage), 그리고 여러모로 도움을 준 닉 콘테스(Nick Contess)와 릴리안 벨리너(Lillian Berliner).

무수히 많은 페이스트리를 기꺼이 받아준 이웃, 앤 마리 제인웨이(Ann Marie Janeway), 브랜트 제인웨이(Brant Janeway)와 나일라 델라 페나(Nayla Della Penna).

그리고 마지막으로, '고메 메이크스(Gourmet Makes)' 시청자분들과 <본아페티> 구독자분들에게 진심어린 감사의 마음을 전합니다. 여러분의 지지로 이 책이 세상에 나오게 되었습니다.

서지희

한국외국어대학교를 졸업했다. 라퀴진 푸드코디네이터 아카데미를 수료하고 한식, 양식 조리사자격증을 취득했으며, 잡지사 음식문화 팀 객원기자로 일했다. 현재 번역에이전시 엔터스코리아에서 번역가로 활동하고 있다. 옮긴 책으로는 『타샤가 사랑한 요리』, 『맛있는 글루텐 프리 홈베이킹』, 『팬 뱅잉 COOKIE』, 『내추럴 와인』, 『앰버 레볼루션』, 『방구석 가드닝』, 『부엌 도구 도감』, 『180일의 엘불리』, 『내 아이의 IQ를 높여주는 브레인 푸드』, 『함께 먹는 세계의 음식』, 『그러니까, 친환경이 뭔가요?』 등 다수가 있다.

디저트 퍼슨
자신 있는 베이킹을 위한 레시피북

2025년 9월 9일 1판 1쇄 발행

지 은 이   클레어 새피츠
발 행 인   이상영
편 집 장   서상민
책임편집   이상영
교정·교열   신희정
디 자 인   서상민
마 케 팅   최승은
펴 낸 곳   디자인이음
등 록 일   2009년 2월 4일:제300-2009-10호
주   소   서울시 종로구 자하문로 24길 24
전   화   02-723-2556
메   일   designeum11@gmail.com
　　　　　blog.naver.com/designeum
　　　　　instagram.com/design_eum